EXCEL in der Wirtschaftsmathematik

Hans Benker

EXCEL in der Wirtschaftsmathematik

Anwendung von
Tabellenkalkulationsprogrammen
für Studenten, Dozenten und Praktiker

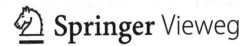

Springer Vieweg

Hans Benker
Institut für Mathematik
Martin-Luther-Universität Halle-Wittenberg
Halle (Saale), Deutschland

ISBN 978-3-658-00765-2   ISBN 978-3-658-00766-9 (eBook)
DOI 10.1007/978-3-658-00766-9

Die Deutsche Nationalbibliothek verzeichnet diese Publikation in der Deutschen Nationalbibliografie;
detaillierte bibliografische Daten sind im Internet über http://dnb.d-nb.de abrufbar.

Springer Vieweg
© Springer Fachmedien Wiesbaden 2014

Springer Vieweg ist eine Marke von Springer DE. Springer DE ist Teil der Fachverlagsgruppe Springer
Science+Business Media.
www.springer-vieweg.de

Vorwort

Das vorliegende Buch soll kein weiteres Werk über Wirtschaftsmathematik im klassischen Sinne sein, da es hiervon schon eine große Anzahl gibt, wie bereits eine Auswahl im Literaturverzeichnis erkennen lässt.

Im heutigen Computerzeitalter werden mathematische Probleme nicht mehr per Hand berechnet, wie es in vielen Lehrbüchern der Wirtschaftsmathematik praktiziert ist.

Es werden verstärkt Mathematik- und Tabellenkalkulationsprogramme eingesetzt, um anfallende mathematische Berechnungen mit einem vertretbaren Aufwand unter Verwendung von Computern bewältigen zu können.

Das vorliegende Buch berücksichtigt diese Entwicklung, indem es durchgehend das *Tabellenkalkulationsprogramm* EXCEL einsetzt:

- Im Buch werden die neuen Versionen 2007-2013 von EXCEL berücksichtigt, die für PCs unter WINDOWS laufen, wobei hauptsächlich EXCEL 2010 eingesetzt wird:

  - Die auf einem zur Verfügung stehenden Computer installierte Version ist aus der Hilfe von EXCEL ersichtlich.

  - EXCEL 2013 ist *abwärtskompatibel* zu früheren Versionen, z. B. EXCEL 97-2003 oder EXCEL 2007 und 2010. Dies bedeutet, dass Änderungen in neuen Versionen von EXCEL hauptsächlich Effektivität und Benutzeroberfläche betreffen und nicht die Vorgehensweise. Deshalb reicht es aus, im Buch hauptsächlich die am meisten installierte Version 2010 zu verwenden und nur Hinweise zu geben, falls bei den Versionen 2007 und 2013 eine etwas andere Vorgehensweise erforderlich ist.

  - Die im Buch betrachteten Versionen 2007-2013 besitzen im Vergleich zu früheren Versionen bis 2003 eine völlig *neue Benutzeroberfläche*, die die *Ribbon-Struktur* aktueller WINDOWS-Programme hat.
    Diese *Struktur* ist durch ein *Menüband* (Multifunktionsleiste, Bandleiste – dem *Ribbon*) *charakterisiert*, die im Abschn.2.2 vorgestellt ist.

  - Ältere Versionen bis 2003 von EXCEL besitzen die klassische WINDOWS-Benutzeroberfläche mit *Menüleiste*, einzeiligen *Symbolleisten* und einer *Bearbeitungsleiste*. Wenn derartige ältere Versionen auf dem Computer installiert sind, kann das Buch [137] "*Wirtschaftsmathematik – Problemlösungen mit EXCEL*" des Autors konsultiert werden.

- Es ist häufig unbekannt, dass EXCEL zahlreiche Probleme der Mathematik und damit auch der Wirtschaftsmathematik berechnen kann. Das vorliegende Buch soll dazu beitragen, diese Lücke zu schließen:

  - Es soll helfen, EXCEL erfolgreich in der Wirtschaftsmathematik einzusetzen, d.h. mit seiner Hilfe anfallende Probleme mittels Computer zu berechnen.

  - Da die Anwendung von EXCEL nicht ohne mathematische Grundkenntnisse möglich ist, werden Grundlagen und Probleme der Wirtschaftsmathematik besprochen und an Beispielen erläutert, so dass das Buch auch als Nachschlagewerk bei mathematischen Unklarheiten und bei der Aufstellung mathematischer Modelle für die Wirtschaft herangezogen werden kann.

EXCEL wird von allen Tabellenkalkulationsprogrammen deshalb bevorzugt, weil es auf vielen Computern im Rahmen des MICROSOFT OFFICE Programmpakets installiert ist, und nicht nur Buchhaltungsaufgaben, Kostenrechnungen und kaufmännische Rechnungen durchführen, sondern auch zahlreiche Probleme der *Wirtschaftsmathematik* berechnen kann, wie das Buch ausführlich darlegt.

Das *Buch* ist in *drei Teile* aufgeteilt:

I. Der *erste Teil* des Buches (Kap.1-9) gibt eine *kurze Einführung* in EXCEL und stellt die *Fähigkeiten* von EXCEL bei der Berechnung von Problemen der *Wirtschaftsmathematik* mittels Computer vor:

- Es wird eine kompakte Einführung in Aufbau und Arbeitsweise von EXCEL und die integrierte Programmiersprache VBA gegeben, so dass auch Einsteiger in der Lage sind, EXCEL und VBA in der Wirtschaftsmathematik einzusetzen.

- Fähigkeiten von EXCEL beim Rechnen und Berechnen mathematischer Probleme werden vorgestellt, die der zweite Teil des Buches ausführlich behandelt.

- Ausführlichere Informationen zu EXCEL liefert die zahlreiche Literatur, von der eine Auswahl im Literaturverzeichnis zu finden ist.

II. Der *zweite Teil* des Buches (Kap.10-24) liefert eine Einführung in *Grundgebiete* und wichtige *Spezialgebiete* der *Wirtschaftsmathematik*, wobei Berechnungen mit EXCEL im Vordergrund stehen:

- Theorie und numerische Methoden (Näherungsmethoden) der *Wirtschaftsmathematik* werden soweit dargestellt, wie es für Anwendungen erforderlich ist. Dies bedeutet, dass wir auf Beweise und ausführliche theoretische Abhandlungen verzichten, dafür aber notwendige Grundlagen, Formeln und Methoden an Beispielen erläutern und den *Einsatz* von EXCEL illustrieren:

  Damit sind auch Einsteiger in der Lage, mathematische Probleme mittels EXCEL problemlos zu berechnen.

  Weiterhin kann das Buch auch als Nachschlagewerk bei Fragen mathematischer Art verwendet werden.

- Da EXCEL als Tabellenkalkulationsprogramm für Buchhaltung, Kostenrechnungen und kaufmännische Rechnungen konzipiert ist, sind für Anwendungen in der Wirtschaftsmathematik natürlich Grenzen gesetzt. Dies betrifft vor allem hochdimensionale Probleme, für deren Berechnung auf spezielle Programmsysteme zurückgegriffen werden muss, wie in den entsprechenden Kapiteln erörtert ist.

III. Im *dritten Teil* des Buches (*Anhang* - Kap.25) werden die Tabellenkalkulationsprogramme zweier bekannter kostenloser OFFICE-Programme OPEN OFFICE und LIBRE OFFICE im Vergleich zu EXCEL kurz vorgestellt und ihre Fähigkeiten bei Berechnungen von Problemen der Wirtschaftsmathematik kurz diskutiert.

Das vorliegende Buch ist aus Lehrveranstaltungen und Computerpraktika entstanden, die der Autor an der Universität Halle gehalten hat, und wendet sich sowohl an *Studenten* und *Lehrkräfte* der

Mathematik, *Wirtschaftsmathematik* und *Wirtschaftswissenschaften*

von Fachhochschulen und Universitäten als auch in der *Praxis* tätige

Mathematiker und *Wirtschaftswissenschaftler*.

Da die behandelten und mit EXCEL berechneten mathematischen Probleme nicht nur zu den Grundlagen der Wirtschaftsmathematik gehören, kann das vorliegende Buch auch von

Ingenieuren und *Naturwissenschaftlern* konsultiert werden, um EXCEL erfolgreich einzusetzen.

◆

Im Folgenden werden *Hinweise* zur *Gestaltung* des *Buches* gegeben:

- *Kursiv* sind wichtige Begriffe geschrieben.

- **Fett** sind geschrieben:
  - Überschriften und Bezeichnungen von Abbildungen, Beispielen und Namen von Vektoren und Matrizen,
  - Dialogfenster von EXCEL,
  - Internetadressen,
  - Registerkarten der Benutzeroberfläche von EXCEL,
  - In EXCEL integrierte (vordefinierte) Funktionen, die EXCEL-Funktionen heißen,
  - Schlüsselwörter der in EXCEL integrierten Programmiersprache VBA.

- In GROSSBUCHSTABEN sind geschrieben:
  Add-In-, Funktions-, Programm-, Operator-, Datei- und Verzeichnisnamen.

- *Abbildungen* und *Beispiele* werden in jedem Kapitel mit 1 beginnend durchnummeriert, wobei die Kapitelnummer vorangestellt ist. So bezeichnen beispielsweise **Abb.4.2** und **Beisp.2.8** die Abbildung 2 aus Kapitel 4 bzw. das Beispiel 8 aus Kapitel 2.

- *Bemerkungen* und *Hinweise* beginnen mit dem Symbol

  und enden mit dem Symbol

  ◆

  , wenn sie vom folgenden Text abzugrenzen sind.

- Einzelne *Menüs* einer Menüfolge von EXCEL sind mittels *Pfeil* ⇒ getrennt, der gleichzeitig für einen Mausklick steht.

Für die *Unterstützung* bei der Erstellung des Buches möchte ich *danken:*

- Herrn Dipl.-Ing. B. Hansemann und Frau Thelen vom Verlag Springer-Vieweg für die Aufnahme des Buchtitels in das Verlagsprogramm und die Unterstützung bei der Erstellung des Manuskripts.

- Meiner Gattin Doris, die großes Verständnis für meine Arbeit an Abenden und Wochenenden aufgebracht hat.

- Meiner Tochter Uta für Hilfen bei Computerfragen.

Über Fragen, Hinweise, Anregungen und Verbesserungsvorschläge würde sich der Autor freuen. Sie können an folgende E-Mail-Adresse gesendet werden:

hans.benker@mathematik.uni-halle.de

Halle, Frühjahr 2014   Hans Benker

Inhaltsverzeichnis

TEIL I: Einführung in EXCEL

TEIL II: Wirtschaftsmathematik mit EXCEL

1 Das Tabellenkalkulationsprogramm EXCEL

EXCEL ist der bekannteste Vertreter von *Tabellenkalkulationsprogrammen*, deren Hauptaufgabe in der Datenverarbeitung besteht:

- Tabellenkalkulationsprogramme sind in sogenannten OFFICE-Paketen verschiedener Softwarefirmen enthalten (siehe auch Kap.25) und für Computerplattformen wie PC, APPLE, Workstation und Betriebssysteme wie WINDOWS, UNIX, LINUX erhältlich.

- EXCEL ist auf vielen Computern installiert, da es zum OFFICE-Paket von MICROSOFT gehört.

- Falls das gesamte MICROSOFT OFFICE-Paket mit
  Textverarbeitung (WORD), *Tabellenkalkulation* (EXCEL), *Datenbank* (ACCESS), *Präsentationsprogramm* (POWERPOINT), *Informationsmanager* (OUTLOOK), *DTP-Programm* (PUBLISHER)
  nicht benötigt wird, lässt sich EXCEL auch einzeln erwerben und installieren.

1.1 Tabellenkalkulation

Tabellenkalkulationen bilden die Basis von EXCEL:

- Unter Tabellenkalkulation wird die Erstellung, Verwaltung, Bearbeitung und grafische Darstellung von Daten (meistens in Form von Zahlen) unter Verwendung zweidimensionaler *Tabellen* verstanden.

- Da im kaufmännischen Bereich umfangreiche Datenmengen anfallen, liegt hier ein Schwerpunkt für den Einsatz der Tabellenkalkulation.

- Für *Tabellenkalkulationen* wird EXCEL seit 1985 im Rahmen des OFFICE-Pakets von MICROSOFT angeboten, kontinuierlich verbessert und erweitert:

  - Die *aktuelle Version* ist EXCEL 2013.

  - Bekannte *Vorgängerversionen* sind in der Reihenfolge ihres Erscheinens
    EXCEL 5.0, EXCEL 7.0, EXCEL 97 (8.0), EXCEL 2000 (9.0), 2002 (XP), 2003, 2007, 2010.

  - EXCEL ist weitverbreitet und in vielen Firmen und Einrichtungen das grundlegende Programm, um Tabellenkalkulation und kaufmännische Rechnungen mittels Computer durchzuführen.

1.2 Anwendungsgebiete

EXCEL kann wesentlich mehr, als im Rahmen von Tabellenrechnungen (Tabellenkalkulationen) Zahlenreihen auszuwerten, wie sie bei Aufgaben der Buchhaltung, Lohn- und Kostenrechnungen, d.h. im kaufmännischen Bereich anfallen:

- EXCEL eignet sich auch zur Verarbeitung von Daten in *technischen* und *naturwissenschaftlichen Bereichen*.

- EXCEL ist durch *Funktionen* und *Zusatzprogramme/Erweiterungsprogramme* (*Add-Ins*) zum umfangreichen und wirkungsvollen Werkzeug zur Berechnung mathematischer Probleme entwickelt worden. Diese Fähigkeiten von EXCEL sind in verschiedensten Gebieten von Technik, Wirtschafts- und Naturwissenschaften nutzbar.

– Im Buch wird EXCEL angewandt, um Grundprobleme der Wirtschaftsmathematik und damit der Mathematik zu berechnen. Darüber hinaus wird ein Einblick in Spezialgebiete wie Differenzen- und Differentialgleichungen, Optimierung, Finanzmathematik, Wahrscheinlichkeitsrechnung und Statistik gegeben, in denen EXCEL ebenfalls erfolgreich ist.

1.3 Hilfefunktionen

Wie die meisten WINDOWS-Programme besitzt EXCEL umfangreiche *Hilfefunktionen*. Die Hilfe von EXCEL wird ab der Version 2007 durch Mausklick auf das Symbol

in der Multifunktionsleiste erhalten.

Wenn Unklarheiten bei der Anwendung von EXCEL auftreten, wird empfohlen,

– Antworten mit den Hilfefunktionen von EXCEL zu suchen,

– zu MICROSOFT OFFICE ONLINE Verbindung aufzunehmen, die man bei einem Internetanschluss aus EXCEL heraus über

die Registerkarte **Datei** der Versionen 2010 und 2013 (bei *Hilfe*) bzw. die Schaltfläche **Microsoft Office** der Version 2007

herstellen kann.

Hier werden von MICROSOFT eine Vielzahl von Vorlagen und Hilfethemen angeboten.

2 Benutzeroberfläche der Versionen von EXCEL

Die *Benutzeroberfläche* von EXCEL wird auch als *Bedieneroberfläche* oder *Programm-fenster* bezeichnet und erscheint auf dem Bildschirm nach dem Start von EXCEL.

Im vorliegenden Buch werden die Benutzeroberflächen der neuen Versionen von EXCEL 2007, 2010 und 2013 verwendet, die Abschn.2.2 beschreibt.

Falls ältere Versionen bis 2003 von EXCEL im Einsatz sind, wird auf das Buch [137] "*Wirtschaftsmathematik-Problemlösungen mit EXCEL*" des Autors verwiesen und nur im Abschn.2.1 ein kurzer Überblick über die Benutzeroberfläche von EXCEL 2003 gegeben.

Die Berechnung mathematischer Probleme erfolgt bis zur Version 2003 weitgehend analog zu den neuen Versionen nur unter einer anderen Benutzeroberfläche.

2.1 Benutzeroberflächen der Versionen bis EXCEL 2003

Die *Benutzeroberfläche* der Version EXCEL 2003 (siehe Abb.2.1) ist folgendermaßen *charakterisiert*:

- Sie hat eine für klassische WINDOWS-Programme (bis zum Jahr 2007) bekannte Struktur, d.h. sie besteht

  - am oberen Rand aus *Menüleiste*, *Symbolleisten* und *Bearbeitungsleiste*, die sich mittels des Menüs **Ansicht** ein- oder ausblenden lassen,

  - aus einem Arbeitsfenster (Arbeitsblattfenster), das in EXCEL als *Arbeitsmappe* bezeichnet wird, den größten Teil der Benutzeroberfläche einnimmt und sich an die Leisten anschließt.

- Im Einzelnen teilt sich die *Benutzeroberfläche* von oben nach unten wie folgt auf:

  - *Titelleiste:*
    Hier wird neben der Programmbezeichnung **Microsoft Excel** die geöffnete Arbeitsmappe angezeigt, wie z.B. **Mappe 1**.

  - *Menüleiste:*
    Die aus vielen klassischen WINDOWS-Programmen bekannte *Menüleiste* befindet sich am oberen Rand der Benutzeroberfläche und enthält folgende aus anderen klassischen WINDOWS-Programmen bekannte Menüs:
    Datei - Bearbeiten - Ansicht - Einfügen - Format - Extras - Daten - Fenster - Hilfe (?)...
    Die einzelnen Menüs enthalten *Untermenüs*, wobei hier drei Punkte auf ein erscheinendes *Dialogfenster* (Dialogfeld, Dialogbox) hinweisen, in dem sich gewünschte Einstellungen vornehmen lassen.

  - *Symbolleisten:*
    Sie sind aus vielen klassischen WINDOWS-Programmen bekannt und bestehen aus einer Reihe von *Symbolleistensymbolen* (kurz: *Symbolen*).

  - *Arbeitsmappe* (siehe Abschn.2.3):
    Hier spielt sich die Hauptarbeit mit EXCEL ab.

Sie enthält von oben nach unten *Bearbeitungsleiste*, *Tabelle* (Arbeitsblatt) und *Statusleiste*.

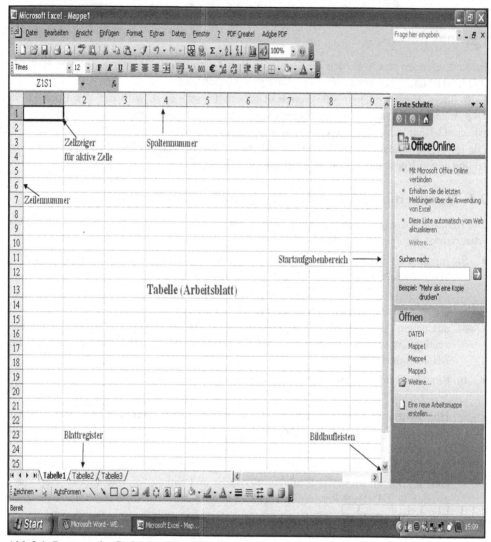

Abb.2.1: Benutzeroberfläche von EXCEL 2003

Wer schon mit klassischen WINDOWS-Programmen gearbeitet hat, die bis 2007 erstellt wurden, hat keine großen Schwierigkeiten mit den Benutzeroberflächen von EXCEL bis zur Version 2003, da sie den gleichen Aufbau in

Menüleiste, einzeilige *Symbolleisten*, *Lineal*, *Arbeitsblatt* und *Statusleiste*

besitzen.

Im vorliegenden Buch werden die neuen Versionen ab EXCEL 2007 verwendet. Deshalb wird auf das Buch [156] *"Wirtschaftsmathematik - Problemlösungen mit EXCEL"* des Autors verwiesen, falls noch die Version 2003 vorliegt und Probleme auftreten.

Beispiel 2.1:

In Abb.2.1 ist die *Benutzeroberfläche* der Version 2003 zu sehen:

- Es ist die für mathematische Berechnungen besser geeignete *Z1S1-Bezugsart* (siehe Abschn.2.3.3) zur Adressierung der Zellen eingestellt, d.h. Zeilen und Spalten werden durch Ziffern gekennzeichnet. Für gewisse Probleme ist jedoch die A1-Bezugsart erforderlich, wie im Buch zu sehen ist.
- Es ist zu erkennen, dass Tabelle 1 der Mappe 1 und Zelle Z1S1 aktiv sind.
- Einige Teile der abgebildeten Benutzeroberfläche sind mit Beschriftungen versehen, um das Verständnis zu erleichtern.

2.2 Benutzeroberflächen der Versionen ab EXCEL 2007

Die *Benutzeroberflächen* der neuen Versionen von EXCEL 2007, 2010 und 2013 haben mit der Ribbon-Struktur aktueller WINDOWS-Programme eine völlig andere Form als die Vorgängerversionen bis 2003:
Sie besitzen keine Menüleiste und bis auf die Symbolleiste für den Schnellzugriff (*Schnellzugriffsleiste* - siehe Abschn.2.2.2) auch keine Symbolleisten mehr.

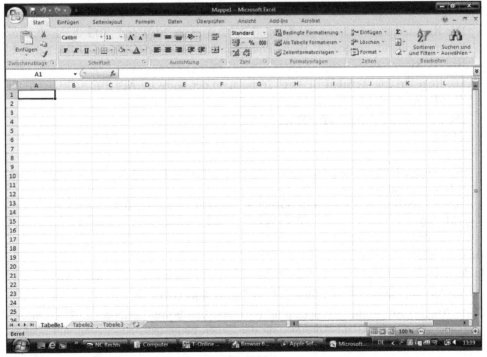

Abb.2.2: Benutzeroberfläche der Version EXCEL 2007

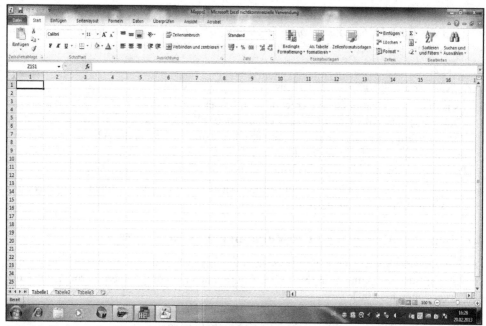

Abb.2.3: Benutzeroberfläche der Version EXCEL 2010

Die Benutzeroberflächen *unterscheiden* sich *nicht wesentlich:*

- Die Registerkarte **Add-Ins** der Version 2007 wird in 2010 und 2013 durch Duden-Rechtschreibprüfung ersetzt. Beide enthalten das installierte Add-In DUDEN-KOR-REKTOR.

- Die Registerkarte **Acrobat** ist durch Installation der Software ADOBE ACROBAT für PDF-Dateien entstanden.

- Die Schaltfläche (**Microsoft**) **Office**

  der Version 2007 wurde in den neuen Versionen 2010 und 2013 durch die Registerkarte **Datei** ersetzt.
  Sowohl Schaltfläche (**Microsoft**) **Office** als auch Registerkarte **Datei** enthalten u.a. Befehle für   *Speichern* , *Öffnen* , *Schließen* , *Drucken* und *Optionen,*
  die öfters benötigt werden.

Beispiel 2.2:

In den Abb.2.2-2.4 sind die Benutzeroberflächen von EXCEL 2007-2013 zu sehen:

- Man erkennt, dass in Abb.2.2 und 2.4 die *A1-Bezugsart* eingestellt ist.

- In Abb.2.3 ist die für mathematische Berechnungen besser geeignete *Z1S1-Bezugsart* (siehe Abschn.2.3.3) zur Adressierung der Zellen eingestellt, d.h. Zeilen und Spalten werden durch Ziffern gekennzeichnet.

Bei der Lösungsberechnung für Gleichungen und Optimierungsaufgaben können bei dieser Bezugsart jedoch Probleme auftreten, so dass die A1-Bezugsart zu verwenden ist, wie in den entsprechenden Kapiteln zu sehen ist.

Die *Benutzeroberflächen* der neuen Versionen ab EXCEL 2007 *teilen sich* von oben nach unten *auf* in Titelleiste (Abschn.2.2.1), Schnellzugriffsleiste (Abschn.2.2.2), Menüband (Abschn.2.2.3) und Arbeitsmappe (Abschn.2.3), wie aus den Abbildungen ersichtlich ist.

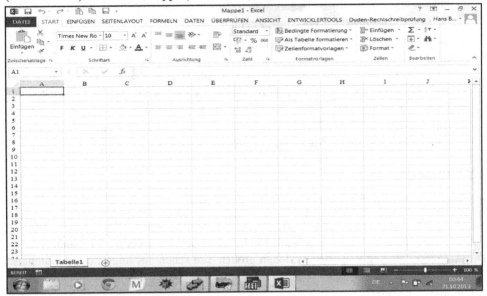

Abb.2.4: Benutzeroberfläche der Version EXCEL 2013

2.2.1 Titelleiste

Die *Titelleiste* befindet sich am oberen Rand der Benutzeroberfläche, enthält die *Schnellzugriffsleiste* (siehe Abschn.2.2.2) und zeigt neben der Programmbezeichnung **Microsoft Excel** die *geöffnete* (aktive) *Arbeitsmappe* an (z.B. **Mappe 1**).

2.2.2 Schnellzugriffsleiste

Von den *Symbolleisten* bleibt in der Titelleiste nur eine *Symbolleiste* für den *Schnellzugriff* (*Schnellzugriffsleiste*) auf Arbeitsblätter mit folgenden bekannten Symbolen

Mit ihrer Hilfe kann auf häufig verwendete Befehle zugegriffen werden, ohne sich durch Registerkarten der Multifunktionsleiste navigieren zu müssen.

Zur *Schnellzugriffsleiste* lassen sich weitere häufig verwendete *Befehle* durch Anklicken mit der rechten Maustaste über das erscheinende Kontextmenü *hinzufügen*.

2.2.3 Menüband (Bandleiste, Ribbon oder Multifunktionsleiste)

Das *Menüband* (*Bandleiste - Ribbon* oder auch *Multifunktionsleiste* genannt) vereint alles von klassischen WINDOWS-Programmen über Menüs, Symbolleisten und weiteren Komponenten der Benutzeroberfläche angezeigte.

Es ist folgendermaßen *charakterisiert:*

– In ihm werden *Befehle* thematisch in *Registerkarten* (Registerblättern) mit Namen wie

   Datei, Start, Einfügen, Seitenlayout, Formeln, Daten,...

   in *Gruppen* geordnet. Beim Mausklick auf einen dieser Namen klappt kein Menü auf, sondern es erscheint eine *Registerkarte* (siehe Abschn.2.2.4), die zugehörige *Symbole* (*Schaltflächen*) für *Befehle* enthält. Diese Symbole sind in *Gruppen* (*Symbolgruppen*) zusammengefasst, die der Gruppenbezeichnung entsprechende Symbole enthalten, so dass nur noch an einer Stelle nach *Befehlen* gesucht werden muss.

– Es soll eine bessere Bedienung als mit Menü- und Symbolleisten ermöglichen, worüber allerdings unterschiedliche Meinungen bestehen.

2.2.4 Registerkarten

Im Folgenden werden einzelne *Registerkarten* des Menübands von EXCEL 2010

nur kurz vorgestellt, da sie entsprechende Kapitel des Buches ausführlicher behandeln.
Die Aufgaben der Registerkarten sind zum großen Teil schon aus folgenden Abbildungen ersichtlich und für die anderen Versionen 2007 und 2013 ähnlich und leicht erkennbar:

- Registerkarte **Datei**:

  dient u.a. zum Speichern, Öffnen, Schließen, Drucken und Optionen und hat eine besondere Form.

- Registerkarte **Start**:

  dient u.a. zur Formatierung und Zahlendarstellung.

- Registerkarte **Einfügen**:

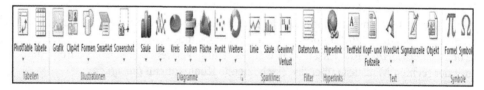

  dient u.a. zum Einfügen von Illustrationen, Diagrammen, Text und Symbolen und zum Erstellen von Tabellen.

- Registerkarte **Seitenlayout**:

dient u.a. zur Gestaltung einer Tabelle.

- Registerkarte **Formeln**:

dient u.a. zum Einfügen von Funktionen und Erstellung von Formeln und Durchführung von Berechnungen.

- Registerkarte **Daten**:

dient u.a. zum Abruf externer Daten, Sortieren und Filtern von Daten und zum Aufruf des Add-Ins SOLVER.

- Registerkarte **Überprüfen**:

dient u.a. zur Rechtschreibeprüfung und zum Übersetzen.

- Registerkarte **Ansicht**:

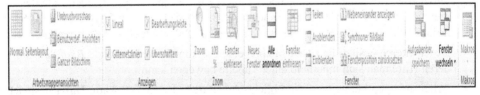

dient u.a. zur Gestaltung einer Ansicht der Arbeitsmappe.

- Registerkarte **Acrobat**:

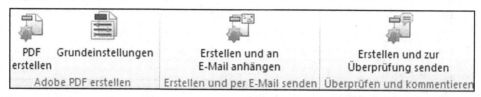

Diese Registerkarte erscheint nur, wenn das Programm ADOBE ACROBAT auf dem Computer installiert ist und dient zur Umwandlung in PDF-Dateien.

Zusätzlich lassen sich *Registerkarten* verändern oder es können neue aufgenommen werden, so z. B. die neue Registerkarte **Entwicklertools** (siehe Abschn. 4.1.2).

2.3 Arbeitsmappe von EXCEL

Eine *Arbeitsmappe* (kurz: Mappe) ist in allen EXCEL-Versionen folgendermaßen *charakterisiert* (siehe auch Abb.2.1-2.4):

- Hier spielt sich die Hauptarbeit mit EXCEL ab.
- Sie liegt unterhalb von Menüleiste und Symbolleisten (bis Version EXCEL 2003) bzw. Multifunktionsleiste (ab Version EXCEL 2007) und enthält von oben nach unten *Bearbeitungsleiste*, *Tabelle* und *Statusleiste*, die in den folgenden Abschn.2.3.1, 2.3.2 bzw. 2.3.5 besprochen werden.
- Sie nimmt den größten Teil der Benutzeroberfläche von EXCEL ein.
- Es lassen sich mehrere Arbeitsmappen öffnen, die EXCEL mit **Mappe1**, **Mappe2**, ... bezeichnet.
- Jede Arbeitsmappe enthält *Arbeitsblätter*
  - Sie heißen *Tabellen*, die sich ihrerseits aus Zellen zusammensetzen.
  - Sie sind mit *Tabelle1*, *Tabelle2*, ... bezeichnet, wobei in der Standardeinstellung drei Tabellen möglich sind, die mittels Blattregisterkarten (Tabellenreiter) der Gestalt

    aufzurufen sind.
- Wird in einer Arbeitsmappe mit mehreren Tabellen gearbeitet, muss vor die Zelladresse durch Ausrufezeichen getrennt noch TABELLE mit der entsprechenden Tabellennummer geschrieben werden. So bezeichnet z.B. die Zelladresse TABELLE2!Z10S1 die Zelle Z10S1 (in Zeile 10 und Spalte 1) in Tabelle 2 der aktuellen Arbeitsmappe.
- Des Weiteren besitzt die Arbeitsmappe eine horizontale und vertikale *Bildlaufleiste*, mit deren Hilfe man sich innerhalb einer Tabelle bewegen kann.
- Arbeitsmappen können auf die übliche Art mittels der Registerkarte **Datei** gespeichert und später wieder eingelesen (geöffnet) werden. Beim Speichern wählt EXCEL ab Version 2007 die Dateiendung .XLSX.

2.3.1 Bearbeitungsleiste

Die *Bearbeitungsleiste* befindet sich in einer Leiste oberhalb der Tabelle, hat folgende Gestalt

und ist in drei Elemente aufgeteilt:

* *Namenfeld*:
  Dient zur Anzeige der *Zelladresse*, auf der sich der Zellzeiger befindet (in der Abbildung die Zelladresse Z1S1), d.h. hier wird die Adresse der *aktiven* (markierten) *Zelle* der Tabelle angezeigt.

* *Symbol* f_x zum Aufruf des *Funktionsassistenten:*
  Dient zur Eingabe von EXCEL-Funktionen. Da sie für mathematische Rechnungen große Bedeutung besitzen, werden sie ausführlicher im Abschn. 12.3.2 betrachtet.

* *Eingabezeile*:
  Sie enthält während der Eingabe die gerade eingegebenen Zeichen bzw. den Inhalt einer markierten Zelle, d.h. hier sind Text, Zahlen oder Formeln für eine Zelle mittels Tastatur oder durch Kopieren einzugeben bzw. zu korrigieren.

2.3.2 Tabelle

Das *Arbeitsblatt* (engl.: Spreadsheet) als Hauptteil der Arbeitsmappe wird als *Tabelle* bezeichnet, die folgendermaßen charakterisiert ist:

* Tabellen befinden sich unterhalb der Bearbeitungsleiste.

* Der Name *Tabelle* folgt aus dem Sachverhalt, dass eine zweidimensionale *Struktur* vorliegt, die durch Einteilung in *Zeilen* und *Spalten* gekennzeichnet ist. Dies ist die gleiche Struktur, die Matrizen in der Mathematik besitzen, so dass von einer *Matrizenstruktur* gesprochen wird.

* Schnittpunkte von Zeilen und Spalten einer Tabelle werden als *Zellen* (siehe Abschn. 2.3.3) bezeichnet:
  - Hier sind erforderliche Daten (Text, Zahlen oder Formeln) mittels Tastatur oder Kopieren einzugeben.
  - Den Zellen entsprechen bei Matrizen die Matrizenelemente.

* Die auf dem Bildschirm angezeigte Tabelle ist die *aktive*, in deren Zellen die Daten eingegeben werden können. Die Nummer der *aktiven Tabelle* wird im Blattregister unterhalb der Tabelle angezeigt. Beim Start von EXCEL ist immer *Tabelle 1* aktiv.
  In der Standardeinstellung besitzt eine Arbeitsmappe 3 Tabellen. In der Registerkarte **Daten** (Bei EXCEL 2007 ist statt der Registerkarte **Datei** die Schaltfläche **Microsoft Office** zu verwenden) kann man durch Anklicken von **Optionen** im erscheinenden Dialogfeld bei **Allgemein** bei *Blätter* ihre Anzahl bis maximal 255 einstellen.

Die Gestaltungsmöglichkeiten der Tabelleninhalte sind in EXCEL ähnlich umfangreich wie in Textverarbeitungsprogrammen:

- Man kann u.a. Schriftart, -größe und -form, Höhe bzw. Breite von Zeilen und Spalten, Ausrichtung, farbige Gestaltung einstellen und Bilder und Schriftzüge einfügen.

- Die vielfältigen Gestaltungsmöglichkeiten werden dem Leser überlassen, da sich diese unter Verwendung der Hilfe von EXCEL einfach erkunden lassen.

- Im Buch werden nur Hinweise zur Gestaltung mathematischer Berechnungen gegeben.

2.3.3 Zelle

Die *Zellen* als Grundelemente einer Tabelle ergeben sich als Schnittpunkte aus Zeilen und Spalten:

- Eine Zelle kann Daten wahlweise in Gestalt von Text, Zahlen oder Formeln aufnehmen, wie im Kap.3 erläutert ist.

- Eine Tabelle kann in EXCEL aus 1048576 Zeilen und 16384 Spalten bestehen, so dass sie insgesamt 17179869184 Zellen enthält.

- Zellen sind durch Zeilen- und Spaltenangabe gekennzeichnet. Diese Kennzeichnung heißt *Zelladresse* oder *Zellbezug* (kurz: *Adresse* bzw. *Bezug*). Hierfür kennt EXCEL zwei *Bezugsarten* (Bezugssysteme) A1 bzw. Z1S1, die im Folgenden und Beisp.2.3 erläutert sind:

  - In der *Standardeinstellung* von EXCEL werden Spalten durch Buchstaben A, B, C, ... , Z , AA, AB, ... und Zeilen durch Ziffern 1, 2, 3, ... bezeichnet, d.h. die erste Zelle hat Zelladresse A1. Diese Adressierungsart (Bezug) heißt *A1-Bezugsart*. So bezeichnet z.B. die Adresse B3 die Zelle in Spalte B und Zeile 3.

  - EXCEL kennt als weitere Adressierung (Bezug) zusätzlich die *Z1S1-Bezugsart*, in der neben Zeilen auch Spalten durch Ziffern bezeichnet sind:
    Diese Bezugsart kann in der Registerkarte **Datei** bei **Optionen** im erscheinenden Dialogfenster **EXCEL-Optionen** bei *Formeln* durch Anklicken des Kontrollkästchens *Z1S1-Bezugsart* aktiviert werden (Bei EXCEL 2007 ist statt der Registerkarte **Datei** die Schaltfläche **Microsoft Office** zu verwenden).
    In der *Z1S1-Bezugsart* wird die erste Zelle mit Z1S1 bezeichnet, wobei Z für Zeile und S für Spalte steht und die anschließende Zahl die Zeilennummer bzw. Spaltennummer darstellt. So bezeichnet z.B. die Adresse Z3S2 die Zelle in Spalte 2 und Zeile 3.
    Im Buch wird als Bezug häufig die Z1S1-Bezugsart eingesetzt, da sie der Darstellung von Matrizen mit Zeilen- und Spaltennummer entspricht und somit zur Berechnung mathematischer Probleme mittels EXCEL besser geeignet ist. Bei der Arbeit mit dem SOLVER können hierbei jedoch Probleme auftreten, so dass zur A1-Bezugsart zu wechseln ist.

- Wenn man in einer Arbeitsmappe mit mehreren Tabellen arbeitet, muss vor die Zelladresse durch Ausrufezeichen getrennt noch TABELLE mit der entsprechenden Tabellennummer geschrieben werden. So bezeichnet z.B. die Zelladresse TABELLE 2!Z10S1 die Zelle Z10S1 (in Zeile 10 und Spalte 1) in Tabelle 2 der aktuellen Arbeitsmappe.

- Diejenige Zelle, die zur Dateneingabe zur Verfügung steht, wird als *aktive Zelle* bezeichnet:

  - Ihre Adresse (Zeile und Spalte) steht im Namenfeld der Bearbeitungsleiste.
  - Die ihr entsprechende Zeilen- und Spaltenangabe wird in der Tabelle farbig dargestellt.
  - Sie ist durch den *Zellzeiger*

  gekennzeichnet, der die Zelle umrahmt:

  Der Zellzeiger besitzt in der rechten unteren Ecke ein *Ausfüllkästchen* (*Füllkästchen*), das häufiger benötigt wird, da mit seiner Hilfe der Inhalt einer Zelle auf weitere Zellen übertragen werden kann. Hierzu findet man eine Illustration bei der grafischen Darstellung von Funktionen (siehe Beisp.13.1b und 13.2).
  Beim Aufruf einer Tabelle steht der Zellzeiger immer auf der ersten Zelle. Man kann ihn mittels Mauszeiger oder Cursortasten (Pfeiltasten) auf eine gewünschte Zelle stellen, um Daten einzugeben bzw. zu ändern.

Neben *Zelladresse* (*Zellbezug*) gibt es noch eine weitere Möglichkeit, Zellen zu kennzeichnen. Hierzu dienen Namen, die *Zellnamen* heißen:

- Für eine Zelle einer Tabelle kann folgendermaßen ein Name (*Zellname*) *zugeordnet* (*definiert*) werden:
  Die Zelle wird mit gedrückter Maustaste markiert, danach der Zellname in das Namenfeld eingetragen und abschließend die Taste EINGABE gedrückt.

- Es können auch gleichzeitig mehrere Zellen mit Namen versehen werden, die in Zellen darüber stehen. Eine Illustration hierfür ist in Beisp.7.2. zu sehen.

- *Zellnamen* können als *Argumente* in EXCEL-Funktionen auftreten und für Berechnungen eingesetzt werden (siehe Abschn.7.1.2).

  ◆

Beispiel 2.3:

a) In folgender Abbildung eines Tabellenausschnitts von EXCEL ist die *A1-Bezugsart* eingestellt:

	A	B	C	D	E
1					
2					
3					
4					
5					
6					

- Es sind die Zeilen 1 bis 6 und Spalten A bis E zu sehen.
- Bei der *A1-Bezugsart* werden die Spalten durch Buchstaben und nur Zeilen durch Ziffern bezeichnet.
- Man sieht, dass im abgebildeten Tabellenausschnitt die *aktive Zelle* die Adresse B3 besitzt.

b) In folgender Abbildung eines Tabellenausschnitts von EXCEL ist die *Z1S1-Bezugsart* eingestellt:

- Es sind die Zeilen 1 bis 6 und Spalten 1 bis 5 zu sehen.
- Bei der Z1S1-Bezugsart werden die Spalten und Zeilen durch Ziffern bezeichnet.
- Es ist zu sehen, dass im abgebildeten Tabellenausschnitt die *aktive Zelle* die Adresse Z3S2 besitzt.

	1	2	3	4	5
1					
2					
3					
4					
5					
6					

2.3.4 Bereich

Zusammenhängende (d.h. neben- und untereinander liegende) Zellen bilden in EXCEL einen *Bereich* (*Zellbereich*). In der Mathematik werden Bereiche u.a. in der Matrizenrechnung benötigt (siehe Kap.10).

In EXCEL ist ein *Bereich* folgendermaßen charakterisiert:

- Im Unterschied zu einer Zelle wird erst von einem Bereich gesprochen, wenn mindestens zwei Zellen dazugehören.
- Ein Bereich lässt sich mit gedrückter Maustaste markieren.
- Bereiche sind durch ihre *Bereichsadresse* (Bereichsbezug) charakterisiert:
  - Bereichsadressen werden mittels des *Bereichsoperators* gebildet, der durch einen Doppelpunkt : dargestellt ist.

– Ein *Bereich* wird mit Hilfe des Bereichsoperators wie folgt *festgelegt:*
Zwei Zelladressen werden miteinander durch Doppelpunkt : verbunden, die in dieser Form die *Bereichsadresse* (Bereichsbezug) bilden.
Ein so gebildeter Bereich besteht aus allen Zellen, deren Adressen zwischen den beiden durch Doppelpunkt verbundenen Zelladressen liegen (siehe Beisp.2.4).

• Im Zusammenhang mit Bereichen kennt EXCEL neben dem Bereichsoperator weitere *Operatoren:*

  – *Verknüpfungsoperator* (für Bereiche), dargestellt durch Semikolon ; :
  Mittels seiner Hilfe können nicht nebeneinander liegende Zellen und verschiedene Bereiche miteinander verknüpft (vereinigt) werden (siehe Beisp.2.4), so dass man von *Verknüpfung* (*Vereinigung*) von Bereichen spricht.
  Er ist nicht mit dem Verknüpfungsoperator (für Text) & zu verwechseln, der im Abschn.3.3.1 vorgestellt wird.

  – *Schnittoperator*, dargestellt durch Leerzeichen :
  Mit seiner Hilfe kann der *Durchschnitt* von Bereichen gebildet werden (siehe Beisp.2.4).

• Es gibt eine Reihe von EXCEL-Funktionen, die auf Bereiche und mittels Verknüpfungs- oder Schnittoperator gebildete Gebiete einer Tabelle angewandt werden können, wie im Beisp.2.4 illustriert ist.

• *Bereiche* benötigt man für die Wirtschaftsmathematik u.a. zur Matrizenrechnung und zur grafischen Darstellung von Funktionen, wie im Kap.10 und 13 besprochen wird.

Neben *Bereichsadresse* (Bereichsbezug) gibt es noch eine weitere Möglichkeit, Bereiche zu kennzeichnen. Hierzu dienen Namen, die *Bereichsnamen* heißen.

– Für einen *Bereich* kann folgendermaßen ein Name (*Bereichsname*) *zugeordnet* (*definiert*) werden:
Der Bereich wird mit gedrückter Maustaste markiert, danach der Bereichsname in das *Namenfeld* der Bearbeitungsleiste eingetragen und abschließend die Taste EINGABE gedrückt.

– Bereichsadressen und -namen können als *Argumente* in EXCEL-Funktionen auftreten (siehe Beisp.2.4) und für Berechnungen eingesetzt werden (siehe Abschn.7.1.2 und Beisp.7.2).

♦

Beispiel 2.4:
Illustration der Adressierung von Bereichen und der Anwendung von Bereichsadressen (Bereichsbezügen) in der *Z1S1-Bezugsart* als Argumente in *EXCEL-Funktionen*. Dabei ist zu beachten, dass die EXCEL-Funktionen als Formeln (siehe Abschn.3.3.3 und 7.1.4) einzugeben sind, d.h. mit vorangehendem Gleichheitszeichen:

a) Im abgebildeten Tabellenausschnitt ist ein *Bereich* mit 6 Zellen zu sehen, der zwischen den Zellen Z1S1 und Z3S2 liegt und deshalb die *Bereichsadresse* (*Bereichsbezug*) Z1S1:Z3S2 besitzt:

Z2S3	▼	f_x	=SUMME(Z1S1:Z3S2)
	1	2	3	4
1	1	2		
2	3	4	21	
3	5	6		

In Zelle Z2S3 berechnet die EXCEL-Funktion **SUMME** (Z1S1:Z3S2) die Summe der Zahlen, die sich in den zum Bereich gehörenden 6 Zellen Z1S1, Z1S2, Z2S1, Z2S2, Z3S1, Z3S2 befinden.

b) Dem Bereich aus Beisp.a wird der Name (*Bereichsname*) A zugeordnet, indem der Bereich mit gedrückter Maustaste markiert, danach der Bereichsname A in das Namenfeld eingetragen und abschließend die Taste ⌈EINGABE⌉ gedrückt wird, wie folgender Tabellenausschnitt zeigt:

A	▼	f_x
	1	2	3
1	1	2	
2	3	4	
3	5	6	

Im folgenden Tabellenausschnitt wird die gleiche Aufgabe wie im Beisp.a gelöst, indem die EXCEL-Funktion **SUMME** in Zelle Z2S3 auf den Bereich mit definiertem Namen A angewandt ist, wobei jetzt als Argument statt der Bereichsadresse der Bereichsname A erscheint:

Z2S3	▼	f_x	=SUMME(A)
	1	2	3	4
1	1	2		
2	3	4	21	
3	5	6		

c) Im folgenden Tabellenausschnitt werden in Zelle Z6S1 mittels der EXCEL-Funktion **SUMME** die Zahlen aus dem Durchschnitt Z2S2:Z4S2 der Bereiche Z1S1:Z4S2 und Z2S2:Z4S4 unter Verwendung des *Schnittoperators* Leerzeichen addiert:

Z6S1	▼		*fx*	=SUMME(Z1S1:Z4S2 Z2S2:Z4S4)		
	1	2	3	4	5	6
1	1	2				
2	3	4	5	6		
3	0	7	8	9		
4	2	5	7	1		
5						
6	16					

d) Anwendung der EXCEL-Funktion **SUMME** auf *Verknüpfung (Vereinigung)* von Bereichen:

Im folgenden Tabellenausschnitt werden mittels **SUMME** in Zelle Z2S4 die Zahlen der Bereiche Z1S1:Z2S2 und Z4S1:Z4S2 unter Anwendung des *Verknüpfungsoperators* ; addiert:

Z2S4	▼		*fx*	=SUMME(Z1S1:Z2S2;Z4S1:Z4S2)
	1	2	3	4	5
1	1	2			
2	3	4		31	
3					
4	10	11			

e) Im folgenden Tabellenausschnitt wird die EXCEL-Funktion **PRODUKT** mit *Bereichsadresse* angewendet:

Z1S3	▼		*fx*	=PRODUKT(Z1S1:Z3S2)
	1	2	3	4
1	1,5	2	292,5	
2	4	1,25		
3	3,25	6		

- Der zusammenhängende Bereich mit 3 Zeilen und 2 Spalten, der mit Zelle Z1S1 beginnt und mit Zelle Z3S2 endet, hat die Bereichsadresse Z1S1:Z3S2.

- In Zelle Z1S3 wird mit dem Argument Z1S1:Z3S2 (Bereichsadresse) die EXCEL-Funktion **PRODUKT** angewendet, so dass die Zahleninhalte aller Zellen dieses Bereichs multipliziert und das Ergebnis angezeigt wird.

2.3.5 Statusleiste

Sie befindet sich unterhalb der Arbeitsmappe. Hier zeigt EXCEL Meldungen und Informationen und Elemente zur Steuerung an, wie z.B. *Bereit, Eingeben, Fertig, Neuberechnung.*

3 Datenverarbeitung und Datenverwaltung mit EXCEL

EXCEL kann wesentliche Datentypen wie *Text, Zahlen* und *Formeln* verarbeiten, wie im Folgenden illustriert ist.

Des Weiteren gestattet EXCEL die Verwaltung (Ein- und Ausgabe) von *Daten* und ihre Formatierung, die im Abschn. 3.1 und 3.2 vorgestellt sind.

Für die Datenverwaltung werden folgende *Dateiformen* benötigt:

- *Strukturierte Dateien:*
  In diesen Dateien müssen die Daten (Zahlen oder Text) in strukturierter Form (Matrixform mit Zeilen und Spalten) angeordnet sein, d.h. in jeder Zeile muss die gleiche Anzahl von Daten (Zahlen) stehen, die durch Trennzeichen *Leerzeichen* oder *Tabulator* getrennt sind. Das Trennzeichen *Zeilenvorschub* dient hier zur Markierung der Zeilen. Dateien ohne jegliche Struktur werden als *unstrukturierte Dateien* bezeichnet.

- *Zahlendateien:*
  Diese sind Dateien, die ausschließlich Zahlen enthalten, und häufig strukturiert auftreten.

- *ASCII-Dateien:*
  Diese sind Textdateien, die ausschließlich ASCII-Zeichen enthalten, wobei diese gemäß ASCII (amerikanischer Standardcode für den Informationsaustausch) codiert sind.

3.1 Ein- und Ausgabe von Daten

EXCEL erlaubt Ein- und Ausgaben von Daten, die folgende Abschn.3.1.1 und 3.1.2 vorstellen.

3.1.1 Eingabe von Daten

Die *Eingabe* von Daten in Zellen einer aktiven Tabelle von EXCEL kann auf drei verschiedene Arten geschehen:

- Mittels *Tastatur*,
- durch *Kopieren* in der für WINDOWS-Programme üblichen Art,
- durch *Lesen* von einem Datenträger, wie im Beisp.3.1 illustriert ist.

EXCEL kann unstrukturierte und strukturierte *Dateien* von einem Datenträger *lesen*, die im ASCII-Format vorliegen und z.B. aus *Zahlen* und/oder Text bestehen, die durch Trennzeichen (Leerzeichen, Tabulator oder Zeilenvorschub) voneinander getrennt sind.

♦

Das *Einlesen* von Daten geschieht in folgenden Schritten:

I. Zuerst ist die Registerkarte **Datei** (bei EXCEL2007 die Schaltfläche **Office**) aufzurufen. Dann erscheint durch Anklicken von *Öffnen* das Dialogfenster **Öffnen**, in der das betreffende Laufwerk, Dateiname (z.B. DATEN .TXT) und Dateityp (z.B. Alle Dateien) für die einzulesende Datei auszuwählen sind. Danach ist die Schaltfläche

Öffnen

anzuklicken und es erscheint das Dialogfenster **Textkonvertierungs-Assistent**. Hier sind im

– *Schritt 1* von *3* das Optionsfeld *Getrennt* anzuklicken, im Dateiursprung *Windows* einzustellen und die Zeile der Tabelle festzulegen, in der die eingelesene Datei beginnen soll.

– *Schritt 2* von *3* die zwischen den Zahlen verwendeten *Trennzeichen* (Tabulator, Semikolon, Leerzeichen oder Komma) in entsprechenden Kontrollfeldern anzuklicken.

– *Schritt 3* von *3* als Datenformat der Spalten das Optionsfeld *Standard* und danach die Schaltfläche

Fertig stellen

anzuklicken.

II. Abschließend erscheint in der aktuellen Tabelle die von EXCEL eingelesene Datei in den Zellen einer Zeile (bei *unstrukturierten Dateien*) bzw. in zusammenhängenden Zellen (in Matrixform – bei *strukturierten Dateien*).

Beispiel 3.1:

Illustration des Lesens einer strukturierten Datei mittels EXCEL2010:

Folgende *strukturierte Zahlendatei*, deren Zahlen durch Leerzeichen und Zeilen durch Eingabetaste getrennt sind, ist mit einem Editor geschrieben:

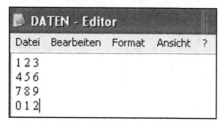

Diese Datei wird unter dem Namen DATEN.TXT auf dem Datenträger D gespeichert.

Das *Lesen* vom Datenträger D dieser Datei DATEN.TXT geschieht mit EXCEL in folgenden Schritten:

I. Zuerst wird in der Registerkarte **Datei** *Öffnen* angeklickt. Danach erscheint das Dialogfenster **Öffnen**, in dem der Dateiname DATEN.TXT und der Dateityp *Alle Dateien* und das Laufwerk D einzugeben sind und danach die Schaltfläche

Öffnen

anzuklicken ist.

II. Mit dem erscheinenden Dialogfenster **Textkonvertierungs-Assistent** wird jetzt die Datei DATEN.TXT vom Datenträger D in folgenden drei Schritten eingelesen:

- Im *Schritt 1* von 3 wird das Optionsfeld *Getrennt* angeklickt, im Dateiursprung *Windows* eingestellt und in der Tabelle als Zeile 1 festgelegt, in der die eingelesene Datei beginnen soll.

- Im *Schritt 2* von 3 wird das *Leerzeichen* als zwischen den Zahlen verwendetem *Trennzeichen* (Tabstopp, Semikolon, Komma oder Leerzeichen) im entsprechenden Kontrollfeld angeklickt.

- Im *Schritt 3* von 3 wird als Datenformat der Spalten das Optionsfeld *Standard* und danach die Schaltfläche

  Fertig stellen

  angeklickt.

III. Abschließend erscheint in der aktuellen Tabelle die von EXCEL eingelesene Datei DATEN.TXT in Matrixform, d.h. in zusammenhängenden Zellen, da es sich um eine *strukturierte Datei* handelt. Das Ergebnis ist im folgenden Tabellenausschnitt zu sehen:

	1	2	3
1	1	2	3
2	4	5	6
3	7	8	9
4	0	1	2

3.1.2 Ausgabe von Daten

Die *Ausgabe* von berechneten Daten kann durch Speicherung der betreffenden EXCEL-Tabelle mittels der Registerkarte **Datei** (bzw. Schaltfläche **Office** bei EXCEL2007) durch *Speichern unter* im erscheinenden Dialogfenster **Speichern unter** geschehen. Hier sind auch Dateiname und Dateityp festzulegen.

3.2 Formatierung von Daten

Unter *Formatierung* wird in EXCEL die Gestaltung von Tabellen verstanden. Dazu wird auf die Hilfe von EXCEL und die zahlreichen Bücher verwiesen.

Im Buch wird nur die *Formatierung* eingegebener oder berechneter *Daten* (Text und Zahlen) benötigt, die hauptsächlich mit der Registerkarte **Start** mittels der *Gruppen*

Schriftart, Ausrichtung, Zahl, Formatvorlagen, Zellen und *Bearbeiten*

erfolgt:

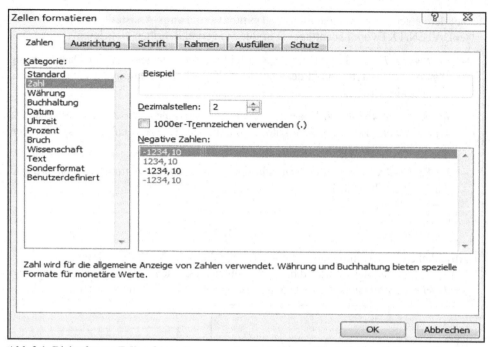

Abb.3.1: Dialogfenster **Zellen formatieren** aus der Registerkarte **Start** Gruppe *Zellen* mit *Format*

• Es lassen sich einzelne Zellen, Spalten, Zeilen bzw. die gesamte Tabelle formatieren und Formatvorlagen erstellen, so u.a.

   – Festlegungen über Schriftart, Schriftgröße, Schriftstil (wie in der Textverarbeitung),

   – Formatierung von Zahlen (siehe Abb.3.1).

• Es wird empfohlen, mögliche Formatierungen für Texte und Zahlen auszuprobieren.

3.3 Datentypen

EXCEL kennt die *Datentypen* Text, Zahlen und Formeln, die sich in Zellen der Tabellen (Arbeitsblätter) eintragen lassen. Die Datentypen *Text* und *Zahlen* führt EXCEL unter dem Sammelbegriff *Konstanten*.

Da Datentypen zu den Grundlagen von Berechnungen gehören, werden sie in den folgenden Abschn.3.3.1 bis 3.3.3 ausführlicher besprochen.

3.3.1 Datentyp Text

Text spielt als Datentyp eine wichtige Rolle bei der Arbeit mit EXCEL.

Im Rahmen der Wirtschaftsmathematik wird *Text* zur Erklärung und Veranschaulichung durchgeführter Berechnungen benötigt.

EXCEL unterscheidet bei der Eingabe zwischen den Datentypen *Text* und *Zahlen:*

- Allgemein werden Folgen von Buchstaben, Zahlen und gewissen Zeichen in EXCEL als *Zeichenfolgen* (Zeichenketten) bezeichnet (siehe auch Abschn.5.2.2), von denen Text und Zahlen Sonderfälle sind.

- Werden in eine aktive Zelle einer Tabelle Buchstaben und/oder Zahlen mittels Tastatur oder Kopieren eingegeben, so interpretiert EXCEL diese Eingabe als *Text*, wenn außer Zahlen mindestens ein Buchstabe oder Zeichen vorkommt. In diesem Fall bleibt die Zelle im Standardformat, d.h. EXCEL weist kein Zahlenformat zu.

- Zusätzlich kann man mittels Registerkarte **Start** in der Gruppe *Zellen* bei *Format* durch Anklicken von *Zellen formatieren...* im erscheinenden Dialogfenster **Zellen formatieren** u.a. den Datentyp *Text* zuweisen. In diesem Fall werden Zahlen ebenfalls als Text interpretiert.

Beispiel 3.2:

Im Folgenden wird die *Eingabe* von *Text* illustriert:

a) Bei der Eingabe von längerem Text in eine Zelle bildet die Zellbreite keine Barriere, falls die Nachbarzellen frei sind.

   Im folgenden Tabellenausschnitt ist eine Illustration dieser Eigenschaft zu sehen, indem der längere Text *Lösen wir das lineare Gleichungssystem* in Zelle Z1S1 eingegeben ist:

Z1S1	▼	f_x	Lösen wir das lineare Gleichungssystem

	1	2	3	4	5	6
1	Lösen wir das lineare Gleichungssystem					
2						

b) Man kann längeren Text auch mehrzeilig in eine Zelle durch Drücken der Tastenkombination ALT EINGABE nach jeder Zeile eingeben, wie im Folgenden illustriert ist:

Z1S1	▼	f_x	Lösen wir

	1	2	3	4
1	Lösen wir das lineare Gleichungs-system			

♦

Betrachtung wichtiger charakteristischer *Merkmale* und *Eigenschaften* von *Text* im Rahmen von EXCEL:

- Eine Hauptaufgabe von Text besteht in der Beschriftung von Zeilen und Spalten von Tabellen und der Angabe von Informationen bei Durchführung von Berechnungen.

- Text muss sich nicht an der Spaltenbreite (Zellenbreite) orientieren. Wenn die Nachbarzelle frei ist, wird er hier fortgesetzt (siehe Beisp.3.2a).

- Längerer Text kann mehrzeilig in eine Zelle eingegeben werden, obwohl die Bearbeitungsleiste nur eine Zeile (Eingabezeile) hierfür anbietet. Man erreicht dies durch Drücken der Tastenkombination $\boxed{\text{ALT}}$ $\boxed{\text{EINGABE}}$ nach jeder Zeile, wie im Beisp.3.2b und 3.3b illustriert ist.

- Für Text existiert der *Verkettungsoperator* **&** , mit dessen Hilfe die Inhalte mehrerer Zellen (Zahlen oder Texte) miteinander verbunden (verknüpft, verkettet) werden können, wobei als Ergebnis immer der Datentyp *Text* (d.h. eine *Zeichenfolge*) entsteht:
  - Es ist zu beachten, dass **&** in einer Formel stehen muss, deren Anfang durch das Gleichheitszeichen gekennzeichnet ist (siehe Beisp.3.3).
  - Anstatt von **&** lässt sich auch die EXCEL-Funktion **VERKETTEN** heranziehen, die ebenfalls verschiedene Zeichenfolgen zu einer Zeichenfolge verknüpft (verkettet).
- EXCEL besitzt für Texteingaben folgende nützliche *Eigenschaften,* die bei mathematischen Berechnungen von Vorteil sind:
  - Außer Text gestattet EXCEL die Eingabe *mathematischer Symbole* mit Hilfe des *Formeleditors.* Dazu ist die Registerkarte **Einfügen** mit der Gruppe *Text* durch Anklicken von *Objekt* anzuwenden und im erscheinenden Dialogfenster **Objekt** der Objekttyp *Microsoft Formel-Editor 3.0* auszuwählen.
  - Werden *griechische Buchstaben* benötigt, so lassen sich diese mit der Schriftart *Symbol* aus der Registerkarte **Start** in der Gruppe *Schriftart* oder *Zellen (Zellen formatieren)* erzeugen.

Beispiel 3.3:

Im Folgenden wird die Anwendung des *Verkettungsoperators* **&** illustriert, mit dessen Hilfe sich die Inhalte (Zahlen oder Texte) mehrerer Zellen miteinander verknüpfen (verketten) lassen:

a) Im abgebildeten Tabellenausschnitt werden in Zelle Z1S3 die Texte aus den Zellen Z1S1 und Z1S2 miteinander verknüpft, wie aus der in Zelle Z1S3 stehenden Formel ersichtlich ist. An dieser Stelle sei nochmals darauf hingewiesen, dass die Verknüpfung von Texten mittels des Verkettungsoperators **&** immer im Rahmen einer Formel geschehen muss, deren Anfang durch ein Gleichheitszeichen gekennzeichnet ist:

Z1S3		▼	f_x	=Z1S1&Z1S2	
	1	2	3	4	
1	Schul	freund	Schulfreund		
2					

b) Man kann mit dem Verkettungsoperator **&** auch Text und Zahlen miteinander verknüpfen:

- Es ist zu beachten, dass als Ergebnis immer der Datentyp *Text* entsteht.
- Im folgenden Tabellenausschnitt werden in Zelle Z3S1 mittels **&** der Text aus Zelle Z1S1 und die Zahl aus Zelle Z1S2 miteinander verknüpft:

Z3S1	▼	*fx*	=Z1S1&Z1S2	
	1	**2**	**3**
1	Die Zahl e hat den Näherungswert	2,718281828	
2			
3	Die Zahl e hat den Näherungswert 2,718281828		

3.3.2 Datentyp Zahl

Zahlen bilden den wichtigsten Datentyp für *mathematische Berechnungen*, für die EXCEL zusätzlich Formeln (siehe Abschn.3.3.3) benötigt:

- EXCEL erkennt die Eingabe in eine Zelle einer Tabelle automatisch als *Zahl*, wenn nur *Ziffern*, eventuell ein *Plus-* oder *Minuszeichen*, *Dezimalkomma* oder *Tausenderpunkt* bzw. ein *Exponent* in der Form **E+n** vorhanden sind.
- EXCEL kann mit positiven und negativen ganzen Zahlen und endlichen Dezimalzahlen (Dezimalbrüchen) rechnen.
- EXCEL kann auch mit Brüchen rechnen, wie im Abschn.8.2.1 zu sehen ist.

EXCEL kann irrationale Zahlen (wie z.B. e und π) nur näherungsweise durch *endliche Dezimalzahlen* darstellen (siehe Beisp.3.4).

- Diese Dezimalzahlen werden als *Gleitkommazahlen* bezeichnet, für die das Komma (Dezimalkomma) für Dezimalstellen (Nachkommastellen) und der Punkt für Tausenderstellen (Tausenderpunkt) Anwendung finden.
- Es sind verschiedene Formate (*Zahlenformate*) möglich, wie im Folgenden illustriert ist.
  ♦

Zahlenformate (Zahlendarstellungen) von EXCEL:

- EXCEL kennt verschiedene Zahlenformate für *Dezimalzahlen*, die in der Registerkarte **Start** Gruppe *Zellen* mit *Format* im erscheinenden *Dialogfenster* **Zellen formatieren** bei *Kategorie* einzustellen sind (siehe Abb.3.1):
  - Mit *Standard* haben die Zellen kein bestimmtes Zahlenformat.
  - Mit *Zahl* lassen sich in Zellen maximal 30 Dezimalstellen festlegen.
  - Mit *Wissenschaft* wird die *Exponentialdarstellung* der Form ....,........**E+n** für Dezimalzahlen in den Zellen eingestellt, die sich besonders für große Zahlen eignet.
- Weiterhin können mittels der Registerkarte **Start** bei der Gruppe *Zahl*:

– mit den Schaltflächen $\boxed{\begin{smallmatrix}\leftarrow,0 & ,00\\ ,00 & \rightarrow,0\end{smallmatrix}}$ in den Zellen Dezimalstellen verringert (ohne Rundung) bzw. vergrößert (Anfügung von Nullen) werden.

– mit der Schaltfläche $\boxed{\%}$ Zahlenwerte in den Zellen als Prozentwerte formatiert werden.

Für mathematische Berechnungen empfehlen sich die Zahlenformate *Zahl* und *Wissenschaft*:

– *Zahl*

Hier werden *Dezimalzahlen* mit Dezimalkomma und auf Wunsch Tausenderpunkt dargestellt. Die Anzahl der Stellen lassen sich in der Registerkarte **Start** im Dialogfenster **Zellen formatieren** (siehe Abb.3.1) bei *Zahl* bei *Dezimalstellen* auf maximal 30 einstellen (siehe Beisp.3.4).

– *Wissenschaft*

Diese Darstellung eignet sich besonders für große Zahlen, da hier Dezimalzahlen in *Exponentialdarstellung* .... , ...E+n Anwendung finden.

Weiterhin lassen sich hierfür die Kategorien *Standard* und *Benutzerdefiniert* einsetzen, die wir dem Anwender überlassen.

♦

Beispiel 3.4:

Im Folgenden ist an typischen Beispielen zu sehen, dass EXCEL reelle (irrationale) Zahlen in Rechnungen nicht exakt, sondern nur näherungsweise als endliche Dezimalzahlen darstellen und weiterverwenden kann.

a) Die Zahl π kennt EXCEL in der Darstellung **PI( )**, wie aus dem Dialogfenster **Funktion einfügen** (siehe Abschn.12.3) ersichtlich ist. EXCEL kann π mit maximal 15 Stellen näherungsweise berechnen, wie folgender Tabellenausschnitt zeigt:

Z1S1	▼	f_x =PI()	
	1	2	3
1	3,14159265358979		

b) Die Zahl e kennt EXCEL in der Darstellung **EXP(1)**, wie aus dem Dialogfenster **Funktion einfügen** (siehe Abschn.12.3) ersichtlich ist. EXCEL kann e mit maximal 15 Stellen näherungsweise berechnen, wie folgender Tabellenausschnitt zeigt:

Z1S1	▼	f_x =EXP(1)	
	1	2	3
1	2,71828182845905		

c) Illustration der Anwendung der EXCEL-Funktion **LÄNGE**:

Neben der Länge eines Textes lässt sich mit der EXCEL-Funktion **LÄNGE** die Anzahl der Ziffern einer Dezimalzahl bestimmen, wie im folgenden Tabellenausschnitt für die in Zelle Z1S1 stehende Zahl e in Zelle Z2S1 zu sehen ist.

Z2S1	▼	f_x	=LÄNGE(Z1S1)	
	1	2	3	4
1	2,718281828459050			
2	16			

3.3.3 Datentyp Formeln

Formeln bilden neben Text und Zahlen einen weiteren Datentyp in EXCEL. Da mathematische Berechnungen in EXCEL nur mittels Formeln durchführbar sind, spielen sie die wichtigste Rolle beim Einsatz von EXCEL in der Wirtschaftsmathematik.

Wir geben keine exakte Definition von *Formeln*, sondern nur eine für den Einsatz von EXCEL ausreichende *anschauliche Charakterisierung:*

– In Formeln können *Zahlen* und *Funktionen* auftreten, die durch arithmetische Operatoren (*Rechenoperatoren*) + (Additionsoperator), - (Subtraktionsoperator), * (Multiplikationsoperator, / (Divisionsoperator und ^ (Potenzoperator) miteinander verbunden sind.

– Bei der Durchführung von Berechnungen berücksichtigt EXCEL die aus der Mathematik bekannten Prioritäten für Rechenoperatoren, d.h. die Reihenfolge Klammern, Potenzierung, Multiplikation/Division, Addition/Subtraktion. Falls man hier Schwierigkeiten hat, empfiehlt sich das Setzen zusätzlicher Klammern.

– Ein Vorteil von EXCEL besteht darin, dass in Formeln zusätzlich *Bezüge* (für Zellen oder Bereiche) und *Namen* (von Variablen und Bereichen) auftreten können (siehe Abschn.2.3.3 und 2.3.4), wie im Beisp.2.4 und 3.5 illustriert ist.

– EXCEL kann Formeln nicht in der üblichen mathematischen Schreibweise berechnen, sondern nur in der aus Programmiersprachen bekannten sogenannten *linearen Schreibweise* unter Anwendung der oben gegebenen Rechenoperatoren. Ein anschauliches Beispiel liefert die Berechnung der Zinseszinsformel in Beisp.3.5b.

– Als Ergebnis liefern Formeln eine *Zahl* oder einen *Wahrheitswert* (WAHR/ FALSCH).

 **Bemerkung**

Zur Durchführung von Berechnungen in einer aktiven Zelle der Tabelle von EXCEL muss eine Formel eingegeben werden:

• EXCEL kann Formeln nicht automatisch von anderen Daten unterscheiden:

– Eine Formel muss mit einem Gleichheitszeichen = beginnen (siehe Beisp.3.5).

– Falls eine Formel mit einem Plus- oder Minuszeichen beginnt, braucht man kein Gleichheitszeichen einzugeben. In diesem Fall wird das Gleichheitszeichen von EXCEL automatisch eingefügt.

- Eine Formel, die sich in einer Zelle einer Tabelle befindet, wird nur dann in der Bearbeitungsleiste angezeigt, wenn die entsprechende Zelle aktiv ist. Ansonsten erscheint nur das Ergebnis der mit der Formel durchgeführten Berechnung. Man kann sich jedoch alle in einer Tabelle befindlichen Formeln anzeigen lassen, indem man die Registerkarte **Formeln** aktiviert und Folgendes in der Gruppe *Formelüberwachung* anklickt:
  Formeln anzeigen

Beispiel 3.5:

Illustration der Anwendung von *Formeln,* indem in je einer Tabelle die Formel für das Zylindervolumen und die Zinseszinsformel eingesetzt werden:

a) Im folgenden Tabellenausschnitt befindet sich in Zelle Z4S1 die Formel für das *Volumen* eines *Zylinders* mit Radius r und Höhe h, deren Werte sich in Zelle Z2S1 bzw. Z2S2 befinden:

Z4S1	▼	f_x	=PI()*Z2S1^2*Z2S2	
	1	2	3	4
1	r	h		
2	2	3		
3				
4	37,6991118			

b) Aus dem folgenden Tabellenausschnitt ist anhand der *Zinseszinsformel* zu sehen, wie sich Formeln bei mathematischen Berechnungen übersichtlich gestalten lassen:

Z7S2	▼	f_x	=K0*(1+p/100)^T		
	1	2	3	4	5
1	K0	T	p		
2	1000	5	3		
3					
4	Anwendung der Zinseszinsformel			$K_T = K_0 \cdot \left(1 + \dfrac{p}{100}\right)^T$	
5					
6					
7	liefert		1159,27407		
8					

- Die *Zinseszinsformel* (siehe Abschn.22.6) befindet sich in Zelle Z7S2 in der für EXCEL erforderlichen Schreibweise. Hier befindet sich nach Aktivierung der Formel das berechnete Ergebnis.

- Die konkreten Zahlenwerte für Anfangskapital K0, Laufzeit T (in Jahren) und Zinsfuß p (in Prozent) befinden sich in den Zellen Z2S1, Z2S2 bzw. Z2S3, für die *Zellnamen* K0, T bzw. p definiert wurden, wie im Abschn.2.3.3 beschrieben ist.

- Zum besseren Verständnis ist *erläuternder Text* und mittels des Formeleditors die *Zinseszinsformel* in *mathematischer Schreibweise* eingegeben, wie im Abschn.3.3.1 beschrieben ist.

4 Programmierung mit EXCEL

4.1 Programmiersprache VISUAL BASIC FOR APPLICATIONS (VBA)

4.1.1 Einführung

BASIC (Abkürzung der englischen Bezeichnung: *Beginners All Purpose Symbolic Instruction Code*) wurde 1964 als leicht erlernbare prozedurale Programmiersprache für verschiedene Computerplattformen eingeführt.

In den folgenden Jahren wurde BASIC als höhere Programmiersprache weiterentwickelt, so auch mit objektorientierten Elementen.

VB (VISUAL BASIC) ist eine objektorientierte Programmiersprache, die von MICROSOFT ab 1991 für das Betriebssystem WINDOWS entwickelt wurde und auf dem klassischen BASIC aufbaut:

- VBA ist die Anwendung von VB in verschiedenen Anwendungsprogrammsystemen. Deshalb steht das A für *Applikation* (Anwendung, engl.: *Application*).
  VBA wurde 1994 von MICROSOFT eingeführt und ist außer in EXCEL in weiteren MICROSOFT OFFICE-Programmsystemen wie WORD, POWERPOINT und ACCESS und in Programmsystemen anderer Softwarefirmen integriert.

- VB und VBA können als moderne Versionen der klassischen Programmiersprache BASIC angesehen werden. Sie besitzen alle Merkmale und Konzepte aktueller Programmiersprachen.

- Mit VBA existiert für viele aktuelle Systeme wie z.B. EXCEL, WORD, POWERPOINT und ACCESS eine einheitliche Programmiersprache im Gegensatz zu früheren Versionen dieser Systeme, die nicht kompatible sogenannte Makrosprachen enthielten.

4.1.2 VBA mit EXCEL (EXCEL-VBA)

Mit der in EXCEL integrierten Programmiersprache VBA (VISUAL BASIC FOR APPLICATIONS) lassen sich Programme schreiben bzw. VBA-Programme anderer Anbieter anwenden:

- Mittels der Programmiersprache VBA lässt sich EXCEL erweitern und eigenen Erfordernissen anpassen, d.h. es können z.B. Funktionen erstellt werden, die nicht in EXCEL integriert (vordefiniert) sind.

- Im Folgenden werden Illustrationen gegeben, indem VBA im Abschn.4.3 vorgestellt und in den Kap.5 und 6 einen Einblick in die strukturierte (prozedurale) Programmierung mit VBA gegeben wird.

Die in EXCEL integrierte *Programmiersprache* VBA ist folgendermaßen *charakterisiert:*

- VBA wurde in EXCEL ab Version 5 integriert und ersetzt die Makrosprache früherer Versionen.

- Der Zugang zu VBA ist in der Registerkarte **Entwicklertools** von EXCEL zu finden. Diese Registerkarte wird standardmäßig nicht im Menüband angezeigt. Sie lässt sich jedoch folgendermaßen hinzufügen:

- Anklicken von *Optionen* in der Registerkarte **Daten**.

- Im erscheinenden Dialogfenster **Excel-Optionen** ist *Menüband anpassen* anzuklicken und im erscheinenden Fenster *Entwicklertools* zu markieren. Das Anklicken der Schaltfläche **OK** liefert im Menüband die Registerkarte **Entwicklertools**, mit deren Hilfe sich VBA einsetzen lässt.

- Bei der Version EXCEL 2007 ist *Excel-Optionen* in der Schaltfläche **Microsoft Office** und im erscheinenden Dialogfenster **Excel-Optionen** bei der ersten Kategorie *häufig verwendet* die Option *Entwicklerregisterkarte in der Multifunktionsleiste anzeigen* und abschließend **OK** anzuklicken.

• VBA liegt für EXCEL 2013 in der Version 7.1 vor.

• Es ist zu beachten, dass ein in EXCEL erstelltes VBA-Programm nicht ohne weiteres in einem anderen MICROSOFT OFFICE-Programm wie z.B. WORD läuft. Dies liegt daran, dass jedes OFFICE-Programm spezielle VBA-Komponenten besitzt.

• Im Unterschied zu Programmen, die mit VISUAL BASIC erstellt sind, können mit VBA erstellte Programme (*VBA-Programme*) nicht selbstständig in WINDOWS gestartet werden, sondern nur innerhalb eines Softwarepakets (Applikation) wie z.B. eines OFFICE-Pakets:

- Dies liegt daran, dass VBA keine eigenständige Programmiersprache ist, sondern immer in eine andere sogenannte Applikation wie z.B. EXCEL integriert ist.

- Dies ist der Hauptunterschied von VBA im Vergleich zu anderen Programmiersprachen, wie auch die Bezeichnung FOR APPLICATIONS ausdrückt, dass VBA nur innerhalb einer Applikation einsetzbar ist.

- In EXCEL ist ein VBA-Programm immer Teil einer EXCEL-Arbeitsmappe und kann deshalb nicht außerhalb dieser Arbeitsmappe gespeichert, editiert oder ausgeführt werden.

Im Rahmen des vorliegenden Buches lassen sich keine umfassenden Darstellungen von VBA geben, sondern nur Elemente der *strukturierten Programmierung* vorstellen (siehe Kap.5 und 6), die auch *prozedurale Programmierung* heißt und die unterste Ebene moderner Programmiersprachen und damit auch von VBA bildet:

- Mit Kenntnissen der strukturierten (prozeduralen) Programmierung lassen sich VBA-Programme zur Berechnung mathematischer Probleme erstellen. So können Funktionen programmiert werden, die nicht in EXCEL integriert (vordefiniert) sind, wie z.B. für numerische Differentiation und Integration (siehe Kap.14 und 15).

- Die im Buch gegebenen Programmbeispiele können als Mustervorlagen dienen, um eigene Programme zu erstellen.

- Wer sich ausführlicher mit VBA-Programmierung beschäftigen möchte, kann die zahlreichen Lehrbücher konsultieren (siehe Literaturverzeichnis).

- Die *Hilfe* für VBA wird in der Benutzeroberfläche des VISUAL BASIC-EDITORS (siehe Abschn.4.3.1 und 4.3.3) in der Symbolleiste mittels des Fragezeichens **?** aufgerufen und es erscheint ein Dialogfenster, mit dem sich benötigte Informationen anzeigen lassen.

4.2 Makro-Rekorder von EXCEL

In Anlehnung an die mit der Makrosprache früherer Versionen erstellten Programme werden VBA-Programme in EXCEL manchmal als *Makros* bezeichnet:

- Auch in aktuellen Versionen von EXCEL lassen sich Makros erstellen.
  Der in EXCEL integrierte *Makro-Rekorder* (siehe Beisp.4.1) lässt sich folgendermaßen charakterisieren:

  - Er kann eine Reihe von Aktionen (Befehlen) in der aktuellen Tabelle während der Eingabe aufzeichnen, die dann anschließend über den gewählten Makro-Namen als eine einzige Aktivität (Befehl) ausgeführt werden.

  - Er ist ein Hilfsmittel, um einfache VBA-Programme in Form von Prozeduren erstellen zu können, ohne Programmierkenntnisse zu besitzen.

  - Er speichert die erstellten Makros als VBA-Programme (Prozeduren), d.h. Makros und VBA-Prozeduren sind im Großen und Ganzen dasselbe.

- Da der Makro-Rekorder im Buch nicht benötigt wird, verweisen wir für weitergehende Informationen auf die Literatur.

Beispiel 4.1:
Der in EXCEL integrierte *Makro-Rekorder* lässt sich folgendermaßen einsetzen:

- Das Dialogfenster **Makro aufzeichnen**

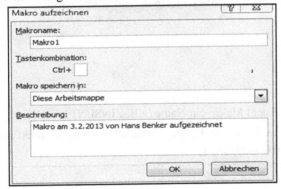

erscheint durch Aufruf der Registerkarte **Entwicklertools** und anschließendem Anklicken von

in der Gruppe *Code:*

- Dem Makro ist ein Name (*Makroname*) wie z.B. MAKRO1 zuweisen
- Durch Anklicken der Schaltfläche **OK** beginnt die Aufzeichnung.

– Durch Anklicken von

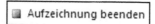

in der Gruppe *Code* wird die Aufzeichnung beendet.

– Bis zur Beendigung werden alle Aktivitäten in der aktuellen Tabelle aufgezeichnet und können bei Bedarf später mittels des zugewiesenen Makronamen in einem Schritt ausgeführt werden.

• Das *Makro-Fenster*

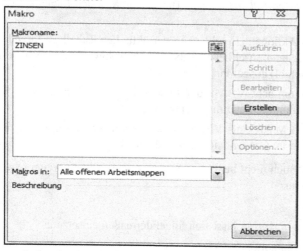

erscheint durch Aufruf der Registerkarte **Entwicklertools** und anschließendem Anklicken von

in der Gruppe *Code:*

– In diesem Makro-Fenster wird dem Makro ein Name (z.B. ZINSEN) zugewiesen.

– Durch Anklicken von *Erstellen* im Makro-Fenster erscheint die Benutzeroberfläche des VBA-Editors mit folgendem *Codefenster:*

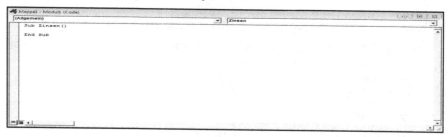

   – Im Codefenster hat VBA bereits Prozedurkopf und -fuß für die Prozedur ZINSEN eingetragen, so dass nur noch der erforderliche VBA-Code des Prozedurrumpfes von ZINSEN einzugeben ist (siehe Beisp.5.1).

4.3 VBA-Entwicklungsumgebung von EXCEL

VBA benötigt wie jede Programmiersprache eine *Entwicklungsumgebung*, die folgende Abschn.4.3.1-4.3.3 vorstellen (siehe auch Abb.4.1).

4.3.1 VISUAL BASIC-EDITOR (VBE)

Der VISUAL BASIC-EDITOR (Abkürzung: *VBA-Editor* oder VBE) ist die *VBA-Entwicklungsumgebung* von EXCEL:

– Die Bezeichnung *Editor* ist in VBA etwas irreführend, da er nicht nur ein Editor sondern eine vollständige *Entwicklungsumgebung* ist.
– VBA-Programme lassen sich hier erstellen (eingeben), editieren, testen und ausführen (siehe Kap.6).

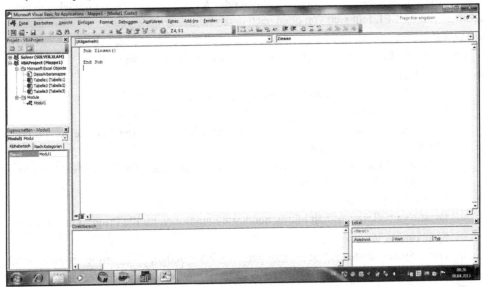

Abb.4.1: VBA-Editor von EXCEL 2010

Der VISUAL BASIC-EDITOR ist folgendermaßen *charakterisiert:*

• Der Editor wird mittels der Registerkarte **Entwicklertools** und anschließendem Anklicken von in der Gruppe *Code* aufgerufen und erscheint nicht innerhalb von EXCEL, sondern mit eigener *Benutzeroberfläche* (VBA-Editor), die eine für klassische WINDOWS-Programme bekannte Struktur hat (siehe Abb.4.1 und Beisp.6.1b).

- In der Benutzeroberfläche des VBA-Editors lässt sich ein *Codefenster* öffnen, indem im *Projektexplorer* (siehe Abschn.4.3.2) mit der rechten Maustaste auf

  VBAProject (Mappe1)

  geklickt und im erscheinenden Kontextmenü die Menüfolge

  Einfügen⇒Modul

  ausgewählt wird. Damit wird das zu erstellende Programm in ein Modul eingefügt, wobei das erste Modul von VBA mit **Modul1** bezeichnet ist.

- In das geöffnete Codefenster kann eine Prozedur oder ein Funktionsprogramm geschrieben werden.

- Nach Speicherung sind die im Codefenster befindliche Prozedur (bzw. Funktionsprogramm) bei späteren Einsätzen von EXCEL anwendbar (siehe Beisp.6.1)

Die in Abb.4.1 zu sehende *Benutzeroberfläche* des VBA-Editors (VBA-Entwicklungsumgebung) von EXCEL teilt sich von oben nach unten folgendermaßen auf:

- *Menüleiste*

  Die hier enthaltenen Menübefehle dienen zur Arbeit mit dem Editor.

- *Symbolleisten*

  Mittels der Menüfolge **Ansicht⇒Symbolleisten** lassen sich eine Reihe von Symbolleisten ein oder ausblenden, die sich zusätzlich individuell gestalten lassen:

  - Die einzelnen Symbole dieser Leisten werden erklärt, wenn der Mauszeiger auf dem gewünschten Symbol steht.

  - In der Abbildung wurden folgende zwei Symbolleisten unterhalb der Menüleiste von links nach rechts eingeblendet:

    Symbolleiste *Voreinstellung*

    Diese Symbolleiste enthält häufig benötigte Funktionen für die Programmerstellung.

    Symbolleiste *Bearbeiten*

    Diese Symbolleiste enthält Funktionen, die dabei helfen, Programmcode sicher und schnell zu bearbeiten.

- *Fenster*

  Die Programmierung vollzieht sich in folgenden *Fenstern* der VBA-Entwicklungsumgebung, die bis auf das Codefenster ausgeblendet werden können:

  Codefenster (Quelltextfenster, Editorfenster):

  - Es nimmt einen großen Teil der Benutzeroberfläche ein und schließt sich an die Symbolleisten an.

  - Es ist das wichtigste Fenster für den Programmierer, da es zur Eingabe des VBA-Programms (VBA-Quellcodes, VBA-Programmcodes) dient.

– Es ist beim Starten des VBA-Editors nicht geöffnet und kann auf verschiedene Arten geöffnet werden:
So z.B. im *Projektexplorer* durch Klicken mit der rechten Maustaste auf **VBAProject (Mappe1)** und Auswahl der Menüfolge

Einfügen⇒Modul.

Projektfenster
Es ist das Fenster des *Projektexplorers*, der ausführlich im folgenden Abschn.4.3.2 beschrieben ist.

Eigenschaftenfenster
Es liegt direkt unterhalb des Projektfensters. Hier werden Eigenschaften für das im Projektexplorer markierte Objekt angezeigt.

Direktfenster
Hier lassen sich Anweisungen testen und Werte ausgeben, die zur Kontrolle des VBA-Programms benötigt werden.

Lokalfenster
Hier lassen sich Variableninhalte und -typen anzeigen.

4.3.2 Projektexplorer (Projektfenster)

Das Fenster des *Projektexplorers* (Projektfenster) erscheint links in der Benutzeroberfläche unterhalb der Symbolleisten und dient u.a. zur Verwaltung von VBA-Programmen:

• Das Projektfenster lässt sich mittels der Menüfolge   **Ansicht⇒Projekt-Explorer** einblenden, falls es nicht in der Benutzeroberfläche des VBA-Editors erscheint.

• Das Projektfenster zeigt alle geöffneten Arbeitsmappen (EXCEL-Dateien) sowie darin enthaltene Objekte (Tabellen) und Module als sogenannte VBA-Projekte an, d.h. es dient zur Orientierung in EXCEL-Programmen.

• Der Projektexplorer verwaltet VBA-Projekte nach einem System, das dem Dateisystem von WINDOWS ähnlich ist, d.h. er hat eine Struktur wie der Datei-Explorer von WINDOWS (WINDOWS-Explorer).

• Der Projektexplorer besitzt VBA-Projekte als oberste Ebene, die sich ihrerseits aus verschiedenen Objekten (Ordnern) zusammensetzen, von denen für unsere Zwecke der Ordner **Module** benötigt wird:

– Ein *Modul* ist eine Sammlung von Prozeduren bzw. Funktionen, die im Codefenster des VBA-Editors nach Mausklick auf das entsprechende Modul angezeigt werden.

– Der Projektexplorer kann neue Module einfügen oder auf bereits vorhandene Module zugreifen, die erstellte VBA-Programme enthalten:
Die verschiedenen Module werden mittels **Modul1, Modul2, Modul3**, ... fortlaufend nummeriert.

– Das Einfügen neuer Module geschieht wie bereits oben gesehen im Projektexplorer durch Klicken mit rechter Maustaste auf **VBAProject (Mappe...)** und Auswahl der Menüfolge

Einfügen⇒Modul

im erscheinenden Kontextmenü.

• Weitere Illustrationen zum Projektexplorer sind im Abschn.6.6 und Beisp.6.1 zu finden.

4.3.3 VBA-Hilfe

Die *VBA-Hilfe* gibt nicht nur Hilfen zu Anweisungen, integrierten Funktionen und Schlüsselwörtern, sondern auch Informationen zu zahlreichen anderen Themen der VBA-Programmierung:

– Diese Hilfe lässt sich im VBA-Editor mittels **?** aufrufen.

– Da wir nur eine Einführung in VBA geben können, empfehlen wir bei tiefergehenden Fragen, zuerst die ausführlichen Hilfefunktionen von VBA heranzuziehen, ehe spezielle VBA-Lehrbücher konsultiert werden.

5 Strukturierte (prozedurale) Programmierung mit EXCEL-VBA

5.1 Einführung

Die *strukturierte Programmierung* mit EXCEL-VBA heißt auch *imperative* oder *prozedurale Programmierung*:

- Die hiermit erstellten Programme unterteilen sich in *Prozeduren* und *Funktionsprogramme (Funktionen)*, die Abschn.6.3 bzw. 6.4 vorstellen.
- Im folgenden Beisp.5.1 wird eine Illustration für die Erstellung einer Prozedur bzw. eines Funktionsprogramms gegeben, um einen ersten Eindruck von der strukturierten Programmierung mit EXCEL-VBA zu vermitteln.
- Im Abschn.5.2 stellen wir wesentliche Programmierelemente der strukturierten Programmierung mit EXCEL-VBA vor, um im folgenden Kap.6 strukturierte Programme schreiben zu können.

Beispiel 5.1:
Illustration der VBA-Programmierung mit EXCEL, indem die bekannte *Zinseszinsformel* (siehe auch Beisp.6.1 und Abschn.22.6.2)

$$K_T = K_0 \cdot (1 + \frac{p}{100})^T$$

als *Prozedur* bzw. *Funktionsprogramm (Funktion)* ZINSEN geschrieben wird, um das Endkapital K_T (KT) eines bei einer Bank eingezahlten Anfangskapitals(K0) bei einem Zinsfuß von p% (pro Jahr) nach einer Laufzeit von T Jahren berechnen zu können. Die Realisierung dieser beiden Programme mit EXCEL-VBA gestaltet sich folgendermaßen:

a) Bei der Programmierung als *Prozedur* ZINSEN ist Folgendes zu schreiben:

Sub ZINSEN()
' Berechnung des Endkapitals für Anfangskapital K0, Zinsfuß p und Laufzeit T
K0 = **InputBox** ("Anfangskapital")
p = **InputBox** ("Zinsen")
T = **InputBox** ("Laufzeit")
KT = K0 * (1 + p/100) ^ T
MsgBox ("Endkapital=" & KT)
End Sub

Die benötigten Grössen K0, p und T werden hier mittels der VBA-Funktion **InputBox** eingegeben, d.h. nach dem Start der Prozedur ZINSEN mittels der Menüfolge

Ausführen⇒Sub/UserForm ausführen

erscheinen drei Eingabefenster, in die konkrete Werte wie z.B. K0 = 1000, p = 3, T = 5 mittels Tastatur einzugeben und jeweils durch Anklicken von OK zu bestätigen sind (siehe Beisp.6.1).

b) Bei der Programmierung als *Funktionsprogramm* ZINSEN ist Folgendes zu schreiben:

Function ZINSEN (K0, p, T)

' Berechnung des Endkapitals KT für Anfangskapital K0, Zinsfuß p und Laufzeit T

ZINSEN = K0 * (1 + p/100) ^ T

End Function

Hier treten die benötigten Größen K0, p, T als *Funktionsargumente* von ZINSEN auf und sind beim Aufruf durch die konkreten Werte wie z.B. K0=1000, p=3, T=5 zu ersetzen (siehe Beisp.6.1), d.h. es ist

=ZINSEN(1000;3;5)

in eine Zelle der Tabelle einzugeben.

5.2 Programmierelemente von EXCEL-VBA

In den Abschn.5.2.1-5.2.10 sind im Rahmen der strukturierten Programmierung benötigte folgende *Programmierelemente* von EXCEL-VBA vorgestellt:

Zahlen, Zeichenfolgen, Konstanten, Variablen, Felder, Operatoren, Ausdrücke, Zuweisungen, Verzweigungen (bedingte Anweisungen) und Schleifen.

Weiterhin werden in den Abschn.5.3 und 5.4 für die strukturierte Programmierung benötigte integrierte Funktionen bzw. Ein- und Ausgaben von Daten betrachtet.

5.2.1 Zahlen

VBA kennt eine Reihe von Zahlenformaten für *Dezimalzahlen*, die als *Gleitkommazahlen* bezeichnet werden und folgendermaßen *charakterisiert* sind:

– Zahlenformate können in Dimensionsanweisungen festgelegt werden, wie Beisp.6.2 illustriert.

– Des Weiteren sind Funktionen (siehe auch Abschn.5.3) zur *Verarbeitung* von *Zahlen* in VBA integriert, über die man in der VBA-Hilfe ausführliche Informationen erhält, wenn als Suchbegriff *Zahl* eingegeben wird.

– Während Gleitkommazahlen in VBA-Programmen mit Punkt (*Dezimalpunkt*) geschrieben werden, sind sie in EXCEL-Tabellen mit Komma (*Dezimalkomma*) darzustellen.

5.2.2 Zeichenfolgen (Zeichenketten)

Zeichenketten werden in VBA als *Zeichenfolgen* bezeichnet, müssen zwischen Anführungszeichen " " eingeschlossen sein und sind folgendermaßen *charakterisiert:*

– Zeichenfolgen können aus einer Folge von Buchstaben, Ziffern und Sonderzeichen bestehen.

– Werden Zeichenfolgen einer Variablen zugewiesen, so muss diese vom *Datentyp* **Variant** oder **String** sein, wie im Abschn.6.2 zu sehen ist.

- Für Zeichenfolgen kennt VBA *Verkettungsoperatoren* (Verknüpfungsoperatoren - siehe Abschn.5.2.6) und eine Reihe von Funktionen zu ihrer Bearbeitung, die aus der VBA-Hilfe zu entnehmen sind, wenn als Suchbegriff *Zeichenfolge* eingegeben wird.

- Zeichenfolgen werden z.B. dann benötigt, wenn Informationen im Textformat bearbeitet oder ausgegeben werden, so zur Ausgabe von Hinweisen und Fehlermeldungen.

- Zeichenfolgen sind nicht mit *erläuterndem Text* (siehe Abschn.6.3 und 6.4) innerhalb eines VBA-Programms zu verwechseln, der durch ein einfaches Anführungszeichen ' gekennzeichnet ist.

5.2.3 Konstanten

Analog wie in der Mathematik sind *Konstanten* in VBA feste (konstante) Größen, deren Wert einmal zugewiesen und bei Berechnungen nicht mehr veränderbar ist.

Konstanten sind durch Namen gekennzeichnet (*Konstantennamen*), die nach den gleichen Regeln wie bei Variablen zu bilden sind (siehe Abschn.5.2.4).

Für Konstanten kennt VBA ebenso wie für Variablen verschiedene *Datentypen*. Die dazu möglichen Deklarationen sind im Abschn.6.2 und Beisp.6.2 zu finden.

5.2.4 Variablen

Analog wie in der Mathematik sind *Variablen* in VBA veränderliche Größen, denen sich im Verlauf des Programms verschiedene Werte zuweisen lassen und mit denen gerechnet werden kann.

Variablen sind folgendermaßen *charakterisiert:*

- Sie werden durch Namen gekennzeichnet (*Variablennamen*), die in VBA mit einem Buchstaben beginnen müssen und bis zu 255 Zeichen enthalten dürfen:
  - Es wird nicht zwischen Groß- und Kleinschreibung unterschieden.
  - Als Zeichen sind außer Buchstaben auch Zahlen, aber keine Leerzeichen, Punkte oder andere Sonderzeichen erlaubt.
  - Schlüsselwörter von VBA sind nicht als Variablennamen zu verwenden.

- Für sie kennt VBA verschiedene *Datentypen* wie Zahlen (ganze Zahlen, Gleitkommazahlen), Text (Zeichenfolgen) oder logische Werte (Wahrheitswerte), die ebenso wie Konstanten deklariert (vereinbart) werden können, aber nicht müssen.

- Zur Erhöhung der Programmeffektivität wird empfohlen, für alle in einem Programm verwendeten Variablen entsprechende Datentypen zu deklarieren, d.h. *Deklarationen* vorzunehmen, die als *Variablendeklarationen* oder *Typdeklarationen* (Typvereinbarungen) bezeichnet werden (siehe Abschn.6.2 und Beisp.6.2).

5.2.5 Felder

Als *Feld* bezeichnet man in der Programmierung ein Gruppe von Elementen (Variablen), die unter einem gemeinsamen Namen (*Feldnamen*) gespeichert werden:

- Anstatt *Feld* wird oft die englische Bezeichnung *Array* verwendet.

- Die Anzahl (Anordnung) der Elemente, die ein Feld aufnehmen kann, heißt *Dimension* des Feldes.

- Für die Mathematik sind hauptsächlich eindimensionale und zweidimensionale Felder in Form von *Vektoren* bzw. *Matrizen* wichtig.

- Vor Verwendung eines Feldes muss dieses in einer Dimensionsanweisung deklariert (vereinbart) werden. Dazu dienen wie bei Variablen die Schlüsselwörter **Dim** und **As** (siehe Abschn.6.2.1), wie im Beisp.5.6b illustriert ist.

- Bei der Deklaration von Feldern ist zu beachten, dass VBA immer mit dem Index 0 beginnt.

5.2.6 Operatoren

Operatoren dienen in VBA zur Verknüpfung von Daten und Bildung von Ausdrücken:

- VBA kennt mehrere Gruppen von *Operatoren*, so u.a.:
  - *Arithmetische Operatoren*

+	Additionsoperator
–	Subtraktionsoperator
*	Multiplikationsoperator
/	Divisionsoperator
^	Potenzoperator
\	Ganzzahldivisions-Operator
MOD	Modulo-Operator (Rest-Operator)

    Arithmetische Operatoren sind bis auf die beiden letzten unmittelbar verständlich, da sie auch EXCEL kennt (siehe Abschn.7.1.4).

    Die beiden in VBA zusätzlich enthaltenen Operatoren \ und MOD werden im Beisp.5.2 vorgestellt.

  - *Vergleichsoperatoren*

=	gleich
<>	ungleich
<	kleiner
<=	kleiner oder gleich
>	größer
>=	größer oder gleich

    Diese Vergleichsoperatoren kennt auch EXCEL.

    Bei ihrer Anwendung wird der *Wahrheitswert* WAHR oder FALSCH geliefert.

  - *logische Operatoren*

NOT	Nicht
AND	Und
OR	Oder

    Diese logischen Operatoren kennt auch EXCEL.

Bei ihrer Anwendung wird der *Wahrheitswert* WAHR oder FALSCH geliefert.

- *Verkettungsoperatoren*

  Unter *Verkettung* versteht man das Zusammenfügen (Verknüpfen) von Zeichen-folgen (siehe Abschn.5.2.2):

  Als Verkettungsoperator wird **&** verwendet.

  Mit **+** gibt es einen weiteren Verkettungsoperator, der die gleichen Eigenschaften wie **&** besitzt aber seltener angewandt wird.

- Bei der *Anwendung* von *Operatoren* ist Folgendes zu *beachten:*

  - *Vergleichsoperatoren* und *logische Operatoren* werden u.a. in Verzweigungen und Schleifen benötigt, wie im Abschn.5.2.9 und 5.2.10 zu sehen ist.

  - Zwischen einzelnen Operatorgruppen existiert eine *Rangordnung* (Priorität):

    Zuerst kommen arithmetische Operatoren, danach Verkettungs- und Vergleichs-operatoren und abschließend logische Operatoren.

    Innerhalb der einzelnen Operatorgruppen gibt es eine Rangordnung, so z.B. bei arithmetischen Operatoren in der Reihenfolge Potenzieren, Multiplizieren/Divi-dieren, Addieren/Subtrahieren. Falls man sich über die Rangordnung nicht sicher ist, empfiehlt sich das Setzen zusätzlicher Klammern.

  - Bei Anwendung von Operatoren ist zu beachten, dass die Datentypen bei auftreten-den Operanden zueinander kompatibel sind. So lassen sich z.B. Zahlen durch arith-metische Operatoren nicht mit Zeichenfolgen verknüpfen.

Beispiel 5.2:

Betrachtung von Beispielen für die beiden in VBA vorhandenen arithmetischen Operatoren \ und MOD, die für Ganzzahldivision bzw. Modulo-Division stehen:

a) Der *Ganzzahldivisions-Operator* \ ist in folgender Form anzuwenden:

   Operand1 \ *Operand2*　　　　　　　　　　*(Operand1 , Operand2* - Zahlen)

   - Er liefert als Ergebnis eine ganze Zahl, die ohne Rest angibt, wie oft sich die Zahl *Operand1* durch die Zahl *Operand2* teilen (dividieren) lässt.

   - Es ist zu beachten, dass beide Operanden vorher auf ganze Zahlen auf- bzw. abge-rundet werden.

   - Es ergibt sich z.B. Folgendes:

     $5 \setminus 2 = 2$, $3,6 \setminus 1,2 = 4$, $1 \setminus 3 = 0$, $0,6 \setminus 0,9 = 1$

     $1 \setminus 0,5$ liefert kein Ergebnis, da 0,5 auf 0 gerundet wird und somit als Fehler *Division durch Null* auftritt.

   - Die *Ganzzahldivision* lässt sich in EXCEL-VBA auch durch folgendes Funktions-programm GANZDIV berechnen:

     Function GANZDIV(a,b)

     GANZDIV = a \ b

     End Function

b) Der *Modulo-Operator* (Rest-Operator) MOD ist das Gegenstück zum Ganzzahldivisions -Operator:

- Mit ihm kann man ermitteln, wie groß der Rest ist, der sich nach einer Ganzzahldivision ergibt.

- Er ist in folgender Form anzuwenden:

  Operand1 MOD *Operand2*   (*Operand1, Operand2* - Zahlen)

- Es ist zu beachten, dass beide Operanden vorher auf ganze Zahlen auf- bzw. abgerundet werden.

- Man erhält z.B. Folgendes:

  4 MOD 2 = 0 , 1 MOD 3 = 1 , 4,8 MOD 1,6 = 1 , 4,8 MOD 1,4 = 0

- Die *Modulo-Division* lässt sich in EXCEL-VBA durch folgendes Funktionsprogramm MODULO berechnen:

  Function MODULO(a,b)

  MODULO = a MOD b

  End Function

5.2.7 Ausdrücke

Es wird keine exakte Definition von Ausdrücken gegeben, sondern nur folgende anschauliche Interpretation:

- Einfachste Ausdrücke bestehen aus einer Variablen oder Konstanten. Ausdrücke, die aus mehr als einer Variablen oder Konstanten bestehen, enthalten Operatoren.

- Ausdrücke können nicht beliebig mit den im Abschn.5.2.6 beschriebenen Operatoren gebildet werden, sondern unterliegen gewissen Regeln. Je nach Art der auftretenden Operatoren ist zwischen

  arithmetischen Ausdrücken, Vergleichsausdrücken, logischen Ausdrücken und *Zeichenfolgenausdrücken*

  zu unterscheiden, wie im Beisp.5.3 illustriert ist.

- Jeder Ausdruck liefert einen Wert, der je nach Art des Ausdrucks eine Zahl, ein Wahrheitswert oder eine Zeichenfolge ist und kann einer Variablen zugewiesen werden (siehe Abschn.5.2.4).

Beispiel 5.3:

Betrachtung einiger Beispiele für *Ausdrücke:*

- *Arithmetische Ausdrücke*

  Arithmetische Ausdrücke werden aus Operanden (Konstanten, Variablen, mathematischen Funktionen) und arithmetischen Operatoren gebildet und liefern Zahlen als konkrete Ergebnisse:

  - Im Gegensatz zur mathematischen Schreibweise sind arithmetische *Ausdrücke* in VBA wie in den meisten Programmiersprachen *streng linear* zu schreiben.

- So ist z.B. die rechte Seite der aus der Finanzmathematik bekannten Zinseszinsformel (siehe Beisp.5.1 und Abschn.22.6.2)

$$K_T = K_0 \, (1 + \frac{p}{100})^T$$

ein arithmetischer Ausdruck und in VBA in der Form

K0 * (1 + p/100) ^ T

zu schreiben.

- *Vergleichsausdrücke*
  Vergleichsausdrücke (als spezielle logische Ausdrücke) sind wie arithmetische Ausdrücke aus Operanden und Operatoren aufgebaut und liefern als Ergebnisse einen der logischen Wahrheitswerte WAHR oder FALSCH, die vom Datentyp **Boolean** sind:
  - Als Operatoren treten *Vergleichsoperatoren* auf.
  - So liefern z.B. folgende konkrete Vergleichsausdrücke die in Klammern angegebenen logischen Wahrheitswerte:

    1 < 2 (WAHR) , 1 ≥ 2 (FALSCH) , 1 = 2 (FALSCH)

- *Logische Ausdrücke*
  Logische Ausdrücke sind wie arithmetische Ausdrücke aus Operanden und Operatoren aufgebaut und liefern als Ergebnisse einen der logischen Wahrheitswerte WAHR oder FALSCH, die vom Datentyp **Boolean** sind:
  - Logische Ausdrücke werden häufig durch Vergleichsausdrücke gebildet, d.h. *Vergleichsausdrücke* sind spezielle logische Ausdrücke.
  - Zusätzlich können in logischen Ausdrücken die im Abschn.5.2.6 beschriebenen *logischen Operatoren* auftreten.
  - So liefern z.B. folgende konkrete logische Ausdrücke die in Klammern angegebenen logischen Wahrheitswerte:

    1 ≥ 2 OR 5 < 6 (WAHR)   ,   2 < 4 AND NOT 3 ≤ 7 (FALSCH)

5.2.8 Zuweisungen

Zuweisungsanweisungen (kurz: Zuweisungen) zählen zu wichtigen Anweisungen in der strukturierten Programmierung:

- Durch *Zuweisungen* werden Variablen gewisse Werte oder Ausdrücke zugewiesen.
- Zuweisungen geschehen mittels des *Zuweisungsoperators*, für den in VBA das Gleichheitszeichen = vorgesehen ist (siehe Beisp.5.4).

Beispiel 5.4:

Betrachtung typischer *Zuweisungen* an Variable wie z.B. v, u bzw. w:

v = 3.25   (Zuweisung einer Dezimalzahl)

u = K0 * (1 + p/100) ^ T   (Zuweisung eines arithmetischen Ausdrucks)

w = 2 < 4 AND NOT 3 ≤ 7   (Zuweisung eines logischen Ausdrucks)

5.2.9 Verzweigungen (bedingte Anweisungen)

Verzweigungsanweisungen (kurz: *Verzweigungen* oder *bedingte Anweisungen*) gehören zu
Steueranweisungen (Kontrollstrukturen) in der strukturierten Programmierung und dienen
in einem Programm dazu, alternative Anweisungen in Abhängigkeit von Bedingungen aus-
zuführen:

*   Als *Bedingungen* treten Ausdrücke auf, wobei logische Ausdrücke überwiegen, so dass
    in Abhängigkeit von ihren Wahrheitswerten WAHR oder FALSCH unterschiedliche
    Anweisungen ausgeführt werden.

*   Verzweigungen werden in VBA wie in den meisten Programmiersprachen mit dem
    Schlüsselwort **If** gebildet und heißen **If**-Verzweigungen oder **If**-Anweisungen.

*   Man unterscheidet in VBA wie in anderen Programmiersprachen zwischen

    – *Einfachverzweigung*en (siehe Beisp.5.6b):
       Sie werden mit den Schlüsselwörtern **If**, **Then** und **End** in der Form

       If *(logischer) Ausdruck* **Then**

       Anweisungen

       End If

       gebildet.

    – *Mehrfachverzweigungen* (siehe Beisp.5.5):
       Sie werden häufiger benötigt und mit den Schlüsselwörtern **If**, **Then**, **Else**,
       ElseIf und **End** gebildet.

       Sie unterteilen sich in folgende zwei Formen, je nachdem ob zwischen zwei oder
       mehreren Alternativen unterschieden wird:

If-Then-Else-Verzweigung:	**If-Then-ElseIf-Else**-Verzweigung:
If *(logischer) Ausdruck* **Then**	**If** *(logischer) Ausdruck* **Then**
Folge von *Anweisungen*	Folge von *Anweisungen*
Else	**ElseIf** *(logischer) Ausdruck* **Then**
Folge von *Anweisungen*	Folge von *Anweisungen*
End If	**Else**
	Folge von *Anweisungen*
	End If

*   Die beschriebenen Einfach- und Mehrfachverzweigungen werden als *bedingte Verzwei-
    gungen* (bedingte Anweisungen) bezeichnet, da sie von der Erfüllung einer Bedingung
    abhängen.

*   VBA kennt zusätzlich die *unbedingte Verzweigung* **GoTo** *Zeilenmarke*, die zur Zeile
    mit *Zeilenmarke* führt. Da diese Verzweigung selten angewandt wird, gehen wir hierauf
    nicht näher ein.

Beispiel 5.5:

Betrachtung von Beispielen für *Verzweigungen* innerhalb von VBA-Programmen:

a) Obwohl in EXCEL die Funktion **VORZEICHEN** integriert (vordefiniert) ist, wird im Folgenden zur Illustration der *Mehrfachverzweigung* **If-Then-ElseIf-Else** folgendes VBA-Funktionsprogramm SIGNUM geschrieben:

Function SIGNUM(x)

If x > 0 **Then**
SIGNUM = 1

ElseIf x = 0 **Then**
SIGNUM = 0

Else
SIGNUM = -1

End If

End Function

Die Vorzeichenfunktion SIGNUM(x) ist folgendermaßen charakterisiert:

$$SIGNUM(x) = \begin{cases} 1 & \text{falls} \quad x>0 \\ 0 & \text{falls} \quad x=0 \\ -1 & \text{falls} \quad x<0 \end{cases}$$

Im Folgenden sind die Ergebnisse bei der Anwendung der programmierten Funktion SIGNUM für die x-Werte -5 , 0 , 3 zu sehen:

SIGNUM(-5) = -1 , SIGNUM(0) = 0 , SIGNUM(3) = 1

b) Zur Erstellung eines Funktionsprogramms für die stetige Funktion

$$g(x) = \begin{cases} x & \text{für } x \le 1 \\ 2x-1 & \text{für } x > 1 \end{cases}$$

die sich aus zwei Geradenstücken x und 2x-1 zusammensetzt, reicht die *Mehrfachverzweigung* **If-Then-Else**, wie folgende Programmvariante zeigt:

Function g(x)
If x <= 1 **Then**
g = x
Else
g = 2 * x - 1
End If
End Function

c) Obwohl in EXCEL die Funktion **FAKULTÄT** zur Berechnung der Fakultät n! einer positiven ganzen Zahl n integriert (vordefiniert) ist, wird zur Illustration ein Funktionsprogramm FAK in zwei Varianten (mit bzw. ohne Rekursion) geschrieben:

Programm mit Rekursion	Programm ohne Rekursion
Function FAK(n)	**Function** FAK(n)
If n = 0 **Then**	**If** n = 0 **Then**

```
FAK = 1                          FAK = 1
ElseIf n > 0 Then                ElseIf n > 0 Then
FAK = n *FAK(n-1)                FAK = 1
Else                            For i = 2 To n
FAK = "Fehler: n<0"             FAK = FAK * i
End If                           Next i
End Function                     Else
                                FAK = "Fehler: n<0"
                                End If
                                End Function
```

- Dabei wird illustriert, dass in VBA *rekursive Programmierung* möglich ist. Diese ist dadurch charakterisiert, dass ein Programm sich selbst aufruft.

- Im Unterschied zur EXCEL-Funktion **FAKULTÄT** geben die Funktionsprogramme FAK die Fehlermeldung *Fehler: n<0* aus, wenn versehentlich eine negative ganze Zahl n eingegeben wird.

d) Obwohl in EXCEL die Funktion **MIN** zur Berechnung des Minimums ihrer im Argument stehenden Zahlen integriert (vordefiniert) ist, schreiben wir im Folgenden ein Funktionsprogramm MINIMUM (als Funktion von drei Variablen a, b, c) zur Bestimmung des Minimums von drei beliebig vorgegebenen Zahlen a, b, c, um die *Mehrfachverzweigung* **If-Then-ElseIf-Else** zu illustrieren:

Function MINIMUM(a,b,c)

If a <= b AND a <= c **Then**

MINIMUM = a

ElseIf b <= a AND b <= c **Then**

MINIMUM = b

Else

MINIMUM = c

End If

End Function

5.2.10 Schleifen (Laufanweisungen)

Laufanweisungen (kurz: *Schleifen*) gehören zu Steueranweisungen (Kontrollstrukturen) in der strukturierten Programmierung und dienen dazu, in einem Programm gewisse Folgen von Anweisungen (Anweisungsfolgen) mehrmals zu durchlaufen:

Es ist zwischen zwei Arten von *Schleifen* zu unterscheiden (siehe auch Beisp.5.6):

- *Zählschleifen* (**For**-Schleifen)
  - Hier ist die Anzahl von Durchläufen bereits zu Beginn festgelegt.
  - Ein Zähler (Laufvariable oder Schleifenzähler) zählt die Anzahl der Durchläufe.

- *Zählschleifen* werden als **For**-Schleifen bezeichnet, da sie mit dem Schlüsselwort **For** beginnen.

- VBA kennt zwei Arten von Zählschleifen (**For**-Schleifen) **For-To-Next** und **For-Each-Next**, die mit den Schlüsselwörtern **For**, **To**, **Step**, **Each** und **Next** zu bilden sind.

- Wir benötigen für im Buch zu berechnende Probleme nur **For-To-Next**-Schleifen, die folgendermaßen gebildet werden:

  For *Variable=Anfangswert* **To** *Endwert* **Step** *Schrittweite*

  Folge von *Anweisungen* (Anweisungsfolge)

  Next *Variable*

  Die *Anweisungen* werden für die *Variable* (Zählvariable, Zähler, Laufvariable oder Schleifenzähler) vom *Anfangswert* bis zum *Endwert* mit der angegebenen *Schrittweite* durchgeführt.

  Falls die *Schrittweite* 1 beträgt, kann **Step** *Schrittweite* weggelassen werden.

- *Bedingte Schleifen* (siehe Beisp.5.6a):
  - Hier ist die Anzahl der Schleifendurchläufe zu Beginn nicht bekannt.
  - Sie sind flexibler einsetzbar, da hier eine Bedingung (*Abbruchbedingung*) das Beenden der Schleife bestimmt.
  - Man unterscheidet mehrerer Arten, von denen wir folgende benötigen, die mit den Schlüsselwörtern **Do**, **While** bzw. **Until** und **Loop** gebildet werden:

Do-While-Schleife:	Do-Until-Schleife:
Do While *Bedingung*	**Do Until** *Bedingung*
Folge von Anweisungen	*Folge von Anweisungen*
Loop	**Loop**

Folgende wichtige *Sachverhalte* bzgl. Schleifen sind zu *beachten:*

- Schleifen können geschachtelt werden, d.h. innerhalb einer Schleife kann eine weitere Schleife auftreten usw. Man spricht hier von *äußeren* bzw. *inneren Schleifen* (siehe Beisp.5.6b).

- Zählschleifen lassen sich auch mittels bedingter Schleifen realisieren, wie im Beisp.5.6a illustriert ist.

- Zählschleifen kommen in der Mathematik u.a. bei der Berechnung von Summen zum Einsatz, wie im Beisp.5.6a zu sehen ist.

- Bedingungen (Abbruchbedingungen) in bedingten Schleifen werden meistens durch logische Ausdrücke gebildet, wie im Beisp.5.6a illustriert ist.

- Beide bedingten Schleifenarten unterscheiden sich dadurch, dass bei **Do-While**-Schleifen die Anweisungsfolge ausgeführt wird *solange* die *Bedingung* erfüllt ist, während dies bei **Do-Until**-Schleifen der Fall ist, *bis* die *Bedingung* erfüllt ist. Eine Illustration ist im Beisp.5.6a zu finden.

- Bei *bedingten Schleifen* ist zwischen *abweisenden* und *nichtabweisenden* zu unterscheiden, die sich dadurch unterscheiden, dass die Bedingung hinter **Do** bzw. **Loop** auftritt:
  - Deshalb werden sie als *kopfgesteuert* bzw. *fußgesteuert* bezeichnet.
  - Den Unterschied zwischen beiden Formen von Schleifen kann man sich leicht überlegen.

- *Bedingte Schleifen* werden in der Mathematik meistens als *Iterationsschleifen* bezeichnet, da sie bei der Programmierung von Iterationsmethoden zum Einsatz kommen.

- Ein häufig begangener Fehler bei der Erstellung von Schleifen sind sogenannte *Endlosschleifen*. Diese sind dadurch charakterisiert, dass sie aufgrund fehlerhafter Programmierung (fehlerhafter Abbruchbedingung) oder Nichtkonvergenz des verwendeten Algorithmus nicht beendet werden. In diesem Fall lässt sich das Programm durch Drücken der Taste $\boxed{\text{E S C}}$ abbrechen.

Beispiel 5.6:

Illustration der Anwendung von *Zählschleifen* und *bedingten Schleifen* (*Iterationsschleifen*) zur Berechnung mathematischer Probleme:

a) Berechnung einer Summe unter Verwendung von Schleifen, indem in EXCEL-VBA ein *Funktionsprogramm* GANZSUM zur Berechnung der Summe der natürlichen Zahlen von 1 bis n in verschiedenen Varianten unter Verwendung einer Zählschleife bzw. bedingten Schleife erstellt wird:

- Anwendung einer *Zählschleife* der Form **For-To-Next**:

    Function GANZSUM(n **As Integer**) **As Integer**
    GANZSUM = 0
    For i = 1 **To** n
    GANZSUM = GANZSUM + i
    Next i
    End Function

    Mittels GANZSUM lassen sich z.B. für n=100 die Summe der Zahlen von 1 bis 100 berechnen, wofür GANZSUM(100) das Ergebnis 5050 liefert. Zur Lösung dieser Aufgabe hat der berühmte Mathematiker Gauß im Alter von 6 Jahren die Summenformel der arithmetischen Reihe (siehe Abschn.8.2.6) hergeleitet.

- Obwohl Zählschleifen zur Berechnung von Summen effektiv sind, können sie auch durch *bedingte Schleifen* in Form von kopf- bzw. fußgesteuerten **Do-While** oder **Do-Until**-Schleifen ersetzt werden, wie im Folgenden für das zu Beginn gegebene Funktionsprogramm GANZSUM illustriert ist:

kopfgesteuerte **Do-While**-Schleife:	kopfgesteuerte **Do-Until**-Schleife:
Function GANZSUM(n)	**Function** GANZSUM(n)
GANZSUM = 0	GANZSUM = 0
i = 1	i = 1
Do While i <= n	**Do Until** i>n
GANZSUM = GANZSUM + i	GANZSUM = GANZSUM + i

i = i +1	i = i +1
Loop	**Loop**
End Function	**End Function**

b) Illustration der Anwendung *geschachtelter Zählschleifen*, indem mittels eines Funktionsprogramms MINMAT das minimale Element einer in der EXCEL-Tabelle definierten Matrix **B** mit m Zeilen und n Spalten unter Verwendung einer *Einfachverzweigung* berechnet wird:

Function MINMAT(B,m,n)
'Bestimmung eines minimalen Elements einer Matrix **B** vom Typ (m,n)
'mit Angabe der Indizes
Dim i **As Integer**, k **As Integer**, imin **As Integer**, kmin **As Integer**
MINMAT = B(1,1)
imin = 1
kmin = 1
For i = 1 **To** m   ' geschachtelte Schleife
For k = 1 **To** n
If B(i,k) <= MINMAT **Then**   ' Einfachverzweigung
MINMAT = B(i,k)
imin = i
kmin = k
End If
Next k
Next i
MsgBox ("imin=" & imin)   ' Ausgabe Zeilenindex
MsgBox ("imax=" & kmin)   ' Ausgabe Spaltenindex
End Function

Dieses Funktionsprogramm MINMAT berechnet als Ergebnis ein minimales Element einer Matrix und zeigt mittel **MsgBox** (siehe Abschn.5.4) in *Meldungsfenstern* die Indizes des berechneten minimalen Elements an, wie im Folgenden zu sehen ist:

– Für die in der EXCEL-Tabelle definierte Matrix **B** (Z1S1:Z2S3) wird in Zelle Z1S4 durch Aufruf der Funktion MINMAT mit den Argumenten **B** (Matrixname), 2 (Anzahl der Zeilen von **B**) und 3 (Anzahl der Spalten von **B**) das Ergebnis -3,5 berechnet:

Z1S4	▼	*fx*	=MINMAT(B;2;3)
1	2	3	4
1	6	2	-1	-3,5
2	12,5	-3,5	11	

– Folgende beide *Meldungsfenster* zeigen die Indizes des berechneten minimalen Elements:

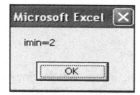 

5.3 Integrierte (vordefinierte) Funktionen

In VBA sind wie in allen Programmiersprachen zahlreiche Funktionen integriert (vordefiniert), die die Programmierung wesentlich erleichtern:

– In VBA integrierte Funktionen werden als *VBA-Funktionen* bezeichnet.

– Man erhält eine Übersicht und ausführliche Erläuterungen zu diesen Funktionen, indem in die Hilfe des VBA-Editors der Suchbegriff *Funktionen* eingegeben wird.

– In VBA integrierte *mathematische Funktionen* werden im Beisp.5.7 vorgestellt.

Beispiel 5.7:

Wenn in der Hilfe des VBA-Editors der Begriff *Funktionen* eingegeben wird, so werden alle in EXCEL-VBA integrierten (vordefinierten) Funktionen angezeigt:

– Die für unsere Zwecke wichtigen *mathematischen Funktionen* sind in folgender Abbildung zu sehen:

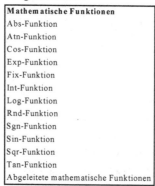

Mathematische Funktionen
Abs-Funktion
Atn-Funktion
Cos-Funktion
Exp-Funktion
Fix-Funktion
Int-Funktion
Log-Funktion
Rnd-Funktion
Sgn-Funktion
Sin-Funktion
Sqr-Funktion
Tan-Funktion
Abgeleitete mathematische Funktionen

– Unter *Abgeleitete mathematische Funktionen* lässt sich anzeigen, welche weiteren mathematischen Funktionen sich aus den in VBA integrierten Funktionen bilden (herleiten) lassen.

5.4 Ein- und Ausgabe von Daten

Es gibt Möglichkeiten, notwendige Ein- und Ausgaben von Daten in VBA-Programmen mittels der VBA-Funktionen **Inputbox** und **MsgBox** zu programmieren:

• **Inputbox**

Diese VBA-Funktion erwartet eine Eingabe in der Form:

Variable = **Inputbox**(" *Bezeichnung* ")

- Für die als Argument einzugebende Zeichenfolge " *Bezeichnung* " ist ein für die Eingabe zutreffender Text zu wählen.
- Die von **Inputbox** bewirkte Eingabe
  geschieht in dem erscheinenden Eingabefenster *Bezeichnung* mittels Tastatur, wie im Beisp.6.1a illustriert ist,
  wird *Variable* zugewiesen, die vom Typ **Variant** ist, wenn kein anderer Typ deklariert ist (siehe Abschn.6.2).

- **MsgBox** (Abkürzung für die englische Bezeichnung *Messagebox*)
  Diese VBA-Funktion dient zur Ausgabe von Text (Zeichenfolgen) und Zahlenwerten auf dem Bildschirm:
  - Dies geschieht in einem eigenen Meldungsfenster (Meldungsfeld).
  - Wird die Funktion in der Form

    MsgBox("*Bezeichnung*=" & *Variable*)

    angewandt, so wird in dem erscheinenden Meldungsfenster *Bezeichnung*= der Wert der Variablen mit Namen *Variable* angezeigt, wie im Beisp.5.6b und 6.1a zu sehen ist.

6 Erstellung strukturierter (prozeduraler) Programme mit EXCEL-VBA

6.1 Einführung

Im Folgenden wird die Erstellung von Programmen mittels EXCEL-VBA (*VBA-Programme*) im Rahmen der *strukturierten (prozeduralen) Programmierung* unter Verwendung der im Kap.4 und 5 behandelten Grundlagen bzw. Programmierelemente beschrieben:

- In der strukturierten Programmierung erstellte *Programme* unterteilen sich in *Prozeduren* und *Funktionen* (*Funktionsprogramme*), die Abschn.6.3 bzw. 6.4 vorstellt.
- Mittels strukturierter Programmierung erstellte VBA-Programme (*strukturierte Programme*) in Form von Prozeduren und Funktionen bestehen aus Folgen von *Deklarationen* (Vereinbarungen) und *Anweisungen* (Befehlen), die Abschn.6.2 vorstellt.
- Da bei der Programmierung häufig Fehler auftreten, wird diese Problematik im Abschn.6.5 kurz betrachtet.
- Die *Vorgehensweisen* zur Erstellung, Ausführung und Testung konkreter EXCEL-VBA-Programme liefern die Abschn.6.6 und 6.7.

    Einen *ersten Eindruck* für ein konkretes EXCEL-VBA-Programm vermittelt Beisp.6.1.

Anstatt von *VBA-Programmen* wird auch vom *VBA-Quellcode* oder *VBA-Programmcode* oder kurz *VBA-Code* gesprochen.

♦

Beispiel 6.1:
Im Beisp.5.1 sind die *VBA-Prozedur* ZINSEN und das *VBA-Funktionsprogramm* (*VBA-Funktion*) ZINSEN zu finden. Beide berechnen, wie ein bei einer Bank eingezahltes Anfangskapital K0 (in Euro) bei einem Zinsfuß von p% (pro Jahr) nach einer Laufzeit von T Jahren auf das Endkapital KT angewachsen ist.

Im Folgenden wird die Umsetzung und Ausführung dieser VBA-Programme in EXCEL illustriert:

a) Bei der Programmierung als *Prozedur* ZINSEN sind die gleichen Schritte I und II wie im Beisp.b durchzuführen. Danach wird im Schritt III folgender VBA-Code in das Codefenster eingegeben:

```
Sub ZINSEN()
K0 = InputBox("Anfangskapital")
p = InputBox("Zinsen")
T = InputBox ( "Laufzeit" )
KT = K0*(1+p/100)^T
MsgBox("Endkapital=" & KT)
End Sub
```

Die so erstellte *Prozedur* ZINSEN ist folgendermaßen *einzusetzen:*

– Das Schlüsselwort **InputBox** in der Prozedur bewirkt, dass nach dem *Start* (siehe Abschn.6.3) der Prozedur ZINSEN für die benötigten Größen K0, p und T in den erscheinenden folgenden drei Eingabefenstern die konkreten Werte wie z.B. K0=1000, p=3, T=5 mittels Tastatur einzugeben und jeweils durch Anklicken der Schaltfläche **OK** zu bestätigen sind:

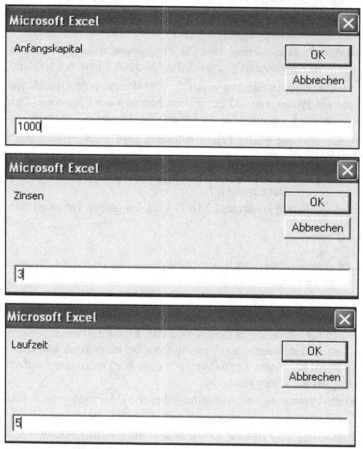

– Nach dieser Eingabe von Anfangskapital K0, Zinsen p und Laufzeit T und Anklicken der Schaltfläche **OK** gibt VBA mittels der **MsgBox** das berechnete Endkapital im folgenden Meldungsfenster aus:

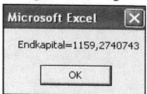

b) Bei der VBA-Programmierung und Ausführung als *Funktionsprogramm (Funktion)* ZINSEN sind in EXCEL folgende *Schritte erforderlich:*

I. Zuerst wird in EXCEL der *VBA-Editor* mittels der Registerkarte **Entwicklertools** geöffnet (siehe Abschn.4.3.1).

II. Danach wird in der Benutzeroberfläche des VBA-Editors das *Codefenster* geöffnet, indem man im *Projektexplorer* (siehe Abschn.4.3.2) mit der rechten Maustaste auf **VBAProject (Mappe1)** klickt und im erscheinenden Kontextmenü die Menüfolge **Einfügen⇒Modul** auswählt. Damit wird das zu erstellende *Funktionsprogramm* ZINSEN in einem Modul eingefügt.

III. In das geöffnete Codefenster wird die *Zinseszinsformel* im VBA-Code in der Form

Function ZINSEN(K0, p, T)
' Berechnung des Endkapitals für Anfangskapital K0, Zinsfuß p, Laufzeit T
ZINSEN = K0*(1 + p/100)^T
End Function

als *Funktionsprogramm* ZINSEN eingegeben, wie aus folgender Abbildung zu sehen ist:

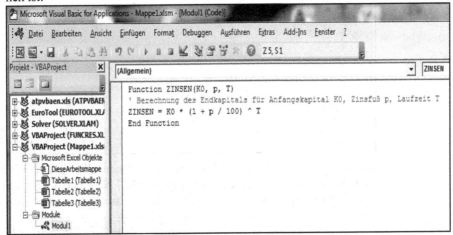

IV. Nach Speicherung des Funktionsprogramms ist die Funktion ZINSEN bei späteren Einsätzen von EXCEL anwendbar:

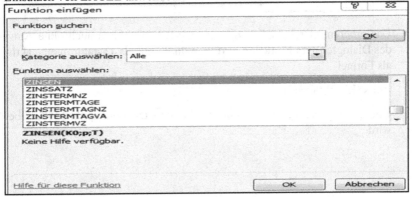

- Die Anwendung der Funktion ZINSEN ist möglich mittels des obigen Dialogfensters **Funktion einfügen** (des Funktionsassistenten) aus der Registerkarte
  Formeln:

  – Durch Markierung von ZINSEN und abschließendem Anklicken von **OK** er-
    scheint folgendes Dialogfenster **Funktionsargumente**, in die für ZINSEN
    benötigte konkrete Werte für die Argumente einzugeben sind, wobei als An-
    fangskapital K0=1000, Zinsfuß p=3 und Laufzeit T=5 gewählt ist:

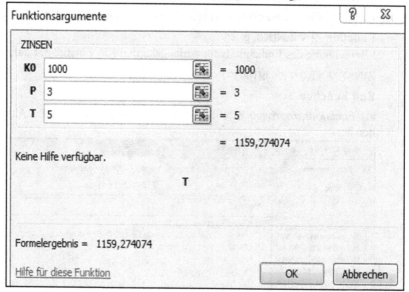

  – Durch abschließendes Anklicken der Schaltfläche **OK** wird das von der
    Funktion ZINSEN berechnete Endkapital 1159,27 Euro in einer aktiven Zelle
    (z.B. Z1S1) ausgegeben, wie aus dem Tabellenausschnitt zu sehen ist:

Z1S1	▼	f_x	=ZINSEN(1000;3;5)
1	2	3	4
1 1159,27			

- Das programmierte *Funktionsprogramm* ZINSEN kann auch ohne Anwendung
  des Dialogfensters **Funktion einfügen** direkt mittels Tastatur in eine aktive Zelle
  als Formel

  =ZINSEN(1000;3;5)

  eingegeben werden, wobei natürlich ebenfalls das Endkapital 1159,27 berechnet
  wird.

6.2 Deklarationen (Vereinbarungen) und Anweisungen

Mittels strukturierter (prozeduraler) Programmierung erstellte VBA-Programme (*struktu-rierte Programme*) in Form von *Prozeduren* und *Funktionen* bestehen aus Folgen von *Dek-larationen* (Vereinbarungen) und *Anweisungen* (Befehlen), die folgende Abschn.6.2.1 und 6.2.2 vorstellen

6.2.1 Deklarationen (Vereinbarungen)

VBA kennt verschiedene *Deklarationen* (Vereinbarungen) für *Konstanten* und *Variablen:*

- Für alle in einem Programm verwendeten Konstanten und Variablen können entspre-chende Datentypen deklariert (vereinbart), d.h. *Deklarationen* (Vereinbarungen) vorge-nommen werden, die *Typdeklarationen* (*Typvereinbarungen*) heißen.

- Deklarationen sind nicht zwingend erforderlich, aber aus Effektivitätsgründen zu em-pfehlen.

- *Deklarationen* von *Konstanten* geschehen im Rahmen von *Dimensionsanweisungen*, die mittels des Schlüsselworts **Const** zu erstellen sind, wobei hinter das weitere Schlüssel-wort **As** der *Datentyp* zu schreiben und der Wert wie folgt zuzuweisen sind:

  Const *Konstantenname* **As** *Datentyp = Wert,*

  d.h. der Konstanten *Konstantenname* wird innerhalb der Deklaration bereits der feste *Wert* zugewiesen, wobei die gleichen *Datentypen* wie bei Variablen auftreten können (siehe Beisp.6.2).

- *Deklarationen* von *Variablen* und *Feldern* geschehen im Rahmen von *Dimensionsan-weisungen*, die mittels des Schlüsselworts **Dim** zu erstellen sind, wobei hinter das wei-tere Schlüsselwort **As** der *Datentyp* zu schreiben ist, d.h.

  Dim *Variablenname* **As** *Datentyp*

  Eine Illustration für Dimensionsanweisungen liefern Beisp.6.2 und 6.3.

- Häufig verwendete *Datentypen* für *Deklarationen* sind:

Boolean	*logische* (boolesche) *Variable*, die nur die beiden Wahrheits-werte WAHR oder FALSCH (TRUE/FALSE) annehmen kann,
Integer	*ganze Zahl* im Bereich von -32.768 bis 32.767,
Long	*ganze Zahl* im Bereich von -2.147.483.648 bis 2.147.483.648,
Single	*Gleitkommazahl* mit einfacher Genauigkeit (8 Stellen),
Double	*Gleitkommazahl* mit doppelter Genauigkeit (16 Stellen),
String	*Zeichenfolge.*

  Ausführlichere Informationen hierüber liefert die Hilfe des VBA-Editors.

- Wenn für Variablen *keine Deklarationen* bestehen, so wird von VBA der Datentyp **Variant** zugewiesen:

  – Derart vereinbarte Variablen passen sich automatisch an die zugewiesenen Daten an und können damit alle möglichen Datentypen enthalten.

- Der Aufwand und Speicherbedarf ist in VBA für diese Variablen am höchsten, so dass ein weiterer Grund für Variablendeklarationen gegeben ist.

• Man kann sich von VBA zur Deklaration der verwendeten Variablen zwingen lassen, indem das Schlüsselwort **Option Explicit** vor der ersten Prozedur (Funktion) in das Codefenster eingegeben wird. Danach müssen in allen folgenden Prozeduren und Funktionen die verwendeten Variablen deklariert sein, ansonsten gibt VBA eine Fehlermeldung aus.

Beispiel 6.2:

Betrachtung einiger Beispiele für die *Deklaration* (Vereinbarung, Typvereinbarung) von *Konstanten, Variablen* und *Feldern.*

Deklarationen werden in *Dimensionsanweisungen* mittels der Schlüsselworte **Const** bzw. **Dim** und **As** durchgeführt, wobei nach **Const** bzw. **Dim** mehrere Deklarationen möglich sind:

- Mittels

  Const a **As Double** = 3.14159265358979, b **As Integer** = 1

  werden a und b als Konstanten deklariert, wobei a ein Näherungswert der Zahl π als Gleitkommazahl mit doppelter Genauigkeit (16 Stellen) und der Konstanten b die ganze Zahl 1 zugewiesen werden.

- Mittels

  Dim v **As Integer**, w **As Double**, x **As Boolean**, y

  werden die Variablen v als Datentyp **Integer** (ganze Zahl), w als Datentyp **Double** (Gleitkommazahl mit 16 Stellen) und x als Datentyp **Boolean** (logisch mit Wahrheitswerten WAHR oder FALSCH) deklariert.

  Die Variable y erhält von VBA den Datentyp **Variant**, da für sie keine konkrete Deklaration vorliegt.

- Mittels

  Dim u(10) **As Double**, B(9,14) **As Single**

  werden **u** als *eindimensionales Feld* (Vektor) mit 11 Elementen in Form von Gleitkommazahlen mit 16 Stellen und **B** als *zweidimensionales Feld* (Matrix) mit 150 Elementen in Form von Gleitkommazahlen mit 8 Stellen deklariert, da VBA von Null an indiziert.

6.2.2 Anweisungen

Für Anweisungen kommen die VBA-Sprachelemente einfache (elementare) *Anweisungen* und *Steueranweisungen* (Kontrollstrukturen) zum Einsatz, die unter Verwendung von *Schlüsselwörtern* gebildet werden:

• *Einfache Anweisungen:*

  Sie sind Anweisungen für Eingabe, Verarbeitung und Ausgabe von Daten.

• *Steueranweisungen (Kontrollstrukturen):*

Sie sind Verzweigungen (bedingte Anweisungen, Bedingungen) und Schleifen (siehe Abschn.5.2.9 und 5.2.10).

- *Schlüsselwörter:*

  - Sie sind reservierte Worte in VBA zur Bezeichnung von Prozeduren, Funktionen und Anweisungen (Befehlen) und repräsentieren in ihrer Gesamtheit die Programmiersprache VBA.

  - Sie sind folgendermaßen *charakterisiert:*

    Man kann alle Schlüsselwörter in Kleinbuchstaben schreiben. Sie werden anschließend automatisch von VBA in die erforderliche Syntax umgewandelt.

    Schlüsselworte dürfen nicht als Namen von Variablen oder Prozeduren verwendet werden.

    Schlüsselworte werden in VBA zur Unterscheidung in blauer Schrift und im Rahmen des Buches im Fettdruck dargestellt. Falls sie VBA nicht blau darstellt, kann man dies mittels der Menüfolge **Extras⇒Optionen** in der Registerkarte **Editorformat** des erscheinenden Dialogfensters **Optionen** bei *Schlüsselworttext* einstellen.

6.3 Prozeduren

Prozeduren (VBA-Prozeduren) sind Unterprogramme und bilden mit ihrem Spezialfall *Funktionsprogramme* (VBA-Funktionen) den Hauptteil von erstellten VBA-Programmen:

- Prozeduren bestehen wie in allen Programmiersprachen aus einer *Folge* von *Anweisungen* (Befehlen), die mittels VBA-Schlüsselwörtern gebildet und nacheinander ausgeführt werden.

- Prozeduren können vor den Anweisungen eventuell erforderliche *Deklarationen* in Form von *Dimensionsanweisungen* für die Datentypen verwendeter Konstanten und Variablen enthalten (siehe Abschn.5.2).

Prozeduren besitzen folgende *Struktur:*

Sub NAME()	} *Prozedurkopf*
Dimensionsanweisungen	} *Prozedurrumpf*
Folge von Anweisungen	
End Sub	} *Prozedurfuß*

Prozeduren sind folgendermaßen *charakterisiert:*

- Prozeduren sind in die beiden Schlüsselwörter **Sub** und **End Sub** eingeschlossen, die den *Prozedurkopf* bzw. *Prozedurfuß* bilden. Nach **Sub** ist ein Prozedurname NAME festzulegen.

- Die Klammern () für die Argumentenliste (Parameterliste) hinter NAME werden von VBA automatisch gesetzt. Eine Argumentenliste ist im Unterschied zu Funktionen nur für diejenigen Prozeduren möglich, die aus anderen Prozeduren aufgerufen werden.

- Zwischen Prozedurkopf und Prozedurrumpf werden zuerst die *Dimensionsanweisungen* und anschließend die erforderlichen *Anweisungen* (Befehle) geschrieben.

- Während Dimensionsanweisungen in Prozeduren für mehrere Variablen in eine Zeile des Codefensters geschrieben werden können, wird pro Zeile nur eine Anweisung geschrieben. Deshalb sind bei aufeinanderfolgenden Anweisungen (Folgen von Anweisungen) keine Trennzeichen erforderlich.

- Prozeduren können in jeder beliebigen Zeile *erläuternden Text* (*Kommentare*) enthalten Er ist durch ein einfaches Anführungszeichen (Hochkomma) ' zu kennzeichnen.
  Es ist zu beachten, dass in einer Zeile der Text allein oder nach einer Anweisung steht. Steht Text vor einer Anweisung, so wird die gesamte Zeile als Text interpretiert und die Anweisung nicht ausgeführt.

- Prozeduren können nach ihrer Speicherung auf folgende Arten aufgerufen (gestartet) werden:

  - Im Tabellenblatt von EXCEL mittels der Registerkarte **Entwicklertools** durch Anklicken des Symbols **Makro**, indem im erscheinenden Dialogfenster **Makro** die gewünschte Prozedur ausgewählt und abschließend die Schaltfläche **Ausführen** angeklickt wird.

  - In der Benutzeroberfläche des VBA-Editors durch Anklicken der gewünschten Prozedur im Codefenster und abschließender Aktivierung der Menüfolge

  Ausführen ⇒ Sub/UserForm ausführen

Zur Berechnung mathematischer Probleme werden meistens Funktionen (siehe Abschn.6.4) als Sonderfall von Prozeduren benötigt.
Bei Bedarf lässt sich eine Funktion auch in Form einer Prozedur programmieren, wie im Beisp.5.1 illustriert ist.

6.4 Funktionsprogramme (Funktionen)

Funktionsprogramme (kurz: Funktionen) sind spezielle Prozeduren und werden auch als *VBA-Funktionen* bezeichnet.

VBA-Funktionen besitzen folgende *Struktur:*

Function NAME (*Argumentenliste*) **As ...**
    Dimensionsanweisungen
    Folge von Anweisungen
    NAME =...
End Function

VBA-Funktionen sind folgendermaßen *charakterisiert:*
- Funktionen werden durch die beiden *Schlüsselwörter* **Function** und **End Function** eingeschlossen:

  - Nach dem Schlüsselwort **Function** ist ein *Funktionsname* NAME festzulegen.

- Die Klammern () für die Argumentenliste (Parameterliste) hinter NAME werden von VBA automatisch gesetzt.

- Dem *Funktionsnamen* NAME ist innerhalb der Anweisungen ein *Wert* (z.B. Zahlenwert) *zuzuweisen:*

  - Sein Datentyp kann zu Beginn hinter **As** deklariert werden.

  - Der zugewiesene Wert liefert das von der Funktion berechnete Ergebnis und wird beim Aufruf der Funktion in der entsprechenden Zelle von EXCEL angezeigt.

- Funktionen können Argumente (Parameter) in der *Argumentenliste* (Parameterliste) enthalten, die sich an den Namen anschließt, in runde Klammern eingeschlossen ist und die Gestalt

  (Argument1 **As...** , Argument2 **As...** , Argument2 **As...** , ...)

  hat:

  - Hinter jedem Argument kann das Schlüsselwort **As** auftreten, mit dem sein Datentyp deklariert wird.

  - Die einzelnen *Argumente* sind durch *Komma* zu *trennen.*

  - Beim Aufruf von Funktionen in einer EXCEL-Tabelle müssen für die Argumente konkrete Werte in die Argumentenliste eingesetzt werden, wobei jetzt die einzelnen *Werte* durch *Semikolon* zu *trennen* sind.

- Alle innerhalb von Funktionen verwandten Variablen können zu Beginn, d.h. vor den Anweisungen, in Dimensionsanweisungen vereinbart (deklariert) werden, wie im Beisp.6.3 illustriert ist. Derartige Deklarationen werden empfohlen, da sie die Effektivität von Funktionsprogrammen erhöhen.

Beispiel 6.3:

Im Folgenden ist an der *Berechnung* von *Doppelsummen* illustriert, wie ein VBA-Funktionsprogramme geschrieben werden kann:

- In mathematischen Modellen können *Doppelsummen* der Form

$$\sum_{i=1}^{m}\sum_{j=1}^{n} a_{ij}$$

auftreten, so bei der Summation von Matrixelementen einer Matrix **A**.

- Zu ihrer Berechnung lässt sich folgendes VBA-Funktionsprogramm einsetzen:

Function DOPPELSUMME (A, m **As Integer** , n **As Integer**) **As Single**

' Summenberechnung der Elemente einer Matrix **A** mit m Zeilen und n Spalten

Dim i **As Integer**, j **As Integer**

DOPPELSUMME = 0

For i = 1 **To** m

For j = 1 **To** n

DOPPELSUMME = DOPPELSUMME + A(i, j)

Next j

Next i

End Function

– Mit dem erstellten VBA-Funktionsprogramm DOPPELSUMME lässt sich die Summe der Elemente einer konkreten Matrix berechnen, für die in einer Tabelle von EXCEL ein zusammenhängender Bereich definiert ist:

Anwendung auf die für den Bereich Z1S1:Z2S3 definierte Matrix **B**:

Z1S4	▼		f_x	=DOPPELSUMME(B;2;3)	
	1	2	3	4	5
1	1	2	3	21	
2	4	5	6		

Das von EXCEL mit DOPPELSUMME berechnete Ergebnis steht in Zelle Z1S4 des obigen Tabellenausschnittes.

– Das gleiche Ergebnis wird auch durch Anwendung der EXCEL-Funktion **SUMME** in der Form =**SUMME(B)** erhalten, wie man sich leicht überlegt.

6.5 Programmierfehler

Bei der Programmierung mittels EXCEL-VBA lassen sich *Programmierfehler* ebenso wie bei Anwendung anderer Programmiersprachen nicht vermeiden. Man unterscheidet zwei Arten von Programmierfehlern:

• *Syntaxfehler* (syntaktische Fehler)
  Hierunter sind Fehler zu verstehen, die gegen die Regeln (Syntax) der Programmiersprache verstoßen:

  – Typische Syntaxfehler sind falsche Schreibweise von Schlüsselwörtern, Fehlen von Klammern und Textanführungsstrichen.

  – Syntaxfehler werden in vielen Fällen von EXCEL-VBA richtig erkannt.

• *logische Fehler*
  Hierunter sind Fehler zu verstehen, die gegen die Logik des zu erstellenden Programms verstoßen:

  – Bei Mathematikprogrammen treten logische Fehler auf, wenn zugrundeliegende Algorithmen fehlerhaft in ein VBA-Programm umgesetzt werden.

  – Programme mit logischen Fehlern liefern i.Allg. keine brauchbaren Ergebnisse bzw. werden nicht beendet.

  – Typische logische Fehler sind *Division durch Null* und sogenannte *Endlosschleifen* (siehe Abschn.5.2.10).

Während das Finden von Syntaxfehlern weniger Schwierigkeiten bereitet, bildet das Aufspüren logischer Fehler eine komplizierte Problematik.

♦

Beispiel 6.4:

Betrachtung der *Fehlerproblematik* beim Programmieren, indem in das einfache Funktionsprogramm ZINSEN aus Beisp.5.1 und 6.1 *syntaktische* und *logische Fehler* eingefügt und die Reaktionen von EXCEL-VBA beobachtet werden:

* In folgender Programmvariante ist das Schlüsselwort **Function** nach dem Schlüsselwort **End** syntaktisch falsch geschrieben:

Function ZINSEN(K0, p, T)

ZINSEN = K0 * (1 + p/100)^T

End Funtion

VBA erkennt den *syntaktischen Fehler*, stellt die Zeile mit dem falsch geschriebenen Schlüsselwort rot dar und gibt folgende *Fehlermeldung* aus:

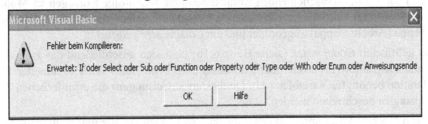

* In folgender Programmvariante sind alle Schlüsselwörter syntaktisch richtig geschrieben, aber in der Berechnungsformel fehlt der Potenzoperator ^:

Function ZINSEN(K0, p, T)

ZINSEN= K0 * (1 + p/100) T

End Function

VBA erkennt den *syntaktischen Fehler*, stellt die Formel rot dar und gibt folgende *Fehlermeldung* aus, die allerdings nicht die genaue Fehlerquelle enthält:

* In der Programmvariante

Function ZINSEN(K0, p, T)

ZINSEN = K0*(1 + p/100)*T

End Function

ist der *logische Fehler* enthalten, dass anstatt des Potenzoperators der Multiplikations-operator geschrieben wurde:

– Diesen logischen Fehler kann VBA nicht erkennen, da alles syntaktisch richtig geschrieben ist. Es wird nur ein falsches Ergebnis geliefert.

– Logische Fehler lassen sich z.B. durch Testbeispiele oder im konkreten Fall aufgrund der Einfachheit des Programms durch gründliche Durchsicht aufspüren.

6.6 Programme erstellen und ausführen

Um ein Programm erstellen und ausführen zu können, ist folgende Vorgehensweise erforderlich:

• Nach dem Start des VBA-Editors (siehe Abschn.4.3.1 und 4.3.2) ist in der erscheinenden Benutzeroberfläche ein *Codefenster* zu öffnen:

– Man klickt im *Projektexplorer* mit der rechten Maustaste auf **VBAProject (Mappe...)** und wählt im erscheinenden Kontextmenü die Menüfolge **Einfügen** ⇒ **Modul** aus. Hierdurch wird das zu erstellende Programm einem *Modul* der gewählten **Mappe** (Arbeitsmappe) zugeordnet und ein *Codefenster geöffnet*.

– Im geöffneten *Codefenster* (siehe Beisp.6.1b) lässt sich anschließend das zu erstellende Programm (Prozedur oder Funktion) eingeben, indem nach eventueller Deklaration benötigter Variablen (d.h. Dimensionsanweisungen) die erforderlichen Anweisungen geschrieben werden.

– Wenn mehrere Programme zu erstellen sind, so können sie alle innerhalb eines Moduls in das Codefenster geschrieben werden. Es ist jedoch auch möglich, mittels der Menüfolge **Einfügen⇒Modul** im Codefenster weitere Module in der ausgewählten Arbeitsmappe zu öffnen und jedes einzelne Programm in einem gesonderten Modul zu speichern. VBA nummeriert bei dieser Vorgehensweise die einzelnen Module fortlaufend mit

    Modul1, Modul2, Modul3, ...

• Um erstellte VBA-Programme im Rahmen von EXCEL ausführen zu können, ist Folgendes erforderlich:

– Wenn ein *Funktionsprogramm* in einem Modul der aktuellen Mappe vorhanden ist, kann die damit definierte Funktion in allen Tabellenblättern der Mappe angewandt werden:
Die Funktion ist jetzt unter dem entsprechenden Namen im Dialogfenster **Funktion einfügen** von EXCEL zu finden, wie Beisp.6.1b illustriert.

– Sollen erstellte Programme später erneut angewandt werden, so ist folgendermaßen vorzugehen:

Diejenige Mappe von EXCEL, in deren Modulen sich die Programme befinden, ist als Datei mit der Endung .XLSM zu speichern.

Eine erneute Anwendung der Programme muss in der Mappe geschehen, in der die Programme gespeichert sind, d.h. diese Mappe ist vor Einsatz der Programme auf die übliche Art zu öffnen.

Konkrete Programme zur Berechnung mathematischer Probleme sind in den Beisp.5.1, 6.1, 6.3, zu finden. Sie können als Muster für erste Programmierungsversuche herangezogen werden.

6.7 Programme testen

Da beim Programmieren auch *Fehler* auftreten können, wie im Abschn.6.5 beschrieben ist, empfiehlt sich vor Anwendungen eines Programms, eine Reihe von Tests (*Programmtests*) durchzuführen, um enthaltene Fehler aufzuspüren:

- *Syntaxfehler* sind weniger problematisch, da sie i.Allg. vor dem Programmstart von EXCEL-VBA erkannt und angezeigt werden (siehe Beisp.6.4).

- *Logische Fehler* erkennt VBA bis auf wenige Ausnahmen (wie z.B. Division durch Null) nicht. Sie müssen vom Programmierer selbst aufgespürt werden:

  - Sie werden erst nach dem Programmstart wirksam und sind besonders bei umfangreichen Programmen schwierig zu finden.

  - Sie sind meistens daran zu erkennen, dass das erstellte Programm keine oder falsche Ergebnisse liefert oder nicht beendet wird.

  - Zum Suchen *logischer Fehler* gibt es eine Reihe von Vorgehensweisen (Teststrategien), so u.a. durch die Berechnung von Testbeispielen, wozu VBA einige Hilfsmittel zur Verfügung stellt, wie z.B. den integrierten *Debugger*. Man spricht auch vom Testen des Programms. Wir können hierauf nicht näher eingehen und verweisen auf die Literatur.

  - Für überschaubare Programme (wie die im Buch gegebenen) bilden logische Fehler kein Problem, da sich diese Programme durch einfache Testrechnungen bzw. gründliche Durchsicht überprüfen lassen.

6.8 Erzeugung von Add-Ins mit EXCEL-VBA

Als *Add-Ins* werden Zusatzprogramme (Erweiterungsprogramme) für EXCEL bezeichnet, mit denen sich Probleme berechnen lassen, für deren Berechnung EXCEL keine Möglichkeiten zur Verfügung stellt.

Damit erweitern Add-Ins den Funktionsumfang von EXCEL.

Man kann selbst *Add-Ins erzeugen* (Beisp.6.5 gibt eine Illustration), wenn man erstellte VBA-Programme anderen Anwendern zur Verfügung stellen möchte.

Dazu sind *folgende Schritte erforderlich:*

I. Zuerst wird in EXCEL eine neue leere Arbeitsmappe geöffnet.

II. Danach wird in den VB-Editor (VBE) gewechselt und das als Add-In vorgesehene Programm (z.B. mit Namen NAME) einem Modul zugeordnet und ins erscheinende Codefenster eingefügt (geschrieben), wie im Abschn.6.6 erläutert ist.

III. Anschließend wird wieder zur EXCEL-Arbeitsmappe gewechselt und diese als Add-In (d.h. als Datei NAME.XLAM) abgespeichert, indem man mittels der Registerkarte **Datei** mit *Speichern unter* im erscheinenden Dialogfenster **Speichern unter** den Dateityp EXCEL ADD IN auswählt, bei Dateiname den Programmnamen NAME einfügt und abschließend die Speicherung in das Verzeichnis ADDINS durch Mausklick auslöst.

IV. Nach Durchführung der Schritte I bis III ist ein Neustart von EXCEL erforderlich:

- Man ruft mittels der Registerkarte **Entwicklertools** das Dialogfenster **Add-Ins** (*Add-Ins-Manager*) auf, in dem sich jetzt das erstellte Add-In NAME befindet, das durch Anklicken des vorangestellten Kontrollkästchens aktiviert werden kann.

- Damit steht das erzeugte Add-In NAME bei jedem Start von EXCEL zur Verfügung:

  – Falls der Add-Ins-Manager das erzeugte Add-In nicht anzeigt, kann man die zugrundeliegende .XLAM-Datei mittels Durchsuchen ermitteln.

  – Wenn nach Aktivierung eines Add-Ins in den VBA-Editor gewechselt wird, werden das zum Add-In NAME zugehörige **VBA-Projekt (NAME.XLAM)** im Projektexplorer und nach Mausklick im Codefenster der zugehörige Programmcode angezeigt.

Soll ein erstelltes *Add-In* NAME wieder *gelöscht* werden, so ist folgendermaßen vorzugehen:

- Zuerst wird der Add-Ins-Manager (Dialogfenster **Add-Ins**) aufgerufen und das entsprechende Kontrollkästchen deaktiviert.

- Abschließend wird die entsprechende Datei NAME.XLAM im Unterverzeichnis ADDINS gelöscht.

   ◆

Beispiel 6.5:

Wir empfehlen dem Leser, ein Add-In für das im Beisp.6.1 erstellte Funktionsprogramm ZINSEN mittels der beschriebenen Schritte I bis IV zu erzeugen:

- Im abgebildeten Dialogfenster **Speichern unter** ist zu sehen, wie das erstellte Funktionsprogramm ZINSEN als Datei ZINSEN.XLAM im Verzeichnis ADDINS gespeichert wird:

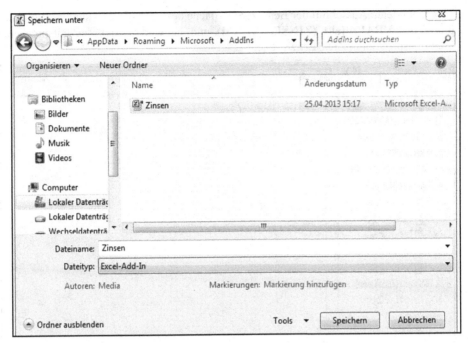

– Im folgenden Add-Ins-Manager (Dialogfenster **Add-Ins**) ist zu sehen, dass das erstellte und gespeicherte Add-In ZINSEN aufgeführt und aktiviert ist. Die anderen angezeigten Add-Ins sind die von EXCEL zu Verfügung gestellten.

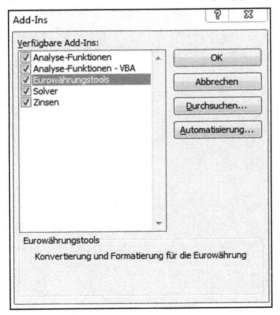

– Im abgebildeten Ausschnitt der Benutzeroberfläche des VBA-Editors sind im Projektexplorer das **VBAProjekt (ZINSEN.XLAM)** und im Codefenster das entsprechende
Funktionsprogramm ZINSEN zu sehen:

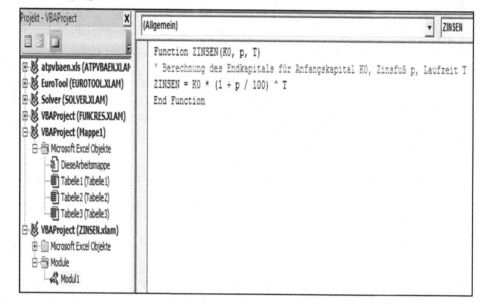

7 Recheneigenschaften von EXCEL

Rechnen zählt zu den Stärken von EXCEL:

- Im Unterschied zu bekannten Computeralgebrasystemen wie MATHEMATICA und MAPLE kann EXCEL nicht *exakt* (symbolisch), sondern nur *numerisch* (näherungsweise) *rechnen,* da es alle Berechnungen mit endlichen (gerundeten) Dezimalzahlen durchführt.

- EXCEL kann mit Zellen (genauer Zellinhalten) einer Tabelle rechnen, d.h. es werden sogenannte *Bezüge* zu Zellen hergestellt bzw. den Zellen *Namen* zugewiesen. Diese Bezüge und Namen bleiben bestehen, während Zahlen und Funktionen in den entsprechenden Zellen geändert werden können und EXCEL automatisch die neuen Ergebnisse berechnet.

- In EXCEL integrierte (vordefinierte) *Funktionen* spielen beim *Rechnen* eine wichtige Rolle, wie im gesamten Buch zu sehen ist (siehe auch Abschn.7.1.3).

- Im Folgenden wird ein Einblick in Vorgehensweisen beim Rechnen mit EXCEL gegeben durch Behandlung von
  - Grundlagen des Rechnens mit EXCEL (Abschn.7.1)
  - EXCEL als Taschenrechner (Abschn.7.2)
  - Rechenfehler mit EXCEL (Abschn.7.3)

7.1 Rechnen mit EXCEL

Das Rechnen von EXCEL vollzieht sich in Zellen einer aktuellen Tabelle und ist folgendermaßen charakterisiert:

- Das Rechnen findet im Rahmen von *Formeln* (siehe Abschn.7.1.4) statt, in die auch Zahlen aus Zellen eingehen können, die durch Bezüge oder Namen gekennzeichnet sind.

- Aufgrund der Wichtigkeit von *Bezügen, Namen* und *Funktionen* für das Rechnen mit EXCEL werden diese in den folgenden Abschn.7.1.1-7.1.3 vorgestellt.

7.1.1 Rechnen mit Bezügen

Ein Vorteil von EXCEL besteht darin, dass in Formeln neben Zahlen zusätzlich *Bezüge* anwendbar sind:

- Ein *Bezug* steht für eine Zelle (Zellbezug) bzw. einen Bereich (Bereichsbezug), d.h. für eine *Zelladresse* bzw. *Bereichsadresse* der Tabelle (siehe auch Abschn.2.3). Steht ein Bezug in einer Formel, so rechnet EXCEL mit den Inhalten der durch den Bezug angesprochenen Zellen, wie im Beisp.7.1 illustriert ist.

- EXCEL unterscheidet zwischen *zwei Formen* von *Bezügen* für A1- bzw. Z1S1-Bezugsart, deren Unterschiede erst beim Kopieren sichtbar werden:
  - *absoluter* (fester) *Bezug*
    Wie bereits aus der Bezeichnung ersichtlich ist, werden in Formeln feste Zell- oder Bereichsadressen verwendet, die sich durch Kopieren nicht verändern (siehe Beisp.

7.1a). Absolute Bezüge haben für beide mögliche Bezugsarten (siehe auch Abschn. 2.3) folgende Form:

A1-Bezugsart

Hier werden Zelladressen mit einem oder zwei Dollarzeichen geschrieben (siehe Beisp.7.1c, so bedeuten z.B.:

A1 absoluten Bezug auf Zeile 1 und Spalte A, d.h. auf die Zelle mit Adresse A1.

$A1 absoluten Bezug nur auf Spalte A.

A$1 absoluten Bezug nur auf Zeile 1.

Z1S1-Bezugsart

Hier werden Zelladressen in der Form Z1S1,..... geschrieben, wie im Beisp.7.1a illustriert ist.

- *relativer Bezug*

Wie bereits aus der Bezeichnung ersichtlich ist, werden hier in der Formel keine festen Zell- oder Bereichsadressen verwendet, sondern Adressen relativ zur Zelladresse der Formel. Beim Kopieren der Formelzelle verändern sich diese Adressen (siehe Beisp.7.1c). Relative Bezüge haben für beide Bezugsarten folgende Form:

A1-Bezugsart

Hier werden die Zelladressen in der Form A1,..... ohne Dollarzeichen geschrieben.

Z1S1-Bezugsart

Hier werden die Zelladressen in der Form Z(-m)S(-n) geschrieben, wobei m und n die Lage der Zelle zur Formelzelle beschreiben, wie im Beisp.7.1c illustriert ist.

- Zu absoluten und relativen *Bezügen* ist Folgendes zu *bemerken:*
  - Für einzelne mathematische Berechnungen ist es gleich, welche Bezugsart gewählt ist:

    Der Unterschied zwischen beiden Bezugsarten ist erst beim Kopieren von Formeln zu sehen.

    Es werden neben absoluten Bezügen, die durch konkrete Zeilennummer und Spaltennummer charakterisiert sind (siehe Beisp.7.1a und b), auch *relative Bezüge* verwendet. Diese werden herangezogen, wenn Formeln für mehrere in der Tabelle befindliche Werte zu berechnen sind (siehe Beisp.7.1c).
  - Wird nur in einer Tabelle mit Bezügen gearbeitet, so nennt man diese *2D-Bezüge.* EXCEL kennt weiterhin sogenannte *3D-Bezüge,* die sich auf Zellen oder Bereiche in verschiedenen Tabellen beziehen. So bezeichnet z.B. TABELLE2!Z10S1 den Bezug auf Zelle Z10S1 (in Zeile 10 und Spalte 1) in Tabelle 2.

Beispiel 7.1:

Durchführung von Berechnungen unter Verwendung von *Bezügen* und *Namen*, um die Vorgehensweise beider Möglichkeiten zu illustrieren (siehe auch Beisp.2.4):

a) Im folgenden Tabellenausschnitt ist das Rechnen bei *Z1S1-Bezugsart* mit *absoluten Bezügen* zu sehen:

– Die Formel =Z2S1+Z2S2 wird in Zelle Z2S3 eingegeben, die mit Bezügen (*Zellbezügen/Zelladressen*) zu beiden Zellen Z2S1 und Z2S2 rechnet.

– Mittels der Formel wird der konkrete Inhalt beider Zellen Z2S1 und Z2S2 addiert:

Z2S3	▼	f_x	=Z2S1+Z2S2	
	1	2	3	4
1	x	y		
2	1,25	2,5	3,75	

b) Im folgenden Tabellenausschnitt wird die gleiche Berechnung wie im Beisp.a bei *Z1S1-Bezugsart* unter Verwendung von *Namen* (siehe Abschn.7.1.2) durchgeführt, so dass die Vorgehensweisen vergleichbar sind:

– Nachdem der Bereich mit Adresse Z1S1:Z2S2 markiert ist, werden den Zellen Z2S1 bzw. Z2S2 mittels der Registerkarte **Formeln** in der Gruppe *Definierte Namen* durch Anklicken von *Aus Auswahl erstellen* im erscheinenden Dialogfenster durch Anklicken von *Oberster Zeile* die Namen x bzw. y zugewiesen.

– Danach lässt sich mittels der Formel =x+y z.B. in Zelle Z2S3 der Inhalt der beiden durch x bzw. y bezeichneten Zellen Z2S1 bzw. Z2S2 addieren:

Z2S3	▼	f_x	=x+y
	1	2	3
1	x	y	
2	1,25	2,5	3,75

c) Illustration des Unterschieds zwischen *absoluten* und *relativen Bezügen*, der sich beim Kopieren von Formeln zeigt:

• *Absoluter Bezug:*

– Im folgenden Tabellenausschnitt wird bei A1-Bezugsart bzw. Z1S1-Bezugsart in Zelle \$C\$1 bzw. Z1S3 in der eingegebenen Formel für die Addition der beiden linken Zellinhalte der gleichen Zeile der *absolute Bezug* \$A\$1 und \$B\$1 bzw. Z1S1 und Z1S2 verwendet:

Der Zellinhalt \$C\$1 bzw. Z1S3 wird mittels des Ausfüllkästchen in die Zellen \$C\$2 und \$C\$3 bzw. Z2S3 und Z3S3 kopiert.

Aufgrund des *absoluten Zellbezugs* werden in den Zellen \$C\$2 und \$C\$3 bzw. Z2S3 und Z3S3 ebenfalls die Zellinhalte \$A\$1 und \$B\$1 bzw. Z1S1 und Z1S2 addiert, wie aus den berechneten Zahlenwerten 3 zu sehen ist:

A1-Bezugsart:

C1	▼	f_x	=\$A\$1+\$B\$1	
	A	B	C	D
1	1	2	3	
2	3	4	3	
3	5	6	3	

Z1S1-Bezugsart:

Z1S3	▼		f_x	=Z1S1+Z1S2
◢	1	2	3	4
1	1	2	3	
2	3	4	3	
3	5	6	3	

- *Relativer Bezug:*
  - In den folgenden Tabellenausschnitten werden in Zelle C1 bzw. Z1S3 mit der eingegebenen Formel in A1-Bezugsart bzw. Z1S1-Bezugsart die Addition durchgeführt:

    A1-Bezugsart

C1	▼		f_x	=A1+B1
◢	A	B	C	
1	1	2	3	
2	3	4	7	
3	5	6	11	

    Z1S1-Bezugsart

Z1S3	▼		f_x	=ZS(-2)+ZS(-1)
◢	1	2	3	4
1	1	2	3	
2	3	4	7	
3	5	6	11	

  - Danach wird der Zellinhalt C1 bzw. Z1S3 mittels des Ausfüllkästchens in die Zellen C2 und C3 bzw. Z2S3 und Z3S3 kopiert.
  - Aufgrund des relativen Zellbezugs werden in den Zellen C2 und C3 bzw. Z2S3 und Z3S3 die beiden linken Zellinhalte der entsprechenden Zeile addiert, wie aus den berechneten Zahlenwerten 7 bzw. 11 zu sehen ist.

7.1.2 Rechnen mit Namen

Neben Bezügen kann EXCEL zusätzlich mit *Namen rechnen:*

- EXCEL versteht unter einem *Namen* eine Zeichenfolge, die bis zu 255 Zeichen lang sein kann und folgenden Regeln unterworfen ist:
  - Namen dürfen Buchstaben, Ziffern, Unterstriche _ , Punkte . , Fragezeichen ? und umgekehrte Schrägstriche (Backslash) \ enthalten.
  - Namen müssen als erstes Zeichen einen Buchstaben , _ oder \ besitzen.
  - Namen dürfen nicht Zellbezügen wie z.B. A1 oder Z1S1 ähnlich sein.

- Neben *Zelladresse* bzw. *Bereichsadresse* (siehe Abschn.2.3.3 und 2.3.4) gibt es eine weitere Möglichkeit, Zellen bzw. Bereiche zu kennzeichnen. Hierzu dienen *Namen*, die *Zellnamen* bzw. *Bereichsnamen* heißen (siehe auch Beisp.2.4b):

  – Für eine Zelle bzw. einen Bereich einer Tabelle kann folgendermaßen ein Name (*Zellname* bzw. *Bereichsname*) *zugeordnet* (*definiert*) werden:

    Die Zelle bzw. der Bereich wird mit gedrückter Maustaste markiert, danach der *Zellname* bzw. *Bereichsname* in das Namenfeld eingetragen und abschließend die Taste $\boxed{\text{EINGABE}}$ gedrückt.

  – Es können auch gleichzeitig mehrere Zellen mit Namen versehen werden, die in Zellen darüber stehen. Eine Illustration hierfür ist in Beisp.7.2 zu sehen.

  – *Zellnamen* bzw. *Bereichsnamen* können als *Argumente* in EXCEL-Funktionen auftreten (siehe Beisp.7.2) und für Berechnungen eingesetzt werden.

- Mit zugewiesenen (d.h. definierten bzw. erstellten) Namen kann in der gesamten Arbeitsmappe von EXCEL gerechnet werden:

  – Für mathematische Rechnungen ist die Verwendung von Namen der Problematik besser angepasst als die Verwendung von Bezügen, da Konstanten, Variablen, Vektoren und Matrizen in der Mathematik durch Namen bezeichnet sind.

  – Mit Namen wird allgemein in Formeln und Ausdrücken gearbeitet, d.h. man kann diese Namen als *variable Größen* (Variablen) ansehen, für die bei Berechnungen die konkreten Größen (Zahlen bzw. Vektoren oder Matrizen) eingesetzt werden.

Beispiel 7.2:

a) Aus folgendem Tabellenausschnitt ist die Rechnung mittels *Namen* von Zellen (*Zellnamen*) zu sehen, die auf zwei Arten I und II definiert werden können:

I. Nach Markierung der Zellen Z1S1 bis Z2S2 und anschließendem Aufruf der Registerkarte **Formeln** wird für die Zellen Z2S1 und Z2S2 der in den darüberliegenden Zellen Z1S1 und Z1S2 stehende Name x bzw. y *definiert*, indem in der Gruppe *Definierte Namen* nach Anklicken von *Aus Auswahl erstellen* im erscheinenden Dialogfenster *Oberster Zeile* angeklickt wird.

II. Die Zuweisung der Namen x und y kann auch geschehen, wenn man nur die Zelle Z2S1 bzw. Z2S2 markiert und über die Registerkarte **Formeln** in der Gruppe *Definierte Namen* durch Anklicken von *Namen definieren* im erscheinenden Dialogfenster **Neuer Name** durch Eintrag von x bzw. y den Namen x bzw. y definiert.

Danach kann mit den in den Zellen Z2S1 bzw. Z2S2 befindlichen Werten von x und y gerechnet werden, wie aus Zelle Z2S3 des folgenden Tabellenausschnitts zu sehen ist, in der sich die Formel für die Addition von x und y befindet.

Z2S3	▼	f_x =x+y
1	**2**	**3**
1	x	y	
2	1,25	2,5	3,75

b) In folgenden Tabellenausschnitten ist die *Produktberechnung* unter *Z1S1-Bezugsart* und Verwendung von *Bereichsadresse* bzw. *Bereichsnamen* zu sehen:

- Im abgebildeten Tabellenausschnitt gibt es einen *Bereich* mit 6 Zellen, der zwischen den Zellen Z1S1 und Z3S2 liegt und deshalb die *Bereichsadresse* (*Bereichsbezug*) Z1S1:Z3S2 besitzt:

  In Zelle Z1S3 berechnet die EXCEL-Funktion **PRODUKT**(Z1S1:Z3S2) das Produkt der Zahlen, die sich in den zum Bereich gehörenden 6 Zellen Z1S1, Z1S2, Z2S1, Z2S2, Z3S1, Z3S2 befinden.

Z1S3		▼	*fx*	=PRODUKT(Z1S1:Z3S2)	
	1	2	3	4	
1	1,5	2	292,5		
2	4	1,25			
3	3,25	6			

- Wenn für den Bereich Z1S1:Z3S2 der Bereichsname A (siehe auch Abschn.2.3.4) festgelegt ist, berechnet die EXCEL-Funktion **PRODUKT**(A) das Produkt der Zahlen aus diesem Bereich A, wie folgender Tabellenausschnitt zeigt:

Z1S3		▼	*fx*	=PRODUKT(A)	
	1	2	3	4	
1	1,5	2	292,5		
2	4	1,25			
3	3,25	6			

7.1.3 Rechnen mit Funktionen

In EXCEL sind über 350 *Funktionen* integriert (vordefiniert), von denen viele zum Rechnen erforderlich sind (siehe auch Abschn.12.3):

- Sie werden als *EXCEL-Funktionen* bezeichnet.

- EXCEL-Funktionen erledigen einen großen Teil der Arbeit mit EXCEL.

- EXCEL-Funktionen zur Berechnung mathematischer Probleme spielen eine Hauptrolle beim kaufmännischen Rechnen und in der Wirtschaftsmathematik, wie im Buch ausführlich zu sehen ist.

- Die *Schreibweise* von EXCEL-Funktionen hat die Form **Name_der_Funktion(.....)**, wobei erforderliche Argumente (Parameter) in die Klammern einzutragen und durch Semikolon zu trennen sind.

- Eine wichtige Hilfe für EXCEL-Funktionen bietet das *Dialogfenster* **Funktion einfügen** (*Funktionsassistent*), das mittels der Registerkarte **Formeln** aufgerufen wird.

  - Dies wird durch Anklicken des Symbols

in der Registerkarte **Formeln** in der Gruppe *Funktionsbibliothek* aufgerufen.

- Das erscheinende *Dialogfenster* **Funktion einfügen** (*Funktionsassistent*) ist folgendermaßen charakterisiert (siehe Beisp.7.3):

  Hier lassen sich alle EXCEL-Funktionen in gewissen Kategorien anzeigen.

  Wenn man *Alle* bei *Kategorie auswählen* eingibt, werden sämtliche EXCEL-Funktionen in alphabetischer Reihenfolge angezeigt.

Es lassen sich auch zusätzlich Funktionen mittels der in EXCEL integrierten Programmiersprache VBA definieren, wie im Abschn.6.4 illustriert ist.

♦

Beispiel 7.3:

Im Folgenden wird das *Dialogfenster* **Funktion einfügen** (*Funktionsassistent*) betrachtet, das beim Aufruf mittels *Registerkarte* **Formeln** erscheint:

- Hier wird eine kurze Beschreibung für jede einzelne Funktion angezeigt, deren Funktionsnamen markiert ist.

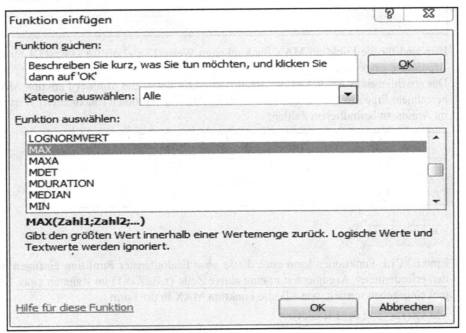

– Ausführliche Informationen für eine markierte Funktion werden durch Anklicken von *Hilfe für diese Funktion* erhalten.

– Die im *Dialogfenster* **Funktion einfügen** angezeigten Funktionen haben die von EX-CEL erforderliche Schreibweise und lassen sich nach Markierung durch Anklicken der Schaltfläche **OK** in eine aktive Zelle im Rahmen einer Formel eingeben, wobei die konkreten Argumente im erscheinenden *Dialogfenster* **Funktionsargumente** einzutragen sind, wie aus folgender Abbildung für die Funktion **MAX** zu sehen ist:

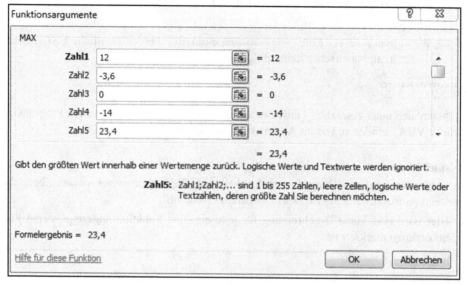

Hier sind für die Funktion **MAX** die konkreten Werte 12 ; -3,6 ; 0 ; -14 ; 23,4 für die Argumente eingegeben.

Das abschließende Anklicken der Schaltfläche **OK** liefert das von der Funktion **MAX** berechnete Ergebnis 23,4 in der aktiven Zelle Z1S1, den größten (maximalen) Wert der im Argument befindlichen Zahlen:

Z1S1	▼		f_x	=MAX(12;-3,6;0;-14;23,4)	
	1	2	3	4	5
1	23,4				

Eine EXCEL-Funktionen kann auch direkt *ohne* Dialogfenster **Funktion einfügen** mit den erforderlichen Argumenten in eine aktive Zelle (z.B. Z1S1) im Rahmen einer Formel eingegeben werden, wie z.B. die Funktion **MAX** in der Form

=**MAX**(12; -3,6; 0; -14; 23,4)

Man sieht, dass die Argumente der in eine EXCEL-Tabelle eingegebenen Funktion durch *Semikolon* zu *trennen* sind im Unterschied zu in VBA programmierten Funktionen, deren Argumente durch *Komma* zu *trennen* sind.

7.1.4 Rechnen mit Formeln

Da viele mathematische Berechnungen mittels *Formeln* durchzuführen sind, spielen sie eine wesentliche Rolle in der Wirtschaftsmathematik und werden in den entsprechenden Kapiteln des Buches angewandt.

EXCEL trägt diesem Sachverhalt Rechnung und rechnet nur mit *Formeln*, die hier folgendermaßen *charakterisiert* sind:

- In Formeln können *Zahlen* und *Funktionen* auftreten, die durch die arithmetischen Operatoren (Rechenoperatoren)

  $+ , - , * , / , \wedge$

  miteinander verbunden sind.

- Formeln müssen mit einem Gleichheitszeichen beginnen, damit sie EXCEL als Formel erkennt und nicht als Text interpretiert. Eine Ausnahme bilden diejenigen Formeln, die mit den Rechenoperatoren + oder - beginnen.

Bemerkung

EXCEL kann *Formeln* nicht in der üblichen mathematischen Schreibweise berechnen, sondern nur in der aus Programmiersprachen bekannten sogenannten *linearen Schreibweise* unter Anwendung der gegebenen Rechenoperatoren. Anschauliche Beispiele hierfür liefern Berechnungen aus der Finanzmathematik im Beisp.6.1 und 7.4.

♦

Da Formeln schon Abschn.3.3.3 ausführlicher erklärt, wird im Folgenden nur noch ein Beispiel zur Illustration gegeben.

Beispiel 7.4:

Geben wir eine weitere *Illustration* zur *linearen Schreibweise* von Formeln in EXCEL:

Der *Rentenendwert* R_T ist eine Funktion von *Rentenrate* R, *Zinsfaktor* q=1+i und *Laufzeit* T, ergibt sich aus (siehe Abschn.22.4)

$$R_T(R,q,T) := R \cdot q \cdot \frac{q^T - 1}{q-1} \qquad \text{(bei \textit{vorschüssiger Rente})}$$

und lässt sich in EXCEL-VBA mittels des Funktionsprogramms RENTENENDWERT

Function RENTENENDWERT(**R, q, T**)
' Berechnung des Rentenendwertes für Rentenrate R, Zinsfaktor q und Laufzeit T
RENTENENDWERT = R*q*(q^T-1)/(q-1)
End Function

ermitteln.

Damit ist folgendes konkrete Problem einfach berechenbar:

Wie groß ist der Kontostand nach 10 Jahren, wenn ein Sparer jährlich-vorschüssig 2000 Euro auf sein Bankkonto (mit Zinseszins) einzahlt, auf das er 5% Zinsen erhält. Die Berechnung des *Rentenendwertes* mittels der definierten Funktion ergibt:

RENTENENDWERT (2000; 1,05; 10) = 26414,57

Damit ist der Kontostand nach 10 Jahren auf 26414,57 Euro angewachsen.

Im erstellten Funktionsprogramm RENTENENDWERT ist anschaulich zu sehen, wie eine zu berechnende Formel in EXCEL *linear* zu *schreiben* ist.

7.2 EXCEL als Taschenrechner

EXCEL kann alle mittels Taschenrechner möglichen Rechnungen durchführen, da Grundrechenarten, höhere Rechenarten wie Potenzieren und Radizieren und elementare und höhere mathematische Funktionen integriert (vordefiniert) sind:

– Bei der Verwendung von EXCEL als Taschenrechner ist zu beachten, dass alle Berechnungen im Rahmen von Formeln (Abschn.7.1.4) stattfinden müssen.

– Damit sind ebenfalls alle kaufmännischen Rechnungen mittels EXCEL durchführbar, wie Kap.8 illustriert.

Zusätzlich kann in EXCEL noch der *Taschenrechner* von WINDOWS in die *Schnellzugriffsleiste* (siehe Abschn.2.2.2) aufgenommen werden:

Dies geschieht durch Anklicken der Schnellzugriffsleiste mit der rechten Maustaste bei *Symbolleiste für den Schnellzugriff anpassen... .* Im erscheinenden Kontextmenü *Excel-Optionen* ist *Symbolleiste für den Schnellzugriff* anzuklicken und bei *Befehle auswählen* (alle Befehle) der Rechner

auszuwählen und abschließend bei *Symbolleiste für den Schnellzugriff anpassen* hinzuzufügen.
Danach erscheint in der Schnellzugriffsleiste das zusätzliche *Symbol*

für den *Rechner.* Beim Anklicken dieses Symbols erscheint in der EXCEL-Benutzeroberfläche der obige *Rechner* (Taschenrechner), mit dem Rechnungen durchgeführt werden können, die sich in Zellen der aktuellen Tabelle einfügen lassen.

7.3 Rechenfehler mit EXCEL

Bei der Durchführung von Rechnungen mittels EXCEL bleiben *Fehler* (Rechenfehler) nicht aus, die jedoch meistens vom Anwender verschuldet sind:

- Häufige *Fehlerursachen* sind:
  - Funktionen von EXCEL oder vom Anwender definierte Funktionen werden falsch geschrieben oder mit unzulässigen Argumenten eingegeben.
  - Division durch Null:
    In einer Formel wird nicht berücksichtigt, dass der Nenner Null werden kann. Dies kann auch in selbsterstellten VBA-Programmen auftreten (siehe Abschn.6.5).
    Im Nenner eines Bruchs steht die Adresse einer Zelle, die leer ist und damit von EXCEL als Zahl 0 interpretiert wird.
  - Formeln werden fehlerhaft geschrieben.
  - Wenn das Gleichheitszeichen zu Beginn einer Formel vergessen wird und die Formel nicht mit + oder - beginnt, interpretiert EXCEL die Eingabe als Text und es werden keine Rechnungen durchgeführt.
  - Statt des Dezimalkommas wird der Dezimalpunkt verwandt.
  - Bei der Division wird statt des Bruchstrichs / ein Doppelpunkt : geschrieben.
- EXCEL erkennt eine Reihe von Fehlern und gibt *Fehlermeldungen* aus, von denen u.a. folgende angetroffen werden (siehe auch Beisp.7.5):
  - **#DIV/0!**
    Steht für Division durch Null, d.h. es wird durch Null oder eine leere Zelle dividiert.
  - **#NAME?**
    Steht für einen nichtverfügbaren Namen, wenn z.B. der Name einer Funktion falsch geschrieben ist, so dass ihn EXCEL nicht erkennt.
  - **#WERT!**

Steht für einen ungültigen Wert, wenn z.B. Klammern in Formeln falsch gesetzt sind oder innerhalb von Funktionen falsche Argumente verwandt werden.

– **#ZAHL!**

Steht für eine falsche Zahl, wenn z.B. Argumente einer Funktion außerhalb des zulässigen Bereichs liegen, d.h. nicht zulässig sind.

– **#NUM!**

Hier treten Probleme mit einer Zahl auf.

– **#NV!**

Steht für einen nichtverfügbaren Wert, wenn z.B. im Argument einer Funktion auf eine Zelle verwiesen wird, die keinen gültigen Inhalt hat.

– **#BEZUG!**

Der Zellbezug ist nicht richtig.

Bei falsch eingegebenen Formeln liefert EXCEL in gewissen Fällen auch Verbesserungsvorschläge, wie Beisp.7.5.d illustriert.

Beispiel 7.5:

Betrachtung einiger fehlerhafter Eingaben, um die von EXCEL angezeigten *Fehlermeldungen* zu illustrieren:

a) Bei Eingabe der Formel $=1/\textbf{LN}(1)$

   zeigt EXCEL die *Fehlermeldung*   **#DIV/0!**

an, da der Logarithmus von 1 Null ist und somit durch Null dividiert wird.

b) Bei Eingabe der Formel $=\textbf{WURZEL}(-2)$

   zeigt EXCEL die *Fehlermeldung*   **#ZAHL!**

an, da die Quadratwurzel nur aus positiven Zahlen gezogen werden kann, d.h. hier wurde für die Funktion ein unzulässiges Argument eingegeben.

c) Bei Eingabe der Funktion $=\textbf{ABRUNDEN}(12,234;Z1S1:Z2S1)$

   zeigt EXCEL die *Fehlermeldung*   **#WERT!**

an, da als zweites Argument anstatt einer Zelladresse eine Bereichsadresse eingegeben wurde.

d) Bei Eingabe der fehlerhaft geschriebenen Formel $=(1+2)(3+4)$

   liefert EXCEL ein Dialogfenster mit dem *Verbesserungsvorschlag* $= (1+2) * (3+4)$

   d.h. EXCEL erkennt, dass der Multiplikationspunkt * fehlt, der in EXCEL im Gegensatz zur mathematischen Schreibweise immer zu schreiben ist.

8 Kaufmännisches Rechnen (Wirtschaftsrechnen) mit EXCEL

8.1 Einführung

Kaufmännisches Rechnen wird auch als *Wirtschaftsrechnen* bezeichnet und besteht aus folgenden wichtigen Gebieten:

Bruchrechnung,

Prozentrechnung,

Rechnen mit *Proportionen* (*Verteilungsrechnung*),

Dreisatzrechnung,

Währungsrechnung,

Rechnen mit *Folgen, Summen* (Reihen) und *Produkten,*

Zins- und *Zinseszinsrechnung,*

für deren Verständnis nur Kenntnisse der Elementarmathematik erforderlich sind, wie in diesem Kapitel an typischen Problemstellungen illustriert wird.

Im Folgenden werden die angegebenen Gebiete des Kaufmännischen Rechnens behandelt, bis auf Zins- und Zinseszinsrechnung, die als wichtiges Gebiet der Finanzmathematik im Kap.22 zu finden ist.

8.2 Anwendung von EXCEL

Kaufmännisches Rechnen (Wirtschaftsrechnen) ist mit EXCEL problemlos möglich, wie in den folgenden Abschn.8.2.1 bis 8.2.6 für wichtige Gebiete näher beschrieben wird:

- Zu berechnende Ausdrücke und Formeln sind aufgrund der Taschenrechnerfunktionen (siehe Abschn.7.2) mittels EXCEL-Formeln einfach berechenbar.
- *EXCEL-Funktionen* (Abschn.7.1.3) können eingesetzt werden, wie z.B. die zur Berechnung von Summen und Produkten (siehe auch Beisp.2.4):

  – **SUMME**(Zahl1; Zahl2 ; ...)
    Diese Funktion addiert alle enthaltenen Argumente (bis zu 30), wobei als Argumente Zahl1; Zahl2; ... neben Zahlen, Zellbezügen auch Bereiche auftreten können, die durch Bereichsbezüge oder Namen gegeben sind.

  – **PRODUKT**(Zahl1; Zahl2; ...)
    Diese Funktion multipliziert alle enthaltenen Argumente (bis zu 30), wobei als Argumente Zahl1 ; Zahl2 ; ... neben Zahlen, Zellbezügen auch Bereiche auftreten können, die durch Bereichsbezüge oder Namen gegeben sind.

- Es lassen sich VBA-Programme schreiben, wie im Beisp.6.3 an der Berechnung von Doppelsummen illustriert ist.

Beispiel 8.1:

Betrachtung zum Einsatz von EXCEL bei der Berechnung von Summen (Reihen) und Produkten (siehe auch Beisp.2.4), die beim kaufmännischen Rechnen häufig auftreten:

Im folgenden Tabellenausschnitt in Z1S1-Bezugsart ist die Berechnung von Summen und Produkten von Zahlen mittels der *EXCEL-Funktionen* **SUMME** bzw. **PRODUKT** zu sehen:

Z6S3	▾		*fx*	=SUMME(Z1S1:Z2S2;A;b;Z4S2)	
	1	2	3	4	5
1	1	2		5	6
2	3	4		7	8
3				9	10
4	11	12			
5					
6			78		479001600

- Die zu summierenden bzw. multiplizierenden Zahlen befinden sich im Bereich Z1S1:Z2S2 (Bereichsadresse), dem Bereich Z1S4:Z3S5 mit definiertem Namen (Bereichsnamen) A, einer Zahl in Zelle Z4S1 mit definiertem Namen b und in Zelle Z4S2 (Zelladresse).

- Die mit den *EXCEL-Funktionen*

  =SUMME(Z1S1:Z2S2 ; A ; b ; Z4S2) und **=PRODUKT**(Z1S1:Z2S2 ; A ; b ; Z4S2)

  berechneten Ergebnisse befinden sich in den Zellen Z6S3 (Summe) bzw. Z6S5 (Produkt).

- Weitere Anwendungen von **SUMME** und **PRODUKT** sind im Beisp.2.4 zu finden.

8.2.1 Bruchrechnung

EXCEL gestattet neben dem Rechnen mit Dezimalzahlen (siehe Abschn.3.3.2) zusätzlich das *Rechnen* mit *Brüchen*. Dies lässt sich durch *Formatierung* als Kategorie *Bruch* erreichen, die auf folgende *zwei Arten* mit der Registerkarte **Start** geschehen kann:

I. In der Gruppe *Zahl* mittels Listenfeld *Bruch* (oben bei Zahlenformat), d.h.

Bruch

II. In der Gruppe *Zellen* bei *Format* im erscheinenden *Dialogfenster* **Zellen formatieren**, wobei hier zusätzlich der *Typ* des Bruches zu markieren ist:

- einstellig (für Brüche mit einer Ziffer in Zähler und/oder Nenner, z.B. 1/4),
- zweistellig (für Brüche mit zwei Ziffern in Zähler und/oder Nenner, z.B. 21/25),
- dreistellig (für Brüche mit drei Ziffern in Zähler und/oder Nenner, z.B. 312/943).

Bei *Anwendung* der *Bruchrechnung* ist Folgendes zu *beachten:*

– Falls man einen Bruch in eine Zelle eingibt, die nicht mit der Kategorie *Bruch* formatiert ist, wandelt EXCEL den Bruch automatisch in eine Dezimalzahl um, die allerdings
eine Näherung sein kann, da EXCEL nur die eingestellte endliche Anzahl von Dezimalstellen anzeigt.

– Die umgekehrte Vorgehensweise, eine gegebene endliche Dezimalzahl in einen Bruch
umzuwandeln, geschieht einfach durch Erweiterung mit 10^n, wobei n die Anzahl der
Dezimalstellen (Nachkommastellen) bezeichnet (siehe Beisp.8.2b).

– Bei einer ganzen Zahl mit einem Bruch (*gemischte Zahl*) ist bei EXCEL zwischen beiden ein Leerzeichen zu schreiben (siehe Beisp.8.2a).

Beispiel 8.2:

Illustration des Rechnens mit *Brüchen* im Rahmen von EXCEL:

a) Bevor man mit *Bruchrechnung* beginnen kann, müssen zuerst die verwendeten Zellen
der Tabelle für *Brüche formatiert* werden, wie oben beschrieben ist.
Im folgenden Tabellenausschnitt in Z1S1-Bezugsart werden alle verwendeten Zellen als
Kategorie *Bruch* und bis auf Zelle Z3S3 (*zweistellig*) als Typ *einstellig* eingestellt, da
nur Zelle Z3S3 einen zweistelligen Bruch enthält:

– Zelle Z1S3 enthält das Ergebnis 4 1/4 (gemischte Zahl) für die Addition der beiden
Brüche aus Zelle Z1S1 und Z1S2.

– Zelle Z3S3 enthält das Ergebnis -1/12 für die Subtraktion der beiden Brüche aus
Zelle Z3S1 und Z3S2.

Z1S3	▾	*fx*	=Z1S1+Z1S2	
	1	2	3	
1	1 3/4	2 1/2	4 1/4	
2				
3	2/3	3/4	- 1/12	

b) Betrachtung eines Beispiels für die *Umwandlung* einer endlichen *Dezimalzahl* in einen
Bruch:

12,345 wird durch Erweiterung mit $10^3 = 1000$ (da 3 Dezimalstellen vorliegen) in den

Bruch $\dfrac{12345}{1000}$ umgewandelt, den EXCEL zu $12\dfrac{69}{200}$ vereinfacht (bei Typ dreistellig).

8.2.2 Prozentrechnung

Die *Prozentrechnung* bildet eine wesentliche Säule des kaufmännischen Rechnens, da der
Begriff *Prozent* (Prozentpunkt) bei vielen ökonomischen Betrachtungen wie z.B. bei Infla-
tionsraten, Preisen, Rabatten, Steuern, Wachstum und Zinsen vorkommt:

- Bei der Prozentrechnung findet ein Vergleich im Verhältnis zur Zahl 100 statt. Die Regeln der Prozentrechnung gelten auch bei der *Promillerechnung*, bei der die Vergleichsbasis 1000 statt 100 beträgt.

- Alle Probleme der Prozentrechnung lassen sich mittels *Dreisatz* (siehe Abschn.8.2.4) berechnen. Er liefert

  - die grundlegende Formel (*Prozentformel*)

    Prozentwert = Prozentsatz · Grundwert/100 , d.h.   PW = PS · GW/100

  - die Proportion (Verhältnisgleichung - siehe Abschn.8.2.3)   PW/PS = GW/100

  in denen die enthaltenen Größen Folgendes bedeuten (siehe auch Beisp.8.3):

  - *Grundwert* GW : Dies ist die Bezugszahl.

  - *Prozentsatz* PS (= p)
    Man teilt den Grundwert GW in hundert gleiche Teile auf:
    Ein Hundertstel von GW (d.h. GW/100) heißt 1 Prozent und man schreibt 1%.
    Offensichtlich ergibt sich dann für p Hundertstel von GW, d.h. für p%: p· GW/100 ,
    wobei p den Prozentsatz bezeichnet.

  - *Prozentwert* PW
    Hiermit werden Vielfache von GW/100 bezeichnet, die sich durch Multiplikation
    mit dem Prozentsatz p ergeben, d.h.
    PW = p · GW/100

- EXCEL kennt das Zahlenformat *Prozent:*

  - Dieses in EXCEL als *Prozentformat* bezeichnete Zahlenformat lässt sich für eine
    Zelle mittels des Symbols

    aus der Registerkarte **Start** in der Gruppe *Zahl* (oben bei Zahlenformat) vor Eingabe
    von Zahlenwerten festlegen.

  - Die gleiche Formatierung einer Zelle gelingt mittels der Registerkarte **Start** bei *Zellen* bei *Format* im erscheinenden Dialogfenster **Zellen formatieren**, indem hier bei
    Zahlen die Kategorie *Prozent* eingestellt wird.

  - Nach Formatierung als Prozentformat erscheint ein in die Zelle eingegebener Zahlenwert mit dem Prozentzeichen %, wie Beisp.8.3 illustriert.

Beispiel 8.3:
Illustration der *Prozentrechnung* mittels EXCEL:

a) Im Tabellenausschnitt ist Folgendes zu sehen:

  - Für die Zelle Z1S1 wird die Kategorie *Prozent* (Prozentformat) gewählt, wie oben
    beschrieben ist:

  - Anschließend wird die Zahl 123 in die Zelle Z1S1 eingegeben.

  - Damit wird für die Zahl 123 eine Prozentformatierung vorgenommen, d.h. sie ist in
    Zelle Z1S1 in der Form 123 % dargestellt:

Z1S1	▼		*fx*	123%
	1	**2**	**3**	
1	123%			

b) Ein Konsumartikel kostet netto 399 Euro (Nettopreis = Grundwert GW). Wieviel muss der Kunde bei einer Mehrwertsteuer von 19% (Prozentsatz PS) hierfür bezahlen, d.h. wie hoch ist der Bruttopreis GW+PW:

- Berechnung des zu 19% gehörenden Prozentwertes PW mittels *Dreisatz*:

  100% = 399 Euro , 1% = 399 Euro/100 = 3,99 Euro, d.h.

  PW=19·3,99 Euro = 75,81 Euro

- Berechnung des zu 19% gehörenden Prozentwertes PW mittels *Prozentformel:*

  PW=PS · GW/100   für PS=19 und GW=399 , d.h. es wird der gleiche Prozentwert berechnet:

  PW= 19 · 399 Euro/100 = 75,81 Euro.

- Damit beträgt der Bruttopreis GW+PW für den Kunden:

  399 Euro + 75,81 Euro = 474,81 Euro

- In EXCEL lässt sich die Berechnung mittels *Prozentformel* z.B. wie im folgenden Tabellenausschnitt gestalten:

Z2S4	▼		*fx*	=GW+PW
	1	**2**	**3**	**4**
1	PS	GW	PW	Bruttopreis
2	19	399	75,81	474,81

Nachdem für die Zellen Z2S1, Z2S2 und Z2S3 die Namen PS bzw. GW bzw. PW für Prozentsatz bzw. Grundwert bzw. Prozentwert definiert sind (siehe Abschn. 7.1.2), wird

in Zelle Z2S3 die Prozentformel   = PS · GW/100

und in Zelle Z2S4 die Formel   =GW+PW

für den Bruttopreis eingetragen.

Damit lassen sich die Formeln für beliebige konkrete Zahlenwerte von PS und GW benutzen, indem man diese in die entsprechenden Zellen Z2S1 bzw. Z2S2 eingibt und EXCEL anschließend automatisch den dafür berechneten Prozentwert und Bruttopreis in Zelle Z2S3 bzw. Z2S4 anzeigt.

8.2.3 Proportionen und Verteilungsrechnung

Proportionen sind folgendermaßen *charakterisiert:*

- Sind zwei Zahlen a und b ungleich Null, so heißt der Quotient a/b das *Verhältnis* von a zu b, wobei a und b als *Glieder* bezeichnet werden. In Verhältnissen wird der Bruchstrich / auch mittels Doppelpunkt dargestellt, d.h. a : b.

- Gilt a/b = k bzw. a · b = k (k = konstant), so heißt k *Proportionalitätsfaktor* und man sagt, dass a zu b *direkt* bzw. *indirekt proportional* ist.

- Sind zwei gleiche Verhältnisse a/b und c/d zu einer Gleichung verbunden, d.h.

  a/b = c/d ,

  so wird von einer *Verhältnisgleichung* oder *Proportion* gesprochen. Damit stellen Proportionen eine einfache Form von *Gleichungen* dar.

- Sind in einer Proportion nicht nur zwei, sondern mehrere Verhältnisse gleichgesetzt, so wird von einer *fortlaufenden Proportion* gesprochen, wie z.B. bei

  a/d=b/e=c/f ,

  die sich auch in folgender Form schreibt:

  a/b/c = d/e/f

- Bekannte *Rechenregeln* für Proportionen sind:

  - *Erweitern* und *Kürzen*, d.h. Glieder einer Seite mit derselben Zahl multiplizieren bzw. dividieren:

    Die Proportion a/b = c/d bleibt unverändert, wenn man die Glieder eines Verhältnisses mit derselben Zahl p≠0 multipliziert bzw. durch q≠0 dividiert:

    a/b = (c·p)/(d·p) = (c:q)/(d:q)

  - Überführung der *Proportion*   a/b = c/d

    in die *Produktgleichung*   a · d = b · c

Proportionen spielen im kaufmännischen Rechnen eine große Rolle:

- Sie sind schon bei der Prozentrechnung in der gegebenen Prozentformel aufgetreten und werden im folgenden Abschn.8.2.4 beim Dreisatz erneut auftreten.

- Des Weiteren werden Proportionen bei Aufgaben der Verteilung (*Verteilungsrechnung*) benötigt, die in der Praxis auftreten, wenn z.B. Waren oder Geldbeträge an mehrere Personen, Einrichtungen usw. in einem bestimmten Verhältnis zu verteilen sind. Eine Illustration dieser Problematik liefert Beisp.8.4.

  ◆

Beispiel 8.4:

Berechnung zweier typischer Probleme der *Verteilungsrechnung*, wobei die Anwendung von EXCEL dem Leser als Übung überlassen wird:

a) Ein Lotteriegewinn von 100 000 Euro ist auf drei Personen a, b und c auf Grund ihrer Einzahlungsbeträge im Verhältnis 3:5:8 aufzuteilen. Wieviel Geld bekommt jeder:

  - Die Berechnung dieses Problems ergibt sich, indem die Verhältniszahlen addiert werden, d.h. 3 + 5 + 8 =16, so dass sich 16 Teile ergeben.

– Wegen 100 000/16 ergeben sich für einen Teil 6250 Euro.

– Abschließend ergeben Multiplikationen mit den entsprechenden Teilen

$3 \cdot 6250 = 18\,750$, $5 \cdot 6250 = 31\,250$, $8 \cdot 6250 = 50\,000$

die Anteile für die drei Personen, d.h.

$a = 18\,750$ Euro, $b = 31\,250$ Euro, $c = 50\,000$ Euro

b) Ein Firmengewinn von 324 000 Euro ist auf vier Inhaber a, b, c und d nach deren Kapitalanteilen von a=800 000 Euro, b=700 000 Euro, c=300 000 Euro und d=900 000 Euro aufzuteilen. Wieviel vom Gewinn erhalten die einzelnen Inhaber:

– Die Berechnung erfolgt wie bei Beisp.a.

– Der Gewinn ist im Verhältnis

800 000:700 000:300 000:900 000

aufzuteilen. Da man hier kürzen kann, ergibt sich das Verhältnis

8:7:3:9,

so dass 27 Teile entstehen.

– Wegen 324 000/27 ergeben sich für einen Teil 12000 Euro, d.h. die einzelnen Inhaber erhalten folgende Gewinnanteile:

$a = 96\,000$ Euro , $b = 84\,000$ Euro , $c = 36\,000$ Euro , $d = 108\,000$ Euro

8.2.4 Dreisatz

Die *Dreisatzrechnung* spielt in kaufmännischen Rechnungen eine fundamentale Rolle, da sich viele Anwendungsprobleme hiermit berechnen lassen:

– In der *Dreisatzrechnung* werden unbekannte Größen x in (direkten bzw. indirekten) proportionalen Zusammenhängen (Proportionen) in folgenden vier Formen berechnet (*Dreisatzformeln*), wobei ein einfacher Dreisatz zugrunde liegt:

(1)	$x / b = c / d$	daraus folgt	$x = b \cdot c / d$
(2)	$a / x = c / d$	daraus folgt	$x = a \cdot d / c$
(3)	$a / b = x / d$	daraus folgt	$x = a \cdot d / b$
(4)	$a / b = c / x$	daraus folgt	$x = b \cdot c / a$

Diese Formeln braucht man sich nicht zu merken, da sie problemlos für jede Aufgabe herleitbar sind, wie Beisp.8.5 zeigt.

– In der *Dreisatzrechnung* wird zwischen einfachem und zusammengesetztem (erweitertem) Dreisatz unterschieden.

– Illustrationen zur Dreisatzrechnung unter Anwendung von EXCEL liefert Beisp.8.5.

Beispiel 8.5:

Betrachtung von Anwendungsproblemen für den *Dreisatz*

a) *Einfacher Dreisatz*:

• 2,5 kg Zucker kosten 4 Euro . Wieviel kg Zucker erhält man für 6 Euro:

– Hier kann obige Dreisatzformel (3) angewandt werden, wobei x für die zu berechnende Menge von Zucker steht: $2,5/4=x/6$ ergibt $x=2,5 \cdot 6/4=3,75$
  Damit erhält man 3,75 kg Zucker für 6 Euro.

– Die entsprechende Dreisatzformel lässt sich auch direkt herleiten:
  Für 4 Euro erhält man 2,5 kg. Dann erhält man für 1 Euro 2,5/4 kg und für 6 Euro folglich $6\cdot2,5/4=3,75$ kg.

• 5 Maschinen gleicher Bauart stellen in einem gewissen Zeitraum 120 Bolzen her. Wieviel werden von 3 dieser Maschinen hergestellt:

  – Hier kann die Dreisatzformel direkt hergeleitet oder die Dreisatzformel (4) angewandt werden: $5/120=3/x$ ergibt $x=3\cdot120/5=72$
    Somit stellen 3 Maschinen 72 Bolzen her.

  – Die *Anwendung* von EXCEL zur Berechnung von Dreisatzproblemen ist problemlos möglich, wie folgender Tabellenausschnitt zeigt:

Z2S4		▼	f_x	=Maschinen2*Bolzen1/Maschinen1	
	1	2	3	4	5
1	Maschinen1	Bolzen1	Maschinen2	Bolzen2	
2	5	120	3	72	

  Es sind nur vorliegende Größen und Dreisatzformeln in entsprechende Zellen der Tabelle einzugeben und die Berechnung der Formel auszulösen, wie im obigen Tabellenausschnitt für die betrachtete Aufgabe illustriert ist:
  Hier sind die Namen *Maschinen1*, *Bolzen1* für die gegebenen Zahlenwerte 5 bzw. 120 erstellt (siehe Abschn.7.1.2), ebenso der Name *Maschinen2* für die 3 Maschinen, für die mit *Bolzen2* bezeichnete Bolzen mittels der in Zelle Z2S4 befindlichen Formel zu berechnen sind.
  Der abgebildete Tabellenausschnitt kann als Vorlage für die Durchführung von Dreisatzrechnungen mittels EXCEL dienen.

b) *Zusammengesetzter Dreisatz*:
   5 Maschinen (M) stellen in 2 Tagen (T) 400 Bolzen (B) her. Wie lange brauchen dann 3 Maschinen für 480 Bolzen:

   – Da drei Größen vorkommen, ist der zusammengesetzte Dreisatz anzuwenden, der zwei einfache Dreisätze erfordert:
     1. einfacher Dreisatz: Wenn 400 B von 5 M in 2 T hergestellt werden, dann brauchen 3 M hierfür $2\cdot 5/3$ T, d.h. 10/3 Tage.
     2. einfacher Dreisatz: 480 B werden dann von 3 M in $480\cdot2\cdot5/(400\cdot3)T=4T$ hergestellt, d.h. das Ergebnis lautet 4 Tage.

   – Die Anwendung von EXCEL zur Berechnung zusammengesetzter Dreisatzprobleme ist analog zu Beisp.a problemlos möglich. Wir überlassen dies dem Leser als Übungsaufgabe.

8.2.5 Währungsrechnung

Unter *Währungsrechnung* wird das Umrechnen von einer Währung in eine andere verstanden. Dies ist einfach unter Anwendung der Dreisatzrechnung möglich, wie im Beisp.8.6 illustriert ist.

Beispiel 8.6:
Währungsrechnung befasst sich mit dem Umrechnen verschiedener Währungen, wie folgende Aufgabe illustriert:

– Der Kurs zwischen Euro und Dollar betrage 1 Euro=1,23 Dollar. Wieviel Euro bekommt man für 500 Dollar.

– Der Dreisatz liefert für diese Aufgabe

$$1 \text{ Dollar} = \frac{1}{1,23} \text{ Euro und damit } 500 \text{ Dollar} = \frac{500}{1,23} \text{ Euro} = 406,50 \text{ Euro}$$

8.2.6 Folgen, Reihen (Summen) und Produkte

In der Wirtschaftsmathematik und hier häufig in der der Finanzmathematik werden Folgen und Reihen (Summen) reeller Zahlen benötigt, die Zahlenfolgen bzw. Zahlenreihen heißen:

• Werden natürliche Zahlen $k = 1, 2, \dots , n$ eindeutig reellen Zahlen a_k zugeordnet, so spricht man von *Zahlenfolgen* mit n Gliedern $a_1, a_2, \dots, a_n$, die kurz mit

$$\{a_k\}$$

bezeichnet werden:

– Ist n eine endliche Zahl, so liegen *endliche Zahlenfolgen* vor.

– Geht n gegen Unendlich, so liegen *unendliche Zahlenfolgen* vor, die konvergent oder divergent sein können.

• *Wichtige Zahlenfolgen* für die Wirtschaftsmathematik sind:

– *arithmetische Zahlenfolgen:* Hier gilt für alle Glieder

$$a_k = a_{k-1} + d = a_1 + (k-1) \cdot d \qquad (k=2, 3, \dots)$$

wobei $d \neq 0$ eine konstante reelle Zahl ist, d.h. ein Glied der Folge berechnet sich aus dem vorhergehenden durch Addition der vorgegebenen Konstanten d.

– *geometrische Zahlenfolgen:* Hier gilt für alle Glieder

$$a_k = a_{k-1} \cdot q = a_1 \cdot q^{k-1} \qquad (k=2, 3, \dots)$$

wobei $q \neq 0$ eine konstante reelle Zahl ist, d.h. ein Glied der Folge berechnet sich aus dem vorhergehenden durch Multiplikation mit der vorgegebenen Konstanten q.

• *Endliche Zahlenreihen* ergeben sich, wenn die Glieder endlicher Zahlenfolgen addiert werden, d.h. unter Verwendung des Summenzeichens gilt

$$S_n = a_1 + a_2 + \ldots + a_n = \sum_{k=1}^{n} a_k \quad (a_k \text{ - reelle Zahlen, n-endliche positive ganze Zahl}),$$

wobei S_n für die Summe der Reihe aus n Gliedern steht:

- Wir bevorzugen die Bezeichnung Reihe, obwohl für endliche Reihen auch die Bezeichnung (endliche) *Summe* verwendet wird.

- Es gibt zwei wichtige *endliche Zahlenreihen:*
  Bilden die Glieder der Reihe eine endliche arithmetische Folge, so ergibt sich eine *endliche arithmetische Reihe* mit der *Summenformel*

$$S_n = \sum_{k=1}^{n} a_k = \sum_{k=1}^{n} (a_1 + (k\text{-}1)\cdot d) = a_1 \cdot n + \frac{n \cdot (n\text{-}1) \cdot d}{2}$$

  Bilden die Glieder der Reihe eine endliche geometrische Folge, so ergibt sich eine *endliche geometrische Reihe* mit der *Summenformel*

$$S_n = \sum_{k=1}^{n} a_k = \sum_{k=1}^{n} a_1 \cdot q^{k\text{-}1} = a_1 \cdot \frac{1 - q^n}{1 - q}$$

- *Unendliche Zahlenreihen* lassen sich folgendermaßen *charakterisieren:*
  - Geht in endlichen Zahlenreihen n gegen Unendlich, d.h.

$$\lim_{n \to \infty} S_n = \lim_{n \to \infty} \sum_{k=1}^{n} a_k = \sum_{k=1}^{\infty} a_k$$

    so liegen *unendliche Zahlenreihen* vor, die als Grenzwert der Summen S_n endlicher Reihen definiert sind. Sie können konvergent oder divergent sein, je nachdem ob dieser Grenzwert existiert oder nicht, d.h. sie können eine Summe besitzen oder nicht.

  - Die endliche geometrische Reihe geht für n gegen unendlich in die *unendliche geometrische Reihe* über, die für $|q| < 1$ konvergent (hinreichende Konvergenzbedingung) und für $|q| > 1$ divergent ist und folgende Summe S besitzt, die man durch Grenzwertberechnung aus der Summe S_n der endlichen geometrischen Reihe erhält:

$$S = \sum_{k=1}^{\infty} a_1 \cdot q^{k\text{-}1} = \lim_{n \to \infty} a_1 \cdot \frac{1 - q^n}{1 - q} = a_1 \cdot \frac{1}{1 - q} \qquad (\text{für } |q| < 1)$$

  - Die *arithmetische Reihe* liefert ein Beispiel für eine *divergente unendliche Reihe*, wenn n gegen unendlich geht. Hier ist bereits die notwendige Konvergenzbedingung

$$\lim_{k \to \infty} a_k = 0$$

    für unendliche Reihen nicht erfüllt.

Beispiel 8.7:

Illustration der Anwendung *geometrischer Reihen* am Beispiel der *Rentenrechnung* der Finanzmathematik (siehe Abschn.22.4 und Beisp.22.2), die einfach mittels EXCEL durchführbar ist:

- Der Rentenendwert R_T nach T Jahren bei einer Rentenrate R (mit Zinsfaktor $q=1+i=1+p/100$) ergibt sich für nachschüssige Rente durch Addition der T aufgezinsten Raten zu

$$R_T = R + R \cdot q + R \cdot q^2 + ... + R \cdot q^{T-1} = R \cdot (1+q+q^2+...+q^{T-1})$$

- Man sieht, dass die Summe $1+q+q^2+...+q^{T-1}$ eine endliche geometrische Reihe darstellt, so dass die obige *Summenformel*

$$1+q+q^2+...+q^{T-1} = \frac{1-q^T}{1-q} \qquad \text{die } \textit{Rentenformel} \qquad R_T = R \cdot \frac{1-q^T}{1-q} \quad \text{liefert.}$$

- *Berechnungen* nach der *Rentenformel* lassen sich einfach in EXCEL realisieren, wie aus folgendem Tabellenausschnitt für die Werte aus Beisp.22.2a. ersichtlich ist. Dieser Tabellenausschnitt kann als Vorlage zur Durchführung kaufmännischer Rechnungen (Berechnung gegebener Formeln) mittels EXCEL dienen:

Z1S4	▼	f_x	=R*(1-q^T)/(1-q)
1	**2**	**3**	**4**
1	R	q	T	25155,7851
2	2000	1,05	10	

- Es sind Namen R, q und T für die darunter stehenden konkreten Werte zu erstellen, wie im Abschn.7.1.2 beschrieben ist.
- Die zu berechnende Formel (Rentenformel) in Zelle Z1S4 kann mit diesen Namen alle Aufgaben für verschiedene konkrete Werte von R, q und T berechnen:
  Es sind nur die entsprechenden Zahlenwerte unterhalb der Namen zu verändern. EXCEL berechnet dann automatisch den neuen Wert (Rentenendwert).

Neben der Berechnung endlicher Summen (Reihen) werden bei kaufmännischen Rechnungen gelegentlich endliche *Produkte* reeller Zahlen benötigt, die sich in folgender Form schreiben:

$$a_1 \cdot a_2 \cdot ... \cdot a_n = \prod_{k=1}^{n} a_k \qquad (a_k \text{ - reelle Zahlen, n-endliche positive ganze Zahl})$$

EXCEL stellt die Funktionen **SUMME** und **PRODUKT** zur Berechnung endlicher Summen bzw. Produkte bereit, die Beisp.8.1 vorstellt.

9 EXCEL in der Wirtschaftsmathematik

EXCEL lässt sich neben seiner Hauptaufgabe *Tabellenkalkulation* auch effektiv zum Rechnen (kaufmännischen Rechnen - Wirtschaftsrechnen) einsetzen, wie im vorangehenden Kap. 8 zu sehen ist. Dies ist aber nicht die einzige Stärke:

- Das EXCEL zugrundeliegende Prinzip der *Tabelle* lässt sich nutzbringend in der Mathematik anwenden, so z.B. beim Rechnen mit *Matrizen*, die häufig in mathematischen Modellen der Wirtschaft auftreten.

- Weiterhin haben die Entwickler zahlreiche Funktionen und Zusatzprogramme (Add-Ins) in neuere Versionen von EXCEL aufgenommen, um Probleme der Wirtschaftsmathematik mit EXCEL berechnen zu können (siehe Abschn.7.1.3 und 9.3).

- EXCEL lässt sich in der Mathematik und damit auch der Wirtschaftsmathematik zur Berechnung von Problemen folgender Gebiete einsetzen, wie in den angegebenen Kapiteln des Buches zu sehen ist:
  Grafische Darstellung mathematischer Funktionen (Kap.13), Matrizenrechnung (Kap. 10), Gleichungen und Ungleichungen (Kap.11), Optimierung (Kap.18-21), Finanzmathematik (Kap.22), Wahrscheinlichkeitsrechnung und Statistik (Kap.24), Simulation/ Monte-Carlo-Methoden (Abschn.24.6).

9.1 Wirtschaftsmathematik

Unter *Wirtschaftsmathematik* ist Folgendes zu verstehen:

- Die Wirtschaftsmathematik ist kein spezielles Gebiet der Mathematik mit eigenständigen Methoden, sondern wendet allgemeine mathematische Methoden an.

- Unter der Sammelbezeichnung Wirtschaftsmathematik werden diejenigen mathematischen Methoden betrachtet, die eine Anwendung auf Problemstellungen der Wirtschaft erkennen lassen.

- In Lehrbüchern der Wirtschaftsmathematik findet man neben der allgemeinen mathematischen Theorie
  - eine ökonomische Interpretation mathematischer Begriffe und Resultate,
  - konkrete Anwendungsbeispiele aus der Wirtschaft, die den Nutzen mathematischer Methoden illustrieren.

- Aufgrund der Charakterisierung der Wirtschaftsmathematik lassen sich EXCEL und die im Buch behandelten mathematischen Methoden nicht nur zur Berechnung von Problemen in der Wirtschaft, sondern auch in Technik und Naturwissenschaften anwenden (siehe Literaturverzeichnis).

9.2 Anwendung von EXCEL

EXCEL bietet folgende Möglichkeiten zur Berechnung von Problemen der Wirtschaftsmathematik:

- zahlreiche Funktionen zur Mathematik sind integriert (vordefiniert - siehe Abschn.7.1.3 und 12.3.2).
- Zielwertsuche zur Lösung von Gleichungen (siehe Abschn.9.2.2 und 11.3).

- Anwendung von Add-Ins (siehe Abschn.9.3 und 9.4).

- Mittels der in EXCEL integrierten Programmiersprache VBA (siehe Kap.4-6) können Probleme verschiedenster Gebiete durch Erstellung eigener Programme berechnet werden, wofür Illustrationen in den Beisp.5.1, 5.5, 5.6, 6.1, 6.3. zu sehen sind.

9.2.1 Integrierte (vordefinierte) Funktionen

In EXCEL sind über 450 *Funktionen* integriert (vordefiniert), die *EXCEL-Funktionen* heißen und folgendermaßen *charakterisiert* sind (siehe auch Abschn.7.1.3):

- Sie erleichtern einen großen Teil der Arbeit mit EXCEL, da die den Funktionen zugrundeliegenden Berechnungsformeln nicht bekannt sein bzw. eingegeben werden müssen.

- EXCEL-Funktionen zur Berechnung mathematischer Probleme spielen eine Hauptrolle beim kaufmännischen Rechnen (Wirtschaftsrechnen) und in der Wirtschaftsmathematik, wie im Buch zu sehen ist.

- Sie liefern Ergebnisse in Form von Zahlen, Text oder Wahrheitswerten, wenn die erforderlichen Argumente eingegeben sind.

- Sie können geschachtelt werden, d.h. als Argumente einer EXCEL-Funktion können wieder EXCEL-Funktionen auftreten, wie im Beisp.10.7b illustriert ist.

- Die *Schreibweise* von EXCEL-Funktionen hat die Form **Name_der_Funktion(.....)**, wobei erforderliche Argumente (Parameter) in die Klammern einzutragen und durch Semikolon zu trennen sind.

Die Arbeit mit allen EXCEL-Funktionen gestaltet sich effektiv unter Anwendung des *Dialogfensters* **Funktion einfügen** (*Funktionsassistent*) aus der Registerkarte **Formeln** (siehe auch Beisp.7.3):

- Wenn EXCEL-Funktionen für zu berechnende Probleme gesucht werden, lassen sich bei *Funktion suchen* hierzu Stichworte eingeben.

- Bei *Funktion auswählen* sind alle Funktionen aufgelistet, deren Gebiet bei *Kategorie auswählen* angegeben ist. Ist hier *Alle* eingestellt, so werden sämtliche EXCEL-Funktionen in alphabetischer Reihenfolge angezeigt.

- Eine kurze Beschreibung wird angezeigt, wenn die entsprechende Funktion markiert ist. Eine ausführlichere Beschreibung ergibt sich hier, wenn man *Hilfe für diese Funktion* anklickt (siehe Abschn.7.1.3 und Beisp.7.3).

- Mit seiner Hilfe lassen sich durch Anklicken die benötigten EXCEL-Funktionen in Zellen der aktuellen Tabelle eingeben. Diese Vorgehensweise wird empfohlen:

  - Man erhält die exakte EXCEL-Schreibweise einer Funktion.

  - Nach Mausklick auf **OK** lassen sich im erscheinenden Dialogfenster **Funktionsargumente** alle von einer Funktion benötigten Argumente eingeben, wie im Beisp.7.3 illustriert ist.

- Im Folgenden werden diejenigen *Kategorien* von Funktionen vorgestellt, die für mathematische Berechnungen wichtig sind:

Finanzmathematik

Enthält zahlreiche Funktionen für finanzmathematische Berechnungen (*finanzmathematische Funktionen*). Im Kap.22 ist eine Einführung in die Fähigkeiten von EXCEL auf dem Gebiet der Finanzmathematik zu finden.

Math. & Trigonom.

Hier befinden sich die gesamte Palette der elementaren mathematischen Funktionen wie Potenz-, Exponential- und trigonometrischen Funktionen und deren inversen Funktionen und weitere Funktionen, wie z.B. zur Summen- und Produktbildung, Kombinatorik und Erzeugung von Zufallszahlen.

Statistik

Enthält zahlreiche Funktionen zur Wahrscheinlichkeitsrechnung und Statistik (*Statistikfunktionen*). Im Kap.24 ist eine Einführung in die Fähigkeiten von EXCEL auf dem Gebiet der Wahrscheinlichkeitsrechnung und Statistik zu finden.

Matrix

Enthält Funktionen zur Matrizenrechnung (*Matrixfunktionen*). Weitere Funktionen hierzu stehen in der Gruppe *Math.& Trigonom*. Im Kap.10 wird ausführlich auf die Anwendung von EXCEL in der Matrizenrechnung eingegangen.

Logik

Enthält logische Funktionen und Operatoren.

Informationen

Enthält u.a. Funktionen, die zur Programmierung benötigt werden, wie z.B. Tests auf Text, Zahlen, gerade oder ungerade Zahlen.

Technisch

Enthält u.a. Funktionen zur Umwandlung von Zahlen, die Gaußsche Fehlerfunktion und Besselfunktionen.

9.2.2 Zielwertsuche

Wenn sich in einer Zelle eine Formel befindet, die verschiedene Zahlenwerte liefern kann, so lässt sich hierzu die in EXCEL integrierte *Zielwertsuche* heranziehen, um einen bestimmten Wert zu erhalten:

- In der Mathematik lässt sich diese *Zielwertsuche* z.B. zur Lösung einer Gleichung mit einer Unbekannten heranziehen, wie im Abschn.11.3 illustriert ist.

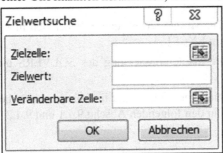

- Diese *Zielwertsuche* wird mittels der Registerkarte **Daten** in der Gruppe *Datentools* durch Anklicken von *Was-wäre-wenn-Analyse*

gestartet und es erscheint das obige Dialogfenster **Zielwertsuche**.

9.3 Add-Ins für EXCEL

Wie für viele WINDOWS-Programmsysteme gibt es auch Zusatzprogramme (Erweiterungsprogramme) für EXCEL, mit denen komplexe Probleme berechenbar sind:

- Diese Zusatzprogramme heißen *Add-Ins*.
- Add-Ins lassen sich für EXCEL selbst erstellen, wofür im Abschn.6.8 die Vorgehensweise erklärt ist.
- Die Erstellung anspruchsvoller und effektiver Add-Ins erfordert gute Programmierkenntnisse und tiefere Kenntnisse des zu berechnenden Problems.
- Vorliegende Add-Ins für EXCEL sind für eine Reihe von Gebieten der Wirtschaftsmathematik einsetzbar, wie z.B. zur:
  - Lösung von *Gleichungen, Ungleichungen* und *Optimierungsaufgaben* (siehe SOLVER im Abschn.9.4 und Kap.11, 18-21).
  - Berechnung von Problemen der *Wahrscheinlichkeitsrechnung* und *Statistik:*
    Hierfür gibt es mehrere Add-Ins, die extra zu erwerben sind. Dies hängt wesentlich vom Geldbeutel des Anwenders ab, da die Preise stark variieren. Im Abschn.24.1.2 stellen wir jeweils ein Add-In der unteren (WINSTAT) und oberen (UNISTAT) Preiskategorie vor.
  - Durchführung von *Monte-Carlo-Simulationen:*
    Hierfür existieren zwei Add-Ins, die im Abschn.24.7 kurz vorgestellt werden.
- Professionelle Add-Ins werden von Softwarefirmen angeboten und müssen bis auf den SOLVER käuflich erworben werden. Der SOLVER ist bereits auf der Installations-CD von EXCEL enthalten (siehe Abschn.9.4).

9.4 Add-In SOLVER für EXCEL

Das Add-In SOLVER beinhaltet Algorithmen zur Berechnung von Lösungen für *Gleichungen, Ungleichungen* und *Optimierungsaufgaben:*

- Es wird von der Firma FRONTLINE SYSTEMS entwickelt und befindet sich in einer Standardversion auf der Installations-CD von EXCEL.
- Es gibt von FRONTLINE SYSTEMS eine Weiterentwicklung des SOLVERS unter dem Namen PREMIUM-SOLVER.
- Das Add-In SOLVER wird bei der Installation von EXCEL mit installiert, ist aber beim ersten Start von EXCEL zu *aktivieren*, wie in den folgenden Abschn.9.4.1 und 9.4.2 beschrieben ist.

Im Kap.11 und 18-21 wird der SOLVER ausführlicher vorgestellt:

- Hier werden mit seiner Hilfe Lösungen linearer und nichtlinearer Gleichungen, Ungleichungen und Optimierungsaufgaben berechnet.

- Hier stehen detaillierte Hinweise, wie das Dialogfenster **Solver-Parameter** auszufüllen und damit der SOLVER anzuwenden ist.

9.4.1 Aktivierung für EXCEL 2007

Da in der Version EXCEL 2007 statt der Registerkarte **Datei** der Versionen 2010 und 2013 die Schaltfläche **Microsoft Office** existiert, ist das Add-In SOLVER hier in folgenden Schritten zu *aktivieren:*

I.   Zuerst wird die Schaltfläche **Microsoft Office** und danach *Excel-Optionen* angeklickt.

II. Danach wird *Add-Ins* angeklickt und im Feld *Verwalten:* die Option *Excel-Add-Ins* ausgewählt.

III. Danach Anklicken von *Start.*

IV. Danach Aktivierung des Kontrollkästchens *Solver* im Feld *Verfügbare Add-Ins* und Anklicken von **OK**.
    Falls *Solver* im Feld *Verfügbare Add-Ins* nicht angezeigt wird, ist *durchsuchen* oder auf *ja* bei installieren zu drücken.

V. Abschließend erscheint die Schaltfläche *Solver* in der Registerkarte **Daten** bei *Analyse,* mit deren Hilfe sich der SOLVER starten lässt, wobei das Dialogfenster **Solver-Parameter** erscheint.

9.4.2 Aktivierung für EXCEL 2010 und 2013

Bei den Versionen EXCEL 2010 und 2013 ist das Add-In SOLVER mittels Registerkarte **Datei** folgendermaßen zu *aktivieren:*

I.   Zuerst wird die Schaltfläche **Optionen** und danach *Add-Ins* angeklickt.

II. Einstellen von *EXCEL-Add-Ins* im Feld *Verwalten:*

III. Danach Anklicken von *Gehe zu...*

IV. Jetzt erscheint das Dialogfenster **Add-Ins**, in dem *Solver* zu *markieren* und abschließend die Schaltfläche **OK** anzuklicken ist.

V. Danach erscheint in der Registerkarte **Daten** in der Gruppe *Analyse* die Schaltfläche **Solver**, mit deren Hilfe sich der SOLVER starten lässt, wobei das Dialogfenster **Solver-Parameter** erscheint.

10 Matrizenrechnung

Matrizen bilden mit linearen Gleichungssystemen die Säulen der *linearen Algebra*, die zu den Grundlagen der Wirtschaftsmathematik gehört.

Im Folgenden wird eine *Einführung* in die *Matrizenrechnung* gegeben und die Anwendung von EXCEL erklärt.

10.1 Matrizen und Vektoren

10.1.1 Definition von Matrizen

Eine *Matrix* **A** ist als rechteckiges Schema von *indizierten Elementen*

$$a_{ij} \qquad\qquad (i = 1, 2, ..., m ; j = 1, 2, ..., n)$$

definiert, das durch runde Klammern eingeschlossen und in der Form

$$
\mathbf{A} = \begin{pmatrix} a_{11} & a_{12} & \cdots & a_{1n} \\ a_{21} & a_{22} & \cdots & a_{2n} \\ \vdots & \vdots & \cdots & \vdots \\ a_{m1} & a_{m2} & \cdots & a_{mn} \end{pmatrix} = \left(a_{ij} \right)
$$

geschrieben wird:

- In diesem Schema sind die als *Matrizenelemente* bezeichneten Elemente a_{ij} mit Indizes i und j versehen, wobei i den *Zeilenindex* und j den *Spaltenindex* bezeichnet:

  - Die *Matrizenelemente*

    $$a_{i1} \quad a_{i2} \quad \cdots \quad a_{in}$$

    bilden die i-te *Zeile* der Matrix.

  - Die *Matrizenelemente*

    $$a_{1j}$$
    $$a_{2j}$$
    $$\vdots$$
    $$a_{mj}$$

    bilden die j-te *Spalte* der Matrix.

  - Die angegebene Matrix besitzt m Zeilen und n Spalten, so dass von einer Matrix vom *Typ* (m,n) gesprochen wird.

  - Da sich Zeilen und Spalten einer Matrix als Vektoren interpretieren lassen, wird auch von *Zeilen-* bzw. *Spaltenvektoren* gesprochen.

- Matrizen werden üblicherweise mit Großbuchstaben **A** , **B** , **C**, ... und ihre Elemente mit zugehörigen indizierten Kleinbuchstaben a_{ij} , b_{ij} , c_{ij} , ... bezeichnet.

- In vielen ökonomischen Anwendungen werden Matrizenelemente durch (reelle) Zahlen gebildet, so dass eine Matrix in diesem Fall ein *Zahlenschema* darstellt und von *Zahlenmatrizen* gesprochen wird.

- Zusammenstellung wichtiger *Begriffe* und *Bezeichnungen* für Matrizen:

  - Zwei Matrizen **A** und **B** vom gleichen Typ sind gleich, d.h. **A** = **B**, wenn ihre entsprechenden Elemente gleich sind, d.h. $a_{ij} = b_{ij}$ gilt.

  - Sind alle Elemente einer Matrix gleich Null, so liegt eine *Nullmatrix* **O** vor.

  - Ein wichtiger Begriff für Matrizen ist der des *Ranges*, der für Anwendungen große Bedeutung besitzt. Er ist unter Verwendung der Unabhängigkeit von Zeilen- und Spaltenvektoren folgendermaßen definiert:

    Die maximale Anzahl linear unabhängiger Zeilen- und Spaltenvektoren einer Matrix heißt *Zeilen-* bzw. *Spaltenrang*.

    Es lässt sich beweisen, dass Zeilen- und Spaltenrang einer Matrix **A** gleich sind, so dass es sinnvoll ist, vom Rang Rg(**A**) = r einer Matrix zu sprechen. Wenn die Matrix vom Typ (m,n) ist, kann folglich ihr Rang r höchstens gleich der kleineren der beiden Zahlen m und n sein.

    Methoden zur *Rangbestimmung* werden im Beisp.10.1c und d und Anwendungen des Ranges im Abschn.11.5.2 vorgestellt.

  - Haben Matrizen die gleiche Anzahl von Zeilen und Spalten (d.h. es gilt m=n), so sind sie vom Typ (n,n) und werden auch als *n-reihige Matrizen* oder *quadratische Matrizen* der Ordnung n bezeichnet. Über derartige Matrizen lässt sich Folgendes sagen (siehe Beisp.10.1b):

    Die Elemente a_{ii} (i = 1, 2, ... , n) bilden die *Hauptdiagonale* einer quadratischen Matrix **A**.

    Eine quadratische Matrix heißt *Diagonalmatrix*, wenn nur Elemente der Hauptdiagonalen (*Diagonalelemente*) von Null verschieden sind.

    Eine Diagonalmatrix heißt *Einheitsmatrix* (Bezeichnung **E**), wenn alle Diagonalelemente gleich 1 sind.

    Eine quadratische Matrix heißt obere (untere) *Dreiecksmatrix*, wenn sämtliche Elemente unterhalb (oberhalb) der Hauptdiagonalen gleich Null sind. Man spricht von einer Matrix in *Dreiecksgestalt*.

    Hat eine quadratische Matrix der Ordnung n den Rang n, so heißt sie *regulär*. Ist ihr Rang kleiner als n, so heißt sie *singulär*.

    Eine quadratische Matrix heißt *symmetrisch*, wenn ihre Elemente spiegelsymmetrisch zur Hauptdiagonalen sind, d.h. sie ist gleich ihrer Transponierten (siehe Abschn.10.3).

10.1.2 Definition von Vektoren

Vektoren mit n Komponenten (*n-dimensionale* Vektoren) ergeben sich als Sonderfälle von Matrizen, da sie als Matrizen vom Typ (1,n) bzw. (n,1) definiert sind:

- $(a_1, ..., a_n)$ heißt   *Zeilenvektor* (Matrix vom Typ(1,n))

- $\begin{pmatrix} a_1 \\ \vdots \\ a_n \end{pmatrix}$ heißt   *Spaltenvektor* (Matrix vom Typ(n,1))

- Vektoren werden üblicherweise mit Kleinbuchstaben **a** , **b** , **c** , ... und ihre indizierten Komponenten mit a_i , b_i , c_i , ... bezeichnet.

- *Zusammenstellung* wichtiger *Begriffe* und *Bezeichnungen* für Vektoren:

  - Zwei n-dimensionale Vektoren **a** und **b** sind gleich, d.h. **a**=**b**, wenn ihre entsprechenden Komponenten gleich sind, d.h. $a_i = b_i$ für i = 1, 2, ... , n gilt.

  - Sind alle Komponenten eines Vektors gleich Null, so liegt ein *Nullvektor* **0** vor.

  - Ein Vektor der Länge 1 heißt *Einheitsvektor*, wobei sich für n-dimensionale Vektoren (Spalten- oder Zeilenvektoren) **a** die *Länge* $|\mathbf{a}|$ folgendermaßen aus den Komponenten berechnet:

    $$|\mathbf{a}| = \sqrt{a_1^2 + a_2^2 + ... + a_n^2}$$

  - Zwei n-dimensionale Vektoren **a** und **b** heißen *linear abhängig*, wenn es reelle Zahlen λ und μ gibt, die nicht beide gleich Null sein dürfen, so dass

    $$\lambda \cdot \mathbf{a} + \mu \cdot \mathbf{b} = \mathbf{0}$$

    gilt. Ansonsten heißen sie *linear unabhängig*. Analog lässt sich die lineare Abhängigkeit bzw. Unabhängigkeit für mehr als zwei Vektoren definieren.

10.1.3 Beispiele für Matrizen und Vektoren

Die im Abschn.10.1.1 und 10.1.2 besprochenen Eigenschaften von Matrizen und Vektoren werden in den folgenden Beispielen illustriert, wobei wir uns auf Matrizen mit maximal 3 Zeilen und 3 Spalten beschränken, da diese für eine Illustration ausreichen.

Beispiel 10.1:

a) Illustration des *Rangs* von Matrizen:

Die Matrix

$$\begin{pmatrix} 1 & 2 & 4 \\ 0 & 5 & 1 \end{pmatrix}$$

ist vom Typ (2,3) da sie

- zwei Zeilenvektoren (1, 2, 4) und (0, 5, 1)

- drei Spaltenvektoren $\begin{pmatrix} 1 \\ 0 \end{pmatrix}$, $\begin{pmatrix} 2 \\ 5 \end{pmatrix}$, $\begin{pmatrix} 4 \\ 1 \end{pmatrix}$

besitzt:

- Es ist leicht zu überprüfen, dass die beiden Zeilenvektoren linear unabhängig sind, so dass der *Zeilenrang* gleich 2 ist.

- Laut Theorie muss der *Spaltenrang* ebenfalls gleich 2 sein. Da drei zweidimensionale Vektoren immer linear abhängig sind, können höchstens 2 Spaltenvektoren linear unabhängig sein, wie z.B. die beiden Spaltenvektoren

$$\begin{pmatrix} 1 \\ 0 \end{pmatrix}, \begin{pmatrix} 2 \\ 5 \end{pmatrix}$$

- Damit ist der *Rang* dieser Matrix gleich 2, weil Zeilen- und Spaltenrang gleich 2 sind.

b) Illustration der Eigenschaften *quadratischer Matrizen*:

- Die quadratische Matrix

$$\begin{pmatrix} a & 0 & 0 \\ 0 & b & 0 \\ 0 & 0 & c \end{pmatrix}$$

ist eine dreireihige *Diagonalmatrix*, da die Elemente außerhalb der Hauptdiagonalen gleich Null sind:

- Sie bildet für den Fall $a = b = c = 1$ eine dreireihige *Einheitsmatrix* **E**, d.h.

$$\mathbf{E} = \begin{pmatrix} 1 & 0 & 0 \\ 0 & 1 & 0 \\ 0 & 0 & 1 \end{pmatrix}$$

- Gilt $a = b = c = 0$, so ergibt sich die dreireihige *Nullmatrix:*

$$\mathbf{O} = \begin{pmatrix} 0 & 0 & 0 \\ 0 & 0 & 0 \\ 0 & 0 & 0 \end{pmatrix}$$

- Die Matrizen

$$\begin{pmatrix} 2 & 4 & 3 \\ 0 & 1 & 6 \\ 0 & 0 & 5 \end{pmatrix} \quad \text{und} \quad \begin{pmatrix} 3 & 0 & 0 \\ 2 & 5 & 0 \\ 4 & 3 & 1 \end{pmatrix}$$

sind Beispiele für obere bzw. untere *Dreiecksmatrizen*, da die Elemente unterhalb bzw. oberhalb der Hauptdiagonalen gleich Null sind.

- Die Matrix

$$\begin{pmatrix} 2 & 4 & 3 \\ 4 & 1 & 6 \\ 3 & 6 & 5 \end{pmatrix}$$

ist ein Beispiel für eine *symmetrische Matrix*, da sie spiegelsymmetrisch zur Hauptdiagonalen ist. Man kann dies zusätzlich durch Berechnung der Transponierten, d.h. durch Vertauschen von Zeilen und Spalten nachprüfen, da Matrix und ihre Transponierte für symmetrische Matrizen übereinstimmen.

c) Vorstellung einer effektiven *Methode* zur *Rangbestimmung*, die auf der Idee des Gaußschen Algorithmus beruht, der bei der Lösung linearer Gleichungssysteme Anwendung findet (siehe Abschn.11.5.4):

- Diese Methode beruht auf der Eigenschaft, dass sich der Rang einer Matrix nicht ändert, wenn man das Vielfache einer Zeile (oder einer Spalte) zu einer anderen Zeile (oder Spalte) addiert.

- Mit dieser Methode lassen sich Zeilen bzw. Spalten derart umformen, dass die umgeformte Matrix Dreiecksgestalt hat und ihr Rang ablesbar ist.

- Eine Illustration ist im folgenden Umformschema zu sehen:

$$\begin{pmatrix} 1 & 2 & 3 \\ 1 & 3 & 3 \\ 1 & 2 & 4 \end{pmatrix} \rightarrow \begin{pmatrix} 1 & 2 & 3 \\ 0 & 1 & 0 \\ 0 & 0 & 1 \end{pmatrix} \rightarrow \begin{pmatrix} 1 & 0 & 3 \\ 0 & 1 & 0 \\ 0 & 0 & 1 \end{pmatrix} \rightarrow \begin{pmatrix} 1 & 0 & 0 \\ 0 & 1 & 0 \\ 0 & 0 & 1 \end{pmatrix}$$

Aus diesem Umformschema kann der Rang 3 der gegebenen linken Matrix unmittelbar abgelesen werden, da Zeilen- bzw. Spaltenvektoren ab umgeformter zweiter Matrix offensichtlich linear unabhängig sind.

Folgende *Operationen* werden im *Umformschema* durchgeführt:

- In der gegebenen linken Matrix wird im ersten Schritt die erste Zeile von der zweiten und danach von der dritten abgezogen und die zweite Matrix erhalten, die Dreiecksgestalt hat. Hieraus ist bereits Rang 3 ersichtlich.

- Es kann weiter umgeformt werden, wie aus obigem Umformschema zu sehen ist: Im zweiten Schritt wird die zweite Zeile der zweiten Matrix mit 2 multipliziert und von der ersten abgezogen und damit die dritte Matrix erhalten.

  Im abschließenden dritten Schritt wird die dritte Zeile der dritten Matrix mit 3 multipliziert und von der ersten abgezogen und damit die vierte Matrix erhalten, die eine Einheitsmatrix ist.

d) Anwendung der im Beisp.c vorgestellten Methode zur *Rangbestimmung* auf folgende Matrix:

$$\begin{pmatrix} 1 & 2 & 3 \\ 2 & 4 & 6 \\ 7 & 2 & 9 \end{pmatrix} \rightarrow \begin{pmatrix} 1 & 2 & 3 \\ 0 & 0 & 0 \\ 0 & -12 & -12 \end{pmatrix}$$

- Man sieht, dass die erste Zeile mit 2 multipliziert und von der zweiten Zeile und danach mit 7 multipliziert und von der dritten Zeile abgezogen wurde.

- Damit besitzt die gegebene linke Matrix den Rang 2, da beide übrigbleibende (von Null verschiedene) Zeilenvektoren der umgeformten rechten Matrix offensichtlich linear unabhängig sind.

10.1.4 Operationen mit Matrizen und Vektoren

Mit Matrizen und Vektoren lassen sich Operationen (Rechenoperationen) durchführen:

– In den folgenden Abschn.10.3-10.7 werden grundlegende Operationen mit Matrizen (*Matrizenoperationen*) und Vektoren vorgestellt.

– Da in ökonomischen Modellen auftretende Matrizen meistens umfangreich sind, d.h. eine größere Anzahl von Zeilen und Spalten besitzen, sind durchzuführende Matrizenoperationen nur mittels Computer effektiv realisierbar. EXCEL ist hierfür gut geeignet, wie im Folgenden illustriert ist.

10.1.5 Vektoren und Matrizen in EXCEL

Da Tabellen einer Arbeitsmappe eine Aufteilung in Zeilen und Spalten (d.h. Matrizenformat) besitzen (siehe Abschn.2.3.2), bereitet EXCEL die Arbeit mit Vektoren und Matrizen keinerlei Schwierigkeiten, wenn ihre Dimension nicht zu hoch ist:

– Es lassen sich *Zeilen* (für *Zeilenvektoren*) oder *Spalten* (für *Spaltenvektoren*), bzw. zusammenhängende *rechteckige Bereiche* (für *Matrizen*) der aktuellen EXCEL-Tabelle mit Komponenten/Elementen benötigter Vektoren/Matrizen ausfüllen.

– Zur Durchführung von Matrizenoperationen ist es in EXCEL vorteilhaft, den in Tabellen eingegebenen Matrizen und Vektoren jeweils Namen zuzuweisen, d.h. für sie Namen zu definieren (siehe Abschn. 2.3 und 7.1.2).
   Auf Elemente b_{ik} einer so definierten Matrix B kann mit B(i,k) zugegriffen werden (siehe Beisp.5.6b).

– In EXCEL sind für Operationen (Rechnungen) mit Matrizen eine Reihe von Funktionen integriert (vordefiniert), die *Matrizenfunktionen* heißen und in den folgenden Abschnitten vorgestellt werden.

10.2 Einsatz in der Wirtschaftsmathematik

Matrizen spielen eine wesentliche Rolle bei der Aufstellung mathematischer Modelle für die Wirtschaft.

Bereits die im Beisp.10.2 vorgestellten einfachen praktischen Anwendungen zeigen anschaulich, dass *Matrizen* nicht nur übersichtliche Darstellungen *ökonomischer Sachverhalte* liefern, sondern mit ihrer Hilfe auch *ökonomische Vorgänge* beschreibbar sind:

– Matrizen treten u.a. in *Input-Output-Modellen, Kosten-, Verflechtungs-, Produktions-* und *Transportmodellen* auf.

– Matrizen sind in *Modellen* anzutreffen, die durch *lineare Gleichungen* und *Ungleichungen* beschrieben sind.

– Matrizen bilden ein wichtiges Hilfsmittel, um große verflochtene Systeme der Volks- und Betriebswirtschaft beschreiben und analysieren zu können.

Beispiel 10.2:

Betrachtung von Beispielen für die Anwendung von Matrizen in Kosten-, Verflechtungs-, Produktions- und Transportmodellen, die einen Einblick in wirtschaftliche Anwendungen geben:

a) Vorstellung eines *Kostenmodells:*

Für m *Betriebe*

$$B_1, B_2, ..., B_m \, ,$$

die n *Produkte*

$$P_1, P_2, ..., P_n$$

herstellen, lassen sich Kosten (in Geldeinheiten GE), die im i-ten Betrieb für das j-te Produkt

$$k_{ij} \qquad\qquad\qquad (i = 1, 2, ... , m \, ; j = 1, 2, ... , n)$$

betragen, übersichtlich mittels einer *Kostenproduktmatrix* **K** darstellen:

$$\mathbf{K} = \begin{pmatrix} k_{11} & k_{12} & \cdots & k_{1n} \\ k_{21} & k_{22} & \cdots & k_{2n} \\ \vdots & \vdots & \cdots & \vdots \\ k_{m1} & k_{m2} & \cdots & k_{mn} \end{pmatrix}$$

b) Vorstellung eines *Verflechtungsmodells:*

Ein Betrieb stellt aus m Rohstoffen

$$R_1, R_2, ..., R_m$$

n Produkte

$$P_1, P_2, ..., P_n$$

her:

- Wenn der Bedarf (in Mengeneinheiten ME) des Betriebes am Rohstoff R_i für die Produktion einer ME des Produkts P_j gleich v_{ij} beträgt, so lässt sich der Bedarf an Rohstoffen mittels folgender *Verflechtungsmatrix* **V** übersichtlich darstellen:

$$\mathbf{V} = \begin{pmatrix} v_{11} & v_{12} & \cdots & v_{1n} \\ v_{21} & v_{22} & \cdots & v_{2n} \\ \vdots & \vdots & \cdots & \vdots \\ v_{m1} & v_{m2} & \cdots & v_{mn} \end{pmatrix}$$

- Für *Produktionsvektor* $\quad \mathbf{x} = \begin{pmatrix} x_1 \\ \vdots \\ x_n \end{pmatrix}\quad$ und $\quad$*Rohstoffvektor* $\quad \mathbf{b} = \begin{pmatrix} b_1 \\ \vdots \\ b_m \end{pmatrix}$

ergibt sich unter Verwendung der Verflechtungsmatrix ein Zusammenhang in Form des linearen Gleichungssystems $\mathbf{b}=\mathbf{V}\cdot\mathbf{x}$, d.h. ein *Verflechtungsmodell*, das sich folgendermaßen erklären lässt:

– Die Komponenten x_j des Produktionsvektors beinhalten die Mengen der hergestellten Produkte P_j ($j = 1, 2, \ldots , n$).

– Die Komponenten b_i des Rohstoffvektors beinhalten den Bedarf an Rohstoffen R_i ($i = 1, 2, \ldots , m$).

– Die i-te Komponente $b_i = v_{i1}\cdot x_1 + \ldots + v_{in}\cdot x_n$ des Rohstoffvektors (i-te Zeile des Gleichungssystems $\mathbf{b}=\mathbf{V}\cdot\mathbf{x}$) liefert die Gesamtmenge des Rohstoffs R_i, die zur Produktion von x_1 ME des Produkts P_1, x_2 ME des Produkts P_2, $\ldots , x_n$ ME des Produkts P_n benötigt wird.

• Bei gestaffelten Produktionsabläufen erfolgt die Produktion der Endprodukte über die Produktion von Zwischenprodukten. In diesem Fall ergibt sich die *Gesamtverflechtungsmatrix* in der Form $\mathbf{V}=\mathbf{V}_1\cdot\mathbf{V}_2\cdot\ldots\cdot\mathbf{V}_s$, d.h. als *Produkt* der *Verflechtungsmatrizen* $\mathbf{V}_1,\mathbf{V}_2,\ldots,\mathbf{V}_s$ der Zwischenproduktionen.

c) Vorstellung eines *Produktionsmodells:*

– Bei der *Bedarfsmatrix* vom Typ (4,m)

$$\mathbf{B} = \begin{pmatrix} b_{11} & b_{12} & \cdots & b_{1m} \\ b_{21} & b_{22} & \cdots & b_{2m} \\ b_{31} & b_{32} & \cdots & b_{3m} \\ b_{41} & b_{42} & \cdots & b_{4m} \end{pmatrix}$$

bezeichnen die Elemente

b_{ij} ($i = 1 , 2 , 3 , 4 ; j = 1 , \ldots , m$)

den Bedarf eines Betriebes am Rohstoff R_j (in ME) im i-ten Quartal.

– Bei der *Preismatrix* vom Typ (m,n)

$$\mathbf{P} = \begin{pmatrix} p_{11} & p_{12} & \cdots & p_{1n} \\ p_{21} & p_{22} & \cdots & p_{2n} \\ \vdots & \vdots & \cdots & \vdots \\ p_{m1} & p_{m2} & \cdots & p_{mn} \end{pmatrix}$$

bezeichnen die Elemente

p_{jk} ($j = 1 , 2 , \ldots , m ; k = 1, 2, \ldots , n$)

den Preis (in GE) des Rohstoffs R_j pro ME beim k-ten Lieferanten.

- Das Produkt $\mathbf{B} \cdot \mathbf{P}$ von Bedarfs- und Preismatrix ist eine Matrix vom Typ (4,n) und liefert die quartalsweise berechneten Kosten des nach Lieferanten geordneten Gesamtbedarfs.

d) Vorstellung eines *Transportmodells:*

In der *Transportmatrix* vom Typ (m,n)

$$
\mathbf{T} = \begin{pmatrix} t_{11} & t_{12} & \cdots & t_{1n} \\ t_{21} & t_{22} & \cdots & t_{2n} \\ \vdots & \vdots & \cdots & \vdots \\ t_{m1} & t_{m2} & \cdots & t_{mn} \end{pmatrix}
$$

bezeichnen die Elemente

$$t_{ij} \qquad\qquad (i = 1, 2, \ldots, m ; j = 1, 2, \ldots, n)$$

die Kosten (in GE) beim Transport einer Mengeneinheit (ME) der zu transportierenden Ware vom Ort i zum Ort j.

In *ökonomischen Modellen* werden häufig *Rechenoperationen* mit *Matrizen* wie Transponierung, Addition/Subtraktion, Multiplikation und Inversion benötigt, die im Folgenden besprochen werden.

10.3   Transponierung von Matrizen

10.3.1   Definition

Die *Transponierung* einer Matrix $\mathbf{A}$:

- ist als Vertauschen von Zeilen und Spalten definiert.
- liefert als Ergebnis eine Matrix $\mathbf{A}^T$, die zu $\mathbf{A}$ *transponierte Matrix* bzw. *Transponierte* heißt:
  - Ist die Matrix $\mathbf{A}$ vom Typ (m,n), so besitzt die Transponierte $\mathbf{A}^T$ offensichtlich den Typ (n,m).
  - Die Matrix $\mathbf{A}$ und ihre Transponierte $\mathbf{A}^T$ sind i.Allg. verschieden und haben unterschiedlichen Typ:

    Für quadratische Matrizen besitzen beide den gleichen Typ.

    Falls bei quadratischen Matrizen die Gleichheit $\mathbf{A} = \mathbf{A}^T$ gilt, so ist die Matrix $\mathbf{A}$ *symmetrisch* (siehe Abschn.10.1.1).

10.3.2   Anwendung von EXCEL

Für das Transponieren von Matrizen stellt EXCEL die *Matrizenfunktion* **MTRANS** zur Verfügung.

Mit ihrer Hilfe geschieht das Transponieren einer in der aktuellen Tabelle befindlichen Matrix, für die der Name **A** definiert ist, in folgenden Schritten (siehe Beisp.10.3):

I. In der Tabelle ist ein freier Bereich (*Ergebnisbereich*) für die transponierte Matrix mittels gedrückter Maustaste zu markieren.

II. Danach ist =**MTRANS(A)** als Formel in die linke obere Zelle des markierten Ergebnisbereichs einzugeben.

III. Die abschließende Betätigung der Tastenkombination STRG ⇧ EINGABE löst die Berechnung der Transponierten aus, wobei die Formel von EXCEL in geschweifte Klammern gesetzt wird, d.h. {=**MTRANS(A)**}.

Beispiel 10.3:

Im folgenden Tabellenausschnitt ist ein Beispiel für die Berechnung der *Transponierten* einer Matrix **A** zu sehen, die für den Bereich Z1S1:Z2S3 definiert ist:

– Für die zu berechnende transponierte Matrix sind der Bereich Z4S1:Z6S2 markiert und in Zelle Z4S1 die EXCEL-Matrizenfunktion =**MTRANS(A)** eingegeben.

– Die Anwendung der obigen Schritte I-III liefert die angezeigte transponierte Matrix $\mathbf{A}^{\mathrm{T}}$:

Z4S1	▼		f_x {=MTRANS(A)}	
	1	2	3	4
1	1	2	3	
2	4	5	6	
3				
4	1	4		
5	2	5		
6	3	6		

10.4 Addition und Subtraktion von Matrizen

10.4.1 Definition

Addition und Subtraktion von Matrizen gestalten sich folgendermaßen:

– Es ist zu beachten, dass *Addition/Subtraktion* **A** ± **B** zweier Matrizen **A** und **B** nur definiert ist, wenn beide den gleichen Typ besitzen.

– Zwei Matrizen **A** und **B** vom gleichen Typ (m,n) werden addiert oder subtrahiert, indem entsprechende Elemente beider Matrizen addiert bzw. subtrahiert werden, d.h. für die Elemente c_{ij} der *Ergebnismatrix* **C** = **A** ± **B** gilt

$$c_{ij} = a_{ij} \pm b_{ij} \qquad\qquad (i = 1, 2, ... , m ; j = 1, 2, ... , n)$$

10.4.2 Anwendung von EXCEL

Die Addition/Subtraktion zweier in der aktuellen Tabelle befindlicher Matrizen, für die Namen **A** bzw. **B** definiert sind, geschieht in folgenden Schritten (siehe Beisp.10.4):

I. In der Tabelle ist ein freier Bereich (*Ergebnisbereich*) für die zu berechnende Ergebnismatrix **C** = **A** ± **B** mittels gedrückter Maustaste zu markieren.

II. Danach werden = **A+B** bzw. = **A - B** als Formel in die linke obere Zelle des markierten Ergebnisbereichs eingegeben.

III. Die abschließende Betätigung der Tastenkombination |STRG| |⇑| |EINGABE| löst die Berechnung der Addition/Subtraktion aus, wobei EXCEL die Formel in geschweifte Klammern setzt, d.h. {=**A+B**} bzw. {=**A-B**}.

Beispiel 10.4:

Im folgenden Tabellenausschnitt ist ein Beispiel für die *Addition* und *Subtraktion* zweier Matrizen zu sehen, wobei die Matrix **A** für den Bereich Z1S1:Z2S2 und die Matrix **B** für den Bereich Z4S1:Z5S2 definiert sind:

– Die durch Addition bzw. Subtraktion berechnete Ergebnismatrix findet man im Bereich Z1S3:Z2S4 bzw. Z4S3:Z5S4.

– Die angezeigten Ergebnisse werden durch Anwendung der obigen Schritte I-III erhalten:

Z1S3	▼		f_x	{=A+B}
	1	2	3	4
1	1	2	6	8
2	3	4	10	12
3				
4	5	6	-4	-4
5	7	8	-4	-4

10.5 Multiplikation von Matrizen

10.5.1 Definition

Die *Multiplikation* von Matrizen gestaltet sich folgendermaßen:

• Für die Multiplikation **A·B** müssen beide Matrizen **A** und **B** *verkettet* sein, d.h. **A** muss genauso viele Spalten haben, wie **B** Zeilen besitzt. Dies bedeutet, wenn **A** vom Typ (m,n) ist, muss **B** vom Typ (n,r) sein.

• Die *Ergebnismatrix* **C**=**A·B** ist vom Typ (m,r) und ihre Elemente c_{ij} berechnen sich als Skalarprodukte von i-ten Zeilenvektoren der Matrix **A** und j-ten Spaltenvektoren der Matrix **B** in der Form

$$c_{ij} = \sum_{k=1}^{n} a_{ik} \cdot b_{kj} \qquad (i = 1, 2, ... , m ; j = 1, 2, ... , r)$$

- Die Multiplikation ist eine kompliziertere Operation als Addition/Subtraktion und besitzt andere Eigenschaften als die Multiplikation von Zahlen:

  - Das kommutative Gesetz gilt nicht, da allgemein $\mathbf{A} \cdot \mathbf{B}$ verschieden von $\mathbf{B} \cdot \mathbf{A}$ ist, wobei das Produkt $\mathbf{B} \cdot \mathbf{A}$ nur im Falle quadratischer Matrizen $\mathbf{A}$ und $\mathbf{B}$ existiert.

  - Es ist keine Division von Matrizen definiert. Man kennt nur unter zusätzlichen Voraussetzungen eine Inversion, die im Abschn.10.6 zu finden ist.

- Die Multiplikation einer Matrix $\mathbf{A}$ mit einer reellen Zahl s bewirkt, dass jedes Element von $\mathbf{A}$ mit s multipliziert wird, d.h.

$$s \cdot \mathbf{A} = \left(s \cdot a_{ij} \right)$$

10.5.2 Anwendung von EXCEL

Für die Multiplikation von Matrizen stellt EXCEL die *Matrizenfunktion* **MMULT** zur Verfügung:

- Mit **MMULT** geschieht die Multiplikation zweier in der aktuellen Tabelle befindlicher Matrizen, für die Namen $\mathbf{A}$ bzw. $\mathbf{B}$ definiert sind, in folgenden drei Schritten (siehe Beisp.10.5):

  I.   In der Tabelle ist ein freier Bereich (*Ergebnisbereich*) für die zu berechnende Ergebnismatrix mittels gedrückter Maustaste zu markieren.

  II. Danach ist =**MMULT(A;B)** als Formel in die linke obere Zelle des markierten Ergebnisbereichs einzugeben.

  III. Die abschließende Betätigung der Tastenkombination $\boxed{\text{STRG}}\ \boxed{\Uparrow}\ \boxed{\text{EINGABE}}$ löst die Berechnung der Multiplikation aus, wobei die Formel von EXCEL in geschweifte Klammern gesetzt wird, d.h. {=**MMULT(A;B)**}.

- Bei der *Multiplikation* von Matrizen mittels EXCEL ist Folgendes zu *beachten:*

  - Falls man versehentlich die Multiplikation zweier Matrizen $\mathbf{A}$ und $\mathbf{B}$ durch Eingabe der Formel =$\mathbf{A}*\mathbf{B}$ durchführt, so berechnet EXCEL eine Ergebnismatrix $\mathbf{C}$, deren Elemente c_{ij} sich als Produkt der entsprechenden Elemente der Matrizen $\mathbf{A}$ und $\mathbf{B}$ berechnen (siehe Beisp.10.5), d.h.

$$c_{ij} = a_{ij} \cdot b_{ij}$$

  Dies ist jedoch nicht das Ergebnis der in der Mathematik definierten Matrizenmultiplikation.

  - Falls man zwei Matrizen miteinander multipliziert, die nicht verkettet sind, so gibt EXCEL bei Anwendung der Matrizenfunktion **MMULT** die *Fehlermeldung* #WERT! aus (siehe Beisp.10.5).

Beispiel 10.5:

Im folgenden Tabellenausschnitt sind Beispiele für die *Multiplikation* zweier Matrizen $\mathbf{A}$ und $\mathbf{B}$ mittels der EXCEL-Matrizenfunktion **MMULT** zu sehen, wobei $\mathbf{A}$ für den Bereich Z1S1:Z2S2 und $\mathbf{B}$ für den Bereich Z4S1:Z5S3 definiert sind:

- Die mittels **=MMULT(A;B)** durch Anwendung der obigen Schritte I-III berechnete Ergebnismatrix befindet sich im Bereich Z1S4:Z2S6.

- Zusätzlich wird

  – im Bereich Z4S4:Z5S6 die Formel **=A*B** angewandt, die die Multiplikation der entsprechenden Elemente der Matrizen **A** und **B** bewirkt. In den Zellen Z4S6 und Z5S6 wird als Ergebnis die *Fehlermeldung* #NV angezeigt, da die Matrix **A** nur zwei Spalten besitzt.

  – im Bereich Z7S4:Z8S6 die Multiplikation **=MMULT(B;A)** angewandt, die jedoch nicht möglich ist, da **B** nicht mit **A** verkettet ist. EXCEL erkennt dies und gibt die *Fehlermeldung* #WERT! aus.

Z1S4		▼	*fx* {=MMULT(A;B)}		
1	2	3	4	5	6
1	2		21	24	27
3	4		47	54	61
5	6	7	5	12	#NV
8	9	10	24	36	#NV
			#WERT!	#WERT!	#WERT!
			#WERT!	#WERT!	#WERT!

10.6 Inversion von Matrizen

10.6.1 Definition

Inverse Matrizen werden u.a. zur Lösung linearer Gleichungssysteme **A·x=b** und von Matrizengleichungen der Form **A·X=B** benötigt:

- Diese Gleichungen lassen sich nicht unmittelbar nach dem Vektor **x** bzw. der Matrix **X** auflösen, da eine Division für Matrizen nicht definiert ist.

- Eine Auflösung gelingt jedoch für reguläre quadratische Matrizen **A** durch Einführung der *Inversen* (*inversen Matrix*):

  – Für quadratische Matrizen **A** definiert sich die *Inverse* $\mathbf{A}^{-1}$ durch die Matrizengleichung

  $$\mathbf{A}^{-1} \cdot \mathbf{A} = \mathbf{A} \cdot \mathbf{A}^{-1} = \mathbf{E}$$

  d.h. das Produkt aus Matrix und ihrer Inversen muss die Einheitsmatrix **E** ergeben.

  – Bei der Bildung der Inversen $\mathbf{A}^{-1}$ ist zu beachten, dass diese nur für *reguläre Matrizen* **A** (siehe Abschn.10.1.1) möglich ist.

In diesem Fall besitzen $\mathbf{A} \cdot \mathbf{x} = \mathbf{b}$ bzw. $\mathbf{A} \cdot \mathbf{X} = \mathbf{B}$ den *Lösungsvektor*

$$\mathbf{x} = \mathbf{A}^{-1} \cdot \mathbf{b}$$

bzw. die *Lösungsmatrix*

$$\mathbf{X} = \mathbf{A}^{-1} \cdot \mathbf{B},$$

wobei die Inverse $\mathbf{A}^{-1}$ eindeutig bestimmt ist.

– Für die Inverse gelten folgende *Rechenregeln* ($\mathbf{A}$, $\mathbf{B}$ - reguläre quadratische Matrizen, c - reelle Zahl):

$$\left(\mathbf{A}^{-1} \right)^{-1} = \mathbf{A}, \; \left(\mathbf{A}^{-1} \right)^{T} = \left(\mathbf{A}^{T} \right)^{-1}, \; \left(\mathbf{A} \cdot \mathbf{B} \right)^{-1} = \mathbf{B}^{-1} \cdot \mathbf{A}^{-1}, \; \left(\mathbf{c} \cdot \mathbf{A} \right)^{-1} = \frac{1}{c} \cdot \mathbf{A}^{-1}$$

• Die Berechnung inverser Matrizen ist sehr aufwendig, so dass diese per Hand nur für Matrizen bis zur Ordnung 4 vertretbar ist. Deshalb verzichten wir auf die Vorstellung von Berechnungsformeln und empfehlen die Anwendung von EXCEL.

10.6.2 Anwendung von EXCEL

Zur Berechnung der Inversen einer Matrix stellt EXCEL die *Matrizenfunktion* **MINV** zur Verfügung:

• Mittels **MINV** geschieht die Inversion einer in der Tabelle befindlichen Matrix, für die der Name **A** definiert ist, in folgenden drei Schritten (siehe Beisp.10.6):

  I. In der Tabelle ist ein freier Bereich (*Ergebnisbereich*) für die zu berechnende Inverse mittels gedrückter Maustaste zu markieren.

  II. Danach ist =**MINV(A)** als Formel in die linke obere Zelle des markierten Ergebnisbereichs einzugeben.

  III. Die abschließende Betätigung der Tastenkombination

  | STRG | ⇧ | EINGABE |

  löst die Berechnung der Inversen aus, wobei die Formel von EXCEL in geschweifte Klammern gesetzt wird, d.h. {= **MINV(A)**}.

• Hat EXCEL eine Inverse $\mathbf{A}^{-1}$ berechnet, so sollte als *Probe* zusätzlich das Produkt $\mathbf{A}^{-1} \cdot \mathbf{A}$ oder $\mathbf{A} \cdot \mathbf{A}^{-1}$ berechnet werden, das die Einheitsmatrix **E** ergeben muss.

• Falls man versehentlich die Inverse einer singulären Matrix berechnen will, gibt EXCEL im Einklang mit der mathematischen Theorie eine *Fehlermeldung* #ZAHL aus, wie im Beisp.10.6b illustriert ist.

Beispiel 10.6:

Illustration der Berechnung *inverser Matrizen* mittels der EXCEL-Matrizenfunktion **MINV**:

a) Im folgenden Tabellenausschnitt wird die zur Matrix **A** gehörige Inverse berechnet, wobei **A** als Name für den Bereich Z1S1:Z3S3 definiert ist:

Z7S1		▼	*fx* {=MINV(A)}	
	1	2	3	
1	1	2	3	
2	1	3	3	
3	1	2	4	
4				
5	1			
6				
7	6	-2	-3	
8	-1	1	0	
9	-1	0	1	

Aus dem Tabellenausschnitt ist Folgendes zu sehen:

- Die Berechnung der Determinante (=1) der eingegebenen Matrix **A** (siehe Abschn. 10.8.2) mittels =**MDET(A)** in Zelle Z5S1 zeigt, dass **A** regulär ist und somit eine Inverse besitzt.

- Im Bereich Z7S1:Z9S3 ist die Inverse von **A** mittels =**MINV(A)** durch Anwendung der gegebenen Schritte I-III berechnet.

b) Im folgenden Tabellenausschnitt ist die Matrix **A** für den Bereich Z1S1:Z3S3 definiert:

- Diese Matrix ist singulär, wie die Berechnung der Determinante von **A** in Zelle Z5S1 (=0) zeigt. Damit existiert für **A** *keine Inverse*.

- EXCEL erkennt dies bei der Berechnung mittels =**MINV(A)** und gibt im Bereich Z7S1:Z9S3 der Ergebnismatrix die *Fehlermeldung* #ZAHL! aus:

Z7S1		▼	*fx* {=MINV(A)}	
	1	2	3	
1	1	2	3	
2	2	4	6	
3	7	2	9	
4				
5	0			
6				
7	#ZAHL!	#ZAHL!	#ZAHL!	
8	#ZAHL!	#ZAHL!	#ZAHL!	
9	#ZAHL!	#ZAHL!	#ZAHL!	

10.7 Produkte von Vektoren

Im Folgenden werden drei wichtige *Produkte* für *Vektoren* vorgestellt und bis auf das Vektorprodukt die Berechnung mittels EXCEL beschrieben.

10.7.1 Skalar-, Vektor- und Spatprodukt

Für beliebige *Spaltenvektoren*

$$\mathbf{a} = \begin{pmatrix} a_1 \\ \vdots \\ a_n \end{pmatrix} \qquad \mathbf{b} = \begin{pmatrix} b_1 \\ \vdots \\ b_n \end{pmatrix} \qquad \mathbf{c} = \begin{pmatrix} c_1 \\ \vdots \\ c_n \end{pmatrix}$$

oder *Zeilenvektoren*

$$\mathbf{a} = (a_1, \ldots, a_n) \qquad \mathbf{b} = (b_1, \ldots, b_n) \qquad \mathbf{c} = (c_1, \ldots, c_n)$$

gibt es folgende Produkte:

- *Skalarprodukt*

$$\mathbf{a} \cdot \mathbf{b} = \sum_{i=1}^{n} a_i \cdot b_i$$

Das *Skalarprodukt* $\mathbf{a} \cdot \mathbf{b}$ ist eine Multiplikationsoperation für beliebige n-dimensionale Vektoren $\mathbf{a}$ und $\mathbf{b}$ und folgendermaßen charakterisiert:

- Es berechnet sich als Summe der Produkte entsprechender Komponenten beider Vektoren $\mathbf{a}$ und $\mathbf{b}$.

- Offensichtlich ist das Skalarprodukt ein auf Vektoren angewandter Sonderfall der Matrizenmultiplikation:
  Wenn $\mathbf{a}$ und $\mathbf{b}$ Zeilen- bzw. Spaltenvektoren sind, so ergibt sich das Skalarprodukt mittels Matrizenmultiplikation aus $\mathbf{a} \cdot \mathbf{b}^T$ bzw. $\mathbf{a}^T \cdot \mathbf{b}$.

- Das Skalarprodukt wird in einer Reihe von Anwendungen benötigt, so z.B. zur Berechnung der Länge $|\mathbf{a}|$ eines Vektors $\mathbf{a}$:

$$|\mathbf{a}| = \sqrt{\mathbf{a} \cdot \mathbf{a}^T} = \sqrt{\mathbf{a}^T \cdot \mathbf{a}}$$

wobei die erste Formel für Zeilenvektoren und die zweite für Spaltenvektoren gilt. Wir illustrieren die Längenberechnung für Vektoren im Beisp.10.7b.

- *Vektorprodukt* (für n=3)

$$\mathbf{a} \times \mathbf{b} = \begin{vmatrix} \mathbf{i} & \mathbf{j} & \mathbf{k} \\ a_1 & a_2 & a_3 \\ b_1 & b_2 & b_3 \end{vmatrix} = \begin{pmatrix} a_2 \cdot b_3 - a_3 \cdot b_2 \\ a_3 \cdot b_1 - a_1 \cdot b_3 \\ a_1 \cdot b_2 - a_2 \cdot b_1 \end{pmatrix}$$

$$= (a_2 \cdot b_3 - a_3 \cdot b_2)\mathbf{i} + (a_3 \cdot b_1 - a_1 \cdot b_3)\mathbf{j} + (a_1 \cdot b_2 - a_2 \cdot b_1)\mathbf{k}$$

Das Vektorprodukt zweier Vektoren liefert als Ergebnis wieder einen Vektor, wie aus der Definition zu sehen ist.

- *Spatprodukt* (für n=3)

$$(\mathbf{a} \times \mathbf{b}) \cdot \mathbf{c} = \begin{vmatrix} a_1 & a_2 & a_3 \\ b_1 & b_2 & b_3 \\ c_1 & c_2 & c_3 \end{vmatrix}$$

Das *Spatprodukt* dreier Vektoren **a**, **b** und **c** erfordert kein gesondertes Vorgehen, da es sich über die gegebene Determinante berechnen lässt.

10.7.2 Anwendung von EXCEL

Zur *Berechnung* von *Skalarprodukten* bestehen in EXCEL folgende Möglichkeiten:

- Effektiv gestaltet sich die Berechnung von Skalarprodukten mittels der Matrizenfunktion **SUMMENPRODUKT**, die entsprechenden Elemente zweier Matrizen multipliziert und addiert (siehe Beisp.10.7b).

- Da das Skalarprodukt ein Sonderfall der Matrizenmultiplikation ist, können die Matrizenfunktionen **MMULT** und **MTRANS** zur Berechnung verwendet werden.

- Es kann ein VBA-Programm zur Berechnung von Skalarprodukten geschrieben werden, wie im Beisp.10.7a illustriert ist.

Beispiel 10.7:

a) Erstellung eines VBA-Funktionsprogramms SKALARPRODUKT zur Berechnung des Skalarprodukts für zwei in einer EXCEL-Tabelle definierte n-dimensionale Vektoren a und b:

Function SKALARPRODUKT(a, b, n)

' Berechnung des Skalarprodukts von zwei n-dimensionalen Vektoren **a** und **b**

Dim i **As Integer**

SKALARPRODUKT = 0

For i = 1 **To** n

SKALARPRODUKT = SKALARPRODUKT + a(i) * b(i)

Next i

End Function

Im folgenden Tabellenausschnitt wird in Zelle Z5S1 die programmierte VBA-Funktion

=SKALARPRODUKT(a;b;5)

zur Berechnung des Skalarprodukts für die beiden Vektoren mit 5 Komponenten im Bereich Z1S1:Z1S5 bzw. Z3S1:Z3S5 angewandt, für die die Namen **a** bzw. **b** definiert sind:

Z5S1	▼	f_x	=SKALARPRODUKT(a;b;5)	
	1	2	3	4	5
1	1	2	3	4	5
2					
3	6	7	8	9	10
4					
5	130				

b) Im folgenden Tabellenausschnitt wird eine Illustration für die Berechnung der gegebenen Formel für die Länge von Vektoren mittels der EXCEL-Funktionen

SUMMENPRODUKT und **WURZEL**

gegeben:

Z2S3	▼	f_x	=WURZEL(SUMMENPRODUKT(a;a))	
	1	2	3	4	5
1	1	2	3	4	5
2			7,41619849		
3	1				
4	2				
5	3	7,41619849			
6	4				
7	5				

Berechnung der Länge für den Zeilenvektor im Bereich Z1S1:Z1S5 bzw. Spaltenvektor
im Bereich Z3S1:Z3S7, für die als Namen **a** bzw. **b** definiert sind und die beide die
gleichen Komponenten 1, 2, 3, 4, 5 besitzen. Die Ergebnisse für die Länge sind in Zelle
Z2S3 bzw. Z5S2 zu sehen.

♦

Da *Vektor-* und *Spatprodukt* in der Wirtschaftsmathematik nicht benötigt werden, gehen
wir nicht näher darauf ein. Sie lassen sich aber einfach mit EXCEL berechnen. So lässt sich
die Berechnung des Spatprodukts mit der EXCEL-Funktion **MDET** durchführen (siehe Ab-
schn.10.8.2), da es mittels Determinante berechenbar ist.

10.8 Determinanten

Determinanten besitzen keine unmittelbare ökonomische Anwendung, werden jedoch in einer Reihe von Aufgaben der Wirtschaftsmathematik benötigt, so z.B. zur Lösung linearer

Gleichungssysteme (siehe Abschn.11.5) und zur Berechnung von Eigenwerten für Matrizen (siehe Abschn.11.9).

Im Folgenden wird eine kurze Einführung in die Problematik von Determinanten gegeben.

10.8.1 Definition

Quadratischen n-reihigen Matrizen **A**, deren Elemente reelle Zahlen sind, kann mittels einer n-reihigen *Determinante*

$$\text{Det } \mathbf{A} = \begin{vmatrix} a_{11} & a_{12} & \cdots & a_{1n} \\ a_{21} & a_{22} & \cdots & a_{2n} \\ \vdots & \vdots & \vdots & \vdots \\ a_{n1} & a_{n2} & \cdots & a_{nn} \end{vmatrix}$$

eine reelle Zahl zugeordnet werden.

Wir gehen im Rahmen des Buches nicht näher auf Definition und mathematische Theorie von Determinanten ein, sondern nur auf folgende wichtige *Eigenschaften* und *Rechenregeln*:

- Wenn Det **A** einer n-reihigen Matrix **A** ungleich Null ist, so ist die Matrix **A** *regulär*, d.h. sie besitzt *Rang* n und somit eine *Inverse* $\mathbf{A}^{-1}$.

- Der Wert der *Determinante* einer *Dreiecksmatrix* ist gleich dem Produkt der Elemente der Hauptdiagonalen. Dies ist eine wesentliche Eigenschaft zur effektiven Berechnung von Determinanten, da man diese auf Dreiecksgestalt bringen kann, wie im Folgenden zu sehen ist (siehe Beisp.10.8c).

- Die Idee des *Gaußschen Algorithmus* zur Lösung linearer Gleichungssysteme lässt sich auch zur Berechnung von Determinanten heranziehen, indem diese durch Umformungen von Zeilen bzw. Spalten auf eine Dreiecksgestalt gebracht werden, wobei sich folgende Eigenschaften ausnutzen lassen:

  - Der Wert einer Determinante ändert sich nicht, wenn das Vielfache einer Zeile zu einer anderen Zeile addiert wird.

  - Eine Determinante ist gleich Null, wenn zwei Zeilen linear abhängig, d.h. gleich oder zueinander proportional sind.

  - Das Vertauschen zweier Zeilen bewirkt eine Vorzeichenänderung der Determinante.

  - Eine Determinante wird mit einer Zahl multipliziert, indem eine beliebige Zeile der Determinante mit dieser Zahl multipliziert wird.

  - Der Wert einer Determinante ändert sich nicht, wenn in ihr die Zeilen mit den Spalten vertauscht werden und umgekehrt, d.h. es gilt

    Det **A** = Det $\mathbf{A}^{T}$.

    Damit gelten alle für Zeilen angegebenen Eigenschaften und Rechenregeln auch für Spalten.

- Für zwei und dreireihige Determinanten existieren einfache *Berechnungsformeln*, die Beisp.10.8a und b vorstellen.

- Die Berechnung von Determinanten höherer Ordnung gestaltet sich sehr aufwendig, so dass diese per Hand nur für Matrizen bis zur Ordnung 4 vertretbar ist.

  Zur Berechnung praktisch anfallender Determinanten höherer Ordnung ist der Einsatz von Computern erforderlich, so u.a. mittels EXCEL.

Beispiel 10.8:

Illustration von Methoden zur Berechnung von Determinanten:

a) Die Berechnung von Determinanten *zweireihiger Matrizen* vollzieht sich nach folgender einfacher Formel:

$$\begin{vmatrix} a_{11} & a_{12} \\ a_{21} & a_{22} \end{vmatrix} = a_{11} \cdot a_{22} - a_{12} \cdot a_{21}$$

b) Die Berechnung von Determinanten *dreireihiger Matrizen* vollzieht sich nach der *Sarrusschen Regel* folgendermaßen:

$$\begin{vmatrix} a_{11} & a_{12} & a_{13} \\ a_{21} & a_{22} & a_{23} \\ a_{31} & a_{32} & a_{33} \end{vmatrix} = \begin{matrix} a_{11} \cdot a_{22} \cdot a_{33} + a_{12} \cdot a_{23} \cdot a_{31} + a_{13} \cdot a_{21} \cdot a_{32} \\ -a_{13} \cdot a_{22} \cdot a_{31} - a_{11} \cdot a_{23} \cdot a_{32} - a_{12} \cdot a_{21} \cdot a_{33} \end{matrix}$$

Diese Formel wird folgendermaßen effizient angewandt:

- Es werden die ersten beiden Spalten der Determinante rechts neben die Determinante geschrieben.

- Danach werden die Produkte der Diagonalen berechnet und addiert bzw. subtrahiert.

Illustration der Vorgehensweise an der Berechnung der folgenden konkreten dreireihigen Determinante

$$\begin{vmatrix} 1 & 2 & 3 \\ 1 & 3 & 3 \\ 1 & 2 & 4 \end{vmatrix}$$

zu deren Berechnung die *Sarrussche Regel* folgendermaßen einzusetzen ist:

$$\begin{vmatrix} 1 & 2 & 3 \\ 1 & 3 & 3 \\ 1 & 2 & 4 \end{vmatrix} \begin{matrix} 1 & 2 \\ 1 & 3 \\ 1 & 2 \end{matrix} = \begin{matrix} 1 \cdot 3 \cdot 4 + 2 \cdot 3 \cdot 1 + 3 \cdot 1 \cdot 2 \\ -3 \cdot 3 \cdot 1 - 1 \cdot 3 \cdot 2 - 2 \cdot 1 \cdot 4 \end{matrix} = 1, \qquad \text{d.h.} \qquad \begin{vmatrix} 1 & 2 & 3 \\ 1 & 3 & 3 \\ 1 & 2 & 4 \end{vmatrix} = 1$$

c) Eine effektive Berechnungsmethode für Determinanten besteht darin, sie auf *Dreiecksgestalt* zu bringen, so dass sich ihr Wert als Produkt der Elemente der Hauptdiagonalen berechnet:

- Dazu können die angegebenen Umformungen benutzt werden, die den Wert der Determinante nicht ändern.

- Hierzu gehört das Addieren (Subtrahieren) des Vielfachen einer Zeile zu einer anderen, wie im Folgenden bei der Berechnung der Determinante aus Beisp.b illustriert ist:

$$\begin{vmatrix} 1 & 2 & 3 \\ 1 & 3 & 3 \\ 1 & 2 & 4 \end{vmatrix} = \begin{vmatrix} 1 & 2 & 3 \\ 0 & 1 & 0 \\ 0 & 0 & 1 \end{vmatrix}$$

- Es ist zu sehen, dass die erste Zeile von der zweiten und danach von der dritten subtrahiert wird.

- Damit hat die erhaltene Determinante auf der rechten Seite eine Dreiecksgestalt.

- Der Wert der Determinante ergibt sich folglich als Produkt der Elemente der Hauptdiagonalen der rechten Determinante zu $1 \cdot 1 \cdot 1 = 1$.

10.8.2 Anwendung von EXCEL

Wenn für eine in der Tabelle befindliche Matrix der Name **A** definiert ist, vollzieht sich die Berechnung ihrer Determinante mittels der Matrizenfunktion **MDET** folgendermaßen:

- Die Eingabe als Formel

  = MDET(A)

  in eine freie Zelle der aktuellen Tabelle mit abschließender Betätigung der Taste EINGABE löst die Berechnung der Determinante aus (siehe Beisp.10.9).

- Falls man versehentlich die Determinante einer nichtquadratischen Matrix berechnen möchte, so gibt EXCEL in Einklang mit der mathematischen Theorie die *Fehlermeldung* #WERT! aus, wie im Beisp.10.9b illustriert ist.

Beispiel 10.9:
Illustration der *Berechnung* von *Determinanten* mittels EXCEL:

a) Im folgenden Tabellenausschnitt wird die Determinante aus Beisp.10.8b berechnet, wobei **A** als Name für den Bereich Z1S1:Z3S3 definiert ist.
   Das von EXCEL mittels =**MDET(A)** berechnete Ergebnis befindet sich in Zelle Z1S4:

Z1S4	▼	f_x	=MDET(A)
1	2	3	4
1	1	2	3	1
2	1	3	3	
3	1	2	4	

b) Der folgende Tabellenausschnitt zeigt die Reaktion von EXCEL, wenn man versehentlich die Determinante einer nichtquadratischen Matrix **A** berechnen will, wobei **A** als Name für den Bereich Z1S1:Z2S3 definiert ist.
   Die von EXCEL bei der Berechnung mittels =**MDET(A)** angegebene *Fehlermeldung* #WERT! findet man in Zelle Z4S1 anstatt eines Ergebnisses:

ZAS1		▼	*fx*	=MDET(A)
	1	2	3	
1	1	2	3	
2	4	5	6	
3				
4	#WERT!			

11 Gleichungen und Ungleichungen

11.1 Einführung

In zahlreichen mathematischen Modellen der Wirtschaft treten Zusammenhänge zwischen veränderlichen Größen (Variablen) in Form von *Gleichungen* und *Ungleichungen* auf, so dass von Gleichungs- bzw. Ungleichungsmodellen gesprochen wird.

Je nachdem ob die in den Gleichungsmodellen/Ungleichungsmodellen auftretenden Variablen zeitunabhängig sind oder nicht, wird zwischen folgenden *zwei Arten* von *Modellen* unterschieden:

- *Statische Modelle* (zeitunabhängige Modelle):
  Diese werden durch lineare bzw. nichtlineare Gleichungen und Ungleichungen beschrieben, in denen die Variablen durch Zahlenvariablen realisiert sind. Man spricht kurz von *Gleichungen* und *Ungleichungen*, die den Gegenstand dieses Kapitels bilden.

- *Dynamische Modelle* (zeitabhängige Modelle):
  Diese werden durch *Differenzen-* bzw. *Differentialgleichungen* beschrieben, die Kap.16 bzw. 17 vorstellt, da sie ebenfalls Anwendungen in mathematischen Modellen der Wirtschaft finden.

Sämtliche Gleichungen und Ungleichungen teilen sich in *lineare* und *nichtlineare* auf: Während für lineare Gleichungen/Ungleichungen aussagekräftige Theorien und effektive Lösungsmethoden existieren (siehe Abschn.11.5 und 11.8.2), ist diese Problematik für nichtlineare Gleichungen/Ungleichungen wesentlich schwieriger.

11.1.1 Gleichungen

In der Mathematik drücken *Relationen* der Form A=B die *Gleichheit* zwischen den Werten zweier mathematischer Ausdrücke A und B aus und werden als *Gleichungen* bezeichnet, wobei die Ausdrücke A und B eine oder mehrere Variable (Unbekannte) enthalten können:

- Werden die Variablen (Unbekannten) mit x bezeichnet, lassen sich Gleichungen in der Form f(x)=0 schreiben, wobei f(x) für einen funktionalen Zusammenhang (Funktion) steht.

- Je nach Art der Funktion f(x) wird zwischen verschiedenen Arten von Gleichungen unterschieden, so u.a. zwischen
  - Algebraischen und transzendenten Gleichungen (siehe Abschn.11.5-11.7),
  - Differenzengleichungen (siehe Kap.16),
  - Differentialgleichungen (siehe Kap.17),
  die grundlegende Bedeutung in mathematischen Modellen der Wirtschaft besitzen.

- In diesem Kapitel werden *algebraische* und *transzendente Gleichungen* f(x)=0 als einfachste Form von Gleichungen betrachtet, in denen die Variablen (Unbekannten) x Zahlenvariablen sind und die Funktionen f(x) Zahlenwerte liefern:

- Es wird keine exakte mathematische Definition algebraischer und transzendenter Gleichungen gegeben, sondern nur folgende anschauliche Interpretationen (siehe Beisp.11.1):

  Der einfachste Fall liegt vor, wenn eine Gleichung der Form f(x)=0 zu lösen ist, wobei f(x) eine mathematische Funktion einer Variablen (Unbekannten) x ist.

  Je nach Struktur der Funktion f(x) ist zwischen zwei Typen von Gleichungen zu unterscheiden:

  Algebraische Gleichungen

  Hier treten im Funktionsausdruck f(x) nur algebraische Ausdrücke in den Variablen x auf, die dadurch gekennzeichnet sind, dass mit den Variablen x nur Rechenoperationen Addition, Subtraktion, Multiplikation, Division und Potenzierung vorgenommen werden.

  In mathematischen Modellen der Wirtschaft treten hauptsächlich algebraische Gleichungen auf, so dass wir uns im Folgenden auf diese konzentrieren.

  Transzendente Gleichungen

  Hier treten im Funktionsausdruck f(x) zusätzlich transzendente (trigonometrische, logarithmische und exponentielle) Funktionen auf.

- Als *Lösungen* von Gleichungen f(x)=0 werden diejenigen reellen oder komplexen Zahlen

  $$x^L$$

  bezeichnet, die die Gleichungen identisch erfüllen, d.h. wenn man die Variablen x durch die Zahlen x^L ersetzt, muss

  $$f(x^L) \equiv 0$$

  gelten.

- Das Lösen einer Gleichung der Form f(x)=0 ist offensichtlich äquivalent zur Bestimmung von *Nullstellen* der Funktion f(x).

- Bei Funktionen f(x) einer Variablen x kann durch grafische Darstellung ein erster Überblick über reelle Lösungen der Gleichung f(x)=0 erhalten werden, indem aus der Grafik der Funktion f(x) Näherungswerte für die Nullstellen abgelesen werden.

Beispiel 11.1:

Betrachtung einfacher Beispiele, die bereits die Problematik algebraischer und transzendenter Gleichungen erkennen lassen:

a) $5x + 3 = 18$

   ist eine lineare *algebraische Gleichung* mit einer Variablen (Unbekannten) x, deren Lösung x=3 sich offensichtlich durch Auflösung nach x ergibt.

b) $x^7 + x + 1 = 0$

   ist eine nichtlineare *algebraische Gleichung* (*Polynomgleichung*) mit einer Variablen (Unbekannten) x, die sich im Gegensatz zu Beisp.a nur näherungsweise lösen lässt (siehe Abschn.11.6 und Beisp.11.4a).

c) $x + 1 + \sin(x) = 0$

ist eine *transzendente Gleichung* mit einer Variablen (Unbekannten) x, die sich im Gegensatz zu Beisp.a nur näherungsweise lösen lässt.

11.1.2 Gleichungssysteme

Bei praktischen Problemen tritt meistens nicht nur eine Gleichung auf, sondern ein System
von Gleichungen (kurz: *Gleichungssystem*).

Deshalb spielen *Systeme* bei allen Arten von *Gleichungen* eine große Rolle, so nicht nur bei
algebraischen und transzendenten Gleichungen, sondern auch bei Differenzen- und Differentialgleichungen, auf die wir im Rahmen des Buches nicht näher eingehen, da sie in der
Wirtschaftsmathematik weniger auftreten und ihre Lösung mittels EXCEL schwierig ist.

In diesem Kapitel werden *Systeme* von m algebraischen und transzendenten Gleichungen
mit n Variablen $x_1,...,x_n$ der folgenden Form betrachtet (siehe Abschn.11.5 und 11.7), die
wir als *Normalform* bezeichnen, weil auf der rechten Seite 0 steht:

$$f_1(x_1,...,x_n) = 0$$

$$\vdots \qquad\qquad \textit{vektoriell} \qquad \mathbf{f(x)=0} \quad \text{mit} \quad \mathbf{x} = (x_1,...,x_n) \quad \text{und} \quad \mathbf{f(x)} = \begin{pmatrix} f_1(\mathbf{x}) \\ \vdots \\ f_m(\mathbf{x}) \end{pmatrix}$$

$$f_m(x_1,...,x_n) = 0$$

Für *Gleichungssysteme* gelten folgende Sachverhalte:

- Ein Gleichungssystem in *vektorieller Schreibweise* mit Variablenvektor $\mathbf{x}$ und Funktio-
nenvektor $\mathbf{f(x)}$ hat die gleiche Form wie eine Gleichung. Es ist nur ein *Lösungsvektor*
$\mathbf{x}^L$ zu bestimmen, dessen Komponenten von Zahlen gebildet werden.

- Der Typ eines Gleichungssystems bestimmt sich analog wie bei einer Gleichung aus der
Struktur der Komponentenfunktionen $f_1(\mathbf{x}), f_2(\mathbf{x}),...,f_m(\mathbf{x})$ des Funktionenvektors $\mathbf{f(x)}$:
Enthalten alle Funktionen nur algebraische Ausdrücke, so wird von algebraischen an-
sonsten von transzendenten Gleichungssystemen gesprochen.

- Bei den meisten praktischen Anwendungen ist die Anzahl m der Gleichungen kleiner
oder gleich der Anzahl n der auftretenden Variablen, d.h. es gilt m≤n. Ein häufig auftre-
tender Fall ist, dass genau so viele Gleichungen wie Variable (Unbekannte) auftreten
(d.h. m=n), so dass unter gewissen Voraussetzungen eine endliche Anzahl von Lösungen existiert.

Beispiel 11.2:

Das folgende lineare Gleichungssystem mit 2 Gleichungen und 2 Variablen (Unbekannten)
x_1 und x_2 der Form

$$x_1 + x_2 = 3$$

$$x_1 - x_2 = 1$$

besitzt genau eine Lösung $x_1 = 2, x_2 = 1$.

Eine *erste Lösungsmethode* besteht darin, eine Gleichung nach einer Variablen aufzulösen und das Ergebnis in die andere einzusetzen:

- Auflösung der ersten Gleichung nach x_1 liefert $x_1 = 3 - x_2$.

- Einsetzen von $x_1 = 3 - x_2$ in die zweite Gleichung, d.h. $3 - x_2 - x_2 = 1$ und Auflösung nach x_2 liefert die Lösung $x_2 = 1$ für die zweite Variable.

- Das Einsetzen von $x_2 = 1$ in die erste Gleichung liefert die Lösung $x_1 = 2$ für die erste Variable.

- Die angewandte Lösungsmethode ist unter den Namen *Einsetzungs-*, *Eliminations-* oder *Substitutionsmethode* bekannt und nur bei einer kleinen Anzahl von Gleichungen und Variablen effektiv anwendbar. Deshalb empfiehlt sich der allgemein einsetzbare *Gaußsche Algorithmus*, der im Beisp.11.6a für das gegebene Gleichungssystem zum Einsatz kommt.

11.1.3 Ungleichungen und Ungleichungssysteme

Aus Gleichungen werden *Ungleichungen*, wenn Werte vorgegeben sind, die nicht überschritten werden dürfen:

- Es wird von *Ungleichungssystemen* gesprochen, wenn in den allgemeinen Gleichungssystemen aus Abschn.11.1.2 in mindestens einer Gleichung statt des Gleichheitszeichens ein Ungleichheitszeichen auftritt.

- Ungleichungen werden im Abschn.11.8 vorgestellt.

11.1.4 Einsatz in der Wirtschaftsmathematik

Gleichungen treten in zahlreichen statischen und dynamischen mathematischen Modellen der Wirtschaft auf, wobei lineare Gleichungssysteme überwiegen (siehe Abschn.11.5):

- Zu wichtigen Modellen der Wirtschaft, die Gleichungen verwenden, zählen u.a.:
  - Volkswirtschaftliche Verflechtungsmodelle (statische Input-Output-Modelle), wie z.B. das Leontief-Modell,
  - Gleichgewichtsmodelle,
  - Aufwandsmodelle,
  - Modelle für Bilanzbeziehungen,
  - Modelle zur Ressourcenausnutzung,
  - Modelle zur Kosten- und Leistungsverrechnung,
  - Wachstumsmodelle.

- *Lineare Ungleichungssysteme* bilden neben linearen Gleichungssystemen und Matrizen eine grundlegende Basis in statischen mathematischen Modellen der Wirtschaft. Sie treten u.a. in der Produktions- und Materialplanung und bei linearen Optimierungsaufgaben (siehe Abschn.11.8 und Kap.20) auf.

- Im Beisp.11.3 sind erste praktische Anwendungen zu finden, die bereits die fundamentale Bedeutung von Gleichungen in statischen mathematischen Modellen der Wirtschaft erkennen lassen. Beispiele für Gleichungen in dynamischen Modellen sind in den Kap. 16 und 17 zu finden.

Obwohl in mathematischen Modellen der Wirtschaft meistens lineare Gleichungen und Ungleichungen vorkommen, können auch Sachverhalte auftreten, die sich nur durch *nichtlineare Gleichungen/Ungleichungen* hinreichend genau beschreiben lassen:

* *Polynomgleichungen* als Sonderfall nichtlinearer Gleichungen treten u.a. in der Finanzmathematik auf.

* Im Abschn.12.2.2 lernen wir nichtlineare mathematische Funktionen kennen, die in Modellen der Wirtschaft auftreten und als ökonomische Funktionen bezeichnet werden. Hieraus ergeben sich *nichtlineare Gleichungen*, wenn

  – Nullstellen dieser Funktionen zu bestimmen sind.

  – Extremwerte dieser Funktionen aus den notwendigen Optimalitätsbedingungen zu berechnen sind.

  – Ökonomische Gleichgewichte, z.B. zwischen Angebot und Nachfrage, zu ermitteln sind.

Beispiel 11.3:

Im Folgenden werden lineare statische Gleichungsmodelle der Wirtschaft vorgestellt:

a) Im Beisp.10.2b wird für ein *Produktionsmodell* die Gleichung **b=V·x** erhalten, in der **b** den Rohstoffvektor, **V** die Verflechtungsmatrix und **x** den Produktionsvektor darstellen:

  – Hieraus folgt ein Modell in Form eines linearen Gleichungssystems, wenn Verflechtungsmatrix **V** und Rohstoffvektor **b** gegeben sind.
  Bei diesem Sachverhalt ergibt sich der Produktionsvektor **x**, der die Menge der hergestellten Produkte repräsentiert, als Lösungsvektor des *linearen Gleichungssystems*

  V·x=b.

  – Da die Verflechtungsmatrix **V** i.Allg. nicht quadratisch ist, besitzt dieses Gleichungssystem im Falle der Lösbarkeit mehrere Lösungen, wie aus praktischen Gegebenheiten erklärbar ist.

b) Eine wesentliche Anwendung linearer Gleichungen liefern statische *Input-Output-Modelle*. Derartige Modelle beschreiben den Austausch und die wechselseitige Verflechtung wirtschaftlicher Größen. In der Regel sind Input-Output-Modelle linear, wofür im Folgenden ein Beispiel zu sehen ist:

* Vom Walrasschen Gleichgewichtsbegriff ausgehend, stellte *Leontief* ein *Verflechtungsmodell* (statisches Input-Output-Modell) auf:

  – Das Modell geht davon aus, dass ein wirtschaftlicher Bereich (Volkswirtschaft, Firma) in n Sektoren aufgeteilt ist.

  – Der Anteil der Produktion des Sektors i, der nicht wieder in einen anderen Sektor k fließt, wird durch die Modellgleichungen

$$y_i = x_i - \sum_{k=1}^{n} a_{ik} \qquad\qquad (i = 1, 2, \dots, n)$$

beschrieben, mit

$x_i \geq 0$:   Bruttoproduktion im Sektor i (Output).

$y_i \geq 0$:   Anteil der Produktion im Sektor i, der nicht wieder in einen anderen

Sektor k fließt (Endnachfrage).

$a_{ik} \geq 0$:   für x_k aus dem Sektor i benötigte Produktionsmenge.

– Praktisch bedeutet dies, dass nicht die gesamte Produktion x_i zum Verkauf bereitsteht, sondern nur die Menge y_i, d.h. der Eigenverbrauch muss von x_i abgezogen werden.

• Im Weiteren werden *Produktionskoeffizienten*

$$\alpha_{ik} = \frac{a_{ik}}{x_k} \qquad\qquad (i = 1, 2, \dots, n \, ; k = 1, 2, \dots, n)$$

verwendet, die angeben, wieviel von der Produktion aus dem Sektor i (in ME) in den Sektor k geliefert werden muss, um hier eine Einheit des Produkts zu produzieren. Mit diesen Produktionskoeffizienten gehen die Gleichungen des *Input-Output-Modells* (*Leontief-Modells*) in folgende Form über:

$$y_i = x_i - \sum_{k=1}^{n} \alpha_{ik} \cdot x_k \qquad\qquad (i = 1, 2, \dots, n)$$

• Die quadratische Matrix **P** der Produktionskoeffizienten der Ordnung n

$$\mathbf{P} = \begin{pmatrix} \alpha_{11} & \alpha_{12} & \dots & \alpha_{1n} \\ \alpha_{21} & \alpha_{22} & \dots & \alpha_{2n} \\ \vdots & \vdots & \dots & \vdots \\ \alpha_{n1} & \alpha_{n2} & \dots & \alpha_{nn} \end{pmatrix}$$

charakterisiert den Eigenverbrauch der einzelnen Sektoren:

– Unter Anwendung von **P** lassen sich die n Gleichungen des Input-Output-Modells (*Modellgleichungen*) in folgender Matrizenschreibweise darstellen:

$\mathbf{y} \; = \; (\mathbf{E}\text{-}\mathbf{P}) \cdot \mathbf{x}$ 　　　　　　　(**E** - Einheitsmatrix)

– In Matrizenschreibweise besitzen die Vektoren **y** (Endnachfragevektor) und **x** (Output-Vektor/Bruttoproduktionsvektor) folgende Form:

$$
\mathbf{y} = \begin{pmatrix} y_1 \\ y_2 \\ \vdots \\ y_n \end{pmatrix} \quad , \quad \mathbf{x} = \begin{pmatrix} x_1 \\ x_2 \\ \vdots \\ x_n \end{pmatrix}
$$

- Aus den Modellgleichungen

  $$\mathbf{y} = (\mathbf{E\text{-}P}) \cdot \mathbf{x}$$

  lassen sich bei bekannter Matrix **P** der Produktionskoeffizienten

  - die *Endnachfrage* **y** berechnen, wenn der Output **x** gegeben ist:
    y ergibt sich durch Multiplikation der Matrix **E-P** mit dem Vektor **x**.

  - der *Output* **x** berechnen, wenn die Endnachfrage **y** gegeben ist:
    Diese Aufgabenstellung ist für praktische Anwendungen interessant und führt auf die Lösung eines *linearen Gleichungssystem*s mit Unbekannten **x**, der Koeffizientenmatrix **E-P** und der rechten Seite **y**.
    Falls die Matrix **E-P** regulär ist, ergibt sich die Lösung aus

    $$\mathbf{x} = (\mathbf{E\text{-}P})^{-1} \cdot \mathbf{y}$$

    d.h. durch Berechnung der Inversen von **E-P** und anschließender Multiplikation mit dem Endnachfragevektor **y**.
    Allgemein kann dieses Gleichungssystem mit dem Gaußschen Algorithmus gelöst werden, z.B. mittels SOLVER von EXCEL.

- Das *Input-Output-Modell* (*Leontief-Modell*) heißt

  - *offen*,

    wenn ein y_i größer Null ist,

  - *geschlossen*,

    wenn für alle $y_i = 0$ gilt. Hier ergibt sich $(\mathbf{E\text{-}P}) \cdot \mathbf{x} = 0$, d.h. der Output **x** berechnet sich als *Eigenvektor* für den *Eigenwert* 1 der Matrix **P**.

11.2 Lösungsberechnung für Gleichungen und Ungleichungen mit EXCEL

Bereits im Kap.9 werden die beiden *Hilfsmittel* von EXCEL zur *Lösung* algebraischer und transzendenter *Gleichungen* und *Ungleichungen* vorgestellt, die in den folgenden Kap.11.3 und 11.4 ausführlicher behandelt werden:

- In EXCEL selbst ist nur die **Zielwertsuche** (siehe Abschn.9.2.2 und 11.3) integriert, mit deren Hilfe sich reelle Lösungen einer Gleichung mit einer Variablen näherungsweise berechnen lassen.

- Der SOLVER (siehe Abschn.9.4 und 11.4) lässt sich zur Lösung von Gleichungs- und Ungleichungssystemen anwenden.

11.3 Anwendung der Zielwertsuche von EXCEL

Die **Zielwertsuche** von EXCEL lässt sich zur numerischen Berechnung von Lösungen einer Gleichung heranziehen:

- Sie wird relativ selten angewandt, da sie nur Lösungen einer Gleichung berechnen kann und folglich das zu EXCEL mitgelieferte Add-In SOLVER vorzuziehen ist.

- Im Folgenden wird die **Zielwertsuche** kurz vorgestellt und ihre Anwendung im Beisp. 11.4 illustriert:

  - Wenn sich in einer Zelle einer EXCEL-Tabelle eine Formel befindet, die verschiedene Zahlenwerte liefern kann, so lässt sich die **Zielwertsuche** verwenden, um einen bestimmten Wert zu erhalten. Sie wird durch das Dialogfenster **Zielwertsuche** gestartet, das mit der Registerkarte **Daten** in der Gruppe *Datentools* bei **Was-wäre-wenn-Analyse** aufgerufen wird.

  - Die **Zielwertsuche** kann nur eine *reelle Lösung* einer Gleichung näherungsweise berechnen.

  - Die Zielwertsuche gibt eine *Fehlermeldung* für den Fall aus, dass eine Gleichung nur komplexe Lösungen hat (siehe Beisp.11.4b).

Beispiel 11.4:

Illustration der Lösungsberechnug für eine Gleichung f(x)=0 mit einer Variablen (Unbekannten) x mit der in EXCEL integrierten **Zielwertsuche**, die nur eine reelle Lösung bestimmen kann.

a) Die *Polynomgleichung* $f(x) = x^7 + x + 1 = 0$

besitzt nur eine reelle Lösung $x = -0,7965576...$

wie sich leicht durch grafische Darstellung der Funktion f(x) veranschaulichen lässt.

Die **Zielwertsuche** zur numerischen (näherungsweisen) Berechnung dieser reellen Lösung vollzieht sich in der aktuellen EXCEL-Tabelle in folgenden vier Schritten:

I. *Zuerst* wird dem Variablennamen x ein Startwert (Anfangswert) für die von der **Zielwertsuche** angewandte numerische Methode zugewiesen (Zellen Z1S1 und Z2S1), wie im Abschn.7.1.2 und Beisp.7.2 beschrieben ist.

II. *Danach* ist in eine Zelle Z2S2 der Tabelle die Funktion f(x) als Formel einzugeben. Das in Zelle Z1S2 stehende f(x) dient nur zur Information, dass in der darunterliegenden Zelle der Funktionsausdruck als Formel steht.
Da für x der Startwert -1 gewählt ist, steht in Zelle Z2S2 der Funktionswert f(-1)=-1, wie folgender Tabellenausschnitt zeigt:

Z2S2	▼	f_x	=x^7+x+1
1	2	3	4
1	x	f(x)	
2	-1	-1	

III. *Anschließend* wird das Dialogfenster **Zielwertsuche** mittels der Registerkarte **Daten** in der Gruppe *Datentools* bei **Was-wäre-wenn-Analyse** aufgerufen und Folgendes eingetragen:

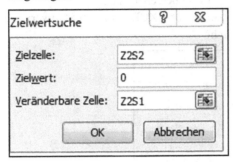

- In *Zielzelle* die Zelle Z2S2, mit der Formel des Funktionsausdrucks f(x).
- In *Zielwert* der Wert 0, da eine Gleichung mit der rechten Seite 0 zu lösen ist.
- In *Veränderbare Zelle* die Zelle Z2S1 mit den veränderbaren x-Werten.

IV. *Abschließend* wird **OK** im Dialogfenster **Zielwertsuche** angeklickt und es erscheint das folgende Dialogfenster **Status der Zielwertsuche**

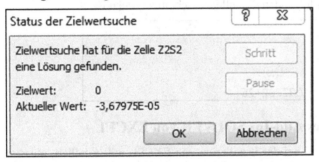

Hier wird angezeigt, dass die Zielwertsuche eine Lösung gefunden hat.

Die von der **Zielwertsuche** gefundene Näherungslösung x = -0,7965576 wird für x anstelle des Startwertes und unter f(x) wird nahezu 0 angezeigt, wie folgender Tabellenausschnitt zeigt:

Z2S2			f_x	=x^7+x+1
	1	2	3	4
1	x	f(x)		
2	-0,79655755	-3,6798E-05		

b) Die *quadratische Gleichung* $f(x) = x^2 + 2 \cdot x + 2 = 0$

besitzt *keine reelle Lösung*, sondern nur die beiden *komplexen Lösungen*

$$x_{1,2} = -\frac{2}{2} \pm \sqrt{1-2} = -1 \pm i$$

die sich mit der Lösungsformel aus Abschn.11.6 berechnen lassen.

Testen wir die Anwendung der **Zielwertsuche** von EXCEL mit dem Startwert x=0:
Im Dialogfenster **Status der Zielwertsuche**

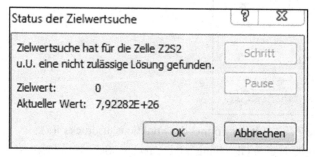

ist die Reaktion der **Zielwertsuche** zu sehen, die nur reelle Lösungen berechnen kann:

– Es wird eine *Fehlermeldung ausgegeben*.

– Trotz Fehlermeldung wird für x in Zelle Z2S1 ein falscher reeller Wert als Lösung angezeigt, wie aus folgendem Tabellenausschnitt zu sehen ist:

Z2S2	▼	f_x	=x^2+2*x+2	
	1	2	3	4
1	x	f(x)		
2	-2,8147E+13	7,9228E+26		

11.4 Anwendung des Add-Ins SOLVER von EXCEL

Das Add-In SOLVER wird bei der Installation von EXCEL mit installiert, muss aber gesondert *aktiviert* werden, wie im Abschn.9.4 beschrieben ist.

Die praktische Anwendung des SOLVERS zur numerischen (näherungsweisen) Lösung von Gleichungen und Ungleichungen wird ausführlich in diesem Abschnitt und den folgenden Abschn.11.5.5, 11.6.2, 11.7.2 und 11.8.3 erklärt.

Die Anwendung des SOLVERS zur Lösung von Optimierungsaufgaben geschieht analog und wird in den Abschn.18.6, 19.5, 20.6 und 21.3.3 beschrieben.

11.4.1 Einsatzschritte des SOLVERS

Beim Einsatz des SOLVERS sind in EXCEL *folgende Schritte* erforderlich, wobei zur Vereinheitlichung alle zu lösenden Gleichungen und Ungleichungen auf *Normalform* gebracht sind, bei der auf der rechten Seite 0 steht:

I. Zuerst sind in zusammenhängende Zellen einer Zeile der aktuellen Tabelle die Namen der auftretenden Variablen einzutragen und darunter ihre *Startwerte* für die vom SOLVER verwendete numerische Lösungsmethode:

- Sind keine Näherungswerte für die Lösung bekannt, so lassen sich beliebige Startwerte wählen.

- Anschließend werden den eingetragenen Startwerten die Namen der darüberstehenden Variablen zugewiesen, wie im Abschn. 7.1.2 und Beisp. 7.2 illustriert ist.

- Da EXCEL keine indizierten Variablen $x_1,...,x_n$ kennt, lassen sie sich z.B. in der Form x_1 , x_2 , ... , x_n schreiben.

II. Danach sind in zusammenhängende Zellen einer Zeile oder Spalte der Tabelle die zu lösenden *Gleichungen* bzw. *Ungleichungen* als Text einzutragen, d.h. im Textmodus. Dies dient zur besseren Darstellung und Veranschaulichung und kann weggelassen werden.

III. Anschließend sind in leere Zellen der aktuellen Tabelle die linken Seiten der zu lösenden Gleichungen bzw. Ungleichungen als Formeln einzutragen. Falls die Gleichungen/Ungleichungen schon im Textmodus eingetragen sind (Schritt II), empfiehlt es sich, die entsprechende Formel in eine Zelle daneben bzw. darunter einzutragen (siehe Beisp. 11.7).

IV. Danach wird der in EXCEL aktivierte SOLVER in der Registerkarte **Daten** in der Gruppe *Analyse* aufgerufen und das erscheinende Dialogfenster **Solver-Parameter**

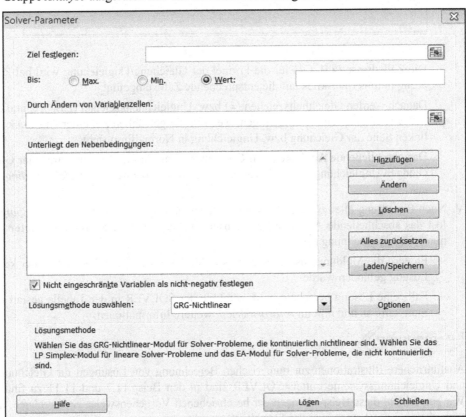

wie folgt ausgefüllt:

– In *Ziel festlegen:* (*Zielzelle*) ist nichts einzutragen.

– Bei *Bis:* (*Zielwert*) ist *Wert* anzuklicken.

– In *Durch Ändern von Variablenzeilen:* (*Veränderbare Zellen*) ist der Bereich der Startwerte für die Variablen einzutragen. Dies geht einfach durch Überstreichen dieses Bereichs mit gedrückter Maustaste.

– Bei *Lösungsmethode auswählen:* kann zwischen drei numerischen Methoden gewählt werden, so für lineare und nichtlineare Probleme. Es wird empfohlen, alle Methoden für das gleiche Problem anzuwenden und die Ergebnisse zu vergleichen.

– In *Unterliegt den Nebenbedingungen:* sind die einzelnen zu lösenden Gleichungen/Ungleichungen durch Anklicken von *Hinzufügen* einzutragen, indem das erscheinende Dialogfenster **Nebenbedingungen hinzufügen**

wie folgt ausgefüllt wird:

Die Zelladresse (z.B. C1) für die Formel der Gleichung/Ungleichung wird bei *Zellbezug* mittels Mausklick auf die entsprechende Zelle eingefügt.

Danach werden Gleichheitszeichen (=) bzw. Ungleichheitszeichen (z.B. <=) und bei *Nebenbedingung* eine 0 eingetragen, wenn in der gewählten Zelle der Ausdruck der linken Seite der Gleichung bzw. Ungleichung in Normalform steht.

Das abschließende Anklicken von **OK** bewirkt das Einfügen so eingetragener Gleichungen/Ungleichungen im Dialogfenster **Solver-Parameter** bei *Nebenbedingungen*.

V. Nach Eintragung aller zu lösenden Gleichungen/Ungleichungen bei *Nebenbedingungen* löst das abschließende Anklicken von **Lösen** im Dialogfenster **Solver-Parameter** die numerische Berechnung aus:

– Es wird die Meldung ausgegeben, dass entweder eine Lösung berechnet oder keine Lösung gefunden wurde.

– Falls eine Lösung berechnet wird, zeigt sie der SOLVER in der Tabelle anstatt der Startwerte an und gibt im *Antwortbericht* weitere Informationen.

Ausführlichere Illustrationen zur numerischen Berechnung von Lösungen für Gleichungs- und Ungleichungssysteme mittels SOLVER sind in den Beisp.11.7 und 11.11 zu finden. Wir empfehlen, diese Beispiele nach der beschriebenen Vorgehensweise zu berechnen, um Sicherheit bei der Anwendung des SOLVERS zu erlangen.

11.4.2   Eigenschaften des SOLVERS

Bei der Anwendung sind folgende *Eigenschaften* des SOLVERS zu beachten:

– Der SOLVER kann gelegentlich falsche Näherungslösungen liefern:
  Dies resultiert aus dem Sachverhalt, dass die verwendete numerische Methode (Näherungsmethode) nicht immer erfolgreich sein, d.h. konvergieren muss.
  Deshalb wird im Zweifelsfall empfohlen, eine Probe durch Einsetzen der gelieferten Ergebnisse in das Gleichungs- bzw. Ungleichungssystem durchzuführen.

– Wenn Gleichungs- bzw. Ungleichungssysteme mehrere bzw. unendlich viele Lösungen besitzen, so können diese nicht in ihrer Gesamtheit vom SOLVER berechnet werden. Man erhält hier nur eine mögliche Lösung, wie im Beisp.11.7c illustriert ist.

– Falls ein Gleichungs- bzw. Ungleichungssystem keine Lösung besitzt, so gibt der SOLVER i.Allg. eine Fehlermeldung aus, wie Beisp.11.7b illustriert.

11.4.3   Schwierigkeiten bei Anwendung des SOLVERS

Bei der Anwendung des SOLVERS können folgende *Schwierigkeiten* bei den neueren Versionen von EXCEL 2007-20013 auftreten:

– Beim Einsatz der Z1S1-Bezugsart kann der SOLVER im Unterschied zur Version EXCEL 2003 die Berechnung ablehnen. Deshalb wird empfohlen, die *A1-Bezugsart* einzusetzen.

– Die ebenfalls erlaubte Bezeichnungsweise x1 , x2 , ... , xn für Variablennamen ist nicht zu empfehlen, da der SOLVER sie mit Zellbezeichnungen verwechselt und die Berechnung ablehnt. Deshalb ist z.B. die Bezeichnung x_1 , x_2 , ... , x_n zu empfehlen.
  Wenn bei einer Variablenbezeichnung der SOLVER die Berechnung ablehnt, so sind andere Bezeichnungen zu wählen.

11.5   Lineare Gleichungssysteme

11.5.1   Einführung

Lineare algebraische Gleichungen, die häufig in der Wirtschaftsmathematik auftreten, besitzen unter allen mathematischen Gleichungen die einfachste Struktur und bereiten deshalb die geringsten Schwierigkeiten bei der Lösungsberechnung:

• In den meisten Anwendungen treten nicht nur eine lineare Gleichung, sondern mehrere auf, so dass lineare Gleichungssysteme vorliegen.

• Ein allgemeines *lineares Gleichungssystem* mit

  – m linearen Gleichungen

  – n Variablen (Unbekannten) $x_1, ..., x_n$

hat folgende Form:

$$a_{11} \cdot x_1 + a_{12} \cdot x_2 + \ldots + a_{1n} \cdot x_n = b_1$$
$$a_{21} \cdot x_1 + a_{22} \cdot x_2 + \ldots + a_{2n} \cdot x_n = b_2 \qquad\qquad (m \geq 1, \, n \geq 1)$$
$$\vdots \qquad\qquad\qquad \vdots \qquad\qquad \vdots$$
$$a_{m1} \cdot x_1 + a_{m2} \cdot x_2 + \ldots + a_{mn} \cdot x_n = b_m$$

wobei man ab $m \geq 2$, $n \geq 2$ von einem Gleichungssystem spricht, d.h. ab 2 Gleichungen mit 2 Variablen.

- Lineare Gleichungssysteme lauten in *Matrizenschreibweise*

  A·x=b

  wobei

$$
A = \begin{pmatrix} a_{11} & a_{12} & \cdots & a_{1n} \\ a_{21} & a_{22} & \cdots & a_{2n} \\ \vdots & \vdots & \cdots & \vdots \\ a_{m1} & a_{m2} & \cdots & a_{mn} \end{pmatrix}, \quad b = \begin{pmatrix} b_1 \\ b_2 \\ \vdots \\ b_m \end{pmatrix}, \quad x = \begin{pmatrix} x_1 \\ x_2 \\ \vdots \\ x_n \end{pmatrix}
$$

Folgendes bedeuten:

- **A** die *Koeffizientenmatrix* vom Typ (m,n),
- **x** den *Vektor* der *Variablen*,
- **b** den *Vektor* der *rechten Seiten*.

- In Abhängigkeit von der Form des Vektors **b** der rechten Seiten gelten für lineare Gleichungssysteme folgende Bezeichnungen:

  - Ist **b** der Nullvektor, d.h. **b** $\equiv$ **0**, so wird von einem *homogenen* linearen Gleichungssystem gesprochen.
  - Gilt **b**$\neq$**0**, so heißt das lineare Gleichungssystem *inhomogen*.
  - Wenn ein inhomogenes lineares Gleichungssystem **A·x=b** vorliegt, so heißt **A·x=0** das *zugehörige* homogene Gleichungssystem.

11.5.2 Lösungstheorie

Für *lineare Gleichungssysteme* **A·x=b** gibt es eine *umfassende Lösungstheorie:*

- Sie sagt in Abhängigkeit von Koeffizientenmatrix **A** und Vektor **b** der rechten Seiten aus, wann

  - *genau ein Lösungsvektor* $\mathbf{x}^L$ existiert,
  - *kein Lösungsvektor* $\mathbf{x}^L$ existiert,
  - *beliebig viele Lösungsvektoren* $\mathbf{x}^L$ existieren.

- Sie gilt für beliebige Werte von m und n, d.h. für eine beliebige Anzahl von Gleichungen und Variablen.

- Sie benötigt die um den Vektor **b** der rechten Seiten *erweiterte Koeffizientenmatrix* (**A**|**b**), die vom Typ (m,n+1) ist und in folgender Form geschrieben wird:

$$
(\mathbf{A}|\mathbf{b}) = \begin{pmatrix} a_{11} & a_{12} & \cdots & a_{1n} & b_1 \\ a_{21} & a_{22} & \cdots & a_{2n} & b_2 \\ \vdots & \vdots & \vdots & \vdots & \vdots \\ a_{m1} & a_{m2} & \cdots & a_{mn} & b_m \end{pmatrix}
$$

Zusammenstellung wesentlicher *Fakten* der *Lösungstheorie:*

- In Abhängigkeit von Koeffizientenmatrix **A** vom Typ (m,n) und erweiterter Koeffizientenmatrix (**A**|**b**) vom Typ (m,n+1) ergeben sich folgende *Lösungsbedingungen* für lineare Gleichungssysteme (siehe Beisp.11.6):

  - Es existiert *genau ein Lösungsvektor* $\mathbf{x}^L$,
    wenn Rang(**A**)=Rang((**A**|**b**))=n gilt, d. h. unter den m ($\geq$n) Gleichungen müssen genau n unabhängige Gleichungen vorkommen, die sich nicht widersprechen.

  - Es existiert *kein Lösungsvektor* $\mathbf{x}^L$,
    wenn Rang(**A**)<Rang((**A**|**b**)) gilt, d.h. hier widersprechen sich Gleichungen.

  - Es existieren *mehrere Lösungsvektoren* $\mathbf{x}^L$,
    wenn Rang(**A**)=Rang((**A**|**b**))=r<n gilt, d.h. hier liegen weniger als n unabhängige sich nicht widersprechende Gleichungen vor.

  - Ein Problem bei den Lösungen entsteht bei sogenannten *schlecht konditionierten Gleichungssystemen.* Wir können hierauf im Rahmen des Buches nicht eingehen und geben nur eine Illustration im Beisp.11.6d.

- Die angegebenen Lösungsbedingungen lassen sich für beliebige Anzahlen von Gleichungen und Variablen (Unbekannten) über die Rangbestimmung für die erweiterte Koeffizientenmatrix (**A**|**b**) einfach nachprüfen. Effektiv gelingt dies im Rahmen der Lösung mittels Gaußschem Algorithmus, der im Abschn.11.5.4 beschrieben ist.

- *Allgemeine Lösung* eines linearen Gleichungssystems heißt eine Lösungsdarstellung, aus der sich alle möglichen Lösungen ergeben.

- Die allgemeine Lösung eines inhomogenen linearen Gleichungssystems ergibt sich als Summe der allgemeinen Lösung des zugehörigen homogenen und einer speziellen Lösung des inhomogenen Gleichungssystems.

- *Homogene lineare Gleichungssysteme* sind folgendermaßen *charakterisiert:*

  - Sie besitzen im Unterschied zu inhomogenen immer eine Lösung, und zwar die sogenannte *triviale Lösung (Nulllösung)* $\mathbf{x}^L$ =0.

  - Sie haben nur Lösungen $\mathbf{x}^L$ $\neq$0 (nichttriviale Lösungen), wenn die Koeffizientenmatrix **A** vom Typ (m,n) einen Rang besitzt, der kleiner als n ist.

11.5.3 Spezielle Lösungsmethoden

Betrachtung *spezieller Lösungsmethoden* für lineare Gleichungssysteme   **A**· **x** = **b** für den Fall, dass die *Koeffizientenmatrix* **A** *quadratisch* und *regulär* ist:

- Die Regularität lässt sich durch Berechnung der Determinante von **A** (Det**A**) überprüfen, die ungleich Null sein muss.

- In diesem Fall existiert genau eine Lösung des Gleichungssystems, die sich mit einer der folgenden Methoden berechnen lässt:

  - Berechnung der inversen Matrix **A**$^{-1}$:

    Der *Lösungsvektor* $\mathbf{x}^L$ des Gleichungssystems ergibt sich als Produkt von **A**$^{-1}$ und **b**, d.h. $\mathbf{x}^L = \mathbf{A}^{-1} \cdot \mathbf{b}$

  - Anwendung der *Cramerschen Regel*:

    Es lässt sich beweisen, dass sich die i-te Komponente des *Lösungsvektors* $\mathbf{x}^L$ eines linearen Gleichungssystems mit regulärer Koeffizientenmatrix **A** folgendermaßen berechnet:

$$
x_i^L = \frac{\begin{vmatrix} a_{11} & a_{12} & \cdots & b_1 & \cdots & a_{1n} \\ a_{21} & a_{22} & \cdots & b_2 & \cdots & a_{2n} \\ \vdots & \vdots & & \vdots & & \vdots \\ a_{n1} & a_{n2} & \cdots & b_n & \cdots & a_{nn} \end{vmatrix}}{\begin{vmatrix} a_{11} & a_{12} & \cdots & a_{1n} \\ a_{21} & a_{22} & \cdots & a_{2n} \\ \vdots & \vdots & \vdots & \vdots \\ a_{n1} & a_{n2} & \cdots & a_{nn} \end{vmatrix}} \qquad (i = 1, 2,..., n)
$$

    wobei die Determinante im Zähler aus der Koeffizientendeterminante Det**A** des Nenners dadurch entsteht, dass die i-te Spalte durch den Vektor **b** der rechten Seiten des Gleichungssystems zu ersetzen ist.

- Die Anwendung beider Methoden ist im Beisp.11.5 illustriert. Ihr Einsatz zur Lösung praktisch anfallender Aufgaben ist jedoch weniger zu empfehlen, da sie

  - nur für den Sonderfall regulärer quadratischer Koeffizientenmatrizen **A** anwendbar sind,

  - aufgrund der Berechnung von inversen Matrizen bzw. Determinanten aufwendiger als der Gaußsche Algorithmus und deshalb für große Gleichungssysteme nicht geeignet sind.

Beispiel 11.5:

Illustration der Lösung mittels *inverser Matrix* bzw. *Cramerscher Regel* am einfachen linearen Gleichungssystem aus Beisp.11.2:

$$
\begin{aligned} x_1 + x_2 &= 3 \\ x_1 - x_2 &= 1 \end{aligned} \quad \text{mit Koeffizientenmatrix} \quad \mathbf{A} = \begin{pmatrix} 1 & 1 \\ 1 & -1 \end{pmatrix} \quad \text{und rechter Seite} \quad \mathbf{b} = \begin{pmatrix} 3 \\ 1 \end{pmatrix}
$$

a) Die *Lösung* x=**A**$^{-1} \cdot$b des Gleichungssystems mittels *inverser Matrix* lässt sich mit EXCEL folgendermaßen berechnen:

– Im folgenden Tabellenausschnitt sind die Koeffizientenmatrix **A** für den Bereich Z1S1:Z2S2 und der Vektor **b** der rechten Seiten für den Bereich Z4S1:Z5S1 definiert.

– Da die Koeffizientenmatrix **A** regulär sein muss (d.h. Det **A**≠0), wird in Zelle Z4S2 zusätzlich mittels =**MDET(A)** die Determinante von **A** berechnet (=-2).

– Abschließend wird im Bereich Z2S4:Z3S4 mittels   =**MMULT(MINV(A);b)** der Lösungsvektor (2,1) berechnet.

Z2S4		▼	f_x {=MMULT(MINV(A);b)}	
	1	2	3	4
1	1	1		
2	1	-1		2
3				1
4	3	-2		
5	1			

b) Die *Lösung* des Gleichungssystems mittels *Cramerscher Regel* lässt sich folgendermaßen realisieren:

$$x_1 = \frac{\begin{vmatrix} 3 & 1 \\ 1 & -1 \end{vmatrix}}{\begin{vmatrix} 1 & 1 \\ 1 & -1 \end{vmatrix}} = \frac{-4}{-2} = 2 \qquad x_2 = \frac{\begin{vmatrix} 1 & 3 \\ 1 & 1 \end{vmatrix}}{\begin{vmatrix} 1 & 1 \\ 1 & -1 \end{vmatrix}} = \frac{-2}{-2} = 1$$

– Man sieht hier unmittelbar die Vorgehensweise der Cramerschen Regel, die in der Zählerdeterminante die entsprechende Spalte (erste bzw. zweite) der im Nenner stehenden Koeffizientendeterminante **A** durch den Vektor **b** der rechten Seiten ersetzt.

– Der Einsatz von EXCEL besteht in der Berechnung der auftretenden Determinanten, die mittels der Matrizenfunktion **MDET** erfolgen kann.

11.5.4 Gaußscher Algorithmus

Für den praktischen Einsatz benötigt man Methoden, die große Gleichungssysteme effektiv lösen können. Hierzu gehören Gaußscher Algorithmus und Iterationsmethoden.

Im Folgenden wird der universell einsetzbare *Gaußsche Algorithmus* (*Gaußsche Eliminationsmethode*) beschrieben, der im SOLVER von EXCEL zum Einsatz kommt:

• Er liefert im Falle der Lösbarkeit eine Lösung für lineare Gleichungssysteme in endlich vielen Schritten.

• Die Idee des Gaußschen Algorithmus wurde bereits im Rahmen der Rangbestimmung von Matrizen vorgestellt (siehe Beisp.10.1c).

- Da zur Lösung praktisch anfallender linearer Gleichungssysteme der *Gaußsche Algorithmus* nicht mehr per Hand, sondern nur mittels Computerprogramm angewendet wird, reicht es vollkommen aus, *Grundprinzip* und *Vorgehensweise* zu kennen:

  - Das *Grundprinzip* des Gaußschen Algorithmus bei der Lösung linearer Gleichungssysteme besteht darin, die erweiterte Koeffizientenmatrix $(\mathbf{A}|\mathbf{b})$ durch systematische Umformungen der Zeilen auf *Dreiecksgestalt* zu bringen (siehe Beisp.11.6), aus der *Lösungen* im Falle der Lösbarkeit einfach bestimmbar sind bzw. die *Unlösbarkeit* des Gleichungssystems ablesbar ist.

  - Die *Vorgehensweise* des Gaußschen Algorithmus ist folgendermaßen *charakterisiert:*

  Man benutzt ein bereits bei Rangbestimmungen von Matrizen angewandtes Umformungsprinzip (siehe Beisp.10.1c), indem man das Vielfache einer Gleichung zu einer anderen addiert. Dies und das Vertauschen einzelner Gleichungen des Systems verändern nicht die Lösungsmenge des Gleichungssystems.

  Durch schrittweise Anwendung dieser Umformungen auf die erweiterte *Koeffizientenmatrix* $(\mathbf{A}|\mathbf{b})$ des Gleichungssystems lässt sich diese auf eine *Dreiecksgestalt*

$$\left(\begin{array}{cccc|c} a_{11} & a_{12} & \cdots & a_{1n} & b_1 \\ a_{21} & a_{22} & \cdots & a_{2n} & b_2 \\ \vdots & \vdots & \vdots & \vdots & \vdots \\ a_{m1} & a_{m2} & \cdots & a_{mn} & b_m \end{array}\right) \rightarrow \ldots \rightarrow \ldots \rightarrow \left(\begin{array}{cccc|c} c_{11} & c_{12} & \cdots & c_{1n} & d_1 \\ 0 & c_{22} & \cdots & c_{2n} & d_2 \\ \vdots & \vdots & \vdots & \vdots & \vdots \\ 0 & 0 & \cdots & c_{mn} & d_m \end{array}\right)$$

bringen, wie im obigen *Lösungsschema* illustriert ist:

I. Die Umformung auf Dreiecksgestalt wird erreicht, indem man z.B. systematisch mit der ersten Zeile beginnend die in der ersten Spalte unterhalb liegenden Elemente durch Multiplikation der Zeile mit einem entsprechenden Faktor und Addition/Subtraktion zu Null umformt. Eventuell ist die erste Zeile vorher mit einer anderen Zeile zu vertauschen, falls das entsprechende Element Null ist.

II. Danach verwendet man die zweite Zeile analog, um die unterhalb liegenden Elemente der zweiten Spalte zu Null umzuformen. Eventuell ist die zweite Zeile vorher mit einer anderen Zeile zu vertauschen, falls das entsprechende Element Null ist.

III. Diese beschriebene systematische Umformung wird bis zur m-1 Zeile durchgeführt oder schon früher beendet, wenn keine von Null verschiedenen Zeilen mehr vorliegen.

Aus der erhaltenen Dreiecksgestalt lässt sich die Lösbarkeit des Gleichungssystems ablesen, da man hieraus erkennt, ob der Rang von Koeffizientenmatrix und erweiterter Koeffizientenmatrix übereinstimmt oder nicht (siehe Beisp.11.6).
Im Falle der Lösbarkeit lassen sich aus der Dreiecksgestalt die Lösungen einfach berechnen, indem mit der letzten Zeile beginnend sukzessive die Lösungswerte für die einzelnen Variablen bestimmt werden.

– Obwohl sich die Vorgehensweise des Gaußschen Algorithmus einfach gestaltet, ist seine allgemeine Beschreibung für den Leser meistens etwas verwirrend bzw. undurchsichtig. Deshalb wird empfohlen, seine Anwendung durch Nachrechnen der gegebenen Beispiele zu üben.

Beispiel 11.6:

Betrachtung einfacher linearer Gleichungssysteme, an denen sich die Lösungsproblematik illustrieren lässt:

a) Das lineare Gleichungssystem aus Beisp.11.2 und 11.5

$$x_1 + x_2 = 3$$
$$x_1 - x_2 = 1$$

besitzt *genau eine Lösung*

$$x_1 = 2 , x_2 = 1:$$

– Diese wird durch Anwendung des *Gaußschen Algorithmus* auf die erweiterte Koeffizientenmatrix erhalten, indem

zuerst die erste Zeile von der zweiten subtrahiert,

abschließend die erhaltene zweite Gleichung durch -2 dividiert und danach von der ersten subtrahiert wird:

$$\begin{pmatrix} 1 & 1 & | & 3 \\ 1 & -1 & | & 1 \end{pmatrix} \rightarrow \begin{pmatrix} 1 & 1 & | & 3 \\ 0 & -2 & | & -2 \end{pmatrix} \rightarrow \begin{pmatrix} 1 & 0 & | & 2 \\ 0 & 1 & | & 1 \end{pmatrix}$$

– Aus der letzten umgeformten erweiterten Koeffizientenmatrix lässt sich die Lösung des Gleichungssystems unmittelbar ablesen.

b) Das lineare Gleichungssystem

$$x_1 + x_2 = 3$$
$$2 \cdot x_1 + 2 \cdot x_2 = 5$$

besitzt *keine Lösung*, da sich beide Gleichungen widersprechen:

– Man erhält diese Aussage durch Anwendung des Gaußschen Algorithmus auf die erweiterte Koeffizientenmatrix:

$$\begin{pmatrix} 1 & 1 & | & 3 \\ 2 & 2 & | & 5 \end{pmatrix} \rightarrow \begin{pmatrix} 1 & 1 & | & 3 \\ 0 & 0 & | & -1 \end{pmatrix}$$

– Durch Subtraktion der mit 2 multiplizierten ersten Zeile von der zweiten, lassen sich Rang 1 für die Koeffizientenmatrix und Rang 2 für die erweiterte Koeffizientenmatrix ablesen, so dass laut Theorie keine Lösung existieren kann.

c) Das lineare Gleichungssystem

$$x_1 + x_2 = 3$$
$$2 \cdot x_1 + 2 \cdot x_2 = 6$$

besitzt beliebig (unendlich) viele Lösungen der Form

$x_1 = 3 - c$, $x_2 = c$ (c - beliebige reelle Zahl)

Diese Lösungen werden durch Anwendung des Gaußschen Algorithmus auf die erweiterte Koeffizientenmatrix erhalten:

$$\begin{pmatrix} 1 & 1 & | & 3 \\ 2 & 2 & | & 6 \end{pmatrix} \rightarrow \begin{pmatrix} 1 & 1 & | & 3 \\ 0 & 0 & | & 0 \end{pmatrix}$$

Die Subtraktion der mit 2 multiplizierten ersten Zeile von der zweiten liefert für die zweite Zeile einen Nullvektor, so dass nur eine Gleichung

$x_1 + x_2 = 3$

für zwei Variable übrigbleibt, in der eine Variable vorgebbar ist, wie z.B. $x_2 = c$, so dass die angegebenen Lösungen erhalten werden.

d) Betrachtung eines einfachen Beispiels

$1,0001 \cdot x_1 + x_2 = 2,0001$

$x_1 + 0,9999 \cdot x_2 = 1,9999$

für *schlecht konditionierte* lineare Gleichungssysteme:

- Dieses Gleichungssystem besitzt die eindeutige Lösung
  $x_1 = 1$, $x_2 = 1$.

- Ändern sich die Werte der rechten Seite nur geringfügig um -0,0001 bzw. +0,0001, so ergibt sich folgendes lineare Gleichungssystem

  $1,0001 \cdot x_1 + x_2 = 2$

  $x_1 + 0,9999 \cdot x_2 = 2$

  das die eindeutige Lösung
  $x_1 = 20000$, $x_2 = -20000$
  besitzt.

- Die Lösungen beider Gleichungssysteme sind völlig verschieden, obwohl sich ihre rechten Seiten nur geringfügig unterscheiden.
  Aufgrund des großen Einflusses der rechten Seiten sind bei schlecht konditionierten Gleichungssystemen völlig falsche Lösungen bei der numerischen Berechnung möglich, wie das einfache Beispiel zeigt.
  ◆

Bezüglich der Anwendung des *Gaußschen Algorithmus* zur Lösung linearer Gleichungssysteme sind folgende Sachverhalte von Bedeutung:

- Bei der Lösung homogener Gleichungssysteme wird nur die Koeffizientenmatrix benötigt und nicht die erweiterte.

- Bei Rechnungen ohne Rundungsfehler (z.B. per Hand) wird die exakte Lösung in endlich vielen Schritten geliefert. Eine Anwendung per Hand ist jedoch nur bei wenigen Gleichungen zu empfehlen.

- Bei numerischer Anwendung mittels Computer (z.B. im Rahmen von EXCEL) endet er auch in endlich vielen Schritten:

  - Da hier jedoch *Rundungsfehler* auftreten, kann das erhaltene Ergebnis falsch (unbrauchbar) sein.

  - Deshalb ist zu empfehlen, mittels Computer berechnete Lösungen durch Einsetzen in die Gleichungen zu überprüfen, d.h. eine Probe durchzuführen.

- Es gibt für seine numerische Anwendung einige Maßnahmen, um die Anfälligkeit bzgl. Rundungsfehlern einzuschränken. Bezüglich dieser Problematik verweisen wir auf die Literatur.

- Die Problematik der *Rundungsfehler* wirkt sich besonders bei *schlecht konditionierten Gleichungssystemen* aus:

  - Hier können Rundungsfehler oder fehlerbehaftete Werte in Koeffizienten und rechten Seiten völlig falsche Lösungen hervorrufen.

  - Man kann die Kondition eines Gleichungssystems an der Konditionszahl der Koeffizientenmatrix erkennen.

  - Wir können hierauf nicht näher eingehen und verweisen auf die Literatur. Im Beisp. 11.6d ist die Problematik an einem einfachen schlecht konditionierten Gleichungssystem illustriert.

11.5.5 Lösungsberechnung mittels SOLVER von EXCEL

Die Lösung linearer Gleichungssysteme erfolgt analog zu der im Abschn.11.4 ausführlich beschriebenen Anwendung des SOLVERS auf allgemeine Gleichungen, wie folgendes Beisp.11.7 illustriert.

Beispiel 11.7:

Illustration der Anwendung des SOLVERS von EXCEL, indem die Lösung folgender einfacher linearer Gleichungssysteme versucht wird:

a) Lösung des linearen Gleichungssystems in Normalform

$$x_1 + x_2 - 3 = 0$$

$$x_1 - x_2 - 1 = 0$$

aus Beisp.11.2 und 11.5:

Da EXCEL keine indizierten Variablen zulässt, werden die Variablenbezeichnungen x_1 und x_2 (anstatt x1 und x2) benutzt und als *Startwerte* willkürlich x_1= 0 , x_2= 0 gewählt. Der Unterstrich wurde gewählt, weil sonst EXCEL die Berechnung ablehnt, da Konflikte mit der Zellbezeichnung entstehen.

Damit ergeben sich für die *Vorgehensweise* folgende Schritte:

I. Zuerst werden in zusammenhängende Zellen A1 und B1 die Namen der Variablen x_1 bzw. x_2 eingetragen und darunter in A2 und B2 die für den SOLVER gewählten Startwerte $x\_1=0$, $x\_2=0$:

- Diese Zellen werden markiert und den Startwerten die verwendeten Namen x_1 und x_2 zugewiesen, wie im Abschn.7.1.2 beschrieben ist.
- Damit erhalten die Variablen die eingetragenen Namen x_1 bzw. x_2, denen die Startwerte 0 zugewiesen sind.

II. Danach werden in die Zellen C1 bzw. D1 die beiden zu lösenden Gleichungen als Text eingetragen, d.h. im Textmodus. Dies dient nur zur Veranschaulichung und kann weggelassen werden.

III. Anschließend werden in die Zellen C2 bzw. D2 die linken Seiten der beiden Gleichungen in Normalform als Formeln eingetragen.

Das Ergebnis der Schritte I-III ist im folgenden Tabellenausschnitt zu sehen, wobei EXCEL in C2 und D2 die Werte -3 bzw. -1 schreibt, d.h. die Werte der linken Seiten der Gleichungen für die Startwerte 0 der Variablen x_1 und x_2:

D2	▼	f_x	=x_1-x_2-1

▲	A	B	C	D
1	x_1	x_2	x_1+x_2-3	x_1-x_2-1
2	0	0	-3	-1

Damit ergeben sich für die *weitere Vorgehensweise* folgende *Schritte:*

IV. Der SOLVER wird mittels der Registerkarte **Daten** in der Gruppe *Daten* aufgerufen und das erscheinende Dialogfenster **Solver-Parameter** wie folgt ausgefüllt:

- In *Ziel festlegen* (*Zielzelle*) ist nichts einzutragen und bei *Bis* (*Zielwert*) ist *Wert* anzuklicken.

- In *Durch Ändern von Variablenzeilen* (*Veränderbare Zellen*) ist der Bereich A2:B2 der Startwerte für die Variablen x_1 und x_2 einzutragen. Dies geht am einfachsten durch Überstreichen dieses Bereichs mit gedrückter Maustaste.

- In *Unterliegt den Nebenbedingungen* sind beide zu lösende Gleichungen durch Anklicken von *Hinzufügen* im erscheinenden Dialogfeld **Nebenbedingungen hinzufügen** einzutragen, indem die Zelle C2 bzw. D2 der Formel der entsprechenden Gleichung mittels Maus angeklickt wird.

- Das Ergebnis der Eintragungen ist aus obiger Abbildung des Dialogfensters **Solver-Parameter** zu sehen.

V. Mit dem abschließenden Anklicken von *Lösen* beginnt der SOLVER die Berechnung:

- Wenn der SOLVER eine Lösung gefunden hat, wird dies mitgeteilt, wobei ein *Antwortberich*t angesehen werden kann:

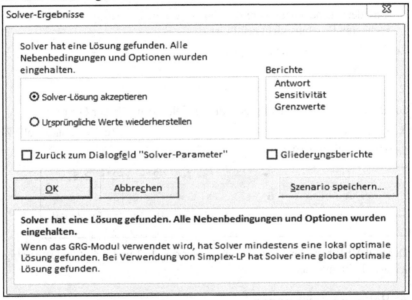

- Anstatt der Startwerte werden jetzt die berechneten Lösungswerte x_1=2 und x_2=1 angezeigt und in den Zellen C2 und D2 mit den linken Seiten des Gleichungssystems muss Null stehen, wie aus folgendem Tabellenausschnitt zu sehen ist:

D2	▼	f_x	=x_1-x_2-1	
◢	A	B	C	D
1	x_1	x_2	x_1+x_2-3	x_1-x_2-1
2	2	1	0	0

b) Versuch der Lösung des im Beisp.11.6b betrachteten unlösbaren linearen Gleichungssystems

$$x_1 + x_2 = 3$$
$$2 \cdot x_1 + 2 \cdot x_2 = 5$$

mittels SOLVER:

- Der SOLVER erkennt die Unlösbarkeit des Gleichungssystems und gibt im Dialogfenster **Solver-Ergebnisse** eine entsprechende Meldung aus.
- Trotzdem gibt er in der Tabelle bei den Variablen das falsche Ergebnis x_1=2,5 und
  x_2=0 aus, wie der folgendeTabellenausschnitt zeigt:

D2			f_x	=2*x_1+2*x_2-5	
	A	B	C	D	E
1	x_1	x_2	x_1+x_2-3=0	2*x_1+2*x_2-5=0	
2	2,5	0	-0,5	0	

Aus dem Tabellenausschnitt ist auch zu sehen, dass die erste Gleichung vom berechneten Ergebnis nicht erfüllt ist.

c) Lösung des lineare Gleichungssystems

$$x_1 + x_2 = 3$$
$$2 \cdot x_1 + 2 \cdot x_2 = 6$$

aus Beisp.11.6c, das beliebig (unendlich) viele Lösungen der Form

$$x_1 = 3-c \ , \ x_2 = c \qquad\qquad (c \text{ - beliebige reelle Zahl})$$

besitzt, mittels SOLVER:

D2			f_x	=2*x_1+2*x_2-6	
	A	B	C	D	
1	x_1	x_2	x_1+x_2-3=0	2*x_1+2*x_2-6=0	
2	3	0	0	0	

Der SOLVER berechnet nur die eine Lösung x_1=3 und x_2=0, wie aus obigem Tabellenausschnitt zu sehen ist.

11.6 Polynomgleichungen

11.6.1 Einführung

Polynomgleichungen stellen einen wichtigen Sonderfall nichtlinearer algebraischer Gleichungen dar. Hierfür liefert die Theorie weitreichendere Aussagen:

- Unter dem Oberbegriff *Polynome* ist Folgendes zu verstehen:
  - *Polynomfunktionen* n-ten Grades mit reellen Koeffizienten a_k der Form:

$$P_n(x) = \sum_{k=0}^{n} a_k \cdot x^k = a_n \cdot x^n + a_{n-1} \cdot x^{n-1} + \ldots + a_1 \cdot x + a_0 \qquad (a_n \neq 0)$$

die auch als *ganzrationale Funktion*en oder kurz *Polynome* bezeichnet werden.

- *Polynomgleichungen* n-ten Grades der Form:

$$P_n(x) = a_n \cdot x^n + a_{n-1} \cdot x^{n-1} + \ldots + a_1 \cdot x + a_0 = 0 \qquad (a_n \neq 0)$$

- Man sieht, dass Polynomgleichungen aus der Nullstellenbestimmung für Polynomfunktionen entstehen, da $P_n(x_i) = 0$ für Nullstellen x_i gilt, d.h. Nullstellen x_i der Polynomfunktion $P_n(x)$ sind Lösungen der Polynomgleichung $P_n(x) = 0$.

- Ein berühmter Satz von Gauß (Fundamentalsatz der Algebra) sagt Folgendes
  - Polynomgleichungen n-ten Grades besitzen genau n *Lösungen* x_i (i=1,2,...,n), die reell, komplex und mehrfach sein können.
  - Für die Lösungen gilt:

$$a_n \cdot x^n + a_{n-1} \cdot x^{n-1} + \ldots + a_1 \cdot x + a_0 = a_n \cdot (x\text{-}x_1) \cdot (x\text{-}x_2) \cdot \ldots \cdot (x\text{-}x_n)$$

  - Dieser Satz ermöglicht die Verringerung des Grades eines Polynoms um 1, wenn man eine Nullstelle x_i kennt (erraten hat) und das Polynom durch x-x_i dividiert.

- Zur exakten Berechnung von Lösungen gibt es nur bis n=4 *Lösungsformeln*:
  - Die bekannteste *Lösungsformel* für n=2 liefert für *quadratische Gleichungen*

$$x^2 + a_1 \cdot x + a_0 = 0$$

  die beiden Lösungen

$$x_{1,2} = -\frac{a_1}{2} \pm \sqrt{D} \qquad \text{mit } \textit{Diskriminante} \qquad D = \frac{a_1^2}{4} - a_0$$

  die auch zusammenfallen oder komplex sein können, je nachdem welchen Wert die *Diskriminante* D annimmt.

  - Für n=3 und 4 gestalten sich die *Lösungsformeln* wesentlich schwieriger. Ab n=5 existieren keine Formeln für die Nullstellenbestimmung, da allgemeine Polynome ab dem 5. Grad nicht durch Radikale lösbar sind (Satz von Abel).

Bemerkung

Die Lösung von Polynomgleichungen spielt eine große Rolle bei der Bestimmung von Eigenwerten für Matrizen und der Lösung linearer Differenzen- und Differentialgleichungen, wie in den Abschn.11.9, 16.3 bzw. 17.4 zu sehen ist.

11.6.2 Lösungsberechnung mittels SOLVER von EXCEL

Die Lösungsberechnung für Polynomgleichungen $P_n(x)=0$ geschieht in EXCEL mittels des SOLVERS auf die gleiche Art wie die im Abschn.11.4 besprochene für allgemeine Gleichungen:

– Die für die Lösungsberechnung benötigten Startwerte für die Variable x können beliebig gewählt werden, wenn keine Näherungswerte bekannt sind.

– Die Wahl der Startwerte kann allerdings den Erfolg beeinflussen.

Die Berechnung reeller Lösung von Polynomgleichungen kann in EXCEL auch mittels **Zielwertsuche** geschehen, wie im Beisp.11.4a für ein Polynom 7.Grades illustriert ist.

11.7 Nichtlineare Gleichungen

Nichtlineare Gleichungen haben die im Abschn.11.1 vorgestellte Form. Sie treten in mathematischen Modellen der Wirtschaft seltener auf. Deshalb werden sie nur kurz betrachtet.

Beispiel 11.8:

Illustration der Problematik des Auftretens nichtlinearer Gleichungen:

a) Im Beisp.12.1a und b sind Beispiele für *Angebotsfunktionen* $P_A(x)$ und *Nachfragefunktionen* $P_N(x)$ als Funktionen des Preises x zu finden:

   • Soll das *Gleichgewicht* zwischen Angebot und Nachfrage bestimmt werden, so sind diejenigen x-Werte zu berechnen, für die beide Funktionen den gleichen Wert annehmen, d.h. es muss $P_A(x) = P_N(x)$ gelten.

   • Damit ist die *nichtlineare Gleichung* $P_A(x) - P_N(x) = 0$ zu lösen:

   – Für die *konkreten Funktionen*

   $$P_A(x) = 2 \cdot x^2 + x + 3 \quad , \quad P_N(x) = 10 - x$$

   ist wegen $P_A(x) = P_N(x)$ die *quadratische Gleichung*

   $$2 \cdot x^2 + 2 \cdot x - 7 = 0$$

   d.h. eine *Polynomgleichung* als Sonderfall nichtlinearer Gleichungen zu lösen.

   – Für die *konkreten Funktionen*

   $$P_A(x) = 5 \cdot \sqrt{3 \cdot x + 4} \quad , \quad P_N(x) = 1 - 2 \cdot x$$

   ist wegen $P_A(x) = P_N(x)$ die *algebraische Gleichung*

   $$5 \cdot \sqrt{3 \cdot x + 4} - 1 + 2 \cdot x = 0$$

   als Sonderfall nichtlinearer Gleichungen zu lösen.

b) Im Beisp.14.8 wird die *nichtlineare Gleichung* $$f'(x) = \frac{f(x)}{x}$$

erhalten, um stationäre Stellen (Extremwertstellen) für *Durchschnittskostenfunktionen* ökonomischer Funktionen f(x) zu berechnen:

- Für die konkrete *neoklassische Kostenfunktion* $f(x) = 2 \cdot x^2 + 3$ (siehe Beisp.12.1e) ergibt sich damit die Polynomgleichung (quadratische Gleichung)

  $2 \cdot x^2 - 3 = 0$ zur Berechnung der Extremwerte.

- Für die konkrete *ertragsgesetzliche Kostenfunktion* (siehe Beisp.12.1e)

  $f(x) = 5 \cdot x^3 + 3 \cdot x^2 + 4 \cdot x + 7$

  ergibt sich damit die Polynomgleichung dritten Grades

  $10 \cdot x^3 + 3 \cdot x^2 - 7 = 0$

  zur Berechnung der Extremwerte der Durchschnittskostenfunktion.

11.7.1 Lösungsmethoden

Nichtlineare Gleichungen lassen sich nur für wenige Sonderfälle exakt lösen, wozu Polynomgleichungen bis zum Grad 4 gehören.

Deshalb sind numerische Methoden (Näherungsmethoden) erforderlich, von denen viele die Form von *Iterationsmethoden* besitzen, wobei die bekannteste die Newtonsche Methode ist. Auf derartige numerische Methoden kann im Rahmen des Buches nicht eingegangen werden. Dies ist auch nicht erforderlich, da die Anwendung von EXCEL im Vordergrund steht.

11.7.2 Lösungsberechnung mittels SOLVER von EXCEL

Die numerische Lösung nichtlinearer Gleichungen vollzieht sich in EXCEL mittels des SOLVERS, wie ausführlich im Abschn.11.4 für alle Gleichungsarten beschrieben ist:

- Die vom SOLVER für die Lösung benötigten Startwerte für die Variablen können beliebig gewählt werden, wenn keine Näherungswerte bekannt sind.

- Die Wahl der Startwerte kann allerdings die Konvergenz der Lösungsmethode beeinflussen.

- Bei nichtlinearen Gleichungen muss der SOLVER nicht immer eine Lösung finden, da für sie kein universeller konvergenter Lösungsalgorithmus existiert. Es empfiehlt sich deshalb, für die vom SOLVER berechneten Ergebnisse eine Probe durchzuführen.

11.8 Ungleichungen

11.8.1 Einführung

In statischen mathematischen Modellen der Wirtschaft treten nicht nur Gleichungen, sondern auch Ungleichungen auf:

- Gleichungssysteme gehen in Ungleichungssysteme über, wenn gegebene Werte der rechten Seiten nicht überschritten werden dürfen.

- Es wird wie bei Gleichungen zwischen linearen und nichtlinearen Ungleichungen unterschieden.

– Ebenso wie für nichtlineare Gleichungen existiert für nichtlineare Ungleichungen keine umfassende Lösungstheorie, so dass hier nur numerische (näherungsweise) Lösungsmethoden einsetzbar sind.

– Jedes Ungleichungssystem lässt sich unter Einführung von *Schlupfvariablen* in ein Gleichungssystem mit *Nichtnegativitätsbedingungen* für die Schlupfvariablen zurückführen.

– Da in mathematischen Modellen der Wirtschaft lineare Ungleichungen überwiegen, werden diese im Abschn. 11.8.2 vorgestellt.

Falls gelegentlich nichtlineare Ungleichungen auftreten, so lassen sich diese in gewissen Fällen hinreichend genau durch lineare annähern.

Beispiel 11.9:

Illustration der Problematik des Auftretens linearer Ungleichungen in der Wirtschaftsmathematik:

a) Ein *Betrieb* hat zum *Einkauf* von *Rohstoffen* R_1 und R_2 einen gewissen Geldbetrag g (z.B. 1000 Geldeinheiten GE) zur Verfügung, der nicht überschritten werden darf. Vom Rohstoff R_1 (Preis 3 GE pro ME) benötigt er mindestens 4 und vom Rohstoff R_2 (Preis 5 GE pro ME) mindestens 6 Mengeneinheiten ME für seine Jahresproduktion:

– Es können im Rahmen des vorhandenen Geldbetrages größere Mengen der Rohstoffe eingekauft werden, die dann als Vorrat für die folgenden Jahre dienen.

– Damit ergibt sich für den Einkauf folgendes *System* von *Ungleichungen*, wenn man die Anzahl der Mengeneinheiten ME vom Rohstoff R_1 mit x_1 und die von R_2 mit x_2 bezeichnet:

$$3 \cdot x_1 + 5 \cdot x_2 \leq 1000 \; , \; x_1 \geq 4 \; , \; x_2 \geq 6$$

b) Ein *Betrieb* stellt *drei Produkte* mit den Mengen x_1, x_2, x_3 her:

– Diese *Produktion* wird unter Verwendung der drei Faktoren *Arbeiter*, *Maschinen* und *Rohstoff* durchgeführt, von denen maximal 50, 100 bzw. 75 Einheiten zur Verfügung stehen.

– Die zur Herstellung einer Einheit der entsprechenden Produkte erforderliche Anzahl/Menge von *Arbeitern* A, *Maschinen* M und *Rohstoff* R ist aus folgender Tabelle ersichtlich:

	x_1	x_2	x_3
A	20	30	15
M	25	27	17
R	16	11	13

– Damit ergibt sich folgendes *System* von *Ungleichungen* für die Beschreibung der Produktion des Betriebes:

$$20 \cdot x_1 + 30 \cdot x_2 + 15 \cdot x_3 \leq 50$$
$$25 \cdot x_1 + 27 \cdot x_2 + 17 \cdot x_3 \leq 100 \qquad \text{mit } x_1 \geq 0, \, x_2 \geq 0, \, x_3 \geq 0$$
$$16 \cdot x_1 + 11 \cdot x_2 + 13 \cdot x_3 \leq 75$$

11.8.2 Lineare Ungleichungssysteme

Neben linearen Gleichungssystemen spielen *lineare Ungleichungssysteme* in mathematischen Modellen der Wirtschaft eine große Rolle:

- Sie schreiben sich analog zu den im Abschn. 11.5 vorgestellten linearen Gleichungssystemen in der Form

$$a_{11} \cdot x_1 + a_{12} \cdot x_2 + \ldots + a_{1n} \cdot x_n \leq b_1$$
$$a_{21} \cdot x_1 + a_{22} \cdot x_2 + \ldots + a_{2n} \cdot x_n \leq b_2$$
$$\vdots \qquad\qquad \vdots \qquad\qquad \vdots$$
$$a_{m1} \cdot x_1 + a_{m2} \cdot x_2 + \ldots + a_{mn} \cdot x_n \leq b_m$$

d.h. es sind in allgemeinen linearen Gleichungssystemen die Gleichheitszeichen nur durch Ungleichheitszeichen zu ersetzen, um die angegebene Gestalt zu erhalten.

- Zu linearen Ungleichungssystemen ist Folgendes zu bemerken:

  – In *Matrizenschreibweise* haben sie die Form $\mathbf{A} \cdot \mathbf{x} \leq \mathbf{b}$, wobei Koeffizientenmatrix $\mathbf{A}$, Vektor $\mathbf{x}$ der Variablen (Unbekannten) und Vektor $\mathbf{b}$ der rechten Seiten die gleiche Bedeutung haben wie bei linearen Gleichungssystemen (siehe Abschn. 11.5.1).

  – Es können andere Formen linearer Ungleichungssysteme auftreten. Man kann sie jedoch immer auf die gegebene Form zurückführen:

    Treten Ungleichungen mit $\geq$ auf, so werden diese mit -1 multipliziert.

    Tritt eine Gleichung auf, so kann diese durch zwei Ungleichungen ersetzt werden.

    Falls Ungleichungen mit Beträgen auftreten, so lassen sich diese meistens auf lineare Ungleichungen zurückführen, wie Beisp. 11.10b illustriert.

- Für lineare Ungleichungssysteme gibt es ebenso wie für lineare Gleichungssysteme eine aussagekräftige *mathematische Theorie*, auf die wir nicht näher eingehen können.

- Die *Lösungsmenge* (Lösungsbereich) linearer Ungleichungssysteme hat folgende *Eigenschaften*:

  – Ihre explizite Angabe ist i.Allg. schwierig.
    Für den Sonderfall zweier Variablen gibt es die einfache Möglichkeit, die Lösungsmenge grafisch darzustellen, da hier Geraden die Lösungsmenge begrenzen (siehe Beisp. 11.10a).

  – Sie besteht im Regelfall aus (überabzählbar) unendlich vielen Lösungen, die geometrisch ein *konvexes Polyeder* mit (überabzählbar) unendlich vielen Punkten beschreiben.

  – Sie kann im Sonderfall jedoch auch leer sein oder nur aus einem Punkt bestehen.

Beispiel 11.10:

a) Lineare Ungleichungssysteme besitzen meistens nicht nur eine Lösung, sondern eine unendliche Lösungsmenge. So bildet z.B. das durch die Geraden

$$3 \cdot x_1 + 5 \cdot x_2 = 1000 \,, \quad x_1 = 4 \quad \text{und} \quad x_2 = 6$$

begrenzte Dreieck die Lösungsmenge für das Ungleichungssystem

$$3 \cdot x_1 + 5 \cdot x_2 \leq 1000 \,, \quad x_1 \geq 4 \,, \quad x_2 \geq 6$$

wie man leicht durch Zeichnung der begrenzenden Geraden veranschaulichen kann.

b) *Ungleichungen* mit *Beträgen* lassen sich meistens unter Verwendung linearer Ungleichungen lösen, wie am Beispiel

$$\left| x + 1 \right| \leq 3$$

unter Verwendung der Eigenschaften des Betrages illustriert ist:

Es gelten folgende Ungleichungen:

$x+1 \leq 3$ für $x+1 \geq 0$ und $-x-1 \leq 3$ für $x+1 \leq 0$

Aus diesen vier linearen Ungleichungen ergibt sich ohne Schwierigkeiten der *Lösungsbereich*

$$- 4 \leq x \leq 2$$

11.8.3 Lösungsberechnung mittels SOLVER von EXCEL

EXCEL kann Lösungen (Lösungsvektoren) von Ungleichungssystemen und speziell linearen Ungleichungssystemen mittels des SOLVERS numerisch bestimmen:

- Die Anwendung des SOLVERS gestaltet sich analog zur Lösung allgemeiner Gleichungssysteme (siehe Abschn.11.4):

  Es sind lediglich im Dialogfenster **Solver-Parameter** bei *Nebenbedingungen* anstatt Gleichungen die zu lösenden Ungleichungen einzutragen.

- Der SOLVER rechnet numerisch:

  – Da vorliegende Ungleichungssysteme meistens eine unendliche Lösungsmenge (Lösungsbereich) besitzen, kann der SOLVER nicht die gesamte Lösungsmenge berechnen.

  – Der SOLVER berechnet nur einzelne Lösungsvektoren, wie Beisp.11.11 illustriert.

Beispiel 11.11:

Lösung des *lineare Ungleichungssystem*

$$3 \cdot x_1 + 5 \cdot x_2 \leq 1000 \,, \quad x_1 \geq 4 \,, \quad x_2 \geq 6$$

aus Beisp.11.10a mittels des SOLVERS von EXCEL:

– Der SOLVER wird mittels der Registerkarte **Daten** Gruppe *Analyse* aufgerufen und das erscheinende Dialogfenster **Solver-Parameter** analog zu Gleichungen ausgefüllt. Es sind nur bei *Nebenbedingungen* anstatt von Gleichungen die zu lösenden Ungleichungen unter Anwendung von *Hinzufügen* einzutragen, wie aus folgender Abbildung zu sehen ist:

- Da EXCEL keine indizierten Variablen zulässt, verwenden wir als Variable x_1 und x_2 und schreiben das Ungleichungssystem in folgender Normalform

  $3 \cdot x\_1 + 5 \cdot x\_2 - 1000 \leq 0$, $4 - x\_1 \leq 0$, $6 - x\_2 \leq 0$

- Mit dem SOLVER gestaltet sich die Lösungsberechnung analog zu Gleichungen, wobei als *Startwerte* willkürlich x_1 = 0 und x_2 = 0 gewählt wurden, die das Ungleichungssystem nicht erfüllen.

- Die erforderliche Vorgehensweise wird ausführlich im Abschn.11.4 und 11.5 besprochen. Sie ist sowohl für Gleichungen als auch Ungleichungen anwendbar.

- Da EXCEL numerisch rechnet, wird nur eine Lösung (Lösungsvektor)

  x_1=4 , x_2 = 6

  der durch das Ungleichungssystem bestimmten Lösungsmenge (Lösungsbereich) bestimmt, wie aus folgendem Tabellenausschnitt ersichtlich ist:

A9	▼	⋮	✕	✓	*fx*	=6-x_2

	A	B	C
1	x_1	x_2	
2	4	6	
3			
4	1+5*x_2-10000≤0		
5	-958		
6	4-x_1≤0		
7	0		
8	6-x_2≤0		
9	0		

11.9 Eigenwertaufgaben für Matrizen

11.9.1 Einführung

Eigenwertaufgaben für quadratische Matrizen **A** bestehen in der Berechnung von *Eigenwerten* und zugehörigen *Eigenvektoren:*

- Da ihre Berechnung auf der Lösung von Gleichungen beruht, behandeln wir sie erst in diesem Kapitel.

- Eigenwerte und Eigenvektoren besitzen in Modellen der Wirtschaft eine Reihe von Anwendungen, wofür eine Illustration im Rahmen des Input-Output-Modells von Leontief im Beisp.11.3b zu sehen ist.
  Deshalb wird die Problematik im Folgenden kurz vorgestellt, wobei jedoch nicht tiefer auf die umfangreiche Theorie eingegangen werden kann:

  - *Eigenwerte* einer quadratischen Matrix **A** sind diejenigen reellen oder komplexen Zahlen λ_i , für die es Vektoren $x^i \neq 0$ gibt, so dass

    $$\mathbf{A} \cdot \mathbf{x}^i = \lambda_i \cdot \mathbf{x}^i \qquad \text{gilt, d.h.} \qquad (\mathbf{A} - \lambda_i \cdot \mathbf{E}) \cdot \mathbf{x}^i = 0$$

    Dabei werden die Vektoren $\mathbf{x}^i$ als zugehörige *Eigenvektoren* bezeichnet.

  - Die *Eigenwerte* λ_i ergeben sich als Lösungen der *Polynomgleichung*

    $$\text{Det}(\mathbf{A} - \lambda \cdot \mathbf{E}) = 0,$$

    d.h. als Nullstellen des *charakteristischen Polynoms* Det $(\mathbf{A} - \lambda \cdot \mathbf{E})$. Diese Bedingung ist erforderlich, um nichttriviale Lösungen $\mathbf{x}^i \neq 0$ des homogenen Gleichungssystems

    $$(\mathbf{A} - \lambda_i \cdot \mathbf{E}) \cdot \mathbf{x}^i = 0$$

    zu gewährleisten.

- Die zugehörigen Eigenvektoren $\mathbf{x}^i$ ergeben sich als nichttriviale Lösungen des homogenen linearen Gleichungssystems

$$(\mathbf{A} - \lambda_i \cdot \mathbf{E}) \cdot \mathbf{x}^i = 0$$

- Die Berechnung von Eigenwerten und Eigenvektoren erfordert die Lösung von Polynomgleichungen bzw. linearen Gleichungssystemen, die man für umfangreiche Matrizen nur mittels Computer bewältigen kann, wofür EXCEL herangezogen werden kann, wie im Abschn.11.4. bzw. 11.5.5 beschrieben ist.

Beispiel 11.12:

Illustration der Berechnung von Eigenwerten und zugehörigen Eigenvektoren anhand folgender zweireihiger Matrix

$$\mathbf{A} = \begin{pmatrix} 1 & 1 \\ -2 & 4 \end{pmatrix}$$

- Die *Eigenwerte* von $\mathbf{A}$ berechnen sich aus der *charakteristischen Polynomgleichung*

$$\text{Det}(\mathbf{A} - \lambda \cdot \mathbf{E}) = \begin{vmatrix} 1-\lambda & 1 \\ -2 & 4-\lambda \end{vmatrix} = (1-\lambda) \cdot (4-\lambda) + 2 = \lambda^2 - 5 \cdot \lambda + 6 = 0$$

die reelle Lösungen 2 und 3 besitzt, die durch Anwendung der Lösungsformel für quadratische Gleichungen erhalten werden.

- Damit besitzt die Matrix $\mathbf{A}$ die beiden reellen Eigenwerte

$$\lambda_1 = 2 \,, \; \lambda_2 = 3 \,.$$

- Die zu den Eigenwerten gehörigen *Eigenvektoren* $\mathbf{x}^1$ und $\mathbf{x}^2$ ergeben sich durch Lösen der folgenden beiden homogenen linearen Gleichungssysteme:

$$(A - \lambda_1 \cdot E) \cdot x^1 = \begin{pmatrix} -1 & 1 \\ -2 & 2 \end{pmatrix} \cdot x^1 = 0 \qquad \text{bzw.} \qquad (A - \lambda_2 \cdot E) \cdot x^2 = \begin{pmatrix} -2 & 1 \\ -2 & 1 \end{pmatrix} \cdot x^2 = 0$$

deren nichttriviale (von Null verschiedene) Lösungen die Eigenvektoren

$$x^1 = \begin{pmatrix} 1 \\ 1 \end{pmatrix} \qquad \text{bzw.} \qquad x^2 = \begin{pmatrix} 1 \\ 2 \end{pmatrix}$$

liefern, wobei die Berechnung dem Leser überlassen wird.

- Bei der Berechnung der Eigenvektoren ist zu beachten, dass diese
  immer vom Nullvektor verschieden sein müssen (ansonsten liegt ein Rechenfehler vor).
  nur bis auf ihre Länge eindeutig bestimmt sind, so dass sie oft zu Einheitsvektoren normiert sind.

11.9.2 Lösungsberechnung mittels SOLVER von EXCEL

Die Berechnung von *Eigenwerten* erfordert die Berechnung von Lösungen für Polynomgleichungen, die mittels SOLVER versucht werden kann. Hierbei können allerdings die im Abschn.11.6 geschilderten Schwierigkeiten auftreten.

Falls Eigenwerte berechnet wurden, lassen sich mittels SOLVER zugehörige *Eigenvektoren* einfach bestimmen, da hierfür nur die Lösung linearer Gleichungssysteme erforderlich ist (siehe Abschn.11.5.5).

12 Funktionen

12.1 Funktionale Zusammenhänge

Funktionale Zusammenhänge spielen in der *Wirtschaft* ebenso wie in Technik und Naturwissenschaften eine fundamentale Rolle:

– In der Wirtschaft dienen funktionale Zusammenhänge zur Darstellung und Beschreibung von Vorgängen und Sachverhalten, in denen wirtschaftliche (ökonomische) Größen voneinander abhängen.

– Die *analytische* (formelmäßige) *Beschreibung* funktionaler Zusammenhänge lässt sich mittels *mathematischer Funktionen* realisieren.

12.2 Mathematische Funktionen

12.2.1 Einführung

Es wird keine exakte Definition mathematischer Funktionen gegeben, sondern nur folgende anschaulichere Beschreibung:

– Eine *mathematische Funktion* f beschreibt eine *eindeutige Abbildung* (Zuordnung) zwischen Elementen zweier Mengen A und B, d.h. jedem Element $x \in A$ (*Definitionsbereich* von f) wird durch f eindeutig ein Element $y \in B$ (*Wertebereich* von f) zugeordnet und man schreibt

$y = f(x)$

– Im Folgenden schließen wir uns der allgemeinen (nicht exakten) Sprechweise in Lehrbüchern an, indem wir den *Funktionswert* $f(x)$ als Funktion bezeichnen und nicht die Zuordnungsvorschrift f.

In der *Wirtschaftsmathematik* tritt meistens der Fall auf, dass Definitions- und Wertebereich mathematischer Funktionen aus reellen Zahlen bestehen, d.h. es liegen *reelle Funktionen reeller Variablen* vor, die sich folgendermaßen unterteilen:

• *Reelle Funktionen* $f(x)$ *einer reellen Variablen* x

  realisieren eindeutige Abbildungen aus dem Raum der reellen Zahlen R in R:

  – Jeder reellen Zahl x (*unabhängige Variable*) aus dem Definitionsbereich wird mittels

    $y = f(x)$

    eindeutig eine reelle Zahl y (*abhängige Variable*) zugeordnet.

  – Wenn die unabhängige Variable die Zeit t darstellt, wird meistens $y = y(t)$ geschrieben.

• *Reelle Funktionen* $f(x_1, x_2, ..., x_n)$ von *n reellen Variablen* $x_1, x_2, ..., x_n$

  realisieren eindeutige Abbildungen aus dem n-dimensionalen Raum R^n in den eindimensionalen Raum der reellen Zahlen R:

- Jedem n-Tupel reeller Zahlen $(x_1, x_2, ..., x_n)$ (*unabhängige Variablen*) aus dem Definitionsbereich wird mittels

  $z = f(x_1, x_2, ..., x_n)$

  eindeutig eine reelle Zahl z (*abhängige Variable*) zugeordnet.

- Indem das n-Tupel $(x_1, x_2, ..., x_n)$ als Vektor **x** aufgefasst wird, schreiben sich die Funktionen analog zu einer Variablen in der Form

  $z = f(\mathbf{x})$ mit $\mathbf{x} = (x_1, x_2, ..., x_n)$

- Bei zwei unabhängigen Variablen wird meistens die Schreibweise z=f(x,y) verwendet, d.h. die unabhängigen Variablen werden mit x und y bezeichnet.

- *Analytisch* gegebene *reelle Funktionen* f(**x**) sind dadurch charakterisiert, dass f(**x**) als Formel oder Potenzreihe (*analytischer Ausdruck*) vorliegt. Sie teilen sich in zwei *Klassen* auf:

  - *Elementare mathematische Funktion*en

    Hierzu gehören aus Potenz- und Exponentialfunktionen, trigonometrischen Funktionen und deren inversen Funktionen gebildete Funktionsausdrücke, die sich in Unterklassen *algebraische* oder *transzendente* Funktionen einteilen.

  - *Höhere mathematische Funktionen*

    Hierzu gehören durch Potenzreihen definierte Funktionen, wie z.B. Besselsche, hypergeometrische und Legendresche Funktionen.

  Wir beschränken uns auf elementare mathematische Funktionen, die in mathematischen Modellen der Wirtschaft überwiegen.

- Neben dem Idealfall, dass eine mathematische Funktion als analytischer Ausdruck (Formel oder Potenzreihe) vorliegt, gibt es einen weiteren für praktische Anwendungen wichtigen Fall:

  Es wird ein funktionaler Zusammenhang zwischen gewissen Größen vermutet, für den aber kein analytischer Ausdruck vorliegt, sondern nur eine Reihe von *Funktionswerten* (siehe Abschn.12.2.2 und Beisp.12.2).

- Eine umfassende *qualitative* und *quantitative Untersuchung* mathematischer *Funktionen* ist sehr komplex. Hierzu zählen u.a.

  - Untersuchung auf *Stetigkeit* bzw. *Unstetigkeit*, d.h. ob gewisse Unstetigkeitsstellen (z.B. Sprungstellen) vorliegen:

    Wir gehen nicht näher auf diese wichtige Stetigkeitsproblematik ein und verweisen auf die Literatur.

    Obwohl in Modellen der Wirtschaft meistens stetige Funktionen auftreten, da kontinuierliche Zusammenhänge überwiegen, gibt es auch Anwendungen mit unstetigen Funktionen (siehe Beisp.12.3).

  - Bestimmung von *Nullstellen*, d.h. Lösung von Gleichungen (siehe Kap.11).

12.2.2 Einsatz in der Wirtschaftsmathematik

In Modellen der Wirtschaft werden mathematische Funktionen auch als *ökonomische Funktionen* bezeichnet, bei denen unabhängige Variable $\mathbf{x} = (x_1, x_2, ..., x_n)$ meistens *Input* und abhängige Variable z *Output* heißen. Sie liefern eine analytische (formelmäßige) *Beschreibung* wirtschaftlicher (ökonomischer) *Zusammenhänge*.

Ökonomische Funktionen lassen sich folgendermaßen *charakterisieren:*

- Sie ergeben sich auf zwei Arten:

  I. Aus bekannten wirtschaftlichen (ökonomischen) *Gesetzmäßigkeiten:*

  Dies ist der Idealfall, in dem sich ökonomische Funktionen als analytische Ausdrücke darstellen (*analytische Darstellung*), d.h. sie sind als *Formeln* gegeben (siehe Beisp.12.1).

  Zu *ökonomischen Funktionen* gehören u.a.

  Nachfragefunktionen (Preis-Absatz-, Absatz-Preis-Funktionen), Angebotsfunktionen, Erlösfunktionen (Umsatzfunktionen), Produktionsfunktionen (Ertragsfunktionen), Kostenfunktionen, Gewinnfunktionen, Konsumfunktionen, Lagerkostenfunktionen, Nutzenfunktionen, Logistische Funktionen, Funktionen der Finanzmathematik.

  II. Aus durchgeführten *Beobachtungen (Zählungen, Messungen), Befragungen* oder *Experimenten:*

  Hier ergibt sich der funktionale Zusammenhang in Form einer *Wertetabelle*, d.h. es liegt eine *tabellarische Darstellung* vor.

  Wertetabellen treten häufig auf, da analytische Ausdrücke $f(\mathbf{x})$ für vermutete funktionale Zusammenhänge nicht immer bekannt sind, sondern nur eine Reihe von Funktionswerten:

  - Bei Funktionen $f(x)$ *einer Variablen* x bedeutet dies, dass nur Funktionswerte

    $$y_i = f(x_i) \qquad\qquad (i = 1, ..., n)$$

    in einer Reihe von x-Werten x_i zur Verfügung stehen, d.h. hier ist der funktionale Zusammenhang als Wertetabelle mit n Wertepaaren (Punkte in der Ebene)

    $$(x_1, y_1), (x_2, y_2), ..., (x_n, y_n)$$

    in der xy-Ebene (zweidimensionaler Raum) gegeben.

  - Bei Funktionen $f(x,y)$ *zweier Variablen* x und y bedeutet dies, dass Funktionswerte

    $$z_{ik} = f(x_i, y_k) \qquad\qquad (i=1,...,m, k=1,...,n)$$

    in einer Reihe von x-Werten $\qquad x_i \qquad\qquad (i=1,...,m)$

    und y-Werten $\qquad\qquad y_k \qquad\qquad (k=1,...,n)$

    zur Verfügung stehen, d.h. hier ist der funktionale Zusammenhang als Wertetabelle in Form von m·n Wertetripeln (Punkte im dreidimensionalen Raum)

$(x_1, y_1, z_{11}), (x_1, y_2, z_{12}), \ldots, (x_m, y_n, z_{mn})$

gegeben.

- Die Numerische Mathematik stellt verschiedene Methoden zur Verfügung, um durch Punkte gegebene Funktionen mittels *analytisch gegebener Funktionen* (z.B. Polynome) anzunähern. Hierzu zählen *Interpolation* und *Methode der kleinsten Quadrate*.

• In praktischen Modellen auftretende *ökonomische Funktionen* enthalten meistens unbekannte (frei wählbare) *Konstanten*, die auf folgende Arten zu bestimmen sind:

- Durch *Beobachtungen (Zählungen, Messungen), Befragungen* oder *Experimente* werden konkrete *Zahlenwerte* für unabhängige und abhängige Variablen ermittelt und es ergibt sich eine Wertetabelle für den funktionalen Zusammenhang.

- Durch *Anwendung* der *Differentialrechnung* lassen sich unbekannte Konstanten in analytisch gegebenen Funktionen derart bestimmt, dass gewisse ökonomische Eigenschaften (z.B. Monotonie) erfüllt sind. Wir illustrieren dies im Beisp.14.9.

• Bei ökonomischen Funktionen besitzen *homogene Funktionen* große Bedeutung:

- Homogene Funktionen $f(\mathbf{x}) = f(x_1, \ldots, x_n)$ besitzen die *Eigenschaft*

$$f(\lambda \cdot \mathbf{x}) = f(\lambda \cdot x_1, \ldots, \lambda \cdot x_n) = \lambda^r \cdot f(x_1, \ldots, x_n) = \lambda^r \cdot f(\mathbf{x}) \ ,$$

wobei $\lambda \geq 0$ eine beliebige reelle Zahl und $r > 0$ den *Grad* der *Homogenität* (Homogenitätsgrad) bezeichnen.

- Ein Beispiel für homogene Funktionen liefern *Cobb-Douglas-Funktionen* von n Variablen der Form (siehe Beisp.12.1d)

$$z = f(\mathbf{x}) = a_0 \cdot x_1^{a_1} \cdot x_2^{a_2} \cdot \ldots \cdot x_n^{a_n} \qquad\qquad (a_i > 0, \ a_1 + \ldots + a_n = r)$$

die *homogen* vom *Grade* r sind.

- *Ökonomisch* bedeutet die Homogenität für Input $\mathbf{x}$ und Output $z = f(\mathbf{x})$, dass für

$r = 1$ (*linear-homogen*)

der Output im gleichen Maße wie der Input wächst,

$0 < r < 1$ (*unterlinear-homogen*)

der Output im geringeren Maße als der Input wächst,

$r > 1$ (*überlinear-homogen*)

der Output im stärkeren Maße als der Input wächst.

Beispiel 12.1:

Die im Folgenden betrachteten *ökonomischen Funktionen* enthalten frei wählbare *Konstanten (Parameter)*, die mit a, b, c, d, ... bezeichnet sind und für die bei konkreten Anwendungen reelle Zahlen bestimmt werden müssen:

a) *Nachfragefunktionen*:

- Sie beschreiben Zusammenhänge zwischen Preis und Nachfrage (Absatz) bzw. Nachfrage (Absatz) und Preis einer Ware.

- Sie lassen sich in einer Reihe von Anwendungen durch Funktionen f(x) einer reellen Variablen x realisieren und teilen sich auf in:

  - *Preis-Nachfrage-Funktionen* (Preis-Absatz-Funktionen):
    Hier bezeichnet x (>0) den *Preis* einer Ware in Geldeinheiten GE und f(x) die abgesetzte Menge der Ware in einer Bezugsperiode in Mengeneinheiten ME, d.h. die abgesetzte Ware (Nachfrage) wird als Funktion des Preises betrachtet.
    Mögliche *Realisierungen* von *Preis-Nachfrage-Funktionen* (mit $P_N(x)$ bezeichnet) sind:

    $$P_N(x) = a - b \cdot x \qquad\qquad (a>0 , b>0)$$

    $$P_N(x) = c \cdot x^d \qquad\qquad (c>0 , d<0)$$

    $$P_N(x) = a \cdot b^{c \cdot x} \qquad\qquad (a>0 , b>0 , c<0)$$

  - *Nachfrage-Preis-Funktionen* (Absatz-Preis-Funktionen):
    Hier bezeichnet x die abgesetzte Menge der Ware und f(x) den Preis der Ware, d.h. der Preis wird als Funktion der abgesetzten Ware x betrachtet.

- Aus ökonomischen Gesichtspunkten werden *Nachfragefunktionen* als monoton fallend vorausgesetzt, da mit wachsendem Preis der Absatz bzw. mit wachsendem Absatz der Preis sinkt.

- Falls *Umkehrfunktionen* $P_N^{-1}(y)$ von Preis-Nachfrage-Funktionen existieren, so realisieren sie Nachfrage-Preis-Funktionen.

- Bei *Nachfragefunktionen* treten auch *Funktionen mehrerer Variablen* auf, wenn man einen Markt mit m Waren betrachtet, auf dem die Nachfrage nach einer Ware von den Preisen aller m Waren abhängt. So können z.B. bei zwei Waren lineare *Preis-Nachfrage-Funktionen* $P_N(x_1, x_2)$ folgende Gestalt haben

$$P_N^1(x_1, x_2) = a_1 - b_1 \cdot x_1 + c_1 \cdot x_2 \quad , \quad P_N^2(x_1, x_2) = a_2 + b_2 \cdot x_1 - c_2 \cdot x_2$$

wobei $P_N^1(x_1, x_2)$ und $P_N^2(x_1, x_2)$ die abgesetzten Mengen der ersten bzw. zweiten Ware und x_1 bzw. x_2 die Preise der Waren darstellen.

b) *Angebotsfunktionen*:

- Hier steht die unabhängige Variable x (>0) für den *Preis* in GE einer Ware und f(x) für die angebotene Menge in ME der Ware, d.h. die angebotene Ware wird als Funktion des Preises betrachtet.

- Sie werden als monoton wachsend vorausgesetzt, da i.Allg. die Angebotsmenge erhöht wird, wenn der Preis steigt.

- In Anwendungen betrachtet man meistens ihre Umkehrfunktionen, d.h. den Preis als Funktion der angebotenen Menge. Sie werden ebenfalls als Angebotsfunktionen bezeichnet.

- Mögliche *Realisierungen* für Angebotsfunktionen (mit $P_A(x)$ bezeichnet) sind:

  - $P_A(x) = a + b \cdot x$ (a>0 , b>0)

  - $P_A(x) = a \cdot x^2 + b \cdot x + c$ (a>0 , b>0 , c>0)

  - $P_A(x) = a \cdot \sqrt{b \cdot x + c}$ (a>0 , b>0 , c>0)

c) *Erlösfunktionen* (*Umsatzfunktionen*):

- Sie haben die Gestalt $E(x)=p \cdot x$, da sich der Erlös/Umsatz (in GE) berechnet, indem man Preis p in GE/ME mit abgesetzter Menge x (in ME) eines hergestellten Produkts multipliziert.

- Für Erlösfunktionen $E(x)$ gibt es zwei Möglichkeiten:

  - Ist die Menge x als Funktion des Preises p gegeben, d.h. $x=x(p)$, so ist der *Erlös*

    $E(p)=p \cdot x(p)$

    eine *Funktion* des *Preises*.

  - Ist der *Preis* p als Funktion der Menge x gegeben, d.h. $p=p(x)$, so ist der *Erlös*

    $E(x)=p(x) \cdot x$

    eine *Funktion* der *Menge*.

d) *Mikroökonomische Produktionsfunktionen*:

- Sie beschreiben den Zusammenhang zwischen bei der Produktion einer Ware W in einem Unternehmen benötigten Produktionsfaktoren (*Input*) $\mathbf{x}$ und der damit hergestellten Menge (*Output*) $z=f(\mathbf{x})$ der Ware.

- Wichtige Produktionsfaktoren sind u.a. Rohstoffe, Arbeit und Energie, so dass Produktionsfunktionen häufig Funktionen mehrerer Variablen sind.

- Betrachten wir zuerst Produktionsfunktionen $f(x)$ einer Variablen x. Mögliche *Realisierungen* hierfür sind (a>0 , b>0, c>0):

  - $f(x) = -x^3 + a \cdot x^2 + b \cdot x$ (*ertragsgesetzliche Produktionsfunktion*)

  - $f(x) = c \cdot x^a$ (*Cobb-Douglas-Produktionsfunktion*)

  - $f(x) = (a + x^{-b})^{-2}$ (*CES-Produktionsfunktion*)

  CES steht für *constant elasticity of substitution*, d.h. konstante Substitutionselastizität.

- Meistens stellt sich der *Output* z einer Produktion als Funktion $f(\mathbf{x})$ *mehrerer Inputs* (Einflussfaktoren/Produktionsfaktoren) $\mathbf{x}=(x_1, x_2,...,x_n)$ dar, so dass $z=f(\mathbf{x})$ eine Funktion *mehrerer Variablen* ist. Hier können ebenfalls *Cobb-Douglas-Produktionsfunktionen* auftreten, die bei n unabhängigen Variablen folgende Form haben:

$$f(\mathbf{x}) = f(x_1, x_2,...,x_n) = a_0 \cdot x_1^{a_1} \cdot x_2^{a_2} \cdot .... \cdot x_n^{a_n} \qquad (a_i > 0)$$

- Neben mikroökonomischen Produktionsfunktionen spielen *makroökonomische Produktionsfunktionen* eine Rolle. Derartige Funktionen beschreiben den Zusammenhang zwischen der *Gesamtproduktion* Z einer Volkswirtschaft und den Produktionsfaktoren *Kapital* K, *Arbeit* L und *technischem Fortschritt* T, d.h.

  Z =f(K,L,T).

e) *Kostenfunktionen:*

- Sie stellen die Gesamtkosten K(x) (in GE) eines Unternehmens als *Funktion* der abgesetzten Menge x dar (z.B. Produktionsmenge/Bestellmenge in ME eines Produkts).

- Sie werden meistens in *variable* und *fixe Kosten* der Produktion aufgeteilt, d.h. es gilt

  $K(x) = K_v(x) + K_f(x)$

- Mögliche *Realisierungen* für *Kostenfunktionen* sind (d >0 : *fixe Kosten*):

  - $K(x)=a \cdot x^3 +b \cdot x^2 +c \cdot x+d$ (*ertragsgesetzliche Kostenfunktionen*)

  - $K(x)= a \cdot x^2 +d$ (*neoklassische Kostenfunktionen*)

  - $K(x)= a \cdot x+d$ (*lineare Kostenfunktionen*)

- Werden die Kosten K(x) durch x (>0) dividiert, d.h.

  $$k(x)=\frac{K(x)}{x}$$

  so stellt k(x) die *Gesamtkosten* pro *Einheit* dar (durchschnittliche Gesamtkosten/ Durchschnittskosten des hergestellten Produkts).

- Bisher wurde angenommen, dass ein Unternehmen nur ein Produkt herstellt. Bei der Herstellung von n Produkten ergeben sich *Kostenfunktionen* K(**x**) als Funktionen von *n Variablen* , so z.B. *lineare Kostenfunktionen* in der Form

  $K(\mathbf{x}) = K(x_1,...,x_n) = p_1 \cdot x_1 +...+p_n \cdot x_n +d$

f) *Gewinne* G(x) eines Unternehmens werden als *Differenz* aus *Erlös* E(x)=p·x (siehe Beisp.c) und *Kosten* K(x) (siehe Beisp.e) berechnet, die als Funktionen der abgesetzten Menge x eines hergestellten Produkts in Mengeneinheiten ME betrachtet werden:

- *Gewinnfunktionen* ergeben sich damit in der Form G(x)=E(x) - K(x)= p·x - K(x), wobei für den *Preis* p zwei Fälle auftreten können:

  - Der Preis p hängt nicht von der abgesetzten Menge x ab, d.h. er ist *konstant*.

  - Der Preis p hängt von der abgesetzten Menge x ab, d.h. p(x) ist eine Funktion von x.

- Wenn Kosten K(x) linear von x abhängen und Preise p konstant sind, so liegen lineare Gewinnfunktionen vor.

g) *Konsumfunktionen* liefern einen Zusammenhang zwischen Sozialprodukt x (>0) und Gesamtausgaben f(x) (>0) und werden meistens als lineare Funktion dargestellt, d.h.

$$f(x) = a + b \cdot x \qquad\qquad (a>0,\, b>0)$$

h) *Lagerkostenfunktionen* haben die Form

$$f(x) = a \cdot x + \frac{b}{x} + c \qquad\qquad (a>0,\, b>0,\, c>0)$$

wobei f(x) (>0) die *Lagerkosten* einer Firma für ein Produkt bei einem Lagerbestand von x (>0) Stück darstellt.

Bei *mehreren Produkten* ergibt sich eine Lagerkostenfunktion mit mehreren Variablen, so z.B. für zwei Produkte x_1, x_2 folgende Lagerkostenfunktion zweier Variablen

$$f(x_1, x_2) = a \cdot x_1 + b \cdot x_2 + \frac{c}{x_1} + \frac{d}{x_2} + e \qquad\qquad (a>0,\, b>0,\, c>0,\, d>0,\, e>0)$$

i) *Nutzenfunktionen* $N(x_1, x_2, ..., x_n)$ liefern einen Zusammenhang zwischen *Nutzen* und Verbrauch der *Mengen* $x_1, x_2, ..., x_n$ von *Gütern* (Waren) $G_1, G_2, ..., G_n$:

- Eine mögliche *Realisierung* für *Nutzenfunktionen* von zwei Variablen hat die Form

$$N(x_1, x_2) = a \cdot x_1^b \cdot x_2^c \qquad\qquad (\textit{Cobb-Douglas-Nutzenfunktion})$$

- Die Niveaulinien (Höhenlinien) $N(x_1, x_2) =$ konstant werden als *Indifferenzkurven* bezeichnet.

j) *Logistische Funktionen* ergeben sich als Lösung von Differentialgleichungen (*logistische Gleichungen*) in folgender Form (siehe Abschn.17.2 und Beisp.17.3c und 17.4c)

$$y(t) = \frac{S}{1 + c \cdot e^{-a \cdot S \cdot t}} \qquad\qquad (S>0 \text{ - Sättigungsgrad}, \, a>0)$$

und dienen als *Prognosefunktionen* für langfristige Prognosen bei zeitabhängigen *Wachstumsprozessen* (z.B. Entwicklung des Autobestandes oder der Steuereinnahmen) y(t) zum Zeitpunkt t, die eine Sättigung S besitzen.

Beispiel 12.2:

Wenn der Zusammenhang zwischen Umsatz z_{ik} eines Betriebes , Anzahl x_i der verkauften Mengeneinheiten ME und Preise y_k in Geldeinheiten GE betrachtet wird, kann eine *tabellarische Darstellung (Wertetabelle)* für einen *funktionalen Zusammenhang* z=f(x,y) z.B. folgende Gestalt haben:

x = \ y =	10	12	14	15	16
1	10	12	14	15	16
2	20	24	28	30	32
3	30	36	42	45	48
4	40	48	56	60	64
5	50	60	70	75	80
6	60	72	84	90	94

So ist aus dieser Tabelle z.B. abzulesen, dass bei x=3 zum Preis von y=14 GE verkauften ME der Umsatz 42 GE beträgt.

12.3   Integrierte (vordefinierte) Funktionen in EXCEL

In EXCEL sind über 300 *Funktionen* integriert (vordefiniert):

* Diese Funktionen werden als *EXCEL-Funktionen* bezeichnet.

* Sie erledigen einen großen Teil der Arbeit mit EXCEL. Im Rahmen des Buches werden wir eine Reihe dieser Funktionen kennenlernen, wobei mathematische Funktionen überwiegen.

* Die *Schreibweise* von *EXCEL-Funktionen* hat die Form **Name_der_Funktion(.....)**, wobei erforderliche Argumente (Parameter) in die Klammern einzutragen und durch Semikolon zu trennen sind.

* Eine wichtige Hilfe bei der Arbeit mit EXCEL-Funktionen bietet der *Funktionsassistent* mit dem *Dialogfenster* **Funktion einfügen**, das beim Aufruf mittels *Registerkarte* **Formeln** erscheint (siehe Abschn.7.1.3) und folgendermaßen charakterisiert ist:

    − Hier lassen sich alle EXCEL-Funktionen in gewissen Gruppen/Kategorien anzeigen.

    − Wenn man *Alle* bei *Kategorie auswählen* eingibt, werden sämtliche EXCEL-Funktionen in alphabetischer Reihenfolge angezeigt.

    − Alle EXCEL-Funktionen sind in erforderlicher Schreibweise und mit kurzer Erklärung aufgeführt und lassen sich durch Anklicken von **OK** in eine aktive Zelle der Tabelle einfügen, wobei erforderliche Argumente der Funktion im erscheinenden Dialogfenster **Funktionsargumente** einzutragen sind.

* Man kann EXCEL-Funktionen auch *ohne Dialogfenster* **Funktion einfügen** einsetzen, indem sie im Rahmen einer Formel mit Funktionsnamen und erforderlichen Argumenten in eine aktive Zelle eingegeben werden.

12.3.1   Allgemeine Funktionen

Neben mathematischen Funktionen (siehe Abschn.12.3.2) sind in EXCEL zahlreiche weitere Funktionen integriert (vordefiniert). Hierzu gehören Funktionen zu

− Datenbanken

− Text

− Datum und Zeit

− Information

Man bezeichnet derartige Funktionen in EXCEL als *allgemeine Funktionen*, d.h. ebenfalls als Funktionen, da sie ähnliche Eigenschaften wie mathematische Funktionen besitzen: *Sie ordnen gewissen Eingabegrößen eindeutig Ausgabegrößen zu.*

12.3.2 Mathematische Funktionen

Die in EXCEL integrierten (vordefinierten) mathematischen Funktionen sind in verschiedene Klassen/Kategorien aufgeteilt, die im Abschn.9.2.1 vorgestellt und in den entsprechenden Kapiteln des Buches erklärt und eingesetzt werden.

12.3.3 Definition von Funktionen

Die in EXCEL integrierten Funktionen reichen für die Anwendung nicht immer aus, so dass die *Definition* eigener *Funktionen* erforderlich ist:

- Die Programmierung zusätzlicher Funktionen geschieht unter Verwendung der in EXCEL integrierten Programmiersprache VBA.

- Die EXCEL-VBA-Programmierung wird ausführlicher in den Kap.4-6 betrachtet, wobei die Programmierung (Definition) von Funktionen im Abschn.6.4 zu finden ist.

- In den Beisp.5.1, 5.5, 5.6, 6.3 und 12.3 sind Illustrationen zur Definition von Funktionen mittels VBA-Programmierung zu finden, die als Vorbild zur Definition eigener Funktionen dienen können.

- Wird eine Funktion nur einmal innerhalb einer Arbeitssitzung von EXCEL benötigt, so braucht man diese Funktion nicht zu programmieren (definieren), sondern kann ihren Ausdruck wie üblich im Rahmen einer Formel in eine Zelle der aktiven Tabelle eingeben.

Beispiel 12.3:

Betrachtung ökonomischer Funktionen, die sich aus verschiedenen Funktionen zusammensetzen und mittels EXCEL-VBA definiert werden können (siehe auch Beisp.5.5b).

a) *Kostenfunktionen* (siehe Beisp.12.1e) können für verschiedene x-Intervalle durch unterschiedliche Funktionstypen oder durch verschiedene Funktionen vom gleichen Typ gebildet werden, so dass *Unstetigkeiten* in Form von *Sprungstellen* möglich sind, wie im Folgenden zu sehen ist:

- Eine *Kombination* unterschiedlicher Typen von *Kostenfunktionen* tritt auf, wenn für unterschiedliche Bereiche des Inputs x verschiedene Kostenfunktionen zuständig sind, z.B. durch Kauf zusätzlicher Maschinen oder durch überhöhten Verschleiß der Maschinen:

  - So kann z.B. folgende *unstetige Kostenfunktion* auftreten:

$$K(x) = \begin{cases} 0,5 \cdot x + 2 & \text{für} \quad 0 \le x \le 3 \\ 0,1 \cdot x^2 + 0,4 \cdot x + 4 & \text{für} \quad 3 < x \le 9 \end{cases}$$

    die bei x = 3 eine Sprungstelle besitzt.

    Ein *Funktionsprogramm* für K(x) kann in EXCEL-VBA folgende Gestalt haben:

Function K(x)

If 0<=x AND x<=3 **Then**

K=0.5*x+2

ElseIf 3<x AND x<=9 **Then**

K=0.1*x^2+0.4*x+4

End If

If x<0 OR x>9 **Then**

K="nicht definiert"

End If

End Function

– Wenn bei gleichem Funktionstyp in verschiedenen x-Intervallen unterschiedliche Fixkosten entstehen, kann beispielsweise folgende *unstetige Kostenfunktion* auftreten:

$$K(x)=\begin{cases} 0,5\cdot x+2 & \text{für} \quad 0 \leq x \leq 3 \\ 0,5\cdot x+4 & \text{für} \quad 3<x \leq 6 \\ 0,5\cdot x+7 & \text{für} \quad 6<x \leq 9 \end{cases},$$

die bei x=3 und x=6 Sprungstellen besitzt.

Ein Funktionsprogramm in EXCEL-VBA lässt sich analog zu Beisp.b erstellen.

– *Unstetige Kostenfunktionen* können auch auftreten, wenn die Kosten von der hergestellten Menge eines Produkts abhängen. Wenn z.B. bis 100 Stück 20 GE, bis 500 Stück 17 GE und ab 500 Stück 13 GE Kosten pro Stück entstehen, hat die unstetige *Kostenfunktion* bei Fixkosten von 5 GE die *Form*

$$K(x)=\begin{cases} 20\cdot x+5 & \text{für} \quad 0 \leq x < 100 \\ 17\cdot x+5 & \text{für} \quad 100 \leq x < 500 \\ 13\cdot x+5 & \text{für} \quad 500 \leq x \end{cases},$$

d.h. sie besitzt *Sprungstellen* bei x=100 und x=500.

Ein Funktionsprogramm in EXCEL-VBA lässt sich analog zu Beisp.b erstellen.

b) Der *Lagerbestand* L(t) eines Teiles als Funktion der Zeit t (Tage) betrachtet, ergibt eine *Treppenfunktion* (*Stufenfunktion*), wenn man die Zeit für Entnahme und Auffüllen der Teile vernachlässigt.

Im folgenden Zahlenbeispiel werden am 5., 6. und 12. Tag 5, 6 bzw. 3 Teile entnommen und am 9. Tag 21 Teile aufgefüllt, so dass die Funktion in diesen Zeitpunkten *Unstetigkeiten* in Form von Sprüngen besitzt und dazwischen konstant ist:

$$
L(t) = \begin{cases}
20 & \text{für} & 1 \le t < 5 \\[2ex]
15 & \text{für} & 5 \le t < 6 \\[2ex]
9 & \text{für} & 6 \le t < 9 \\[2ex]
30 & \text{für} & 9 \le t < 12 \\[2ex]
27 & \text{für} & 12 \le t < 18
\end{cases}
$$

Ein *Funktionsprogramm* in EXCEL-VBA kann folgende Gestalt haben:

Function L(t)

If 1<=t AND t< 5 **Then**

L=20

End If

If 5<=t AND t< 6 **Then**

L=15

End If

If 6<=t AND t<9 **Then**

L=9

End If

If 9<=t AND t<12 **Then**
L=30

End If

If 12<=t AND t<18 **Then**

L=27

End If

If t<1 OR t>=18 **Then**

L="nicht definiert"

End If

End Function

13 Grafische Darstellungen mit EXCEL

EXCEL besitzt umfangreiche Möglichkeiten zur grafischen Darstellung von Daten, die in Form von Zahlen in einer Tabelle vorliegen:

- Zur grafischen Darstellung mathematischer Funktionen genügt es in EXCEL, wenn sie durch eine gewisse Anzahl von Punkten (siehe Abschn.12.2.2 und Beisp.12.2) gegeben sind.

- EXCEL bezeichnet grafische Darstellungen als *Diagramme*, die mit Hilfe der Gruppe *Diagramme* der Registerkarte **Einfügen** zu erstellen sind, deren konkrete Anwendung im Folgenden vorgestellt wird.

13.1 Diagramme mit EXCEL erstellen

Grafische Darstellungen werden mittels der Registerkarte **Einfügen** realisiert, in der die Gruppe *Diagramme* bei EXCEL 2010 Symbole für folgende grafische Möglichkeiten enthält:

Säule   Linie   Kreis   Balken   Fläche   Punkt   Weitere

Im Unterschied zu den Versionen bis EXCEL 2003 ersetzt diese Gruppe *Diagramme* den *Diagramm-Assistenten*. In dieser Gruppe lassen sich Diagrammtyp und -form festlegen. Zur grafischen Darstellung mathematischer Funktionen werden die folgenden Symbole *Punkt* und *Fläche* benötigt:

Punkt   für Funktionen y=f(x) einer Variablen x

Fläche   für Funktionen z=f(x,y) zweier Variablen x,y

Im Rahmen des Buches kann nicht auf die Vielzahl möglicher Diagramme im Rahmen von EXCEL eingegangen werden. Hierfür wird auf die Literatur verwiesen (siehe [41-55]).
Wir befassen uns nur mit der für mathematische Untersuchungen wichtigen Problematik grafischer Darstellungen reeller mathematischer Funktionen mit einer oder zwei Variablen (siehe Abschn.13.2) und statistischer Grafiken (siehe Beisp.24.5b und c).

13.2 Grafische Darstellung von Kurven und Flächen mit EXCEL

Im Folgenden wird die *grafische Darstellung mathematischer Funktionen* mit einer Variablen (*Kurven*) und zwei Variablen (*Flächen*) in EXCEL betrachtet, wofür die erforderliche Vorgehensweise in den Abschn.13.2.1 bzw. 13.2.2 beschrieben ist.

EXCEL kann *mathematische Funktionen* mit einer und zwei Variablen grafisch darstellen, wenn diese in einer der folgenden *zwei Formen vorliegen:*

– Form I:

Als Wertepaare bzw. Wertetripel (d.h. Punkte in der Ebene bzw. im Raum).

Dies ist der einfachste Fall, da EXCEL nur so gegebene Funktionen unmittelbar grafisch darstellen kann.

– Form II:

Als Funktionsausdrücke der Form y=f(x) bzw. z=f(x,y).

Hier müssen vor der grafischen Darstellung in EXCEL mittels der Funktionsausdrücke Wertepaare bzw. Wertetripel (d.h. Punkte in der Ebene bzw. im Raum) erzeugt werden, so dass Form I vorliegt. Illustriert wird dies in den Beisp.13.1 und 13.2.

Es wird darauf hingewiesen, dass grafische Darstellungen mathematischer Funktion von EXCEL analog wie von Computeralgebra- und Grafikprogrammsystemen gezeichnet werden, indem eingegebene bzw. berechnete Kurven- oder Flächenpunkte durch Geraden- oder Kurvenstücke verbunden werden.

Deshalb wird die von EXCEL zu zeichnende Kurve bzw. Fläche genauer, wenn hinreichend viele Punkte der zugehörigen Funktionen zur Verfügung stehen bzw. erzeugt werden.

13.2.1 Kurven

Die *grafische Darstellung* mathematischer Funktionen y=f(x) einer Variablen x wird als *Graph* oder *Funktionskurve* bezeichnet und ist eine Kurve in der xy-Ebene, die EXCEL folgendermaßen liefern kann:

• Wenn die *Funktion* durch n *Wertepaare* (Punkte)

$$(x_1, y_1), (x_2, y_2), ..., (x_n, y_n) \qquad \text{mit } y_i = f(x_i) \quad i = 1, 2, ... n$$

gegeben ist, verwendet EXCEL die Eigenschaft, dass sie sich in der xy-Ebene durch Geradenstücke verbinden lassen. Hier wird ein *Polygonzug* erzeugt, der für hinreichend viele Wertepaare (d.h. großes n) eine ausreichende Näherung für die Funktionskurve von f(x) liefert.

Zur grafischen Darstellung sind folgende konkrete Schritte in EXCEL erforderlich (siehe Beisp.13.1a):

I. In eine freie Spalte der aktiven Tabelle werden die vorliegenden x-Werte $x_1, x_2, ..., x_n$ eingetragen.

II. In die danebenliegende freie Spalte werden die vorliegenden zugehörigen Funktionswerte $y_1, y_2, ..., y_n$ eingetragen.

III. Anschließend werden die beiden ausgefüllten Spalten markiert und die Registerkarte **Einfügen** gestartet.

IV. In der erscheinenden Gruppe *Diagramme* wird als Diagrammtyp *Punkt* gewählt und im erscheinenden Dialogfenster **Punkt (XY)** kann zwischen mehreren Darstellungen gewählt werden. Ist nur die Kurve darzustellen, so ist *Punkte mit interpolierten Linien* zu wählen.

- Für als *Formel* gegebene *Funktionen* f(x) lassen sich die von EXCEL zur Kurvendarstellung in einem x-Intervall [a,b] benötigten Punktepaare (x,f(x)) einfach erhalten (siehe auch Beisp.13.1b), wenn gleichabständige x-Werte verwendet werden und folgendermaßen vorgegangen wird:

  - Man schreibt in die erste Zelle einer freien Spalte der aktuellen Tabelle den ersten x-Wert (Anfangswert a des Intervalls) und darunter den zweiten und legt damit die Schrittweite für x fest.

  - Danach werden beide x-Werte markiert und am *Ausfüllkästchen* (an der rechten unteren Ecke) nach unten gezogen, bis der Endwert b des Intervalls erreicht ist.

  - Anschließend wird für die Spalte der so konstruierten gleichabständigen x-Werte der Name x definiert, wie im Abschn.7.1.2 beschrieben ist.

  - Abschließend wird in die neben den x-Werten liegende Spalte in die erste Zelle der zu zeichnenden Funktionsausdruck f(x) als Formel eingetragen. Diese Zelle wird markiert und am Ausfüllkästchen des Zellzeigers nach unten gezogen, so dass EXCEL für alle vorgegebenen x-Werte die zugehörigen Funktionswerte berechnet. Damit sind die zur grafischen Darstellung benötigten Wertepaare für die Funktion f(x) erzeugt, so dass sich die obigen Schritte III und IV durchführen lassen.

Beispiel 13.1:

a) Eine *Preis-Nachfrage-Funktion* (siehe Beisp.12.1a) sei durch die fünf Punkte

$(2, 95)$, $(3, 96)$, $(4, 92)$, $(5, 89)$, $(8, 83)$

gegeben:

- In EXCEL gibt es mehrere Möglichkeiten zur grafischen Darstellung von Funktionen, die nur durch Punkte gegeben sind. Diese können in der Gruppe *Diagramme* der Registerkarte **Einfügen** bei *Punkt* ausgewählt werden:

  - Es können nur die gegebenen Punkte der Funktion grafisch dargestellt werden.

  - Die gegebenen Punkte können durch Geraden- oder Kurvenstücke miteinander verbunden werden:
    Bei Verbindung durch Geradenstücke wird linear zwischen den gegebenen Punkten interpoliert und es ergibt sich als *Interpolationskurve* ein *Polygonzug*.

- Zur grafischen Darstellung ergeben sich aus der beschriebenen Vorgehensweise folgende konkrete Schritte:

I. In eine freie Spalte (z.B. Z1S1:Z5S1) der aktiven Tabelle werden die gegebenen x-Werte eingetragen, d.h

2, 3, 4, 5, 8.

II. In die danebenliegende freie Spalte Z1S2:Z5S2 werden die zugehörigen Funktionswerte f(x) eingetragen, d.h.

95, 96, 92 , 89, 83.

III. Anschließend werden die beiden ausgefüllten Spalten markiert und die Registerkarte **Einfügen** gestartet. Hier wird in der Gruppe *Diagramme* als Diagrammtyp *Punkt* gewählt.

IV. Abschließend wählt man *Punkte mit interpolierten Linien und Datenpunkten* im erscheinenden Dialogfenster **Punkt (XY)**, wenn die gegebenen Punkte und die Kurve grafisch dargestellt werden sollen. Das Ergebnis ist in folgender Abbildung zu sehen:

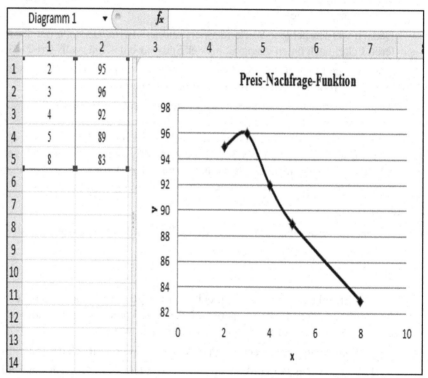

b) Im Folgenden ist die grafische Darstellung (*Funktionskurve*) der speziellen *Preis-Nachfrage-Funktion* (siehe Beisp.12.1a)

$$f(x) = 2 \cdot x^{-\frac{1}{3}} \qquad \text{für } x \in [0,25,3]$$

zu sehen:

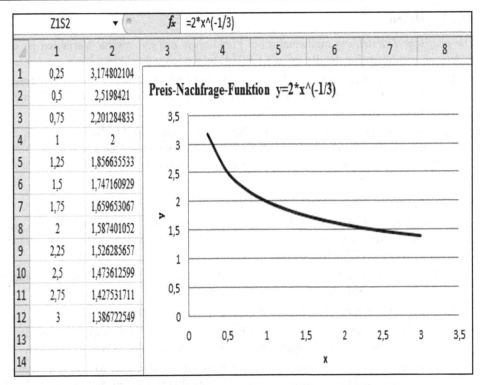

EXCEL zeichnet diese Funktionskurve durch Anwendung der oben gegebenen Vorgehensweise für als Formel gegebene Funktionen unter Verwendung gleichabständiger x-Werte:

- Die x-Werte werden erzeugt, indem man in die beiden ersten Zellen Z1S1 und Z2S1 die x-Werte 0,25 bzw. 0,5 einträgt und markiert und dann am Ausfüllkästchen bis zu 3 (Zelle Z12S1) nach unten zieht. Damit ist für das Intervall [0,25;3] die Schrittweite 0,25 gewählt.

- Danach wird die Spalte der so erzeugten x-Werte markiert. Hierfür wird der Namen x mittels der Registerkarte **Formeln** in der Gruppe *Definierte Namen* definiert.

- Anschließend ist in Zelle Z1S2 der Funktionsausdruck als Formel

  =2*x^(-1/3)

  einzutragen und am Ausfüllkästchen nach unten bis zur Zelle Z12S2 zu ziehen, so dass die zu den eingetragenen x-Werten gehörenden Funktionswerte berechnet werden.

- Abschließend werden die beiden ausgefüllten Spalten markiert und die Registerkarte **Einfügen** gestartet und in der Gruppe *Diagramme* der Diagrammtyp *Punkt* angeklickt und im erscheinenden Dialogfenster **Punkt (XY)** als Typ *Punkte mit interpolierten Linien* gewählt, wenn nur die Kurve grafisch darzustellen ist. Das Ergebnis ist in obiger Abbildung zu sehen.

13.2.2 Flächen

Die *grafische Darstellung* mathematischer Funktionen z=f(x,y) zweier Variablen ist eine *Fläche* im dreidimensionalen Raum, die EXCEL folgendermaßen liefern kann:

- Die grafische Darstellung von *Flächen* geschieht in EXCEL, indem eine *Matrix* erzeugt wird, die als Elemente die Funktionswerte der über einem *Rechteck* der xy-Ebene zu zeichnenden Funktion z=f(x,y) enthält.

- Zur grafischen Darstellung derartiger Flächen verwendet EXCEL die Eigenschaft, dass sich berechnete Flächenpunkte durch Geradenstücke verbinden lassen, d.h. für hinreichend viele Flächenpunkte wird eine ausreichende Näherung für die Fläche der Funktion z=f(x,y) geliefert.

- EXCEL kann *Flächen* mittels folgender *vier Schritte* grafisch *darstellen*:

  I. Gleichabständige x- und y-Werte des Rechteckbereichs werden senkrecht bzw. waagerecht unter Verwendung des Ausfüllkästchen in die aktuelle Tabelle eingetragen, wie im Beisp.13.2 illustriert ist.

  II. Danach werden für x- und y-Bereich die Namen x bzw. y definiert, wie im Abschn. 7.1.2 beschrieben ist.

  III. Anschließend wird eine *Matrix* für die Funktionswerte erzeugt:

  - Die einzelnen Elemente dieser Matrix werden von den Funktionswerten der zu zeichnenden Funktion f(x,y) in den vorgegebenen x- und y-Werten gebildet.

  - Dies wird erreicht, indem man in die erste freie Zelle dieser Matrix den zu zeichnenden Funktionsausdruck f(x,y) als Formel einträgt und diesen durch Ziehen des Ausfüllkästchens des Zellzeigers auf die gesamte erste Spalte und dann auf alle weiteren Spalten überträgt, so dass für alle vorgegebenen x- und y-Werte die zugehörigen Funktionswerte berechnet werden.

  IV. Abschließend markiert man die erzeugte Matrix, startet die Gruppe *Diagramme* in der Registerkarte **Einfügen** und wählt den Diagrammtyp *Fläche*. Hier kann man eine Darstellungsform auswählen.

Falls eine grafisch darzustellende Funktion f(x,y) nicht als analytischer Ausdruck (Formel) sondern in Form von Punkten vorliegt, ist bereits die erforderliche Matrix gegeben und Schritt IV kann unmittelbar nach Schritt II ausgeführt werden.

♦

Beispiel 13.2:
Grafische Darstellung der speziellen *Cobb-Douglas-Funktion* (siehe Beisp.12.1i)

$$f(x,y) = x^{\frac{1}{3}} \cdot y^{\frac{2}{3}}$$

über dem Quadrat [0,2]×[0,2] der xy-Ebene unter Anwendung der Gruppe *Diagramme* in der Registerkarte **Einfügen** von EXCEL, indem folgende Schritte durchgeführt werden:

- Die Spalte mit den x-Werten (Z2S1:Z10S1) bzw. Zeile mit den y-Werten (Z1S2:Z1S10) wird analog wie im Beisp.13.1 erzeugt und für sie wird der Name x bzw. y definiert. Wir wählen für x und y als konkrete Schrittweite 0,25.

- Anschließend trägt man in die Zelle Z2S2 den Funktionsausdruck als Formel

  =x^(1/3)*y^(2/3)

  ein und zieht am Ausfüllkästchen nach unten und dann nach rechts bis zur Zelle Z10S10, so dass man die zu den eingetragenen x- und y-Werten gehörenden Funktionswerte erhält.

- Abschließend markiert man die erzeugte Matrix und wählt in der Gruppe *Diagramme* der Registerkarte **Einfügen** den Diagrammtyp *Fläche*. Hier lässt sich eine Darstellungsform auswählen (z.B. *3D-Fläche*).

Im folgenden Tabellenausschnitt ist die erzeugte Grafik (Fläche) der betrachteten Cobb-Douglas-Funktion zu sehen:

Z3S2	▼	:	✕	✓	fx	=x^(1/3)*y^(2/3)			
	1	2	3	4	5	6	7	8	9	10
1		0	0,25	0,5	0,75	1	1,25	1,5	1,75	2
2	0	0	0	0	0	0	0	0	0	0
3	0,25	0	0,25	0,39685026	0,52002096	0,62996052	0,73100443	0,82548181	0,91482643	1
4	0,5	0	0,31498026	0,5	0,65518535	0,79370053	0,92100787	1,04004191	1,15260907	1,25992105
5	0,75	0	0,36056239	0,57235712	0,75	0,9085603	1,05429083	1,19055079	1,31940802	1,44224957
6	1	0	0,39685026	0,62996052	0,82548181	1	1,16039721	1,3103707	1,45219643	1,58740105
7	1,25	0	0,42749399	0,6786044	0,88922333	1,07721735	1,25	1,41155404	1,56433119	1,70997595
8	1,5	0	0,45428015	0,72112479	0,94494079	1,14471424	1,32832321	1,5	1,66234994	1,81712059
9	1,75	0	0,4782328	0,75914724	0,9947643	1,20507113	1,39836118	1,5790899	1,75	1,91293118
10	2	0	0,5	0,79370053	1,04004191	1,25992105	1,46200887	1,65096362	1,82965286	2
11										
12					Cobb-Douglas-Funktion z=x^(1/3)*y^(2/3)					
13										

Cobb-Douglas-Funktion z=x^(1/3)*y^(2/3)

14 Differentialrechnung

14.1 Einführung

Die *Differentialrechnung* bildet neben Integralrechnung (Kap.15), Matrizen (Kap.10) und Gleichungen (Kap.11) eine der Grundsäulen für mathematische Modelle der Wirtschaft.
In diesem Kapitel wird eine Einführung gegeben, um anfallende Probleme der *Differentialrechnung* berechnen zu können:

- Die Basis bildet die Berechnung von *Ableitungen* (Differentialquotienten), die Abschn. 14.2 behandelt.
- Einen ersten Einblick in die Vielzahl von Anwendungen in mathematischen Modellen der Wirtschaft geben die Abschn.14.1.1 und 14.3.
- Zur Berechnung sind in EXCEL keine Funktionen integriert (vordefiniert). Es lassen sich aber VBA-Programme erstellen, wie im Abschn.14.2.5 zu sehen ist.

14.1.1 Einsatz in der Wirtschaftsmathematik

Die in der Differentialrechnung untersuchten *momentanen Änderungen* sind nicht nur in Technik- und Natur- sondern auch in den Wirtschaftswissenschaften von zentralem Interesse, da sie u.a. bei Kosten, Preisen und Gewinnen benötigt werden, wie in den Beispielen dieses Kapitels illustriert ist.

Beispiel 14.1:
Betrachtung einer Kostenfunktion K(x), die Kosten K in Abhängigkeit von der Produktionsmenge x darstellt (siehe Beisp.12.1e). Wenn sich eine gegebene Produktionsmenge x um Δx verändert, so ist neben

- *absoluter Kostenänderung* $\Delta K = K(x+\Delta x) - K(x)$
- *relativer Kostenänderung*

$$\frac{\Delta K}{\Delta x} = \frac{K(x+\Delta x) - K(x)}{\Delta x} \qquad \text{(\textit{Differenzenquotient})}$$

auch die *momentane Kostenänderung* interessant:

- Sie ergibt sich für kleine Änderungen Δx, d.h. für $\Delta x \to 0$.
- Dies führt zur Berechnung des *Differentialquotienten* (der *Ableitung*) der Funktion K(x) als Grenzwert des Differenzenquotienten, d.h.

$$\lim_{\Delta x \to 0} \frac{\Delta K}{\Delta x} = \lim_{\Delta x \to 0} \frac{K(x+\Delta x) - K(x)}{\Delta x} = K'(x) \qquad \text{(\textit{Differentialquotient})}$$

14.1.2 Anwendung von EXCEL

Obwohl die Theorie einen endlichen Algorithmus zur Differentiation von Funktionen liefert, kann EXCEL im Unterschied zu Computeralgebrasystemen wie MATHEMATICA und MAPLE keine Ableitungen von Funktionen berechnen, die u.a. bei der Marginalanalyse (siehe Abschn.14.3) benötigt werden:

– Dies liegt darin begründet, dass EXCEL nicht exakt (symbolisch) im Rahmen der Computeralgebra sondern nur numerisch rechnen kann.

– Da EXCEL auch zur numerischen Differentiation keine Funktionen zur Verfügung stellt, ist man darauf angewiesen, Programme zur numerischen Differentiation mittels der integrierten Programmiersprache VBA zu erstellen. Eine kurze Illustration dieser Problematik gibt Abschn.14.2.5.

Aufgrund der geschilderten Problematik geben wir die Empfehlung, anfallende Berechnungen von Ableitungen für ökonomische Funktionen mittels der im Abschn.14.2.3 gegebenen Differentiationsregeln per Hand durchzuführen oder ein Computeralgebrasystem heranzuziehen. Da ökonomische Funktionen in vielen Fällen keine komplizierte Struktur besitzen, ist die Berechnung von Ableitungen per Hand ohne größere Schwierigkeiten möglich.

14.2 Ableitung

Es gibt *anschauliche Zugänge*, die zur Berechnung von Ableitungen für Funktionen einer Variablen (*gewöhnlichen Ableitungen*) und damit zur *Differentialrechnung* führen:

– Konstruktion der *Tangente* an die durch eine Funktion f(x) gegebene Kurve, wobei ihr Anstieg zu berechnen ist. Dies ist ein *geometrischer Zugang*.

– Momentane Änderung ökonomischer Größen K(x). Dies ist ein *ökonomischer Zugang*.

– Berechnung der Momentangeschwindigkeit einer durch eine Funktion f(t) der Zeit t gegebenen Bewegung. Dies ist ein *physikalischer Zugang*.

14.2.1 Differenzen- und Differentialquotient

Alle Zugänge zur Berechnung von Ableitungen von Funktionen f(x) bzw. f(t) einer Variablen x bzw. t benötigen (erste) *Differenzenquotienten*

$$\frac{f(x+\Delta x)-f(x)}{\Delta x} \qquad \text{bzw.} \qquad \frac{f(t+\Delta t)-f(t)}{\Delta t}$$

die für

– Tangentenkonstruktionen den Anstieg der Sekante zwischen zwei Kurvenpunkten f(x) und f(x+Δx) darstellen.

– Bestimmung momentaner Änderungen ökonomischer Größen die mittlere Änderung darstellen.

– Bestimmung von Momentangeschwindigkeiten die mittlere Geschwindigkeit in der Zeitspanne Δt darstellen.

Da momentane Änderungen gesucht sind, ist der *Grenzwert*

$$\lim_{\Delta x \to 0} \frac{f(x+\Delta x)-f(x)}{\Delta x} \qquad \text{bzw.} \qquad \lim_{\Delta t \to 0} \frac{f(t+\Delta t)-f(t)}{\Delta t}$$

des Differenzenquotienten zu berechnen, der *Differentialquotient* oder (erste) *Ableitung* (Ableitung erster Ordnung) der Funktion f(x) bzw. f(t) heißt:

Falls dieser *Grenzwert* existiert, wird er mit

$$\frac{d\,f}{d\,x} = f\,'(x) \qquad \text{bzw.} \qquad \frac{d\,f}{d\,t} = \dot{f}\,(t)$$

bezeichnet und die Funktion f heißt *differenzierbar*.

Die gegebene Definition kann erneut auf die erste Ableitung $f\,'(x)$ bzw. $\dot{f}\,(t)$ angewandt werden:

– Durch Ableitung der ersten Ableitung ergibt sich die *zweite Ableitung* oder *Ableitung zweiter Ordnung*

$$\frac{d\,f\,'}{d\,x} = f\,''\,(x) = f^{(2)}\,(x) \quad \text{bzw.} \qquad \frac{d\,\dot{f}(t)}{d\,t} = \ddot{f}(t) = f^{(2)}\,(t)$$

– Die Fortsetzung dieser Vorgehensweise liefert allgemein die n-te Ableitung oder *Ableitung n-ter Ordnung* (Differentialquotient n-ter Ordnung), die für höhere Ableitungen nicht mehr durch Striche (oder Punkte) sondern in folgender Form geschrieben wird:

$$\frac{d^n\,f}{d\,x^n} = f^{(n)}\,(x) \qquad \text{bzw.} \qquad \frac{d^n\,f}{d\,t^n} = f^{(n)}\,(t) \qquad (n = 1, 2, ...)$$

Für die Differentialrechnung ist Folgendes zu beachten:

– Nicht alle mathematischen Funktionen besitzen eine Ableitung, d.h. sie müssen nicht differenzierbar sein. Es gibt bereits einfache stetige Funktionen, die nicht überall differenzierbar sind.

– Ableitungen (Differentialquotienten) bilden ein Maß für die momentane Änderungsrate einer Funktion, da sie als Grenzwert von Differenzenquotienten definiert sind, wie in einem ersten Beisp.14.1 zu sehen ist.

– Mit der Differentialrechnung lassen sich lokale Eigenschaften von Funktionen untersuchen, da auf den Differentialquotient in einem Punkt nur Funktionswerte in einer hinreichend kleinen Umgebung dieses Punktes einen Einfluss haben.

– Ableitungen von Funktionen einer Variablen werden auch als *gewöhnliche Ableitungen* bezeichnet.

♦

Beispiel 14.2:
Für die Anwendung der im Abschn.14.2.3 vorgestellten Ableitungsregeln (Differentiationsregeln) werden *Ableitungen* bekannter *elementarer mathematischer Funktionen* benötigt:

– Diese lassen sich mit der gegebenen Definition herleiten.

– In folgender Tabelle sind diese Ableitungen zusammengestellt (n - ganze Zahl):

Funktion	erste Ableitung	Funktion	erste Ableitung
C (Konstante)	0	x^{α} (α - reell)	$\alpha \cdot x^{\alpha-1}$
$\sqrt{x}$	$\dfrac{1}{2 \cdot \sqrt{x}}$	$\sqrt[n]{x}$	$\dfrac{1}{n \cdot \sqrt[n]{x^{n-1}}}$
$\dfrac{1}{x}$	$-\dfrac{1}{x^2}$	$\dfrac{1}{x^n}$	$-\dfrac{n}{x^{n+1}}$
a^x	$a^x \cdot \ln a$	e^x	e^x
$\log_a x$	$\dfrac{1}{x \cdot \ln a}$	$\ln x$	$\dfrac{1}{x}$
$\cos x$	$-\sin x$	$\sin x$	$\cos x$
$\cot x$	$-\dfrac{1}{\sin^2 x}$ ($x \neq k\pi$)	$\tan x$	$\dfrac{1}{\cos^2 x}$ ($x \neq k\pi + \pi/2$)
arc cos x	$-\dfrac{1}{\sqrt{1-x^2}}$ ($|x|<1$)	arc sin x	$\dfrac{1}{\sqrt{1-x^2}}$ ($|x|<1$)
arc cot x	$-\dfrac{1}{1+x^2}$	arc tan x	$\dfrac{1}{1+x^2}$
$\sinh x$	$\cosh x$	$\cosh x$	$\sinh x$
$\tanh x$	$\dfrac{1}{\cosh^2 x}$	$\coth x$	$-\dfrac{1}{\sinh^2 x}$ ($x \neq 0$)
ar sinh x	$\dfrac{1}{\sqrt{1+x^2}}$	ar cosh x	$\dfrac{1}{\sqrt{x^2-1}}$ ($x>1$)
ar tanh x	$\dfrac{1}{1-x^2}$ ($|x|<1$)	ar coth x	$-\dfrac{1}{x^2-1}$ ($|x|>1$)

14.2.2 Partielle Ableitung

Da in mathematischen Modellen der Wirtschaft öfters ökonomische Funktionen mehrerer Variablen auftreten (siehe Beisp.12.1), werden in der Wirtschaftsmathematik auch Ableitungen dieser Funktionen benötigt, die als *partielle Ableitungen* bezeichnet werden:

• Sie werden nur bzgl. einer Variablen gebildet, während die anderen Variablen als konstant anzusehen sind.

• Sie sind bzgl. einzelner Variablen wie Ableitungen von Funktionen einer Variablen definiert, wobei die hierfür gegebenen Differentiationsregeln analog anzuwenden sind (siehe Beisp.14.3):

– So sind die ersten partiellen Ableitungen der Funktion f(x,y) bzgl. der Variablen x bzw. y folgendermaßen definiert:

$$\frac{\partial f}{\partial x} = \lim_{\Delta x \to 0} \frac{f(x + \Delta x, y) - f(x, y)}{\Delta x} \qquad \text{bzw.} \qquad \frac{\partial f}{\partial y} = \lim_{\Delta y \to 0} \frac{f(x, y + \Delta y) - f(x, y)}{\Delta y}$$

- Für Funktionen f(x,y) zweier Variablen können erste und höhere partielle Ableitungen in folgenden Formen geschrieben werden:

$$f_x = \frac{\partial f}{\partial x} \,,\; f_y = \frac{\partial f}{\partial y} \,,\; f_{xx} = \frac{\partial^2 f}{\partial x^2} \,,\; f_{yy} = \frac{\partial^2 f}{\partial y^2} \,,\; f_{xy} = \frac{\partial^2 f}{\partial x \partial y} \,, \dots$$

- Für Funktionen $f(x_1, x_2, \dots, x_n)$ von n Variablen können partielle Ableitungen in folgenden Formen geschrieben werden:

$$f_{x_1} = \frac{\partial f}{\partial x_1} \quad,\quad f_{x_2} = \frac{\partial f}{\partial x_2} \,,\dots,\, f_{x_1 x_1} = \frac{\partial^2 f}{\partial x_1^2} \quad,\quad f_{x_1 x_2} = \frac{\partial^2 f}{\partial x_1 \partial x_2} \quad,\dots$$

- Im *Unterschied* zu gewöhnlichen Ableitungen werden *partielle Ableitungen* mit ∂ statt mit d bezeichnet.

Beispiel 14.3:
Betrachtung einiger Beispiele für *partielle Ableitungen*, wobei wir uns auf Funktionen zweier Variablen beschränken:

a) Berechnung aller partiellen Ableitungen bis zur Ordnung 2 für die Funktion

$$f(x,y) = e^x \cdot \sin y$$

zweier Variablen:

$$f_x(x,y) = e^x \cdot \sin y \,,\; f_y(x,y) = e^x \cdot \cos y \,,\; f_{xx}(x,y) = e^x \cdot \sin y$$

$$f_{yy}(x,y) = -e^x \cdot \sin y \,,\; f_{xy}(x,y) = e^x \cdot \cos y \,,\; f_{yx}(x,y) = e^x \cdot \cos y$$

Es ist zu sehen, dass

- sich partielle Ableitungen durch Anwendung der Differentiationsregeln für Funktionen einer Variablen berechnen, indem die jeweils nicht betroffenen Variablen als konstant angesehen werden.

- beide gemischten Ableitungen zweiter Ordnung

$$f_{xy}(x,y) \; \text{und} \; f_{yx}(x,y)$$

übereinstimmen. Dies ist kein Zufall, sondern gilt auf Grund des Satzes von Schwarz unter gewissen Voraussetzungen.

b) Berechnung der ersten partiellen Ableitungen der Funktion $f(x,y) = y^x$:

- Bei der Ableitung bzgl. x
  wird die Variable y als konstant angesehen, so dass nach der Regel für Exponentialfunktionen zu differenzieren ist, d.h.

$$f_x(x,y) = y^x \cdot \ln y$$

- Bei der Ableitung bzgl. y

wird die Variable x als konstant angesehen, so dass nach der Regel für Potenzfunktionen zu differenzieren ist, d.h.

$$f_y(x,y) = x \cdot y^{x-1}$$

14.2.3 Ableitungsregeln (Differentiationsregeln)

Ableitungsregeln (*Differentiationsregeln*) spielen eine fundamentale Rolle in der Differentialrechnung, da die Definition der Ableitung nicht geeignet ist, um hiermit gegebene Funktionen zu differenzieren:

- Mit den bekannten Ableitungen elementarer mathematischer Funktionen (siehe Beisp. 14.2) und gegebenen Ableitungsregeln (Differentiationsregeln) lassen sich Ableitungen aller aus elementaren mathematischen Funktionen zusammengesetzten differenzierbaren Funktionen berechnen (siehe auch Beisp.14.4).

- Im Folgenden werden wichtige *Ableitungsregeln* (*Differentiationsregeln*) vorgestellt, wobei f(x) und g(x) beliebige differenzierbare Funktionen sind:

  - *Summenregel*
    Die (erste) Ableitung einer Linearkombination zweier Funktionen f(x) und g(x) berechnet sich als Linearkombination der ersten Ableitungen beider Funktionen, d.h.

    $$(c_1 \cdot f(x) \pm c_2 \cdot g(x))' = c_1 \cdot f'(x) \pm c_2 \cdot g'(x) \qquad (c_1, c_2 \text{-Konstanten})$$

    In dieser allgemeinen Regel ist als Sonderfall die Ableitung einer Summe oder Differenz zweier Funktionen und die Ableitung einer mit einer Konstanten multiplizierten Funktion enthalten.
    Die Summenregel gilt auch für die Linearkombination von mehr als zwei Funktionen, wie Beisp.14.4a illustriert.

  - *Produktregel*
    Die (erste) Ableitung eines Produkts zweier Funktionen f(x) und g(x) berechnet sich folgendermaßen:

    $$(f(x) \cdot g(x))' = f'(x) \cdot g(x) + f(x) \cdot g'(x)$$

    Die Produktregel ist auf Produkte von mehr als zwei Funktionen erweiterbar, wie im Beisp.14.4c illustriert ist.

  - *Quotientenregel*
    Die (erste) Ableitung eines Quotienten zweier Funktionen f(x) und g(x) berechnet sich folgendermaßen (g(x)≠0):

    $$\left(\frac{f(x)}{g(x)} \right)' = \frac{f'(x) \cdot g(x) - f(x) \cdot g'(x)}{g^2(x)}$$

  - *Kettenregel*
    Die (erste) Ableitung einer aus zwei Funktionen f(u) und u=g(x) *zusammengesetzten Funktion* f(g(x)) berechnet sich folgendermaßen:

$$(f(g(x)))' = f'(u) \cdot g'(x) = f'(g(x)) \cdot g'(x)$$

– *Logarithmische Ableitung*

Diese Differentiationsregel ist keine eigenständige Regel, sondern lässt sich unter Anwendung der Kettenregel erhalten. Da man sie jedoch häufig benötigt, wird sie im Folgenden vorgestellt:

Unter *logarithmischer Ableitung* versteht man die Ableitung des Logarithmus ln f(x) einer beliebigen Funktion f(x) mit f(x)>0, bei der die Kettenregel anzuwenden ist:

$$\left(\ln f(x)\right)' = \frac{f'(x)}{f(x)}$$

Eine wichtige *Anwendung* findet die *logarithmische Ableitung* bei der Differentiation von Funktionen der Form

$$f(x) = u(x)^{v(x)}$$

die nicht unmittelbar mit den bisher gegebenen Regeln differenzierbar sind:

Unter der Voraussetzung u(x)>0 lassen sich derartige Funktionen logarithmieren, d.h. ln f(x) = v(x) · ln u(x) und danach differenzieren, wie im Folgenden zu sehen ist:

Die Berechnung der Ableitung von f(x) geschieht mittels logarithmischer Ableitung

$$(\ln f(x))' = \frac{f'(x)}{f(x)} = (v(x) \cdot \ln u(x))' = v'(x) \cdot \ln u(x) + v(x) \cdot \frac{u'(x)}{u(x)}$$

durch Auflösung nach f'(x) und Einsetzen von f(x):

$$f'(x) = u(x)^{v(x)} \cdot \left(v'(x) \cdot \ln u(x) + v(x) \cdot \frac{u'(x)}{u(x)} \right)$$

Bemerkung

Zu den *Ableitungsregeln* ist Folgendes zu bemerken:

- Es kommt öfters vor, dass für eine zu differenzierende Funktion gleichzeitig mehrere Differentiationsregeln anzuwenden sind, wie Beisp.14.4 illustriert.

- Es sind einige Erfahrungen erforderlich, um die passende Differentiationsregel auszuwählen. Während die Anwendung von Summen-, Produkt- und Quotientenregel oft richtig erkannt wird, führt die Anwendung von Kettenregel und logarithmischer Ableitung häufig zu Problemen.

- Unter Verwendung der gegebenen Ableitungsregeln (Differentiationsregeln) und bekannter Ableitungen lassen sich alle aus elementaren mathematischen Funktionen zusammengesetzte differenzierbare Funktionen in endlich vielen Schritten differenzieren:

  – Man erhält als Ergebnisse wieder aus elementaren mathematischen Funktionen zusammengesetzte Funktionen (siehe auch Beisp.14.4):

– Damit liefert die Theorie einen endlichen Algorithmus zur Berechnung von Ableitungen für aus elementaren Funktionen gebildete Ausdrücke, der allerdings sehr aufwendig sein kann.

♦

Beispiel 14.4:

Illustrationen zur Anwendung der gegebenen Ableitungsregeln (Differentiationsregeln), wobei Ableitungen elementarer mathematischer Funktionen aus der Tabelle von Beisp.14.2 zu entnehmen sind:

a) $(3 \cdot x^3 + \sin x + \ln x)' = 9 \cdot x^2 + \cos x + \dfrac{1}{x}$

Diese Ableitung wird durch Anwendung der *Summenregel* erhalten, da der zu differenzierende Ausdruck die Summe dreier Funktionen ist.

b) $((x^3 + x) \cdot \ln x)' = (3 \cdot x^2 + 1) \cdot \ln x + (x^3 + x) \cdot \dfrac{1}{x} = (3 \cdot x^2 + 1) \cdot \ln x + (x^2 + 1)$

Diese Ableitung wird durch Anwendung der *Produktregel* erhalten, da der zu differenzierende Ausdruck das Produkt zweier Funktionen ist. Zusätzlich ist zur Ableitung des ersten Faktors die *Summenregel* erforderlich.

c) $(\sin x \cdot e^x \cdot x)' = \cos x \cdot e^x \cdot x + \sin x \cdot e^x \cdot x + \sin x \cdot e^x$

Da der zu differenzierende Ausdruck das Produkt von drei Funktionen ist, wird das Ergebnis durch folgende Erweiterung der *Produktregel* erhalten:

$(f(x) \cdot g(x) \cdot h(x))' = f'(x) \cdot g(x) \cdot h(x) + f(x) \cdot g'(x) \cdot h(x) + f(x) \cdot g(x) \cdot h'(x)$

d) $\left(\dfrac{\sin x}{e^x + \ln x}\right)' = \dfrac{\cos x \cdot (e^x + \ln x) - \sin x \cdot (e^x + \dfrac{1}{x})}{(e^x + \ln x)^2}$

Diese Ableitung wird durch Anwendung der *Quotientenregel* erhalten, da der zu differenzierende Ausdruck der Quotient zweier Funktionen ist. Zusätzlich wird zur Ableitung der Nennerfunktion die *Summenregel* benötigt.

e) $\left(\sqrt{x^2 + x + 1}\right)' = \dfrac{2 \cdot x + 1}{2 \cdot \sqrt{x^2 + x + 1}}$

Diese Ableitung wird durch Anwendung der *Kettenregel* erhalten, da sich der zu differenzierende Ausdruck aus den beiden Funktionen

$f(u) = \sqrt{u}$ und $u = g(x) = x^2 + x + 1$

zusammensetzt. Zusätzlich ist zur Ableitung der Funktion g(x) die Summenregel anzuwenden.

f) $\left(\dfrac{e^x + 2}{x^2 + 1} \cdot \sqrt{\sin x + x}\right)' = \dfrac{e^x \cdot (x^2 + 1) - (e^x + 2) \cdot 2 \cdot x}{(x^2 + 1)^2} \cdot \sqrt{\sin x + x} + \dfrac{e^x + 2}{x^2 + 1} \cdot \dfrac{\cos x + 1}{2 \cdot \sqrt{\sin x + x}}$

Diese Ableitung wird durch Anwendung der vier gegebenen Differentiationsregeln erhalten, da der zu differenzierende Ausdruck sowohl Summe, Produkt, Quotient von Funktionen und die *zusammengesetzte Funktion*

$$\sqrt{\sin x + x}$$

enthält.

Die praktische Durchführung der Differentiation beginnt mit der Anwendung der Produktregel, wobei zur Differentiation des

– ersten Faktors Quotientenregel und Summenregel

– zweiten Faktors Kettenregel und Summenregel

    mit $f(u) = \sqrt{u}$ und $u = g(x) = \sin x + x$

anzuwenden sind.

g) Zur Illustration logarithmischer Ableitungen wird die erste Ableitung der Funktion

$$f(x) = x^x$$

berechnet. Diese Funktion ist nicht unmittelbar mit den gegebenen Regeln differenzierbar, sondern nur unter Anwendung der *logarithmischen Ableitung*:

$$(\ln f(x))' = (\ln x^x)' = (x \cdot \ln x)' \qquad \text{ergibt} \qquad \frac{f'(x)}{f(x)} = \ln x + x \cdot \frac{1}{x},$$

d.h. nach Umformung folgt das Ergebnis $\qquad f'(x) = x^x \cdot (\ln x + 1)$

14.2.4 Gradient

Für Funktionen f(**x**) ab zwei Variablen ist ihr *Gradient* **grad** f(**x**) ein Vektor, der als Komponenten die ersten partiellen Ableitungen der Funktion f(**x**) enthält, d.h. er hat folgende Gestalt:

$$\mathbf{grad}\ f(x,y) = \begin{pmatrix} f_x(x,y) \\ f_y(x,y) \end{pmatrix} \qquad \text{für Funktionen } f(x,y) \text{ von zwei Variablen } (x,y)$$

$$\mathbf{grad}\ f(\mathbf{x}) = \begin{pmatrix} f_{x_1}(\mathbf{x}) \\ f_{x_2}(\mathbf{x}) \\ \vdots \\ f_{x_n}(\mathbf{x}) \end{pmatrix} \qquad \text{für Funktionen } f(\mathbf{x}) \text{ von n Variablen } \mathbf{x} = (x_1, x_2, ..., x_n)$$

Bemerkung

Für Probleme der Wirtschaftsmathematik ist die Eigenschaft des *Gradienten* einer Funktion f(**x**) von Bedeutung, dass er in *Richtung* des *stärksten Anstiegs* (Wachstums) der Funktion zeigt (siehe Beisp.14.5).

♦

Beispiel 14.5:

Illustration der Anwendung des *Gradienten:*

– Als Funktion wird eine *Nutzenfunktion* für zwei Waren x und y in Form folgender Cobb-Douglas-Funktion verwendet (siehe Beisp.12.1i)

$$f(x,y) = x^2 \cdot y$$

– Der *Gradient* von f(x,y) berechnet sich folgendermaßen:

$$\mathbf{grad}\, f(x,y) = \begin{pmatrix} f_x(x,y) \\ f_y(x,y) \end{pmatrix} = \begin{pmatrix} 2 \cdot x \cdot y \\ x^2 \end{pmatrix}$$

– Möchte man wissen, wie die Produktion von zwei Waren x und y zu verändern ist, um einen *maximalen Zuwachs* des *Nutzens* zu erreichen, so muss man in Richtung des Gradienten **grad** f(x,y) der Nutzenfunktion verändern, da dieser in Richtung des stärksten Anstiegs der Funktion zeigt, d.h.

$$\begin{pmatrix} x \\ y \end{pmatrix} + \lambda \cdot \mathbf{grad}\,(x^2 \cdot y) = \begin{pmatrix} x \\ y \end{pmatrix} + \lambda \cdot \begin{pmatrix} 2 \cdot x \cdot y \\ x^2 \end{pmatrix} \qquad (\lambda > 0)$$

– So ergibt sich bei einer Produktion von x = 30 , y = 50 die *Produktionsänderung*

$$\begin{pmatrix} 30 \\ 50 \end{pmatrix} + \lambda \cdot \begin{pmatrix} 2 \cdot 30 \cdot 50 \\ 30^2 \end{pmatrix} = \begin{pmatrix} 30 + \lambda \cdot 3000 \\ 50 + \lambda \cdot 900 \end{pmatrix}$$

d.h. die Produktion von x und y ist in der Form x = 30 + λ·3000 , y = 50 + λ·900 zu verändern, wobei der Parameter λ>0 passend zu wählen ist.

14.2.5 Numerische Berechnung mit EXCEL

Die numerische (näherungsweise) Berechnung von Ableitungen (*näherungsweise Differentiation*) ist eine schwierige Problematik, so dass wir im Buch nur einen ersten Einblick geben können:

– In der Numerischen Mathematik werden Funktionen z.B. durch Interpolationspolynome (Splines) angenähert und hieraus Näherungsformeln zur näherungsweisen Differentiation hergeleitet.

– Eine erste (aber ungenaue) Methode besteht darin, anstatt des Differentialquotienten den Differenzenquotienten zu verwenden. Wir illustrieren dies im Beisp.14.6a und erstellen im Beisp.14.6b ein VBA-Programm.

– Da numerische Methoden zur Differentiation instabil sein können, ist ihre Anwendung nur auf Funktionen zu empfehlen, die nicht in analytischer Form sondern in Form einer Wertetabelle vorliegen (siehe Abschn.12.2.2).

Beispiel 14.6:

a) Betrachtung einer einfachen Vorgehensweise zur numerischen Berechnung erster Ableitungen:

- Naheliegend bietet sich der erste Differenzenquotient an, da sich hieraus die erste Ableitung als Grenzwert ergibt.

- Somit erhält man folgende Näherungsformel in Form des *ersten Differenzenquotienten* zur Berechnung der Ableitungen an der Stelle x_0 :

$$f'(x_0) \approx \frac{f(x_0 + \Delta x) - f(x_0)}{\Delta x} \qquad (\Delta x \text{ - hinreichend klein})$$

- Die Anwendung des ersten Differenzenquotienten ist jedoch nicht zu empfehlen, da er schlechtere Eigenschaften als der *zentrale Differenzenquotient*

$$f'(x_0) \approx \frac{f(x_0 + \Delta x) - f(x_0 - \Delta x)}{2 \cdot \Delta x} \qquad (\Delta x \text{ - hinreichend klein})$$

besitzt, der Funktionswerte auf beiden Seiten von x_0 verwendet.

- Anwendung der beiden Differenzenquotienten auf die Polynomfunktion

$f(x) = x^2 + x + 1$ mit erster Ableitung $f'(x) = 2 \cdot x + 1$:

  - *erster Differenzenquotient*

$$\frac{f(x_0 + \Delta x) - f(x_0)}{\Delta x} = \frac{(x_0 + \Delta x)^2 + x_0 + \Delta x + 1 - x_0^2 - x_0 - 1}{\Delta x} = 2 \cdot x_0 + 1 + \Delta x$$

  - *zentraler Differenzenquotient*

$$\frac{f(x_0 + \Delta x) - f(x_0 - \Delta x)}{2 \cdot \Delta x} = \frac{(x_0 + \Delta x)^2 + x_0 + \Delta x + 1 - (x_0 - \Delta x)^2 - (x_0 - \Delta x) - 1}{2 \cdot \Delta x} = 2 \cdot x_0 + 1$$

  - Man sieht, dass für diese Polynomfunktion zweiten Grades der zentrale Differenzenquotient die erste Ableitung exakt beschreibt, während der erste Differenzenquotient den Fehler Δx begeht.

- Die numerische Berechnung von Ableitungen lässt sich durch genauere Formeln verbessern, wodurch sich jedoch die Instabilität für kleiner werdende *Schrittweiten* Δx nicht ausschließen lässt.

b) Erstellung eines VBA-Funktionsprogramms NUMDIFF zur numerischen Berechnung erster Ableitungen differenzierbarer Funktionen (siehe Abschn.14.2.1), das die einfache Näherungsformel (den *zentralen Differenzenquotienten*)

$$f'(x_0) \approx \frac{f(x_0 + \Delta x) - f(x_0 - \Delta x)}{2 \cdot \Delta x}$$

verwendet:

- In der Programmvariante NUMDIFF ($\Delta x = h$)

Function NUMDIFF(x0 **As Double**, h **As Double**) **As Double**

NUMDIFF = (f(x0 + h) - f(x0 - h))/(2 * h)

End Function

wird vorausgesetzt, dass die zu differenzierende Funktion in analytischer Form vorliegt, für die folgendes VBA-Funktionsprogramm f zu erstellen ist:

Function f (x As Double) As Double

' In der folgenden Zuweisung ist rechts anstatt der Punkte der Ausdruck der zu
' differenzierenden Funktion einzutragen

f = ...

End Function

– Das erstellte Programm NUMDIFF berechnet die Ableitung in einem vorzugebenden Punkt x0 und benötigt als Argument eine Schrittweite h.

– Anwendung des Programms NUMDIFF, um erste Ableitungen einer konkreten Funktion f(x) numerisch zu berechnen. In den gegebenen Tabellenausschnitten sind die Ergebnisse von NUMDIFF (mit h=0,001) für in Spalte 1 stehende x0-Werte in Spalte 2 zu sehen, während in Spalte 4 die exakt berechneten Ergebnisse stehen. Für das x0-Argument in NUMDIFF ist ein relativer Bezug einzusetzen und das Ausfüllkästchen zu verwenden:

Anwendung auf

$$f(x) = \frac{e^x}{1+x}, \text{ d.h. } f'(x) = \frac{e^x \cdot x}{(1+x)^2}$$

Z2S2	▾	⋮	✕ ✓	*fx*	=NUMDIFF(ZS(-1);0,001)	
	1	2	3	4	5
1	x0	NUMDIFF(x0;0,001)		exakteAbleitung	
2	0	-3,33334E-07		0	
3	0,5	0,366382484		0,3663825	
4	1	0,679570514		0,67957046	
5	1,5	1,075605489		1,07560538	
6	2	1,642012649		1,64201247	
7	2,5	2,486223543		2,48622326	
8	3	3,766038618		3,76603817	
9	3,5	5,723659055		5,72365836	
10	4	8,735705083		8,73570401	
11	4,5	13,39097989		13,3909782	
12	5	20,6129414		20,6129388	

Für diese Funktion ist das Funktionsprogramm f für die Funktion f(x) in folgender Form zu schreiben:

Function f (x As Double) As Double

f = exp(x)/(1+x)

End Function

14.3 Marginalanalyse

14.3.1 Einführung

In *mathematischen Modellen* der *Wirtschaft* spielen nicht nur funktionale Zusammenhänge zwischen betrachteten Größen eine Rolle, sondern es interessiert auch der Einfluss ihrer *Änderungen*, wie z.B. *Preisänderungen, Lohnänderungen, Kostenänderungen.*

Weiterhin spielen in der Wirtschaft *minimale* bzw. *maximale* (d.h. optimale) *Ergebnisse* eine dominierende Rolle, so z.B. bei Kosten bzw. Gewinnen.

Mathematisch lassen sich Änderungen und optimale Werte (Extremwerte) von Funktionen mittels Differentialrechnung charakterisieren, so dass diese eine grundlegende Basis der Wirtschaftsmathematik bildet:

- Eine Reihe von Anwendungen der Differentialrechnung in Modellen der Wirtschaft wird als Marginalanalyse bezeichnet. Der Begriff *Marginalanalyse* wird jedoch nicht einheitlich gehandhabt, so versteht man hierunter u.a.
  - Behandlung ökonomischer Problemstellungen unter Verwendung von Grenzfunktionen.
  - Kurvendiskussion für ökonomische Funktionen einschließlich der ökonomischen Interpretation des Kurvenverlaufs.
  - allgemein die Anwendung der Differentialrechnung zur Untersuchung ökonomischer Funktionen.
- Im Buch werden folgende Anwendungen der Differentialrechnung vorgestellt:
  - *Gradient*
    Er besitzt auch in der Wirtschaftsmathematik eine gewisse Bedeutung (siehe Abschn. 14.2.4 und Beisp.14.5).
  - *Extremwerte*
    Sie spielen in mathematischen Modellen der Wirtschaft eine gewisse Rolle, so dass sie Kap.19 ausführlicher behandelt.
  - Die unter dem Sammelbegriff *Marginalanalyse* geführten Problemstellungen
    Grenzfunktionen/Marginalfunktionen (Abschn.14.3.2)
    Durchschnittsfunktionen (Abschn.14.3.3)
    Wachstum (Abschn.14.3.4)
    Elastizität (Abschn.14.3.5)
    werden in den folgenden Abschnitten kurz betrachtet.

14.3.2 Grenzfunktionen

Die erste Ableitung $f'(x)$ einer ökonomischen Funktion $f(x)$ heißt zugehörige *Grenzfunktion* oder *Marginalfunktion*.

Man bezeichnet Grenzfunktionen bei

- Kostenfunktionen als *Grenzkosten*
- Erlösfunktionen als *Grenzerlöse*
- Produktionsfunktionen als *Grenzproduktivitäten*
- Gewinnfunktionen als *Grenzgewinne*
- Konsumfunktionen als *marginale Konsumquoten.*

Bei Funktionen mehrerer Variablen werden analog partielle Grenzfunktionen bzgl. einzelner Variablen definiert.

Beispiel 14.7:

Illustration der ökonomischen Interpretationen von *Grenzfunktionen*:

- Wenn sich die in *Mengeneinheiten* ME gemessene *Produktionsmenge* x um Δx ändert, so ändern sich die *Kosten* K(x) (in *Geldeinheiten* GE) absolut um

$$\Delta K = K(x+\Delta x) - K(x)$$

- Aus der *relativen Kostenänderung* (siehe Beisp.14.1)

$$\frac{\Delta K}{\Delta x} = \frac{K(x + \Delta x) - K(x)}{\Delta x}$$

folgt durch Grenzübergang $\Delta x \to 0$ die *Grenzkostenfunktion* K'(x):

- Die Grenzkostenfunktion K'(x) gibt näherungsweise an, um wieviel sich die *Kosten ändern*, wenn sich die Produktionsmenge für ein festes x um eine ME ändert:

$$K(x + \Delta x) - K(x) \approx K'(x) \cdot \Delta x = K'(x) \qquad (\text{für } \Delta x = 1)$$

- Für das Zahlenbeispiel

$$K(x) = 5 \cdot x^3 - 3 \cdot x^2 + 50 \cdot x + 100, \text{ d.h. } K'(x) = 15 \cdot x^2 - 6 \cdot x + 50,$$

ergeben sich bei einer Produktion von 100 ME die *Grenzkosten* K'(100) = 149 450 GE/ME, d.h. bei Erhöhung der Produktionsmenge auf 101 ME erhöhen sich die Kosten näherungsweise um 149 450 GE.

- Die Näherung K'(x) für die Kostenänderung ist umso besser, je größer x im Vergleich zu einer ME ist.

- Analog zu Grenzkosten gibt

- der *Grenzerlös* näherungsweise die Änderung des *Erlöses* E(x) an, wenn sich der Preis x um eine GE ändert.

- die *Grenzproduktivität* näherungsweise die Änderung des Ertrags einer Produktion an, wenn sich die Einflussfaktoren/Produktionsfaktoren (z.B. Arbeitskräfte, Kapital) x dieser Produktion um eine Einheit ändern.

- der *Grenzgewinn* näherungsweise die Änderung des *Gewinns* G(x) für ein Produkt an, wenn sich der *Preis* x um eine GE ändert.

– die *marginale Konsumquote* näherungsweise die Änderung der *Gesamtausgaben* an, wenn sich das *Sozialprodukt* x um eine GE ändert.

14.3.3 Durchschnittsfunktionen

Neben der Grenzfunktion $f'(x)$ einer ökonomischen Funktion $f(x)$ ist die zugehörige *Durchschnittsfunktion*

$$\overline{f}(x) = \frac{f(x)}{x}$$

wichtig (siehe Beisp.14.8). Diese Definition der Durchschnittsfunktion ist anschaulich klar, wenn die unabhängige Variable x in Mengen- oder Geldeinheiten gemessen wird.

Beispiel 14.8:

Zwischen ökonomischen Funktionen $f(x)$, ihren *Grenzfunktionen* $f'(x)$ und ihren *Durch-schnittsfunktionen* $\overline{f}(x) = \dfrac{f(x)}{x}$ bestehen folgende Eigenschaften:

– $f(1) = \overline{f}(1)$ d.h. für x = 1 stimmen Funktion und ihre Durchschnittsfunktion überein.

– Für Extremwertstellen der Durchschnittsfunktion $\overline{f}(x)$ folgt aus der notwendigen Optimalitätsbedingung (siehe Abschn.19.3)

$$\overline{f}'(x) = \left(\frac{f(x)}{x} \right)' = \frac{f'(x) \cdot x - f(x) \cdot 1}{x^2} = 0$$

die Beziehung

$$f'(x) = \frac{f(x)}{x} = \overline{f}(x)$$

d.h. für ökonomische Funktionen $f(x)$ stimmen die Werte ihrer Grenzfunktionen $f'(x)$ und Durchschnittsfunktionen $\overline{f}(x)$ in den stationären Stellen (speziell den Extremwertstellen) der Durchschnittsfunktionen überein.

14.3.4 Wachstum

Das *Wachstumsverhalten* von Funktionen $f(x)$ spielt in der Wirtschaftsmathematik eine große Rolle:

• Eine erste einfache *Charakterisierung* des *Wachstums* ist mittels *Monotonie* möglich:

– Eine Funktion $f(x)$ heißt in einem Intervall [a,b] *monoton*

wachsend, wenn $f(x_1) \leq f(x_2)$

  für beliebige $x_1, x_2 \in [a,b]$ mit $x_1 \leq x_2$

fallend, wenn $f(x_1) \geq f(x_2)$

– Für differenzierbare Funktionen $f(x)$ lässt sich die *Monotonie* von Funktionen in einem Intervall [a,b] folgendermaßen mittels erster Ableitung $f'(x)$ feststellen:

f(x) ist *monoton wachsend*,   wenn $f'(x) \geq 0$ für alle $x \in [a,b]$

f(x) ist *monoton fallend*,   wenn $f'(x) \leq 0$ für alle $x \in [a,b]$

- Die einfache Charakterisierung des Wachstums mittels Monotonie reicht für ökonomische Interpretationen nicht immer aus:

  - Man möchte zusätzlich wissen, ob das Wachstum einer Funktion f(x) beschleunigt oder verlangsamt verläuft.

  - Für das Wachstum spielt das *Krümmungsverhalten* (Konvexität/Konkavität) der Funktion f(x) eine Rolle, das für differenzierbare Funktionen mittels der zweiten Ableitung $f''(x)$ bestimmbar ist:

    $f''(x) > 0$ für alle x im Intervall [a,b]: f(x) ist *konvex*,

    $f''(x) < 0$ für alle x im Intervall [a,b]: f(x) ist *konkav*,

    $f''(x) = 0$ für ein x im Intervall [a,b]: f(x) hat in x einen *Wendepunkt*, wenn $f'''(x) \neq 0$ gilt.

- Für das *Wachstumsverhalten* ökonomischer Funktionen lassen sich detaillierte Aussagen treffen.

  Unter Verwendung der Konvexität/Konkavität spricht man bei *monoton wachsenden Funktionen* von

  - *progressivem* (überproportionalem) *Wachstum*, wenn f(x) wachsend und konvex ist,

  - *degressivem* (unterproportionalem) *Wachstum*, wenn f(x) wachsend und konkav ist,

  - *linearem Wachstum*, wenn f(x) wachsend und $f''(x) \equiv 0$ ist.

  Analog lässt sich die Abnahme bei *monoton fallenden Funktionen* mittels der Konvexität/Konkavität charakterisieren.

- Eine weitere Möglichkeit zur Beschreibung des Wachstums einer Funktion f(t) der Zeit t wird durch das *Wachstumstempo* w(f,t) gegeben:

$$w(f,t) = \frac{f'(t)}{f(t)}$$

Beispiel 14.9:

Bei einer Reihe *ökonomischer Funktionen* wird aus ökonomischen Gesichtspunkten die *Monotonie* gefordert. Für die in diesen Funktionen enthaltenen frei wählbaren Parameter ergeben sich daraus Bedingungen, die sich mittels erster Ableitung bestimmen lassen:

a) Für als *monoton fallend* vorausgesetzte *Nachfragefunktionen* $P_N(x)$ aus Beisp.12.1a ergeben sich folgende Bedingungen für die Parameter (für x>0):

  - $P_N(x) = a - b \cdot x$:   Wegen $P_N'(x) = -b < 0$ muss b > 0 gelten.

  - $P_N(x) = c \cdot x^d$:   Wegen $P_N'(x) = c \cdot d \cdot x^{d-1} < 0$ muss $c \cdot d < 0$ gelten.

  - $P_N(x) = a \cdot b^x$: Wegen $P_N'(x) = a \cdot b^x \cdot \ln b < 0$ müssen $a \cdot \ln b < 0$ und b>0 gelten.

b) Für als *monoton wachsend* vorausgesetzte *Angebotsfunktionen* $P_A(x)$ aus Beisp.12.1b ergeben sich folgende Bedingungen für die Parameter (für x>0):

- $P_A(x) = a + b \cdot x$:   Wegen $P_A'(x) = b > 0$ muss $b > 0$ gelten.

- $P_A(x) = a \cdot x^2 + b \cdot x + c$:   Wegen $P_A'(x) = 2 \cdot a \cdot x + b > 0$

  müssen $a > 0$ und $b > 0$ gelten.

- $P_A(x) = a \cdot \sqrt{b \cdot x + c}$:   Wegen $P_A'(x) = \dfrac{a \cdot b}{2 \cdot \sqrt{b \cdot x + c}} > 0$

  müssen $a>0$, $b>0$ und $c>0$ gelten.

14.3.5 Elastizität

Man verwendet in der Wirtschaftsmathematik die *Elastizität,* um die Anpassungsfähigkeit einer ökonomischen (differenzierbaren) Funktion y=f(x) an veränderte Bedingungen zu charakterisieren:

- Sie ist als Verhältnis von relativer (prozentualer) Änderung der abhängigen Größe y zur relativen (prozentualen) Änderung der unabhängigen Größe (Einflussgröße) x definiert.

- Man bezeichnet

$$E_f(x) = \frac{\Delta y}{y} : \frac{\Delta x}{x} = \frac{\Delta y}{\Delta x} \cdot \frac{x}{y} = \frac{\Delta y}{\Delta x} \cdot \frac{x}{f(x)} \qquad (f(x) \neq 0)$$

als *durchschnittliche* (mittlere) *Elastizität* von y im Intervall $[x, x+\Delta x]$.

- Um Unabhängigkeit vom Zuwachs Δx zu erhalten, geht man durch Grenzwertberechnung $\Delta x \to 0$ bei durchschnittlicher Elastizität $E_f(x)$ vom Differenzenquotienten zum Differentialquotienten über und definiert den entstehenden Ausdruck als *Elastizität* (*Punktelastizität*) $e_f(x)$ der Funktion f(x) bzgl. x:

$$e_f(x) = \lim_{\Delta x \to 0} E_f(x) = \frac{f'(x)}{f(x)} \cdot x = \frac{f'(x)}{\bar{f}(x)} \qquad (\bar{f}(x) - \text{Durchschnittsfunktion- siehe}$$

$$\text{Abschn.14.3.3)}$$

- Eine ökonomische Funktion f(x) heißt

elastisch in x, wenn $\left| e_f(x) \right| > 1$

proportional–elastisch in x, wenn $\left| e_f(x) \right| = 1$

unelastisch in x, wenn $\left| e_f(x) \right| < 1$

Bemerkung

Die *Elastizität* $e_f(x)$ ist dimensionslos und lässt sich folgendermaßen *charakterisieren:*

- Elastizitäten können sowohl positive als auch negative Werte annehmen:

- *Positive Elastizitäten* vergrößern die Funktion f(x), während *negative Elastizitäten* die Funktion f(x) verkleinern, wenn sich die unabhängige Variable x vergrößert.

- Je größer $\left| e_f(x) \right|$ ist, desto größer ist die Änderung von f(x).

- Bei Funktionen mehrerer Variablen werden *partielle Elastizitäten* bzgl. einzelner Variablen bzw. *Richtungselastizitäten* definiert.

- Eine Illustration zu Elastizitäten ist im folgenden Beisp.14.10 zu sehen.

Beispiel 14.10:

Betrachtung der *Elastizität* für die konkrete lineare *Nachfragefunktionen*

$$P_N(x) = -0,2 \cdot x + 400$$

wobei $P_N(x)$ die Nachfrage als Funktion des Preises x (in Geldeinheiten GE) bedeutet (siehe Beisp.12.1a):

- Für die gegebene Nachfragefunktion ergibt sich folgende *Elastizität*

$$e_N(x) = \frac{P_N{}'(x)}{P_N(x)} \cdot x = \frac{-0,2}{-0,2 \cdot x + 400} \cdot x$$

die als *Preiselastizität* der Nachfrage $P_N(x)$ bezeichnet wird.

- Die Preiselastizität ist in folgender Tabelle für einige x-Werte zu sehen:

x	800	900	1000	1100	1200	1300	1400	1500
$e_N(x)$	-0.67	-0.82	-1	-1.22	-1.5	-1.86	-2.33	-3

- Die berechneten Werte zeigen, dass die betrachtete *Nachfragefunktion*

  - für Preise von 800 und 900 GE *unelastisch* ist, d.h. in diesem Bereich haben Preisänderungen einen geringen Einfluss auf die Nachfrage.

  - für den Preis von 1000 GE *proportional–elastisch* ist, d.h. eine Preissteigerung von a % hat einen Nachfragerückgang von a % zur Folge.

  - für die Preise von 1100 bis 1500 GE *elastisch* ist, d.h. kleine Preisänderungen haben größere Nachfrageänderungen zur Folge (z.B. bei Konsumgütern).

15 Integralrechnung

15.1 Einführung

Die *Integralrechnung* bildet neben der Differentialrechnung (Kap.14), Matrizen (Kap.10) und Gleichungen (Kap.11) eine der Grundsäulen für mathematische Modelle der Wirtschaft:

– Sie kann als *Umkehrung* der *Differentialrechnung* angesehen werden.

– Beide Gebiete werden als *Infinitesimalrechnung* bezeichnet, um ihre gegenseitige Durchdringung auszudrücken.

In diesem Kapitel wird eine Einführung gegeben, um anfallende Probleme berechnen zu können:

– Die Basis der Integralrechnung bildet die Berechnung von Stammfunktionen (unbestimmten Integralen), die Abschn.15.2 behandelt.

– Für Anwendungen wichtige bestimmte Integrale und ihr Zusammenhang mit unbestimmten Integralen werden im Abschn.15.3 besprochen.

– Ein erster Einblick in die Vielzahl von Anwendungen der Integralrechnung in mathematischen Modellen der Wirtschaft ist im Abschn.15.1.1 und Beisp.15.1. gegeben.

– EXCEL stellt zur Integralrechnung keine Funktionen zur Verfügung. Man kann jedoch Funktionsprogramme mittels der integrierten Programmiersprache VBA erstellen, wie Abschn.15.3.2 illustriert.

15.1.1 Einsatz in der Wirtschaftsmathematik

Aus der Vielzahl der Anwendungen von Integralen in mathematischen Modellen der Wirtschaft können wir nur wenige herausgreifen, die Beisp.15.1 vorstellt. Diese Beispiele geben einen ersten Einblick und lassen bereits die Wichtigkeit von Integralen in der Wirtschaftsmathematik erkennen.

Beispiel 15.1:

Betrachtung einiger Anwendungen von Integralen in mathematischen Modellen der Wirtschaft:

a) Da sich im Abschn.14.3.2 betrachtete *Grenzfunktionen* als Ableitungen definieren, gestattet die Integralrechnung die Berechnung ökonomischer Funktionen aus ihren Grenzfunktionen, wie im Folgenden unter Verwendung des Hauptsatzes der Differential- und Integralrechnung zu sehen ist:

– *Kostenfunktionen* K(x) sind Stammfunktionen von *Grenzkosten* K'(x) :

$$K(x) = \int_0^x K'(s)\, ds + K(0) \; ,$$

wobei K(0) die *fixen Kosten* darstellen.

– *Erlösfunktionen* E(x) sind Stammfunktionen von *Grenzerlösen* E'(x) :

$$E(x) = \int_0^x E'(s)\, ds + E(0) = \int_0^x E'(s)\, ds$$

da der Erlös $E(0)$ bei einem Absatz $x=0$ wegen $E(x)=x{\cdot}p(x)$ immer Null ist.

b) Betrachtung der Problematik der *Konsumentenrente*:

- Bei *Nachfragefunktionen* $P_N(x)$ für eine Ware stellen $P_N(x)$ den Preis (in GE) und x die nachgefragte/abgesetzte Menge (in ME) der Ware dar (siehe Beisp.12.1a). Diese Funktion wird als *monoton fallend* vorausgesetzt, da der Preis $P_N(x)$ sinkt, je mehr von der Ware angeboten, d.h. je größer x wird.

- Wenn sich aufgrund des Marktmechanismus in x_0 ein *Gleichgewichtszustand* mit dem Preis $p_0 = P_N(x_0)$ einstellt, für den der Erlös $E_0 = p_0 \cdot x_0$ beträgt, so ergibt sich der theoretisch mögliche Gesamterlös E bis x_0 aus

$$E = \int_0^{x_0} P_N(x)\, dx$$

- Die *Konsumentenrente* $K_R(x_0)$ im Gleichgewichtszustand wird als Differenz zwischen theoretisch möglichen und tatsächlichen Erlösen

$$K_R(x_0) = E - E_0 = \int_0^{x_0} P_N(x)\, dx - p_0 \cdot x_0$$

definiert und liefert aus der Sicht des Konsumenten die *Einsparung*, wenn erst im Gleichgewichtszustand gekauft wird.

c) Betrachtung der Problematik der *Produzentenrente*:

- Das Analogon zur *Konsumentenrente* für Konsumenten aus Beisp.b bildet für Produzenten die *Produzentenrente*.

- Hier wird für eine Ware die *Angebotsfunktion* $P_A(x)$ betrachtet (siehe Beisp.12.1b), in der $P_A(x)$ den Preis (in GE) und x die vom Produzenten angebotene Menge (in ME) der Ware darstellen. Diese Funktion wird als *monoton wachsend* vorausgesetzt, da die angebotene Menge x der Ware erhöht wird, wenn der Preis $P_A(x)$ steigt.

- Die zur Ware gehörige monoton fallende *Nachfragefunktion* (siehe Beisp.b) sei durch $P_N(x)$ gegeben.

- Im *Marktgleichgewicht* (x_0, p_0) schneiden sich beide Funktionen, d.h. es gilt $p_0 = P_A(x_0) = P_N(x_0)$. Für diesen Gleichgewichtsfall beträgt der Erlös für den Produzenten $E_0 = p_0 \cdot x_0$, während sich der theoretisch mögliche *Gesamterlös* E bis x_0

  aus $E = \int_0^{x_0} P_A(x)\, dx$ analog zu Beisp.b ergibt.

- Diejenigen Produzenten, die zu einem niedrigeren Preis verkauft hätten, erreichen damit den *zusätzlichen Gewinn*, der als *Produzentenrente* $P_R(x_0)$ bezeichnet wird:

$$P_R(x_0) = E_0 - E = p_0 \cdot x_0 - \int_0^{x_0} P_A(x)\, dx$$

d) *kontinuierliche Zahlungen*:

- In einem ökonomischen Prozess wird vorausgesetzt, dass die Zahlungen mittels eines stetigen (kontinuierlichen), zeitabhängigen *Zahlungsstromes* (Kapitalgeschwindigkeit) R(t) (in Geldeinheiten GE/Zeiteinheit) durchgeführt werden.

- Die Summe K der in einem kleinen Zeitintervall dt durchgeführten Zahlungen ergeben sich näherungsweise aus R(t) · dt, so dass die gesamten im Zeitintervall [0,T] geflossenen Zahlungen K_T mittels des folgenden bestimmten Integrals erhalten werden:

$$K_T = \int_0^T R(t)\, dt$$

- Den *Gegenwartswert* K_0 eines von 0 bis T kontinuierlich fließenden Zahlungsstromes erhält man durch Multiplikation von R(t) mit dem *Barwertfaktor* $e^{-r \cdot t}$ mittels des bestimmten Integrals

$$K_0 = \int_0^T R(t) \cdot e^{-r \cdot t}\, dt$$

- Ist der Zahlungsstrom zeitlich nicht beschränkt, kommt man zu *unendlichen Zahlungsströmen*. Man kann T immer größer wählen (d.h. T→∞), so dass sich der *Gegenwartswert* aus folgendem *uneigentlichen Integral* berechnet:

$$K_0 = \int_0^\infty R(t) \cdot e^{-r \cdot t}\, dt$$

e) *Kapitalstock*

Die zeitliche *Änderung* K'(t) des *Kapitalstocks* K(t) einer Volkswirtschaft ergibt sich aus den Nettoinvestitionen I(t) zum Zeitpunkt t, d.h. K'(t) = I(t).

Damit berechnet sich der Kapitalstock K(T) zum Zeitpunkt T als bestimmtes Integral aus den Investitionen I(t) im Zeitraum von 0 bis T:

$$K(T) = \int_0^T I(t)\, dt + K(0)$$

wenn der Kapitalstock zum Zeitpunkt 0 bekannt ist.

f) *Wachstumsprozesse*

Im Abschn.14.3.4 wird zur Beschreibung des Wachstums einer zeitabhängigen ökonomischen Funktion f(t) das *Wachstumstempo* w(f,t) mittels

$$w(f,t) = \frac{f'(t)}{f(t)}$$

eingeführt:

- Wenn für eine Funktion f(t) ein konstantes *Wachstumstempo* w(f,t)=k vorausgesetzt wird, so berechnet sich durch Integration die Funktion f(t) aus $\ln |f(t)| = k \cdot t + K$, wobei K die Integrationskonstante darstellt. Eine Auflösung nach f(t) liefert das Ergebnis

$$f(t) = C \cdot e^{k \cdot t}$$

mit frei wählbarer Integrationskonstanten $C = e^K$.

- Eine *typische Anwendung* von Wachstumsprozessen wird durch den Prozess der *kontinuierlichen Verzinsung* geliefert (siehe Abschn.22.6.2), bei dem sich das Kapital K(t) nach der Zeit t bei einem Zinssatz i aus dem Anfangskapital K_0 mittels

$$K(t) = K_0 \cdot e^{i \cdot t}$$

berechnet. Aufgrund der vorangehenden Betrachtung muss hier das *Wachstumstempo* konstant gleich dem Zinssatz i sein. Dies folgt auch sofort aus

$$w(f,t) = \frac{K'(t)}{K(t)} = \frac{K_0 \cdot i \cdot e^{i \cdot t}}{K_0 \cdot e^{i \cdot t}} = i$$

g) In einer Firma ist der Bedarf pro Zeiteinheit an einem Artikel durch eine stetige Funktion b(t) gegeben und wird aus einem Lager mit dem Anfangsbestand von L(0) Einheiten befriedigt:

- Der *Lagerbestand* L(T) zur Zeit T berechnet sich aus

$$L(T) = L(0) - \int_0^T b(t)\,dt$$

wenn das Lager nicht wieder aufgefüllt wird.

- Wenn die Lagerkosten pro Zeiteinheit für eine Einheit des Artikels durch die Funktion k(t) gegeben ist, so berechnen sich die gesamten *Lagerkosten* K(T) bis zum Zeitpunkt T unter Verwendung eines *zweifachen Integrals* folgendermaßen:

$$\int_0^T k(t) \cdot \left(L(0) - \int_0^t b(s)\,ds \right) dt = L(0) \cdot \int_0^T k(t)\,dt - \int_0^T \int_0^t k(t) \cdot b(s)\,ds\,dt$$

15.1.2 Anwendung von EXCEL

EXCEL stellt zur Berechnung von Integralen keinerlei Funktionen zur Verfügung:

- Wer die exakte Berechnung von unbestimmten Integralen (Stammfunktion) benötigt, d.h. ihren analytischen Funktionsausdruck, kann die gegebenen Integrationsregeln versuchen oder ein Computeralgebrasystem wie MATHEMATICA oder MAPLE heranziehen. Man darf jedoch keine Wunder erwarten, da die Theorie keine allgemein anwendbaren Methoden zur exakten Berechnung von Integralen zur Verfügung stellt.

- Wenn die exakte Berechnung eines vorliegenden Integrals nicht in einem vertretbaren Aufwand möglich oder von vornherein unmöglich ist, lassen sich zahlreiche numerische Methoden (Näherungsmethoden) heranziehen. Im Abschn.15.3.2 wird diese Problematik für bestimmte Integrale vorgestellt.

- EXCEL lässt sich zur numerischen Berechnung von bestimmten Integralen heranziehen, indem VBA-Programme für numerische Methoden geschrieben werden.
  Es wird eine einfache Illustration gegeben, indem Abschn.15.3.2 für Sehnen-Trapez- und Simpson-Methode jeweils ein VBA-Programm vorstellt.

15.2 Unbestimmtes Integral

15.2.1 Stammfunktion

Eine Funktion F(x) so zu bestimmen, dass ihre Ableitung F'(x) in einem x-Intervall mit einer gegebenen Funktion f(x) übereinstimmt, d.h.

$F'(x) = f(x)$

gilt, liefert einen ersten Zugang zur *Integralrechnung:*

- Die gesuchte Funktion F(x) wird als *Stammfunktion* bezeichnet.

- Alle für eine Funktion f(x) existierenden *Stammfunktionen* F(x) unterscheiden sich höchstens um eine Konstante, wie sich einfach beweisen lässt.

- Es ist sofort zu erkennen, dass die Bestimmung einer Stammfunktion als Umkehrung der Differentialrechnung angesehen werden kann.

- Die Gesamtheit von Stammfunktionen für eine Funktion f(x) einer Variablen x heißt *unbestimmtes Integral* von f(x):

  - Es schreibt sich in der Form

  $$\int f(x)\, d\, x$$

  - f(x) heißt *Integrand* und x *Integrationsvariable.*

  - Wenn die Variable x die Zeit darstellt, wird sie mit t bezeichnet und das unbestimmte Integral in der Form

  $$\int f(t)\, d\, t$$

  geschrieben.

- Da sich alle Stammfunktionen einer Funktion f(x) nur um eine Konstante unterscheiden, kann dem Ergebnis einer unbestimmten Integration eine additive Konstante beigefügt werden. Wir verzichten im Folgenden hierauf.

Beispiel 15.2:

Für die Anwendung der im Abschn.15.2.2 und Beisp.15.3 vorgestellten Integrationsregeln werden bekannte *Stammfunktionen* elementarer mathematischer Funktionen benötigt, die *Grundintegrale* heißen und in folgender Tabelle *zusammengestellt* sind:

Funktion	Stammfunktion	Funktion	Stammfunktion
0	C (Konstante)	C (Konstante)	$C \cdot x$
x^n	$\dfrac{x^{n+1}}{n+1}$ (n-ganz$\neq$-1)	x^α	$\dfrac{x^{\alpha+1}}{\alpha+1}$ $\begin{array}{l}\alpha - \text{reell}\\ \alpha \neq -1,\ x > 0\end{array}$
$\dfrac{1}{x}$	$\ln|x|$ ($x \neq 0$)	a^x	$\dfrac{a^x}{\ln a}$ ($a>0$, $a\neq1$)
e^x	e^x	$\ln|x|$	$x \cdot (\ln|x|-1)$ ($x\neq0$)
$\sin x$	$-\cos x$	$\cos x$	$\sin x$
$\dfrac{1}{\cos^2 x}$	$\tan x$ (für $\cos x \neq 0$)	$\dfrac{1}{\sin^2 x}$	$-\cot x$ (für $\sin x \neq 0$)
$\dfrac{1}{\sqrt{1-x^2}}$	$\arcsin x$ ($|x|<1$)	$\dfrac{1}{1+x^2}$	$\arctan x$
$\sinh x$	$\cosh x$	$\cosh x$	$\sinh x$
$\dfrac{1}{\cosh^2 x}$	$\tanh x$	$\dfrac{1}{\sinh^2 x}$	$-\coth x$ ($x\neq0$)
$\dfrac{1}{1-x^2}$	$\begin{array}{ll}\text{ar tanh } x & \text{für } |x| < 1 \\ \text{ar coth } x & \text{für } |x| > 1\end{array}$	$\dfrac{1}{\sqrt{1+x^2}}$	$\text{ar sinh } x$

Bemerkung

Zur Problematik von *Stammfunktionen* stellen sich unmittelbar *zwei Fragen:*

I. Besitzt jede Funktion f(x) eine Stammfunktion F(x).

II. Wie lässt sich für eine beliebige Funktion f(x) eine Stammfunktion F(x) bestimmen.

Zur *Beantwortung* dieser Fragen liefert die Theorie Folgendes:

- Die *erste Frage* lässt sich für eine große Klasse von Funktionen positiv beantworten, da auf einem Intervall [a,b] stetige Funktionen f(x) dort eine Stammfunktion F(x) besitzen, wie sich beweisen lässt:

  – Die positive Beantwortung der ersten Frage hat jedoch nur die Form einer *Existenz-aussage*, d.h. es werden keine universell einsetzbaren *endlichen Algorithmen* zur Bestimmung von Stammfunktionen geliefert.

– Es werden auch keine Aussagen zur Verfügung gestellt, ob bzw. wie eine aus elementaren Funktionen zusammengesetzte Stammfunktion F(x) für f(x) gebildet werden kann. Es existieren nur Aussagen für spezielle Klassen stetiger Funktionen f(x).

• Damit lässt sich die *zweite Frage* in vielen Fällen nicht positiv beantworten:
Bereits die einfachen stetigen Funktionen (x≠0)

$$e^{x^2}, \quad \frac{e^x}{x} \quad \text{und} \quad \frac{\sin x}{x}$$

besitzen keine Stammfunktionen, die sich aus elementaren mathematischen Funktionen zusammensetzen.

15.2.2 Integrationsregeln

Die Berechnung von *Stammfunktionen* (*unbestimmten Integralen*) beruht auf dem Einsatz von *Integrationsregeln* und ist folgendermaßen *charakterisiert:*

– Stammfunktionen bekannter elementarer mathematischer Funktionen sind berechnet (siehe Beisp.15.2), in jedem mathematischen Tafelwerk zu finden und werden als *Grundintegrale* bezeichnet.

– Die mathematische Theorie stellt Regeln (Integrationsregeln) zur Verfügung, um Stammfunktionen F(x) für gewisse Funktionen f(x) bestimmen zu können.

– Die Integrationsregeln gestatten für spezielle Funktionenklassen die Konstruktion von Stammfunktionen, indem sie die Berechnung auf bekannte Grundintegrale zurückführen.

Im Folgenden werden wichtige *Integrationsregeln* vorgestellt (siehe auch Beisp.15.3), in denen f(x) und g(x) beliebige integrierbare Funktionen sind:

• *Summenregel*
Das unbestimmte Integral einer Linearkombination zweier Funktionen f(x) und g(x) berechnet sich folgendermaßen (c und d - beliebige reelle Konstanten):

$$\int (c \cdot f(x) + d \cdot g(x)) \, dx \; = \; c \cdot \int f(x) \, dx \; + \; d \cdot \int g(x) \, dx$$

Das zu berechnende Integral lässt sich damit auf die Linearkombination der Integrale der einzelnen Funktionen zurückführen.

In dieser allgemeinen Regel ist offensichtlich die Integration von Summen und Differenzen von Funktionen enthalten.

• *Regel der partiellen Integration*
Aus der Produktregel der Differentiation folgt durch Integration folgende Regel der partiellen Integration:

$$\int f'(x) \cdot g(x) \, dx = f(x) \cdot g(x) - \int f(x) \cdot g'(x) \, dx$$

die man erfolgreich zur Integration von Produkten von Funktionen heranziehen kann, wenn die Funktion f'(x) einfach integrierbar, d.h. f(x) einfach bestimmbar ist und das auf der rechten Seite stehende Integral eine einfachere Struktur hat.

- *Substitutionsregel*

  Wenn f(u) stetig ist und g(x) eine stetige erste Ableitung besitzt, so gilt

  $$\int f(g(x)) \cdot g'(x)\, dx \;=\; \int f(u)\, du \;=\; F(u) \qquad\qquad \text{mit}\; u = g(x)$$

  wobei nach Berechnung des unbestimmten Integrals auf der rechten Seite in der erhaltenen Stammfunktion F(u) die Substitution u = g(x) einzusetzen ist:

  – Durch günstig gewählte Substitutionen lässt sich die Berechnung gewisser Klassen unbestimmter Integrale wesentlich vereinfachen.

  – Um günstige Substitutionen zu finden, sind Erfahrungen notwendig, da sie häufig nicht unmittelbar zu erkennen sind (siehe Beisp.15.3g).

- *Regel der Partialbruchzerlegung*

  Diese Regel ist auf gebrochenrationale Funktionen f(x) anwendbar, d.h. auf Funktionen, die im Zähler und Nenner aus Polynomen m-ten bzw. n-ten Grades bestehen:

  $$f(x) \;=\; \frac{a_0 + a_1 \cdot x + a_2 \cdot x^2 + \ldots + a_m \cdot x^m}{b_0 + b_1 \cdot x + b_2 \cdot x^2 + \ldots + b_n \cdot x^n}$$

  Die *Partialbruchzerlegung*

  – beruht darauf, dass sich gebrochenrationale Funktionen in Partialbrüche zerlegen lassen, die einfacher integrierbar sind.

  – führt nur zum Erfolg, wenn sich die Nullstellen des Nennerpolynoms exakt berechnen lassen. Selbst in diesem Fall kann sich ihre Anwendung für Nennerpolynome hohen Grades ($n \geq 5$) sehr aufwendig gestalten, so dass sich eine Berechnung per Hand nicht empfiehlt.

  Wir gehen nicht näher auf die Partialbruchzerlegung ein und verweisen auf die Literatur. Im Beisp.15.3h ist eine Illustration zu finden.

- *Regel der logarithmischen Integration*

  Diese Integrationsregel ist keine eigenständige Regel, sondern lässt sich unter Anwendung der Substitutionsregel erhalten:

  – Unter logarithmischer Integration versteht man die Berechnung eines Integrals der Form:

  $$\int \frac{f'(x)}{f(x)}\, dx = \ln \big| f(x) \big| \qquad\qquad (f(x) \neq 0)$$

  d.h. ein Integral ist unmittelbar berechenbar, wenn der Integrand aus einem Quotienten besteht, in dem im Zähler die Ableitung der Nennerfunktion steht.

  – In zahlreichen Fällen hat der Integrand nicht unmittelbar die geforderte Form, sondern muss erst durch gewisse Umformungen darauf gebracht werden, wie Beisp.15.3e und f illustrieren.

Zu *Integrationsregeln* ist Folgendes zu bemerken:

– Sie sind nur für gewisse Funktionenklassen erfolgreich, da die gelieferten neuen Integrale nicht notwendigerweise einfacher berechenbar sind.

– Für erfolgreiche Anwendungen sind gewisse Erfahrungen erforderlich, da unangepasster Einsatz zu komplizierteren Integralen führen kann.

Zur *Berechnung unbestimmter Integrale* werden folgende *Empfehlungen* gegeben:

– Ehe man sich an die Berechnung eines Integrals mittels der gegebenen Integrationsregeln heranwagt, sollte erst ein mathematisches Taschenbuch konsultiert werden, in dem zahlreiche häufig vorkommende Integrale berechnet sind.

– Des Weiteren lassen sich zur Verfügung stehende Computeralgebraprogramme (z.B. MATHEMATICA und MAPLE) heranziehen, die im Unterschied zu EXCEL auch Funktionen zur exakten Berechnung von Integralen bereitstellen. Die Anwendbarkeit von EXCEL liefert Abschn.15.3.2.

♦

Beispiel 15.3:

Illustration der vorgestellten *Integrationsregeln*:

a) Das folgende Integral lässt sich einfach mittels *Summenregel* berechnen, da die entstehenden Integrale bekannte Grundintegrale sind:

$$\int (3 \cdot x^3 + 5 \cdot e^x - \cos x)\, dx \;=\; 3 \cdot \int x^3\, dx + 5 \cdot \int e^x\, dx - \int \cos x\, dx$$

$$=\; \frac{3}{4} \cdot x^4 + 5 \cdot e^x - \sin x$$

b) Das Grundintegral $\int \ln x\, dx$ lässt sich nicht unmittelbar berechnen:

  – Man schreibt es in der Form $\int 1 \cdot \ln x\, dx$.

  – In dieser Form lässt sich die Regel der *partiellen Integration* anwenden, wenn man $f'(x)=1$ (d.h. $f(x)=x$) und $g(x)=\ln x$ (d.h. $g'(x)=\dfrac{1}{x}$) setzt:

  $$\int 1 \cdot \ln x\, dx = x \cdot \ln x - \int x \cdot \frac{1}{x}\, dx = x \cdot \ln x - x \;=\; x \cdot (\ln x - 1)$$

c) Folgendes Integral, das bei kontinuierliche Zahlungen auftreten kann (siehe Beisp. 15.1d), lässt sich unmittelbar mittels *partieller Integration* berechnen, da der Integrand ein Produkt zweier Funktionen ist und die entstehenden Integrale bekannte Grundintegrale sind:

  Durch Setzen von $f'(t)=e^{-t}$ und $g(t)=t$ liefert die partielle Integration:

  $$\int t \cdot e^{-t}\, dt = -t \cdot e^{-t} + \int 1 \cdot e^{-t}\, dt = -t \cdot e^{-t} - e^{-t} = -e^{-t} \cdot (1+t)$$

d) In einer Reihe von Fällen führt die *partielle Integration* nur zum Erfolg, wenn man sie mehrfach anwendet, wie folgende Illustration zeigt:

  – Die Anwendung der partiellen Integration mit $f'(x)=e^x$ und $g(x)=\sin x$ liefert das Ergebnis

$$\int e^x \cdot \sin x \; dx \;=\; e^x \cdot \sin x \;-\; \int e^x \cdot \cos x \; dx$$

    mit einem Integral auf der rechten Seite, das die gleiche Struktur wie das zu berechnende hat.

  – Deshalb wird auf das Integral der rechten Seite erneut die partielle Integration mit $f'(x)=e^x$ und $g(x)=\cos x$ angewandt:

$$\int e^x \cdot \cos x \; dx \;=\; e^x \cdot \cos x \;+\; \int e^x \cdot \sin x \; dx$$

  – Das Einsetzen der letzten Berechnung liefert für das gegebene Integral

$$\int e^x \cdot \sin x \; dx \;=\; e^x \cdot \sin x \;-\; (e^x \cdot \cos x + \int e^x \cdot \sin x \; dx \;)$$

  – Aus der letzten Gleichung folgt durch Umformung unmittelbar das Ergebnis

$$\int e^x \cdot \sin x \; dx \;=\; \frac{1}{2} \cdot e^x \cdot (\sin x - \cos x)$$

e) Das *Grundintegral* $\int \cot x \; dx$

  lässt sich nicht unmittelbar berechnen:

  – Es lässt sich jedoch in folgender Form schreiben $\int \dfrac{\cos x}{\sin x} \, dx = \ln \big| \sin x \big|$

  – In dieser Form liefert die *logarithmische Integration* das angegebene Ergebnis, da die Ableitung $\cos x$ der Nennerfunktion $\sin x$ im Zähler des Quotienten steht.

f) In einer Reihe von Aufgaben kann die *logarithmische Integration* erst nach gewissen Umformungen angewandt werden, die bewirken, dass die Zählerfunktion die Ableitung der Nennerfunktion ist:

  – So ist das Integral $\int \dfrac{x}{x^2+1} \, dx$

    nicht unmittelbar mittels logarithmischer Integration berechenbar, da im Zähler der Faktor 2 fehlt, um die Ableitung des Nenners darzustellen.

  – Dies kann jedoch einfach durch folgende Umformung behoben werden:

$$\frac{1}{2} \cdot \int \frac{2 \cdot x}{x^2+1} \, dx \;=\; \frac{1}{2} \cdot \ln(x^2+1)$$

g) Betrachtung eines Beispiels für die Anwendung der *Substitutionsregel:*

- Das Integral

$$\int x \cdot e^{x^2} \, dx$$

lässt sich nicht durch partielle Integration berechnen, obwohl ein Produkt von Funktionen vorliegt.

- Dies liegt daran, dass das entstehende Integral mit der e-Funktion nicht berechenbar ist.

- Mittels *Substitution* $u = x^2$ mit $u' = 2 \cdot x$ folgt unmittelbar das Ergebnis

$$\int x \cdot e^{x^2} \, dx = \frac{1}{2} \cdot \int e^u \, du = \frac{1}{2} \cdot e^u = \frac{1}{2} \cdot e^{x^2}$$

h) Illustration der Vorgehensweise der *Partialbruchzerlegung*:

- Das Integral

$$\int \frac{x}{x^2-1} \, dx$$

hat einen Integranden, der eine echt gebrochene rationale Funktion ist.

- Deshalb lässt sich der Integrand bei Kenntnis der beiden Nullstellen $x=1$ und $x=-1$ des Nennerpolynoms in Partialbrüche zerlegen, d.h.

$$\frac{x}{x^2-1} = \frac{x}{(x-1) \cdot (x+1)} = \frac{A}{x+1} + \frac{B}{x-1}$$

- Die noch unbekannten Konstanten A,B in den Partialbrüchen lassen sich durch Koeffizientenvergleich bestimmen, der die zwei Gleichungen $A+B=1$, $-A+B=0$ liefert:

$$x = \frac{A \cdot (x^2-1)}{x+1} + \frac{B \cdot (x^2-1)}{x-1} = A \cdot (x-1) + B \cdot (x+1) \text{ ergibt } A = B = \frac{1}{2}$$

- Damit ist das gegebene Integral berechenbar, da nur noch Grundintegrale vorliegen:

$$\int \frac{x}{x^2-1} \, dx = \frac{1}{2} \cdot \int \left(\frac{1}{x+1} + \frac{1}{x-1} \right) \, dx = \frac{1}{2} \cdot \int \frac{1}{x+1} \, dx + \frac{1}{2} \cdot \int \frac{1}{x-1} \, dx$$

$$= \frac{1}{2} \cdot \left(\ln|x+1| + \ln|x-1| \right) = \frac{1}{2} \cdot \ln|x^2-1|$$

- Das gegebene Integral kann auch mittels logarithmischer Integration analog zu Beisp.f berechnet werden. Dies wird dem Leser überlassen.

15.3 Bestimmtes Integral

Nachdem Abschn.15.2 mit *unbestimmten Integralen* einen ersten Zugang zur Integralrechnung vorstellt, wird im Folgenden ein zweiter Zugang durch Einführung *bestimmter Integrale* betrachtet:

– Man geht von einem festen x-Intervall [a,b] aus und zerlegt dieses Intervall in n Teilintervalle

$$[\,x_{k-1}\,,x_k\,]\qquad\qquad\qquad\qquad (k = 1, 2,..., n\,; x_0 = a\,, x_n = b)$$

mit den Intervalllängen

$$\Delta x_k = x_k - x_{k-1}$$

– Man betrachtet für diese Zerlegung folgende Summe für eine gegebene Funktion f(x):

$$I_n = \sum_{k=1}^{n} f(\xi_k)\cdot\Delta x_k \quad (\xi_k \text{ - beliebiger Punkt aus dem Intervall } [\,x_{k-1}\,,x_k\,])$$

– Man verfeinert die Zerlegung des Intervalls [a,b] durch Vergrößerung von n und kommt zu folgender Definition:
Wenn der Grenzwert I (reelle Zahl) der betrachteten Summe I_n für n→∞ bei beliebiger Zerlegung des Intervalls [a,b] existiert, d.h.

$$\lim_{n\to\infty} I_n = \lim_{n\to\infty} \sum_{k=1}^{n} f(\xi_k)\cdot\Delta x_k = I$$

so heißt er *bestimmtes Integral* und man schreibt

$$I = \int_a^b f(x)\, dx$$

und bezeichnet f(x) als *Integranden*, x als *Integrationsvariable*, a und b als untere bzw. obere *Integrationsgrenze*, [a,b] als *Integrationsintervall* und die Zahl I als Wert des bestimmten Integrals.

Bemerkung

Zu *bestimmten Integralen* ist Folgendes zu bemerken:

– Die gegebene Definition eignet sich nicht zur Berechnung bestimmter Integrale.
– Der Zusammenhang mit unbestimmten Integralen wird im folgenden Abschn.15.3.1 aufgezeigt. Dieser Zusammenhang liefert gleichzeitig die Berechnungsgrundlage für bestimmte Integrale.
– Wenn untere und obere Integrationsgrenzen a und b einen endlichen reellen Zahlenwert annehmen, so spricht man von *eigentlichen Integral*en im Unterschied zu *uneigentlichen Integralen*, bei denen sie auch -∞ bzw. ∞ sein können. Uneigentliche Integrale sind als Grenzwert von eigentlichen Integralen definiert, wie z.B.

$$\int_a^\infty f(x)\, dx = \lim_{b\to\infty} \int_a^b f(x)\, dx$$

Diese Form uneigentlicher Integrale tritt auch in mathematischen Modellen der Wirtschaft auf, wie aus Beisp.15.1d zu sehen ist.

– Analog zu unbestimmten Integralen muss ein bestimmtes Integral nicht für jede beliebige Funktion f(x) existieren. Ein hinreichendes Kriterium für seine Existenz ist die Stetigkeit des Integranden f(x) über dem Integrationsintervall [a,b].

– Aus der Definition bestimmter Integrale folgt eine anschauliche *geometrische Interpretation:*
Nimmt die Funktion f(x) über dem Integrationsintervall [a,b] nur positive Werte an (d.h. f(x)≥ 0), so liefert der Wert des bestimmten Integrals den *Flächeninhalt* zwischen der Funktionskurve von f(x) und der x-Achse über dem Intervall [a,b].

15.3.1 Hauptsatz der Differential- und Integralrechnung

Unbestimmte und *bestimmte Integrale* sind aufgrund des *Hauptsatzes* der *Differential-* und *Integralrechnung* durch die Gleichung

$$\int_a^b f(x)\,dx = F(x)\Big|_{x=a}^{x=b} = F(b) - F(a)$$

miteinander verbunden, wobei F(x) eine beliebige Stammfunktion von f(x) ist.

Dieser Hauptsatz zeigt, dass beide Zugänge zur Integralrechnung gleichwertig sind:

• Ein bestimmtes Integral ist unmittelbar berechenbar, wenn eine Stammfunktion F(x) bekannt ist, wobei sich sein Wert F(b)-F(a) als Differenz der Werte der Stammfunktion F(x) an oberer und unterer Integrationsgrenze berechnet.

• Wenn man in der Gleichung des Hauptsatzes b = x und x = t setzt, erhält man die Darstellung von Stammfunktionen F(x) einer Funktion f(x) mittels bestimmter Integrale in der Form

$$F(x) = \int_a^x f(t)\,dt + F(a)$$

Diese Formel

– liefert die spezielle Stammfunktion

$$F(x) = \int_a^x f(t)\,dt$$

mit F(a)= 0. Dies ist sofort einzusehen, da sich alle Stammfunktionen einer Funktion nur um eine Konstante unterscheiden.

– kann jedoch nicht die Aufgabe lösen, zu einer gegebenen stetigen Funktion f(x) eine *Stammfunktion* F(x) *explizit* (analytisch) zu *bestimmen*.

– liefert nur die Darstellung unbestimmter Integrale durch bestimmte mit variabler oberer Integrationsgrenze.

– kann herangezogen werden, wenn Funktionswerte einer Stammfunktion numerisch
  zu berechnen sind (siehe Beisp.15.6c).

Beispiel 15.4:

Illustration der Berechnung bestimmter Integrale am Beispiel eines bei Zahlungsströmen
auftretenden bestimmten Integrals (siehe Beisp.15.1d und 15.3c)

$$\int_0^1 t \cdot e^{-t} \, dt$$

– Die Berechnungsgrundlage liefert der Hauptsatz der Differential- und Integralrechnung.
– Die Berechnung vollzieht sich in folgenden Schritten:

I. Das zugehörige unbestimmte Integral berechnet sich mittels partieller Integration zu

$$\int t \cdot e^{-t} \, dt = -e^{-t} \cdot (1 + t),$$

wie im Beisp.15.3c zu sehen ist.

II. Damit wird eine Stammfunktion erhalten: $F(t) = -e^{-t} \cdot (1 + t)$.

III. Mit der gewonnenen Stammfunktion berechnet sich das gegebene bestimmte Integral folgendermaßen:

$$\int_0^1 t \cdot e^{-t} \, dt = F(t) \Big|_{t=0}^{t=1} = F(1) - F(0) = \left(-e^{-t} \cdot (1+t) \right) \Big|_{t=0}^{t=1}$$

$$= -e^{-1} \cdot (1+1) - (-e^0 \cdot (1+0)) = -2 \cdot e^{-1} + 1$$

15.3.2 Numerische Berechnung mit EXCEL

Da sich in vielen praktischen Problemen auftretende Integrale nicht exakt berechnen lassen,
werden zu ihrer Berechnung numerische Methoden (Näherungsmethoden) benötigt:

– Die Numerische Mathematik stellt effektive Methoden zur Verfügung, die sich mittels
  Computer ohne Schwierigkeiten anwenden lassen.

– Da EXCEL keine Funktionen zur Integralberechnung zur Verfügung stellt, lassen sich
  VBA-Programme für numerische Methoden erstellen, wie im Beisp.15.5 illustriert ist.

Wir können im Rahmen des vorliegenden Buches nicht ausführlich hierauf eingehen, sondern stellen im Folgenden ein allgemeines numerisches Prinzip und zwei daraus resultie-
rende einfache numerische Methoden kurz vor:

• Aufgrund der Definition bestimmter Integrale bietet sich folgende Struktur für Formeln
  zur näherungsweisen Berechnung an:

$$\int_a^b f(x) \, dx = \sum_{k=0}^n \alpha_k \cdot f(x_k) + R_n = Q(f) + R_n \qquad (R_n \text{ - Quadraturfehler})$$

– In der als *Quadraturformel* bezeichneten Näherungsformel $Q(f)$ sind

α_k - *Gewichte*

x_k - *Stützstellen* mit $a = x_0 \leq x_1 \leq x_2 \ldots \leq x_{n-1} \leq x_n = b$

- Stützstellen sind im Integrationsintervall [a,b] frei wählbar und teilen das Integrationsintervall in n Teilintervalle auf.

- Gewichte und Anzahl n der Stützstellen werden so gewählt, dass begangene Integrationsfehler (*Quadraturfehler*) R_n möglichst klein sind.

- Spezielle Auswahlen von Gewichten und Stützstellen liefern verschiedene Quadraturformeln.

- In einer Reihe von Quadraturformeln werden *gleichabständige Stützstellen* verwendet, d.h. $x_k = k \cdot h + a$ (k = 0, 1, 2, ... , n):

$$h = \frac{b-a}{n} \qquad \text{bezeichnet die konstante } Schrittweite.$$

In diesem Fall sind nur Gewichte α_k und Anzahl n der Stützstellen frei wählbar.

- *Quadraturformeln* werden u.a. durch folgende *Vorgehensweisen* bestimmt:

  I. Die zu integrierende Funktion (Integrand) f(x) wird durch Polynome interpoliert, die anschließend integriert werden.

  II. Man fordert, dass Polynome möglichst hohen Grades mittels der Näherungsformel exakt integriert werden.

- Auf Vorgehensweise I beruhen folgende zwei bereits seit langem bekannte Methoden, die ursprünglich durch geometrische Überlegungen gefunden wurden und mit konstanter Schrittweite arbeiten, d.h. mit Stützstellen

$$x_k = k \cdot h + a \quad \text{und Schrittweite } h = \frac{b-a}{n} \qquad (k = 0, 1, 2, \ldots, n)$$

- *Sehnen-Trapez-Methode*:

Die Quadraturformel

$$\int_a^b f(x) \, dx \approx h \cdot (0.5 \cdot f(x_0) + f(x_1) + f(x_2) + \ldots + f(x_{n-1}) + 0.5 \cdot f(x_n))$$

wird erhalten, indem man den Integranden $f(x)$ zwischen zwei Stützstellen durch eine Sehne annähert, so dass eine Trapezfläche entsteht und abschließend diese Trapezflächen für k = 1 bis k = n addiert.

- *Simpson-Methode:*

Hier muss zusätzlich n als *gerade* vorausgesetzt werden, d.h. das Integrationsintervall wird in eine gerade Anzahl von Teilintervallen aufgeteilt.

Die Quadraturformel

$$\int_a^b f(x) \, dx \approx \frac{h}{3} \cdot (f(x_0) + 4 \cdot f(x_1) + 2 \cdot f(x_2) + \ldots + 4 \cdot f(x_{n-1}) + f(x_n))$$

wird erhalten, indem der Integrand f(x) zwischen drei Stützstellen durch eine Parabel angenähert, diese integriert und abschließend die Ergebnisse für k=0 bis k= n-2 für gerades k addiert werden.

Beispiel 15.5:

Im Folgenden wird für die beiden gegebenen *Quadraturformeln* in VBA eine Möglichkeit für zu schreibende Funktionsprogramme TRAPEZ bzw. SIMPSON vorgestellt:

- *Sehnen-Trapez-Methode*

  Function TRAPEZ (a **As Double** , b **As Double** , n **As Integer**) **As Double**
  ' Anwendung der Sehnen-Trapez-Methode
  h = (b-a)/n
  TRAPEZ = (INTEGR(a) + INTEGR(b))/2
  For i = 1 **To** n -1
  TRAPEZ = TRAPEZ + INTEGR (a+i*h)
  Next i
  TRAPEZ = TRAPEZ * h
  End Function

- *Simpson-Methode*:

  Function SIMPSON (a **As Double** , b **As Double** , n **As Integer**) **As Double**
  ' Anwendung der Simpson-Methode: n muss eine gerade Zahl sein
  h = (b-a)/n
  SIMPSON = (INTEGR(a) + INTEGR(b))
  For i = 1 **To** n -1
  SIMPSON = SIMPSON + (i MOD 2+1) * 2 * INTEGR (a+i*h)
  Next i
  SIMPSON = SIMPSON * h/3
  End Function

Beide Funktionsprogramme TRAPEZ und SIMPSON sind so angelegt, dass sie zu integrierende Funktionen (Integranden) als Funktionsprogramm INTEGR benötigen, das im gleichen Modul wie TRAPEZ und SIMPSON stehen muss:

Function INTEGR (x **As Double**) **As Double**

' In der folgenden Zuweisung INTEGR =........ ist der für die Anwendung der

' Programme TRAPEZ und SIMPSON benötigte konkrete

' Integrand f(x) anstatt der Punkte ...... einzugeben:

INTEGR = ...

End Function

Zur Problematik *numerischer Integrationsmethoden* ist Folgendes zu bemerken:

- Sehnen-Trapez- und Simpson-Methode haben eine niedrige Genauigkeitsordnung:
  - Der begangene Integrationsfehler (Quadraturfehler) ist in Abhängigkeit von der Schrittweite h relativ groß.
  - Um erste Näherungswerte für vorliegende bestimmte Integrale zu erhalten, können beide jedoch erfolgreich eingesetzt werden. Deshalb stellen wir im Beisp.15.6 zwei VBA-Funktionsprogramme vor, um EXCEL zur Integralberechnung einsetzen zu können.

- In professionellen Computerprogrammen zur numerischen Integration werden Methoden mit höherer Genauigkeitsordnung herangezogen.
  ◆

Beispiel 15.6:

Berechnung von Näherungswerten für das bestimmte Integral aus Beisp.15.4

$$\int_0^1 t \cdot e^{-t}\, dt = -2 \cdot e^{-1} + 1 = 0{,}2642411176571153\ldots$$

mittels der Funktionsprogramme TRAPEZ und SIMPSON aus Beisp.15.5 für verschiedene Schrittweiten h, d.h. verschiedene Anzahlen n gleichabständiger Stützstellen. Das von beiden Programmen benötigte Funktionsprogramm INTEGR hat hierfür folgende Gestalt:

Function INTEGR (x **As Double**) **As Double**

INTEGR = x * **EXP**(-x)

End Function

a) Anwendung des Funktionsprogramms TRAPEZ:

Z2S2		f_x	=TRAPEZ(0;1;ZS(-1))
	1	2	3	4
1	n	TRAPEZ		
2	10	0,2634081		
3	20	0,2640328		
4	30	0,26414853		

b) Anwendung des Funktionsprogramms SIMPSON:

Z2S2		f_x	=SIMPSON(0;1;ZS(-1))	
	1	2	3	4	5
1	n	SIMPSON			
2	10	0,26423986			
3	20	0,26424104			
4	30	0,2642411			

c) Näherungsweise Berechnung einer Stammfunktion F(x) der folgenden Funktion

$$f(x) = x \cdot e^{-x}$$

(siehe auch Beisp.15.3c) in den Punkten 0, 0.1, 0.2,..., 1, indem wir das folgende bestimmte Integral als gegebene Darstellung für Stammfunktionen

$$F(x) = \int_0^x t \cdot e^{-t} \, dt = -e^{-x} \cdot (1+x) + 1$$

mittels des Funktionsprogramms SIMPSON für n=30 berechnen.

Im folgenden Tabellenausschnitt ist die gute Übereinstimmung der berechneten Näherungswerte mit den exakten Werten erkennen:

Z2S2	▼	f_x	=SIMPSON(0;ZS(-1);30)	
1	**2**	**3**	**4**	**5**
x	SIMPSON	exakte Werte		
0	0	0		
0,1	0,00467884	0,00467884		
0,2	0,0175231	0,0175231		
0,3	0,03693631	0,03693631		
0,4	0,06155194	0,06155194		
0,5	0,09020401	0,09020401		
0,6	0,12190138	0,12190138		
0,7	0,15580498	0,15580498		
0,8	0,19120786	0,19120786		
0,9	0,22751764	0,22751765		
1	0,2642411	0,26424112		

16 Differenzengleichungen

16.1 Einführung

Zeitabhängige (dynamische) Vorgänge spielen in der Wirtschaft eine große Rolle:

- Sie werden als *Prozesse* bezeichnet:
  - Werden Prozesse nur zu bestimmten Zeitpunkten betrachtet, d.h. bei diskreter (diskontinuierlicher) Betrachtungsweise, so heißen sie *diskrete Prozesse*. Als mathematische Modelle ergeben sich hierfür *Differenzengleichungen*.
  - Werden Prozesse kontinuierlich betrachtet, so spricht man von stetiger (kontinuierlicher) Betrachtungsweise. Derartige Prozesse heißen *stetige Prozesse*. Als mathematische Modelle ergeben sich hierfür *Differentialgleichungen*.

- Prozesse in der Wirtschaft werden als *ökonomische Prozesse* bezeichnet und teilen sich auf in
  - diskrete ökonomische Prozesse
  - stetige ökonomische Prozesse

- Mathematische Modelle in Form von Differenzen- bzw. Differentialgleichungen finden in der Wirtschaft zahlreiche Anwendungen, so dass wir näher darauf eingehen:
  - *Differenzengleichungen* zur Beschreibung diskreter ökonomischer Prozesse stellen wir in diesem Kapitel vor, indem wir

    einen Einblick in die mathematische Theorie geben (Abschn.16.1.1 und 16.3),

    die Problematik an konkreten ökonomischen Modellen illustrieren (siehe Abschn. 16.2 und Beisp.16.3),

    die Anwendung von EXCEL diskutieren (Abschn.16.4).
  - *Differentialgleichungen* zur Beschreibung stetiger ökonomischer Prozesse stellt Kap. 17 vor.

16.1.1 Aufgabenstellungen

Differenzengleichungen sind Gleichungen, in denen unbekannte Funktionen (Lösungsfunktionen) y(t) nur in diskreten Stellen t = 0, 1, ... gesucht sind, für die als Schreibweise

y_t

üblich ist, die als *Indexschreibweise* bezeichnet wird. Da es sich um Prozesse handelt, stellt t die Zeit dar.

Differenzengleichungen sind folgendermaßen *charakterisiert:*

- Es ist eine Lösungsfolge

  $\{ y_t \}$

  derart zu bestimmen, dass eine Gleichung der (impliziten) Form

$$F\left(y_t, y_{t-1}, y_{t-2}, \dots, y_{t-m}, t\right) = 0 \qquad\qquad (m \geq 1)$$

für alle positiven ganzen Zahlen t = m , m+1 , m+2 , ... erfüllt ist, die als *Differenzen-gleichung* m-ter Ordnung bezeichnet wird:

- Falls eine Lösungsfolge für diese Differenzengleichung existiert, ist sie eine unend-liche Zahlenfolge, für die die Problematik der Konvergenz oder Divergenz grundle-gende Bedeutung hat. Untersuchungen in dieser Hinsicht würden den Rahmen des Buches sprengen, so dass wir auf die Literatur verweisen.

- Eine Lösungsfolge ist im Falle ihrer Existenz nicht eindeutig bestimmt. Die Eindeu-tigkeit kann unter gewissen Voraussetzungen durch Vorgabe von m *Anfangswerten* für

  $$y_0, y_1, ..., y_{m-1}$$

  erreicht werden (siehe Abschn.16.3.2), so dass man von Differenzengleichungen mit *Anfangsbedingungen* spricht. Derartige Aufgaben werden als *Anfangswertaufgaben* bezeichnet.

- Die Struktur von Differenzengleichungen wird durch die konkrete Form der Funktion F bestimmt:

  - Lässt sich die Funktion F nach y_t auflösen, d.h. es ergibt sich die Form

    $$y_t = f\left(y_{t-1}, y_{t-2}, ..., y_{t-m}, t \right) \qquad (t = m, m+1, m+2, ...),$$

    so spricht man von Differenzengleichungen m-ter Ordnung in *expliziter Form* (Dar-stellung)

  - Wenn F bzw. f beliebige Funktionen darstellen, so liegen *nichtlineare Differenzen-gleichungen* vor.
    Wie für nichtlineare Gleichungen nicht anders zu erwarten, stellt die Mathematik hierfür keine allgemein anwendbare Lösungstheorie zur Verfügung.

  - Für den Sonderfall, dass F bzw. f lineare Funktionen sind, spricht man von *linearen Differenzengleichungen*, die Abschn.16.3 ausführlicher betrachtet:

    Sie besitzen ein breites Anwendungsspektrum in mathematischen Modellen der Wirtschaft.

    Die mathematische Theorie liefert für diesen Sonderfall weitreichende Aussagen.

- Bei diskreten ökonomischen Prozessen stellt sich die Frage nach *Gleichgewichtszu-ständen*, die sich für die beschreibenden Differenzengleichungen folgendermaßen be-stimmen:

  - Bei *Differenzengleichungen erster Ordnung* müssen zwei aufeinanderfolgende Wer-te y_t und y_{t-1} den gleichen Wert annehmen, d.h. es muss gelten:

    $$y_t = y_{t-1} = c = \text{konstant} \qquad (t=1, 2, ...)$$

  - Bei *Differenzengleichungen zweiter Ordnung* muss Folgendes erfüllt sein:

    $$y_t = y_{t-1} = y_{t-2} = c = \text{konstant} \qquad (t=2, 3, 4, ...)$$

16.1.2 Eigenschaften

Differenzengleichungen lassen sich als *diskrete Versionen* von Differentialgleichungen ansehen:

– Wenn man bei Prozessen von diskreter Betrachtungsweise zur stetigen übergeht, so gehen beschreibende Differenzengleichungen in Differentialgleichungen über (siehe Beisp.16.1a).

– Umgekehrt ergeben sich Differenzengleichungen durch Diskretisierung von Differentialgleichungen (siehe Beisp.16.1b und Abschn.17.5).

Aus beiden Sachverhalten erklärt sich der enge Zusammenhang der Lösungstheorien von Differenzen- und Differentialgleichungen.

Beispiel 16.1:

a) Im folgenden konkreten Beispiel ist zu sehen, wie sich eine *Differenzengleichung* in eine *Differentialgleichung* transformiert, wenn von der *diskreten* (diskontinuierlichen) Betrachtungsweise zur *stetigen* (kontinuierlichen) übergegangen wird:

– Dividiert man die Differenzengleichung

$$a \cdot y_t = (y_t - y_{t-1}) \qquad \text{durch} \qquad \Delta t = t - (t-1) = 1,$$

so ergibt sich

$$a \cdot y_t = \frac{y_t - y_{t-1}}{\Delta t}$$

– Betrachtet man abschließend Δt als stetig veränderbar und lässt es gegen Null gehen, so ergibt sich die *lineare Differentialgleichung* (Wachstumsdifferentialgleichung)

$$y'(t) = a \cdot y(t)$$

erster Ordnung für das *stetige Wachstumsmodell* von *Baumol* (siehe Beisp.17.1b) zur Berechnung des Volkseinkommens y(t).

b) Nachdem im Beisp.a die Überführung einer Differenzengleichung in eine Differentialgleichung illustriert wurde, ist im Folgenden die umgekehrte Richtung zu sehen, d.h. die Überführung einer *Differentialgleichung* in eine *Differenzengleichung*:

Ein Klasse numerischer Methoden zur Lösung von Differentialgleichungen führen diese näherungsweise auf Differenzengleichungen zurück:

• Die in Differentialgleichungen auftretenden Ableitungen (Differentialquotienten) werden durch Differenzenquotienten ersetzt. Man bezeichnet derartige Methoden als *Differenzenmethoden*.

• Die Anwendung von Differenzenmethoden ist weitverbreitet, da sich die entstehenden Differenzengleichungen einfacher lösen lassen. Ein Einblick in diese Problematik gibt Abschn.17.5.

- Im Folgenden geben wir eine erste Illustration für Differenzenmethoden, indem wir die Wachstumsdifferentialgleichung aus Beisp.a

$$y'(t) = a \cdot y(t) \qquad \text{mit Anfangsbedingung} \qquad y(0) = y_0$$

betrachten, in der a eine beliebige reelle Konstante darstellt:

– Diese lineare Differentialgleichung erster Ordnung mit konstanten Koeffizienten besitzt folgende exakte Lösung, wie Beisp.17.3a zeigt:

$$y(t) = y_0 \cdot e^{a \cdot t}$$

– Indem man die erste Ableitung aus der Differentialgleichung näherungsweise durch den ersten Differenzenquotienten mit $\Delta t = 1$ ersetzt, d.h.

$$y'(t) \approx \frac{y_t - y_{t-1}}{1} = \Delta y_t = y_t - y_{t-1}$$

ergibt sich für $a \neq 1$ folgende Differenzengleichung erster Ordnung:

$$y_t - y_{t-1} = a \cdot y_t \qquad \text{bzw. nach Umformung} \qquad (1-a) \cdot y_t = y_{t-1}$$

die sich analog zur Gleichung im Beisp.16.4a lösen lässt, wobei die Lösung folgende Gestalt hat

$$y_t = y_0 \cdot \left(\frac{1}{1-a} \right)^t$$

– Die Gegenüberstellung der für $y_0 = 1$, $a = -1$ und $t = 0, 1, 2, 3, 4$ berechneten Werte der exakten Lösung $y(t) = e^{-t}$ und der mittels Differenzengleichung berechneten Näherungslösung

$$y_t = \left(\frac{1}{2} \right)^t$$

zeigt relativ starke Abweichungen, die aus der groben Annäherung der ersten Ableitung in der Differentialgleichung resultieren:

	1	2	3
1	t	(1/2)^t	e^(-t)
2	0	1	1
3	1	0,5	0,36787944
4	2	0,25	0,13533528
5	3	0,125	0,04978707
6	4	0,0625	0,01831564

Neben der im Buch verwendeten Schreibweise für Differenzengleichungen, die als *datierte Form* bezeichnet wird, ist in der Literatur eine weitere als *Differenzenform* bezeichnete Schreibweise zu sehen, in der Differenzen erster, zweiter, ... Ordnung der Form

$$\Delta y_t = y_t - y_{t-1} \; , \; \Delta^2 y_t = \Delta y_t - \Delta y_{t-1} = \; y_t - y_{t-1} - y_{t-1} + y_{t-2} = y_t - 2 \cdot y_{t-1} + y_{t-2} \; , \; ...$$

eingesetzt werden:

- Beide unterschiedliche Schreibweisen haben keinen Einfluss auf die Lösungstheorie, sondern liefern nur unterschiedliche Darstellungen der Differenzengleichung.

- Man kann eine in Differenzenform gegebene Differenzengleichung unmittelbar durch Einsetzen der Differenzen in die im Buch angewandte datierte Form umwandeln, wie im Beisp.16.2b illustriert ist.

Beispiel 16.2:

Illustration der verschiedenen Darstellungsmöglichkeiten für Differenzengleichungen:

a) Die Gleichung zweiter Ordnung aus Beisp.16.3c in der Darstellung

$$y_t - d \cdot y_{t-1} + c \cdot y_{t-2} = b \qquad\qquad (t=2, 3, 4,...)$$

lässt sich durch Transformation der diskreten Variablen t offensichtlich in der analogen Darstellung

$$y_{t+2} - d \cdot y_{t+1} + c \cdot y_t = b \qquad\qquad (t=0, 1, 2,...)$$

schreiben und umgekehrt, d.h. beide Darstellungen sind äquivalent.

b) Die in *Differenzenform* vorliegende Differenzengleichung zweiter Ordnung

$$\Delta^2 y_t - 3 \cdot \Delta y_t + y_t = 2$$

lässt sich durch Einsetzen der Formeln für die Differenzen erster und zweiter Ordnung

$$\Delta y_t = y_t - y_{t-1} \quad , \quad \Delta^2 y_t = y_t - 2 \cdot y_{t-1} + y_{t-2}$$

ohne Schwierigkeiten in folgende Differenzengleichung zweiter Ordnung in *datierter Form*

$$y_t - 2 \cdot y_{t-1} + y_{t-2} - 3 \cdot (y_t - y_{t-1}) + y_t = 2$$

überführen, die sich durch Zusammenfassungen in folgender Gestalt schreibt:

$$- y_t + y_{t-1} + y_{t-2} = 2$$

16.2 Einsatz in der Wirtschaftsmathematik

Da *ökonomische Prozesse* in zahlreichen Fällen nur zu bestimmten Zeitpunkten betrachtet, d.h. *diskrete Betrachtungsweisen* bevorzugt werden, sind *Differenzengleichungen* für die mathematische Modellierung erfolgreich:

– Zur Beschreibung diskreter ökonomischer Prozesse gibt es eine große Anzahl mathematischer Modelle in Form von Differenzengleichungen, wobei lineare Differenzengleichungen überwiegen.

– Einen ersten Einblick in Differenzengleichungs-Modelle für praktische ökonomische Prozesse liefert Beisp.16.3.

Beispiel 16.3:

Betrachtungen mathematischer Modelle der Wirtschaft, die Differenzengleichungen erster und zweiter Ordnung einsetzen:

a) Die *Zinseszinsrechnung* lässt sich folgendermaßen mittels einer *Differenzengleichung* erster Ordnung mathematisch modellieren (siehe Abschn.22.6.2):

– Häufig wird bei der Zinseszinsrechnung eine jährliche Verzinsung (d.h. *diskrete Verzinsung*) zugrundegelegt, d.h. die diskrete Variable t steht für die Jahre und nimmt Werte t=1, 2,... an.

– Damit berechnet sich das Kapital

K_t

nach dem t-ten Jahr mittels der linearen *Differenzengleichung* erster Ordnung

$$K_t = K_{t-1} \cdot (1+i)$$

aus dem Kapital

K_{t-1}

des vorangehenden (t-1)-ten Jahres, wenn der Zinssatz

$$i = \frac{p}{100} \qquad\qquad \text{(p - Zinsfuß in Prozent)}$$

beträgt.

– Diese Differenzengleichung besitzt die Lösung (siehe Beisp.16.4a)

$$K_t = K_0 \cdot (1+i)^t \qquad\qquad (t=1, 2,...)$$

wobei

K_0

das Anfangskapital zu Beginn der Verzinsung darstellt, das als Anfangswert vorzugeben ist.

b) Betrachtung einer Variante des *Wachstumsmodells* von *Harrod* (postkeynesianisches Wachstumsmodell), das auf eine Differenzengleichung erster Ordnung führt:

- In diesem *diskreten Modell* für eine Volkswirtschaft wird angenommen, dass

  - in der Zeitperiode t der *Betrag* s_t gespart wird, der *proportional* zum *Volkseinkommen* y_t ist, d.h.

    $s_t = a \cdot y_t$ (a - Proportionalitätsfaktor)

  - der gesparte Betrag als *Investition* verwendet werden soll, die proportional zur Differenz $y_t - y_{t-1}$ ist, d.h.

    $s_t = b \cdot (y_t - y_{t-1})$ (b - Proportionalitätsfaktor)

- Damit ergibt sich die *Differenzengleichung* erster Ordnung

  $a \cdot y_t = b \cdot (y_t - y_{t-1})$ (t=1, 2,...)

  die sich auf folgende Form bringen lässt

  $$y_t = \frac{b}{b-a} \cdot y_{t-1}$$

c) Betrachtung eines mathematischen Modells, das Differenzengleichungen zweiter Ordnung verwendet.

  Das *Multiplikator-Akzelerator-Modell* für das Wachstum des Volkseinkommens von *Samuelson* stellt ein weiteres *Wachstumsmodell* dar:

- In diesem diskreten Modell für eine Volkswirtschaft wird Folgendes angenommen:

  - Die Summe von *Konsumnachfrage* k_t und *Investititionsnachfrage* i_t in einem Zeitabschnitt t entspreche dem *Volkseinkommen* y_t dieses Zeitabschnitts. Damit ergibt sich die Gleichung

    $y_t = k_t + i_t$

  - Des Weiteren wird in diesem Modell davon ausgegangen, dass der aktuelle *Konsum* k_t *proportional* zum *Volkseinkommen* y_{t-1} des vorhergehenden Zeitabschnitts t-1 ist (p - Proportionalitätsfaktor), d.h.

    $k_t = p \cdot y_{t-1}$

  - Nach dem *Akzelerationsprinzip* hängen die *Investitionen* i_t nicht vom aktuellen Einkommen y_t ab, sondern sind zur *Veränderungsrate* des aggregierten Einkommens $y_{t-1} - y_{t-2}$ *proportional*, d.h.

    $i_t = c \cdot (y_{t-1} - y_{t-2})$ (c - Proportionalitätsfaktor)

- Das Einsetzen der beiden letzten Gleichungen in die erste Gleichung liefert folgende *homogene lineare Differenzengleichung zweiter Ordnung* für das Volkseinkommen

  $y_t - d \cdot y_{t-1} + c \cdot y_{t-2} = 0$ (t=2, 3, 4, ... , d = c + p)

  - Diese homogene Differenzengleichung besitzt unter der Bedingung $1 - d + c = 0$ einen *Gleichgewichtszustand* (siehe Abschn.16.1.1).

– Die abgeleitete Differenzengleichung wird *inhomogen*, d.h.

$$y_t - d \cdot y_{t-1} + c \cdot y_{t-2} = s_t$$

unter der Annahme, dass sich das *Volkseinkommen* folgendermaßen zusammensetzt:

$$y_t = k_t + i_t + s_t$$

d.h. es kommen die *Staatsausgaben* s_t hinzu, die meistens als konstant angesehen werden, d.h. $s_t = b = $ konstant.

16.3 Lineare Differenzengleichungen

In mathematischen Modellen der Wirtschaft treten häufig *lineare Differenzengleichungen* auf. Für sie existiert eine zu linearen Differentialgleichungen analoge umfassende *Theorie*, wobei für konstante Koeffizienten weitreichende Aussagen existieren, wie im Abschn. 16.3.2 illustriert ist.

16.3.1 Allgemeine Form

Lineare Differenzengleichungen m-ter Ordnung sind folgendermaßen charakterisiert:

Sie haben die Form (in Indexschreibweise)

$$y_t + a_1(t) \cdot y_{t-1} + a_2(t) \cdot y_{t-2} + ... + a_m(t) \cdot y_{t-m} = b_t \qquad (t=m,\ m+1,...)$$

wobei die Größen Folgendes bedeuten:

– $a_1(t)$, $a_2(t)$, ... , $a_m(t)$

gegebene reelle stetige Koeffizienten.
Hängen die Koeffizienten nicht von t ab, so spricht man von linearen Differenzengleichungen mit *konstanten Koeffizienten*.

– $\{ b_t \}$ (t=m, m+1,...)

reellwertige Folge der gegebenen rechten Seiten der Differenzengleichung:
Sind alle Glieder dieser Folge gleich Null, so liegen *homogene lineare Differenzengleichungen* vor, ansonsten *inhomogene*.

Des Weiteren spricht man bei einer inhomogenen Differenzengleichung von der *zugehörigen homogenen Differenzengleichung*, wenn ihre rechte Seite gleich Null gesetzt wird.

– $\{ y_t \}$ (t=0, 1, 2,..., m-1, m,...)

Gesuchte unendliche *Lösungsfolge* mit den Gliedern

$$y_0 , y_1 , y_2 , ... , y_{m-1} , y_m , y_{m+1} , y_{m+2} , ...$$

16.3.2 Lösungsmethoden

Lineare Differenzengleichungen besitzen bzgl. der *Lösungstheorie* analoge Eigenschaften wie lineare Gleichungen und Differentialgleichungen:

- Die *allgemeine Lösung* einer *inhomogenen linearen Differenzengleichung* ergibt sich als Summe aus der allgemeinen Lösung der zugehörigen homogenen und einer speziellen Lösung der inhomogenen.

- Um eine *spezielle Lösung* zu erhalten, werden gleiche Methoden wie bei linearen Differentialgleichungen angewandt:
  Ansatzmethode oder Variation der Konstanten.

- Jede *lineare Differenzengleichung* m-ter Ordnung ist *lösbar*. Die allgemeine Lösung hängt von m frei wählbaren reellen Konstanten ab.

- Für lineare Differenzengleichungen m-ter Ordnung lassen sich *Anfangswerte* für

$$y_0, y_1, ..., y_{m-1}$$

  vorgeben. Damit sind die weiteren Glieder

$$y_m , y_{m+1} , y_{m+2} , ...$$

  der Lösungsfolge eindeutig bestimmt.

  Man spricht bei Vorgabe von Anfangswerten von *Anfangswertaufgaben*.

- Lösungen *homogener linearer Differenzengleichungen* m-ter Ordnung mit konstanten Koeffizienten berechnen sich mittels des *Ansatzes*

$$y_t = \lambda^t \qquad\qquad (t=m, m+1,...)$$

  mit frei wählbarem Parameter λ, der durch Einsetzen in die Differenzengleichung das *charakteristische Polynom* m-ten Grades

$$P_m(\lambda) = \lambda^m + a_1 \cdot \lambda^{m-1} + a_2 \cdot \lambda^{m-2} + ... + a_{m-1} \cdot \lambda + a_m$$

  liefert, dessen Nullstellen zu bestimmen sind (siehe Beisp.16.4):

  – Der einfachste Fall liegt vor, wenn das charakteristische Polynom m paarweise verschiedene reelle Nullstellen

$$\lambda_1, \lambda_2, ..., \lambda_m$$

  besitzt. In diesem Fall lautet die *allgemeine Lösung* (C_i - frei wählbare reelle Konstanten):

$$y_t = C_1 \cdot \lambda_1^t + C_2 \cdot \lambda_2^t + C_3 \cdot \lambda_3^t + ... + C_m \cdot \lambda_m^t$$

  – Die Lösungskonstruktion bei mehrfachen reellen bzw. komplexen Nullstellen des charakteristischen Polynoms vollzieht sich folgendermaßen:

  Sei λ eine r-fache reelle Nullstelle des charakteristischen Polynoms. Dann lautet die zugehörige Lösung der Differenzengleichung:

$$\lambda^t \cdot (C_r \cdot t^{r-1} + C_{r-1} \cdot t^{r-2} + ... + C_1)$$

Sei $\lambda = \alpha + \beta \cdot i$ eine komplexe Nullstelle des charakteristischen Polynoms. Dann ist nach der Theorie auch die konjugierte $\alpha - \beta \cdot i$ eine Nullstelle. Die zugehörigen Lösungen der Differenzengleichung haben hierfür die Gestalt:

$$\left| \lambda \right|^t \cdot \left(C_1 \cdot \cos(t \cdot \varphi) + C_2 \cdot \sin(t \cdot \varphi) \right)$$

mit $\quad \left| \lambda \right| = \sqrt{\alpha^2 + \beta^2} \quad$ und $\quad \tan \varphi = \dfrac{\beta}{\alpha}$

Bei mehrfachen komplexen Nullstellen ist die Vorgehensweise analog zu mehrfachen reellen.

- Die *Konvergenz* der *Lösungsfolge* einer linearen Differenzengleichung hängt von den Werten der Nullstellen des charakteristischen Polynoms ab. Diesbezüglich wird auf die Literatur verwiesen.

Beispiel 16.4:

a) Die lineare *Differenzengleichung erster Ordnung* für die *Zinseszinsrechnung* aus Beisp. 16.3a

$$K_t = K_{t-1} \cdot (1+i) \qquad\qquad\qquad (t=1, 2,..., K_0 \text{ - gegeben})$$

mit konstanten Koeffizienten lässt sich mit dem gegebenen *Ansatz*

$$K_t = \lambda^t$$

leicht lösen:

- Die Nullstelle des *charakteristischen Polynoms*, d.h. die

  Lösung der Gleichung: $\qquad\qquad\qquad \lambda - (1+i) = 0$

  lautet $\qquad\qquad\qquad\qquad\qquad \lambda = (1+i)$,

  so dass sich folgende *allgemeine Lösung* ergibt $\quad K_t = C \cdot (1+i)^t$.

- Die noch frei wählbare Konstante C bestimmt sich aus dem Anfangswert (*Anfangskapital*) K_0, indem man in der allgemeinen Lösung t gleich Null setzt.

- Damit ergibt sich als Lösung die im Abschn. 22.6.2 vorgestellte Formel der Zinseszinsrechnung bei jährlicher Verzinsung:

  $$K_t = K_0 \cdot (1+i)^t \qquad\qquad\qquad (t=1, 2,...)$$

b) Lösung der im Beisp. 16.3c hergeleiteten Differenzengleichung zweiter Ordnung für folgendes konkrete Zahlenbeispiel:

$$y_t - 10 \cdot y_{t-1} + 24 \cdot y_{t-2} = 30 \qquad\qquad (t=2, 3,...)$$

mit den Anfangsbedingungen

$$y_0 = 3 \, , \; y_1 = 12$$

- Die *allgemeine Lösung* der zugehörigen *homogenen Differenzengleichung* ergibt sich durch den Ansatz

  $y_t = \lambda^t$:

  – Die Nullstellen des damit erhaltenen *charakteristischen Polynoms*, d.h. die Lösungen der quadratischen Gleichung

  $\lambda^2 - 10 \cdot \lambda + 24 = 0$

  lauten 4 und 6.

  – Damit folgt die *allgemeine Lösung* der *homogenen Differenzengleichung*.

  $y_t = C_1 \cdot 4^t + C_2 \cdot 6^t$ $\qquad$ (C_1, C_2 - frei wählbare Konstanten)

- Um die *allgemeine Lösung* der *inhomogenen Differenzengleichung* zu erhalten, wird eine *spezielle Lösung* der inhomogenen Differenzengleichung benötigt:

  – Für die gegebene Differenzengleichung lässt sich dies mittels des Ansatzes

  $y_t = k = $ konstant

  erreichen. Man erhält durch Einsetzen k=2, d.h. die *spezielle Lösung*

  $y_t = 2$.

  – Damit hat die *allgemeine Lösung* der inhomogenen Differenzengleichung die *Gestalt*

  $y_t = C_1 \cdot 4^t + C_2 \cdot 6^t + 2$ $\qquad$ (t=2, 3,...)

- Das *Einsetzen* der *Anfangsbedingungen* in die allgemeine Lösung liefert das *lineare Gleichungssystem*

  $y_0 = C_1 + C_2 + 2 = 3$
  $y_1 = C_1 \cdot 4 + C_2 \cdot 6 + 2 = 12$

  zur Bestimmung der Konstanten C_1 und C_2 .

  Das Ergebnis $C_1 = -2$ und $C_2 = 3$ kann per Hand oder mittels SOLVER berechnet werden, so dass sich folgende *Lösung* der *Anfangswertaufgabe* ergibt:

  $y_t = -2 \cdot 4^t + 3 \cdot 6^t + 2$ $\qquad$ (t=2, 3,...)

16.4 Numerische Lösungsberechnung mit EXCEL

Die exakte Lösung *linearer Differenzengleichungen* mit *konstanten Koeffizienten* stößt bei praktischen Aufgaben schnell an Grenzen, da sich Nullstellen des zugehörigen charakteristischen Polynoms nicht exakt bestimmen lassen:

– Eine Lösungsmöglichkeit für *lineare Differenzengleichungen* mit konstanten Koeffizienten besteht in EXCEL darin, die Nullstellen des charakteristischen Polynoms näherungsweise (numerisch) zu bestimmen, wozu man den SOLVER heranzieht, der Polynomgleichungen lösen kann (siehe Abschn.11.6.2).

– Eine Lösungsmöglichkeit für *nichtlineare Differenzengleichungen* in expliziter Form

$$y_t = f\left(y_{t-1}, y_{t-2}, ..., y_{t-m}, t \right) \qquad\qquad (t=m,\ m+1,\ m+2,...)$$

besteht bei Vorgabe von Anfangswerten für

$$y_0, y_1, ..., y_{m-1}$$

darin, mittels EXCEL weitere aufeinanderfolgende Glieder

$$y_m, y_{m+1}, ...$$

der Lösungsfolge wie folgt aus der Differenzengleichung zu berechnen:

$$y_m = f\left(y_{m-1}, y_{m-2}, ..., y_0, t \right),\ y_{m+1} = f\left(y_m, y_{m-1}, ..., y_1, t \right), ...$$

17 Differentialgleichungen

17.1 Einführung

Zeitabhängige (dynamische) *Vorgänge* werden als *Prozesse* bezeichnet. Treten sie in Problemstellungen der Wirtschaft auf, so spricht man von *ökonomischen Prozessen*.

Wie bereits im Abschn.16.1 beschrieben, gibt es für die mathematische Modellierung von *Prozessen* zwei Möglichkeiten:

- *Diskrete (diskontinuierliche) Betrachtungsweise*

  Hier werden Prozesse nur zu bestimmten Zeitpunkten betrachtet, so dass man von diskreten (diskontinuierlichen) Prozessen spricht, bei deren mathematischer Modellierung sich *Differenzengleichungen* ergeben (siehe Kap.16).

- *Stetige (kontinuierliche) Betrachtungsweise*

  Hier wird von stetigen (kontinuierlichen) Prozessen gesprochen, bei deren mathematischer Modellierung sich *Differentialgleichungen* ergeben, die dieses Kapitel vorstellt.

17.1.1 Aufgabenstellungen

Differentialgleichungen sind Gleichungen, in denen *unbekannte Funktionen* (Lösungsfunktionen) und deren *Ableitungen* vorkommen.

Es wird zwischen gewöhnlichen und partiellen Differentialgleichungen unterschieden, je nachdem ob die in den Gleichungen auftretenden Funktionen von einer oder mehreren unabhängigen Variablen abhängen.

Da in mathematischen Modellen der Wirtschaft hauptsächlich *gewöhnliche Differentialgleichungen* auftreten, beschränken wir uns auf diese, die folgendermaßen *charakterisiert* sind:

- Gewöhnliche Differentialgleichungen sind Gleichungen, in denen *unbekannte Funktionen* (Lösungsfunktionen) y(x) bzw. y(t) einer unabhängigen Variablen x bzw. t und deren *Ableitungen* vorkommen, wobei ihre Ordnung von der höchsten auftretenden Ableitung bestimmt wird.

- Gewöhnliche Differentialgleichung n-ter Ordnung schreiben sich in der Form

  - $F(x, y(x), y'(x), y''(x), ..., y^{(n)}(x)) = 0$

    Dies heißt *implizite Darstellung*. Dabei brauchen in dem funktionalen Zusammenhang F nicht alle Argumente aufzutreten. Es muss jedoch mindestens die n-te Ableitung

    $y^{(n)}(x)$

    der unbekannten Funktion (Lösungsfunktion) y(x) vorhanden sein.

  - $y^{(n)}(x) = f(x, y(x), y'(x), y''(x), ..., y^{(n-1)}(x))$

    Dies heißt *explizite Darstellung*. Sie wird erhalten, wenn sich die implizite Darstellung nach der n-ten Ableitung von y(x) auflösen lässt.

  - Falls die abhängige Variable die *Zeit* t ist, so schreibt man die explizite Darstellung in der Form

    $y^{(n)}(t) = f(t, y(t), y'(t), y''(t), ..., y^{(n-1)}(t))$

- Eine stetige Funktion y(x) heißt *Lösungsfunktion (Lösung)* einer Differentialgleichung n-ter Ordnung im Lösungsintervall [a,b], wenn y(x) stetige Ableitungen bis zur n-ten Ordnung besitzt und die Differentialgleichung in [a,b] identisch erfüllt.

- Bei der Bestimmung von *Lösungsfunktionen* können folgende *Fälle* auftreten:

  I. Lösungsfunktionen setzen sich aus elementaren mathematischen Funktionen (siehe Abschn.12.2) zusammen und werden in einer endlichen Anzahl von Schritten erhalten:

  Derartige Lösungsdarstellungen sind nur für Sonderfälle möglich, so z.B. für lineare Differentialgleichungen (siehe Abschn.17.3 und 17.4).

  Dieser Fakt ist nicht verwunderlich, da die Lösung von Differentialgleichungen eng mit der Integration von Funktionen zusammenhängt, bei der die gleiche Problematik auftritt.

  II. Lösungsfunktionen lassen sich in geschlossener Form wie z.B. durch konvergente Funktionenreihen oder in Integralform darstellen:

    – Bei Lösungsdarstellungen durch *Funktionenreihen* spielen Potenzreihen eine wichtige Rolle und man spricht von Potenzreihenlösungen. Lösungen dieser Art treten in Differentialgleichungen der Wirtschaftsmathematik seltener auf, so dass wir hierauf nicht eingehen.

    – Lösungsdarstellungen in *Integralform* lernen wir bei linearen Differentialgleichungen erster Ordnung im Abschn.17.3 kennen.

  III. Wenn die Fälle I und II, die als *geschlossene* oder *analytische Lösungsdarstellungen* bezeichnet werden, nicht zutreffen, so sind numerische Lösungsmethoden erforderlich, die Abschn.17.5 vorstellt.

17.1.2 Eigenschaften

Es gibt einen engen *Zusammenhang* zwischen *Differenzengleichungen* und *Differentialgleichungen*. Dieser resultiert aus den Sachverhalten, dass

– Differenzengleichungen als mathematische Modelle bei diskreter Betrachtungsweise auftreten und beim Übergang zur stetigen Betrachtungsweise in Differentialgleichungen übergehen, wie Beisp.16.1a illustriert.

– umgekehrt Differentialgleichungen durch Diskretisierung in Differenzengleichungen übergehen, wie Beisp.16.1b und Abschn.17.5 illustrieren.

Eine Lösungsdarstellung für gewöhnliche Differentialgleichungen n-ter Ordnung, die alle möglichen Lösungen enthält, heißt *allgemeine Lösung*:

– Es lässt sich unter gewissen Voraussetzungen nachweisen, dass die allgemeine Lösung von n frei wählbaren reelle Konstanten (Integrationskonstanten)
$$C_1 \ , \ C_2 \ , \ ... \ , \ C_n$$
abhängt.

– Damit besitzen Differentialgleichungen n-ter Ordnung eine n-parametrische Schar

$$y(x) = y(x;\ C_1, C_2, ..., C_n)$$

von Lösungsfunktionen:

Lösungen ohne frei wählbare Konstanten heißen *spezielle Lösungen*.

Es lassen sich maximal n Bedingungen für Lösungen einer Differentialgleichung n-ter Ordnung vorgeben, durch die sich die in der allgemeinen Lösung enthaltenen Konstanten bestimmen (siehe Beisp.17.5d).

Es wird von *Anfangswertaufgaben* gesprochen, wenn für die Lösungsfunktion y(x) nur Bedingungen für einen Wert $x = x_0$ der unabhängigen Variablen x aus dem Lösungsintervall [a,b] vorliegen, die *Anfangsbedingungen* heißen.

In mathematischen Modellen *ökonomischer Prozesse* treten *Anfangswertaufgaben* auf, in denen die unabhängige Variable die Zeit t darstellt, so dass Lösungsfunktionen y(t) zu bestimmen sind:

Anfangsbedingungen sind häufig für den Beginn des Prozesses y(t) gegeben, d.h. für t = 0 und haben die Form

$$y(0) = y_0\ ,\ y'(0) = y_1\ ,..,\ y^{(n-1)}(0) = y_{n-1}$$

in der die n gegebenen Zahlenwerte $y_0, y_1, ..., y_{n-1}$ als *Anfangswerte* bezeichnet werden.

17.2 Einsatz in der Wirtschaftsmathematik

Neben durch Differenzengleichungen beschriebenen *diskreten Prozessen* spielen in der Wirtschaftsmathematik auch *stetige* ökonomische *Prozesse* eine Rolle, die durch von der Zeit t abhängige Funktionen y(t) beschrieben werden und deren mathematische Modellierung zu *Differentialgleichungen* führt:

- Die erste Ableitung $y'(t)$ eines durch die Funktion y(t) beschriebenen ökonomischen Prozesses stellt ein Maß für seine *zeitliche Änderung* dar (siehe Abschn.14.2).

- Falls die zeitliche Änderung $y'(t)$ eines ökonomischen Prozesses *proportional* zu seinem gegenwärtigen Zustand y(t) ist, lässt er sich durch *Wachstumsdifferentialgleichungen* beschreiben, in denen $y'(t)$ die Wachstumsgeschwindigkeit darstellt (siehe Beisp. 17.1 und Abschn.17.3.2).

- Bei *ökonomischen Prozessen* treten nicht nur Wachstumsdifferentialgleichungen, sondern weitere *gewöhnliche Differentialgleichungen erster* und *höherer Ordnung* auf, wie Beisp.17.2 illustriert.

- Ebenso wie bei diskreten ökonomischen Prozessen stellt sich bei *stetigen Prozessen* y(t) in praktischen ökonomischen Aufgabenstellungen die Frage nach *Gleichgewichtszuständen*:

  – Unter einem Gleichgewichtszustand wird ein Zustand verstanden, bei dem der *Prozess zeitunabhängig* ist.

- Dies bedeutet, dass die erste Ableitung als Maß für Änderungen gleich Null sein muss, d.h. $y'(t) \equiv 0$.

Beispiel 17.1:

Wachstumsdifferentialgleichungen bilden eine Klasse linearer Differentialgleichungen erster Ordnung, deren Lösungsproblematik im Abschn.17.3.2 und im Beisp.17.3 illustriert ist. Sie besitzen zahlreiche Anwendungen in mathematischen Modellen der Wirtschaft, wie bereits folgende Beispiele erkennen lassen:

a) Eine Anwendung für Wachstumsdifferentialgleichungen wird durch die *Bevölkerungsentwicklung* in der Welt oder einem Land geliefert. Das gleiche Modell lässt sich für das *Wachstum* einer *Tierpopulation* einsetzen:

- Durch die Annahme, dass die zeitliche Änderung der Bevölkerung (Tierpopulation) $y'(t)$ im Zeitpunkt t proportional zum aktuellen Bevölkerungsbestand (Tierbestand) $y(t)$ ist, ergibt sich die *Wachstumsdifferentialgleichung*

  $y'(t) = a \cdot y(t)$ (a - Proportionalitätsfaktor)

  Ist die Anzahl der Bevölkerung (Tierpopulation) y_0 zu einem konkreten Zeitpunkt t_0 bekannt, so ergibt sich die Anfangsbedingung $y(t_0) = y_0$. Damit ist eine *Anfangswertaufgabe* zu lösen ist, deren Lösung die Form

  $y(t) = y_0 \cdot e^{a \cdot (t-t_0)}$

  besitzt, wie aus Beisp.17.3a zu sehen ist.

- Die erhaltene Lösung zeigt, dass die *Bevölkerung exponentiell wächst*, falls der Proportionalitätsfaktor a größer Null ist.

- Das vorgestellte Modell ist meistens unrealistisch (vereinfacht), da ein exponentielles Wachstum erhalten wird, das in der Praxis selten auftritt. Deshalb wird dieses Modell durch genauere Modelle ersetzt, von denen einige im Abschn.17.3.2 und Beisp.17.3b und 17.3c vorgestellt werden.

b) Ein einfaches von *Baumol* aufgestelltes *Wachstumsmodell* einer *Wirtschaft* ergibt sich folgendermaßen:

- Es wird angenommen, dass
  - ein Teil a des Volkseinkommens $y(t)$ gespart wird d.h. $s(t) = a \cdot y(t)$.
  - die Sparbeträge $s(t)$ wieder als Nettoinvestitionen $i(t)$ verwendet werden, die den Einkommensänderungen proportional sind, d.h.

    $s(t) = i(t) = b \cdot y'(t)$ (b - Proportionalitätsfaktor)

- Diese Annahmen ergeben die *Wachstumsdifferentialgleichung*

  $b \cdot y'(t) = a \cdot y(t)$

  die eine analoge Form wie im Beisp.a besitzt:

- Für eine eindeutige Lösung wird als Anfangsbedingung das Volkseinkommen y_0 zu einem gegebenen Zeitpunkt t_0 benötigt, d.h. $y(t_0) = y_0$.

- Die Lösung lautet dafür $y(t) = y_0 \cdot e^{\frac{a}{b} \cdot (t-t_0)}$

c) Das Endkapital $K(t)$ bei *stetiger Verzinsung* (siehe Abschn.22.6.2 und Beisp.22.4a)

$$K(t) = K_0 \cdot e^{i \cdot t} \qquad\qquad (i \text{ - Zinssatz}, t \text{ - Laufzeit}, K_0 \text{ - Anfangskapital})$$

ergibt sich als Lösung einer *Wachstumsdifferentialgleichung* aus Beisp.a

$$K'(t) = i \cdot K(t)$$

mit der Anfangsbedingung $K(0) = K_0$.

Beispiel 17.2:

Betrachtung weiterer Differentialgleichungen erster und zweiter Ordnung, die in mathematischen Modellen der Wirtschaft eine Rolle spielen:

a) Angebot $a(t)$ und Nachfrage $n(t)$ einer Ware stellen sich folgendermaßen in Abhängigkeit des Preises $p(t)$ dar:

$$a(t) = A + B \cdot p(t) + C \cdot p'(t) \qquad\qquad (A, B, C \text{ gegebene Konstanten} \geq 0)$$

$$n(t) = D - E \cdot p(t) - F \cdot p'(t) \qquad\qquad (D, E, F \text{ gegebene Konstanten} \geq 0)$$

d.h. das Angebot $a(t)$ wächst mit der Erhöhung des Preises $p(t)$, während die Nachfrage $n(t)$ fällt:

- Bei einem *Gleichgewicht* des Marktes, d.h. $a(t)=n(t)$ ergibt sich eine inhomogene *lineare Differentialgleichung* erster Ordnung für die Preisfunktion $p(t)$ in der Form:

  $$G \cdot p'(t) + H \cdot p(t) = I \qquad \text{mit den Konstanten } G = C + F, H = B + E, I = D - A.$$

- Für eine eindeutige Lösung wird als *Anfangsbedingung* der Preis p_0 zu einem gegebenen Zeitpunkt t_0 benötigt, d.h. $p(t_0) = p_0$.

- Ein *Preisgleichgewicht* stellt sich für $p'(t)=0$ ein, d.h. es treten keine Preisänderungen auf. Hier ergibt sich der konstante Preis $p(t) = I/H$.

b) Im Beisp.16.3c wird ein diskretes Multiplikator-Akzelerator-Modell von Samuelson betrachtet, das auf eine Differenzengleichung zweiter Ordnung führt.

  Im Folgenden wird ein von Phillips gegebenes *stetige Analogon* des *Multiplikator-Akzelerator-Modells* für das Wachstum des Volkseinkommens vorgestellt, das auf ein System von zwei *linearen Differentialgleichungen* erster Ordnung führt:

- Mit den Größen

  $y(t)$ - Volkseinkommen

  $n(t)$ - Nachfrage

  $k(t)$ - geplanter Konsum

  $i(t)$ - Investitionen als Reaktion auf die Veränderung von $y(t)$

  $ik(t)$ - Investitionen und Konsum

lauten die Modellgleichungen (p, b, c, d - gegebene Konstanten)

$y'(t) = p \cdot (y(t) - n(t))$

$k(t) = b \cdot y(t)$

$n(t) = k(t) + ik(t) + i(t)$

$i'(t) = c \cdot (i(t) - d \cdot y'(t))$

– Bei bekannter Funktion ik(t) lassen sich die vier Modellgleichungen in folgendes System von zwei linearen Differentialgleichungen erster Ordnung für y(t) und i(t) überführen:

$y'(t) = p \cdot (y(t) - b \cdot y(t) - ik(t) - i(t))$

$i'(t) = c \cdot (i(t) - d \cdot p \cdot (y(t) - b \cdot y(t) - ik(t) - i(t)))$

c) Betrachtung eines *Wachstumsmodell* von Solow, das auf eine nichtlineare Differentialgleichung erster Ordnung führt:

• Es wird angenommen, dass sich

   I. das Nettosozialprodukt Y(t) als *Cobb-Douglas-Funktion* von Kapital K(t) und Arbeit A(t) in der Form

$$Y(t) = K(t)^{a} \cdot A(t)^{1-a} \qquad\qquad (0 < a < 1)$$

darstellt,

  II. die Bevölkerungsanzahl und damit das Angebot an Arbeit A(t) als Lösung einer *Wachstumsdifferentialgleichung* (siehe Beisp.17.1) ergibt, d.h. als folgende Wachstumsfunktion

$$A(t) = A_0 \cdot e^{d \cdot t} \qquad\qquad (d>0 \text{ - gegebene Konstante})$$

III. das Kapital K(t) proportional zum Nettosozialprodukt Y(t) verändert, d.h.

$$K'(t) = p \cdot Y(t) \qquad\qquad (p \text{ - Proportionalitätsfaktor})$$

• Unter diesen Annahmen ergibt sich das *Wachstumsmodell* von *Solow* aus den in I-III gegebenen Gleichungen.

• Die drei Gleichungen I-III liefern durch

– Einführung des

Pro-Kopf-Kapitals $\qquad\qquad\qquad\qquad k(t) = \dfrac{K(t)}{A(t)}$

Pro-Kopf-Nettosozialprodukts $\qquad\quad y(t) = \dfrac{Y(t)}{A(t)}$

– Differentiation des Pro-Kopf-Kapitals k(t)

folgende *nichtlineare Differentialgleichung* erster Ordnung für das Pro-Kopf–Kapital k(t):

$$k'(t) = p \cdot k(t)^a - d \cdot k(t)$$

- Die so erhaltene Differentialgleichung besitzt die allgemeine Lösung

$$k(t) = \left(\frac{p}{d} + e^{(a-1) \cdot d \cdot t} \cdot C \right)^{\frac{1}{1-a}} \qquad \text{(C - frei wählbare Konstante)}$$

wie sich durch Einsetzen nachprüfen lässt.

- Für eine eindeutige Lösung wird als Anfangsbedingung das Pro-Kopf-Kapital k_0 zu einem gegebenen Zeitpunkt t_0 benötigt, d.h. $k(t_0) = k_0$.

Damit ergibt sich für $t_0 = 0$ folgende Lösungsfunktion

$$k(t) = \left(\frac{p}{d} + e^{(a-1) \cdot d \cdot t} \cdot \left(k_0^{1-a} - \frac{p}{d} \right) \right)^{\frac{1}{1-a}}$$

- Aus $k'(t) = 0$ ergibt sich als *Gleichgewichtszustand* des Pro-Kopf-Kapitals $k(t)$ die Beziehung:

$$k(t) = \left(\frac{p}{d} \right)^{\frac{1}{1-a}}$$

d) Im Folgenden wird ein Modell für *Differentialgleichungen zweiter Ordnung* betrachtet, die ebenfalls ein breites Anwendungsspektrum in der Wirtschaftsmathematik besitzen:

- Angebot $a(t)$ und Nachfrage $n(t)$ einer Ware stellen sich im Unterschied zu Beisp. a in Abhängigkeit des Preises $p(t)$ folgendermaßen dar:

$$a(t) = A + B \cdot p(t) + C \cdot p'(t) + D \cdot p''(t) \qquad \text{(A, B, C, D - gegebene Konstanten} \geq 0)$$

$$n(t) = E - F \cdot p(t) - G \cdot p'(t) - H \cdot p''(t) \qquad \text{(E, F, G, H - gegebene Konstanten} \geq 0)$$

d.h. beide hängen zusätzlich von der *Preisbeschleunigung* $p''(t)$ ab.

- Bei einem Gleichgewicht $a(t) = n(t)$ des Marktes ergibt sich für die Preisfunktion $p(t)$ folgende inhomogene lineare *Differentialgleichung zweiter Ordnung* mit konstanten Koeffizienten ($I = D + H$, $J = C + G$, $K = B + F$, $L = E - A$):

$$I \cdot p''(t) + J \cdot p'(t) + K \cdot p(t) = L$$

- Für eine eindeutige Lösung wird als Anfangsbedingung der Preis p_0 und die Preisänderung p'_0 zu einem gegebenen Zeitpunkt t_0 benötigt, d.h.

$$p(t_0) = p_0 \text{ und } p'(t_0) = p'_0.$$

- Ein *Preisgleichgewicht* stellt sich für $p''(t) = 0$ und $p'(t) = 0$ ein und aus der Differentialgleichung ergibt sich der konstante Preis $p(t) = L/K$.

17.3 Differentialgleichungen erster Ordnung

Differentialgleichungen erster Ordnung stellen die einfachste Form gewöhnlicher Differentialgleichungen dar, da in ihren Gleichungen neben der unbekannten Funktion (Lösungsfunktion) y(x) bzw. y(t) nur noch ihre erste Ableitung y'(x) bzw. y'(t) auftritt:

- Sie schreiben sich in expliziter Darstellung in folgender Form (t - Zeit):
  y'(x) = f(x,y(x))   bzw. y'(t) = f(t,y(t))

- Es gibt eine Reihe von Sonderfällen, für die sich Lösungsmethoden angeben lassen (siehe Abschn.17.3.1).

- Die *allgemeine Lösung* hängt von einer frei wählbaren reellen Konstanten (Integrationskonstanten) C ab, so dass nur die Vorgabe einer Anfangsbedingung möglich ist.

- Differentialgleichungen erster Ordnung treten in zahlreichen mathematischen Modellen der Wirtschaft auf, wobei Wachstumsdifferentialgleichungen eine große Rolle spielen (siehe Abschn.17.3.2):

17.3.1 Lösungsmethoden

Für eine Reihe von Sonderfällen für Differentialgleichungen erster Ordnung existieren Lösungsmethoden, von denen wir zwei wichtige vorstellen, wobei x als unabhängige Variable verwendet wird:

- *Lineare Differentialgleichungen* erster Ordnung schreiben sich in der Form

  $$y'(x) + a(x) \cdot y(x) = f(x) \qquad\qquad (a(x)\,,\ f(x) \text{ - gegebene Funktionen})$$

  Für sie lassen sich folgende *Lösungsformeln* angeben:

  - *Allgemeine Lösung* mit frei wählbarer reeller Konstanten C

  $$y(x) = \left(C + \int e^{\int a(x)\,dx} \cdot f(x)\ dx \right) \cdot e^{-\int a(x)\,dx}$$

  In dieser Lösungsformel sind alle auftretenden Integrale unbestimmte Integrale, deren Berechnung ohne additive Konstante erfolgt.

  Damit wird eine *Lösungsdarstellung* in *Integralform* erhalten, die sich nur weiter vereinfachen lässt, wenn die auftretenden Integrale berechenbar sind.

  - *Lösung* für die *Anfangsbedingung* $y(x_0) = y_0$:

  $$y(x) = \left(y_0 + \int_{x_0}^{x} e^{\int_{x_0}^{s} a(t)\,dt} \cdot f(s)\ ds \right) \cdot e^{-\int_{x_0}^{x} a(t)\,dt}$$

  In dieser Lösungsformel sind alle auftretenden Integrale bestimmte Integrale.

Damit wird eine Lösungsdarstellung in Integralform erhalten, die sich nur weiter vereinfachen lässt, wenn die auftretenden Integrale berechenbar sind.

- Beide Lösungsformeln sind universell einsetzbar, so auch für homogene Differentialgleichungen mit $f(x) \equiv 0$.

- Die in der Mathematik öfters eingesetzte Methode der *Trennung der Variablen* lässt sich auch auf Differentialgleichungen erster Ordnung anwenden, die folgende Form haben:

  $$y'(x) = g(x) \cdot h(y(x))$$

  d.h. die Variablen x und y müssen trennbar (separierbar) sein. Man spricht hier von *separierbaren Differentialgleichungen:*

  - Wenn diese Form vorliegt, lässt sich die allgemeine Lösung durch Integration in folgender Form finden, falls $h(y) \neq 0$ vorausgesetzt ist:

    $$\int \frac{dy}{h(y)} = \int g(x)\, dx + C$$

  - Es ist natürlich nicht zu übersehen, dass diese Methode nur explizit eine Lösungsfunktion liefert, wenn beide Integrale berechenbar sind. Ansonsten lässt sich nur die gegebene implizite Lösungsdarstellung in Integralform weiterverwenden (siehe Beisp.17.3).

17.3.2 Wachstumsdifferentialgleichungen

Einen wichtigen Sonderfall von Differentialgleichungen erster Ordnung bilden Wachstumsdifferentialgleichungen, die in verschiedenen Gebieten eine große Rolle spielen, so auch bei Wachstumsprozessen in der Wirtschaft (siehe Beisp.17.1). Da hier Zeitabhängigkeit vorliegt, wird t als unabhängige Variable verwandt.

Wachstumsdifferentialgleichungen können in folgenden Formen auftreten:

I. Einfache *Wachstums-* und *Zerfallsgesetze* gehen davon aus, dass zeitliche Änderungen $y'(t)$ proportional zur Funktion $y(t)$ selbst sind:

  - Damit ergibt sich als mathematisches Modell eine homogene lineare Differentialgleichung erster Ordnung mit konstanten Koeffizienten, d.h.

    $$y'(t) = a \cdot y(t) \qquad\qquad (\text{a - Proportionalitätsfaktor})$$

  - Diese Differentialgleichung besitzt die allgemeine Lösung

    $$y(t) = C \cdot e^{a \cdot t}$$

    d.h. die Lösungsfunktion ist eine e-Funktion (siehe Beisp.17.3a).

  - Für den auftretenden *Proportionalitätsfaktor* a (reelle Zahl), der bei konkreten Aufgaben noch zu bestimmen ist, gilt in Abhängigkeit von seinem Vorzeichen Folgendes:

    $a < 0$

    Dieser Fall tritt bei *Zerfallsprozessen* (z.B. von radioaktive Substanzen) auf, bei denen a *Zerfallsrate* heißt. Hier ist die Lösungsfunktion eine e-Funktion mit negativem Argument, die für $t \to \infty$ gegen Null strebt.

$a > 0$

Dieser Fall tritt bei *Wachstumsprozessen* (z.B. von Populationen, Volkseinkommen) auf, bei denen a *Wachstumsrate* heißt. In diesem Fall wird von einer *Wachstumsdifferentialgleichung* gesprochen, da die Lösungsfunktion eine *Wachstumsfunktion* in Form einer e-Funktion mit positivem Argument ist, die für t→∞ gegen ∞ strebt.

II. Der Proportionalitätsfaktor a kann von der Zeit t abhängen, d.h. a=a(t), so dass die *Wachstumsdifferentialgleichung* in allgemeiner Form

$$y'(t) = a(t) \cdot y(t) \qquad\qquad\qquad (a(t) \text{ - gegeben})$$

vorliegt, die im Beisp.17.3a näher betrachtet wird.

III. Durch Differentialgleichungen aus I und II beschriebene Wachstumsprozesse können unbeschränkte Wachstumsfunktionen liefern. Dies widerspricht meistens der Realität, da das Wachstum

– i.Allg. beschränkt bleibt, z.B. aufgrund beschränkter Ressourcen.

– sich einer Obergrenze N nähert, so dass von *Sättigungsprozessen* gesprochen wird, die durch Differentialgleichungen der Form

$$y'(t) = a(t) \cdot (N - y(t)) \qquad\qquad (a(t) , N \text{ - gegeben})$$

beschreibbar sind (siehe Beisp.17.3b).

IV. Der Realität wird am besten Rechnung durch die Annahme getragen, , dass die Wachstumsgeschwindigkeit y'(t) zur kleiner werdenden Differenz N-y(t) zwischen Obergrenze N und momentanen Zustand y(t) und zum momentanen Zustand y(t) proportional ist, so dass sich die Differentialgleichung

$$y'(t) = a(t) \cdot (N - y(t)) \cdot y(t) \qquad\qquad (a(t) , N \text{ - gegeben})$$

ergibt, die Beisp.17.3c näher betrachtet.

Beispiel 17.3:

Lösung von *Differentialgleichungen erster Ordnung* mit den vorgestellten Methoden durch Betrachtung von *Wachstumsdifferentialgleichungen*:

a) Lösung der homogenen *Wachstumsdifferentialgleichung*

$$y'(t) + a(t) \cdot y(t) = 0 \qquad\qquad (a(t) \text{ - gegebene Funktion})$$

– Sie kann mittels Methode der *Trennung der Variablen* gelöst werden, d.h. durch Umformung und anschließende Integration:

$$\int \frac{dy}{y} = -\int a(t)\, dt$$

– Bei einer beliebigen Funktion a(t) lässt sich nur das Integral auf der linken Seite berechnen, so dass sich

$$\log y = -\int a(t)\, dt + \log C$$

ergibt, wenn die Integrationskonstante in der Form log C geschrieben wird.

– Die Auflösung nach y ergibt die vorgestellte Lösungsformel für die allgemeine Lösung:

$$y(t) = C \cdot e^{-\int a(t)\, dt}$$

– Falls a(t) nicht von t abhängt, d.h. konstant gleich a (Proportionalitätsfaktor - siehe Beisp.17.1a) ist, ergibt sich die allgemeine Lösung in der Form

$$y(t) = C \cdot e^{-a \cdot t}$$

Diese Lösung kann auch mittels Ansatzmethode erhalten werden (siehe Beisp.17.5a).

b) Die bei Sättigungsprozessen auftretende *Wachstumsdifferentialgleichung*

$$y'(t) = a(t) \cdot (N - y(t)) \qquad\qquad\qquad (a(t),\, N \text{ - gegeben})$$

ist eine *inhomogene lineare Differentialgleichung* erster Ordnung:

– Sie kann direkt mittels *Trennung der Variablen* gelöst werden.
– Nach Umformung auf die Gestalt

$$y'(t) + a(t) \cdot y(t)) = a(t) \cdot N$$

ergibt sich ihre *allgemeine Lösung* mit der bereitgestellten *Lösungsformel* (siehe Abschn.17.3.1), wie im Folgenden zu sehen ist (C - frei wählbare reelle Konstante):

$$y(t) = \left(C + \int e^{\int a(t)\, dt} \cdot a(t) \cdot N\, dt \right) \cdot e^{-\int a(t)\, dt}$$

c) Lösung der vorgestellten *Wachstumsdifferentialgleichung*

$$y'(t) = a(t) \cdot (N - y(t)) \cdot y(t) \qquad\qquad (a(t),\, N \text{ - gegeben}):$$

- Sie ist eine nichtlineare Differentialgleichung erster Ordnung:
  – Sie heißt *logistische Differentialgleichung*.
  – Sie beschreibt *Sättigungsprozesse,* d.h. logistische Wachstumsprozesse.
  – Ein Gleichgewicht (Sättigung N) stellt sich für $y'(t) = 0$ ein, d.h. $y(t) = N$.
  – Ihre Lösungsfunktionen heißen *logistische Funktionen* und dienen als Prognosefunktionen für langfristige Prognosen von Wachstumsprozessen.
  – Da sie nichtlinear ist, lässt sich die gegebene Lösungsformel für lineare Differentialgleichungen nicht anwenden. Es ist aber die Methode der Trennung der Variablen erfolgreich, wie im Folgenden illustriert ist.
- Die Methode der *Trennung der Variablen* liefert folgende Beziehung:

$$\int \frac{dy}{(N-y)\cdot y} = \int a(t)\,dt$$

Das Integral auf der rechten Seite lässt sich nur bei bekannter einfacher Funktion a(t) berechnen, während das Integral auf der linken Seite durch Partialbruchzerlegung (siehe Abschn.15.2.2) berechenbar ist:

$$\int \frac{dy}{(N-y)\cdot y} = \frac{1}{N}\cdot\int\left(\frac{1}{N-y}+\frac{1}{y}\right)dy = \frac{1}{N}\cdot\left(-\ln\left|N-y\right|+\ln\left|y\right|\right) = \frac{1}{N}\cdot\ln\left|\frac{y}{N-y}\right|$$

- Damit ergibt sich für die allgemeine Wachstumsdifferentialgleichung die Lösung

$$\ln\left|\frac{y}{N-y}\right| = N\cdot\int a(t)\,dt$$

in impliziter Form, die sich durch eine mögliche Auflösung nach y in eine explizite Darstellung bringen lässt (siehe auch Beisp.17.4c).

Beispiel 17.4:

Illustration des Verhaltens von Lösungsfunktionen für einige vorgestellte *Wachstumsdifferentialgleichungen* unter Verwendung der im Beisp.17.3 berechneten Lösungen:

a) Für die spezielle Wachstumsdifferentialgleichung

$$y'(t) + a(t)\cdot y(t) = 0 \qquad\qquad\qquad (a(t) - gegeben)$$

berechnet Beisp.17.3a die allgemeine Lösung:

- Für den Sonderfall $a(t) = a$ = konstant ergibt sich hieraus unmittelbar die allgemeine Lösung:

$$y(t) = C\cdot e^{-a\cdot t}$$

die für $a<0$ und $C>0$ offensichtlich eine *Wachstumsfunktion* (monoton wachsende Funktion) realisiert, die nicht beschränkt ist.

- Bei Vorgabe einer Anfangsbedingung $y(0) = y_0$ zum Zeitpunkt $t = 0$ ergibt sich die frei wählbare Konstante C durch Einsetzen zu $y(0) = C\cdot e^{-a\cdot 0} = C = y_0$, so dass als Lösungsfunktion der Anfangswertaufgabe

$$y(t) = y_0\cdot e^{-a\cdot t}$$

folgt.

b) Die bei Sättigungsprozessen auftretende *Wachstumsdifferentialgleichung*

$$y'(t) = a(t)\cdot(N-y(t)) \qquad\qquad\qquad (a(t)\,,\,N - gegeben)$$

wird im Beisp.17.3b gelöst:

– Für den Sonderfall $a(t) = a = $ konstant ergibt sich die allgemeine Lösung

$$y(t) = \left(C + \int e^{a \cdot t} \cdot a \cdot N \, dt \right) \cdot e^{-a \cdot t} = C \cdot e^{-a \cdot t} + N$$

– Die Lösungsfunktion ist für a>0 und C>0 eine monoton fallende Funktion und nach unten beschränkt mit

$$\lim_{t \to \infty} y(t) = N.$$

c) Für die allgemeine Wachstumsdifferentialgleichung

$$y'(t) = a(t) \cdot (N - y(t)) \cdot y(t) \qquad\qquad (a(t), N - \text{gegeben})$$

wird im Beisp.17.3c die allgemeine Lösung

$$\ln \left| \frac{y}{N-y} \right| = N \cdot \int a(t) \, dt$$

berechnet.

Für den Sonderfall $a(t) = a = $ konstant lässt sich das Integral auf der rechten Seite der allgemeinen Lösung berechnen, d.h.

$$\int a(t) \, dt = a \cdot t + \frac{1}{N} \cdot \ln C,$$

wobei wir die Integrationskonstante für eine einfache Lösungsdarstellung in der Form $\frac{1}{N} \cdot \ln C$ schreiben:

– Aus der impliziten Darstellung der erhaltenen allgemeinen Lösung

$$\ln \left| \frac{y}{N-y} \right| = N \cdot a \cdot t + \ln C$$

ergibt sich durch Auflösung nach y die Lösung in expliziter Form:

$$y(t) = C \cdot N \cdot \frac{e^{a \cdot N \cdot t}}{1 + C \cdot e^{a \cdot N \cdot t}} = \frac{N}{1 + B \cdot e^{-a \cdot N \cdot t}} \qquad\qquad (\text{mit } B = 1/C)$$

– Die Lösungsfunktion ist für a>0, C>0, N>0 eine monoton wachsende Wachstumsfunktion. Sie trägt jedoch der Realität besser Rechnung, da sie nach oben beschränkt ist mit

$$\lim_{t \to \infty} y(t) = N$$

17.4 Lineare Differentialgleichungen n-ter Ordnung

Lineare Differentialgleichungen n-ter Ordnung haben die Form

$$y^{(n)}(x) + a_{n-1}(x) \cdot y^{(n-1)}(x) + ... + a_1(x) \cdot y'(x) + a_0(x) \cdot y(x) = f(x)$$

mit stetigen Koeffizienten $a_i(x)$ und stellen einen wichtigen Sonderfall gewöhnlicher Differentialgleichungen n-ter Ordnung dar, für den die Lösungstheorie weitreichende Aussagen liefert:

- Für n=1, d.h. für lineare Differentialgleichungen erster Ordnung, ist im Abschn.17.3.1 eine Lösungsformel zu finden.

- Lineare Differentialgleichungen besitzen nicht nur großes theoretisches Interesse, sondern haben zahlreiche praktische Anwendungen in mathematischen Modellen der Wirtschaft, wie bereits die betrachteten Beisp.17.1-17.3 erkennen lassen.

17.4.1 Eigenschaften

Für lineare Differentialgleichungen n-ter Ordnung existiert eine umfassende Theorie, die Eigenschaften und Lösungsmethoden liefert:

- Ist die Funktion f(x) der rechten Seite identisch gleich Null (d.h. $f(x) \equiv 0$), so spricht man von *homogenen* linearen Differentialgleichungen, ansonsten von *inhomogenen*.

- Die *allgemeine Lösung* (Lösungsfunktion) y(x) linearer Differentialgleichungen n-ter Ordnung hängt von n frei wählbaren reellen Konstanten ab.

  Hierfür lassen sich weitreichendere Aussagen als für nichtlineare Differentialgleichungen herleiten:

  - Die *allgemeine Lösung* (Lösungsfunktion) $y_h(x)$ *homogener linearer Differentialgleichungen* hat die Form

    $$y_h(x) = C_1 \cdot y_1(x) + C_2 \cdot y_2(x) + ... + C_n \cdot y_n(x)$$

    wobei die Funktionen

    $$y_1(x), y_2(x), ... , y_n(x)$$

    ein *Fundamentalsystem* von Lösungsfunktionen bilden und

    $$C_1, C_2, ..., C_n$$

    frei wählbare reelle Konstanten sind:

    Ein *Fundamentalsystem* ist dadurch charakterisiert, dass seine n Funktionen Lösungen der homogenen Differentialgleichung und linear unabhängig sind.

    Damit ist die Berechnung allgemeiner Lösungen homogener linearer Differentialgleichungen auf die Bestimmung eines *Fundamentalsystems* zurückgeführt.

    Derartige *Fundamentalsysteme* lassen sich z.B. für lineare Differentialgleichungen mit speziellen Koeffizienten explizit bestimmen, wie im Abschn.17.4.2 für konstante Koeffizienten zu sehen ist.

– Die *allgemeine Lösung* (Lösungsfunktion) y(x) *inhomogener linearer Differential-gleichungen* ergibt sich als Summe aus *allgemeiner Lösung* $y_h(x)$ der zugehörigen homogenen Differentialgleichung und *spezieller* (partikulärer) *Lösung* $y_s(x)$ der inhomogenen Differentialgleichung, d.h.

$$y(x) = y_h(x) + y_s(x)$$

Spezielle (partikuläre) Lösungen inhomogener Differentialgleichungen lassen sich z.B. mittels Ansatz ermitteln, wie Abschn.17.4.3 illustriert.

17.4.2 Konstante Koeffizienten

Lineare Differentialgleichungen n-ter Ordnung mit *konstanten Koeffizienten* haben die Form

$$y^{(n)}(x) + a_{n-1} \cdot y^{(n-1)}(x) + ... + a_1 \cdot y'(x) + a_0 \cdot y(x) = f(x)$$

wobei die Koeffizienten a_k (k = 0, 1, ... , n-1) gegebene reelle Konstanten sind, d.h. nicht von x abhängen.

Für diesen Sonderfall linearer Differentialgleichungen existiert eine umfassende Lösungs-theorie, die im Folgenden skizziert ist:

• Bei *homogenen* Differentialgleichungen (f(x) ≡ 0) kann mittels des *Lösungsansatzes*

$$y(x) = e^{\lambda \cdot x}$$

mit frei wählbarem Parameter λ ein Fundamentalsystem von Lösungen und damit die *allgemeine Lösung* bestimmt werden:

– Das Einsetzen dieses Ansatzes in die homogene Differentialgleichung liefert für λ das *charakteristische Polynom* n-ten Grades

$$P_n(\lambda) = \lambda^n + a_{n-1} \cdot \lambda^{n-1} + ... + a_1 \cdot \lambda + a_0$$

– Damit der Ansatz die homogene Differentialgleichung löst, sind die n Nullstellen des charakteristischen Polynoms zu bestimmen, d.h. es ist die Polynomgleichung $P_n(\lambda) = 0$ zu lösen.

• Mit den n berechneten Nullstellen des charakteristischen Polynoms lassen sich allge-meine Lösungen homogener linearer Differentialgleichungen mit konstanten Koeffi-zienten folgendermaßen konstruieren:

– Der einfachste Fall liegt vor, wenn die Nullstellen

$$\lambda_1, \lambda_2, \lambda_3, ..., \lambda_n$$

paarweise verschieden und reell sind. Hier lautet die *allgemeine Lösung* der homo-genen Differentialgleichung ($C_1, C_2, ..., C_n$ - frei wählbare reelle Konstanten):

$$y(x) = C_1 \cdot e^{\lambda_1 \cdot x} + C_2 \cdot e^{\lambda_2 \cdot x} + C_3 \cdot e^{\lambda_3 \cdot x} + ... + C_n \cdot e^{\lambda_n \cdot x}$$

wobei die Lösungsfunktionen

$$e^{\lambda_1 \cdot x}, \ e^{\lambda_2 \cdot x}, \ e^{\lambda_3 \cdot x}, ..., \ e^{\lambda_n \cdot x}$$

ein *Fundamentalsystem* bilden, wie sich beweisen lässt.

- Besitzt das charakteristische Polynom eine r-fache reelle Nullstelle λ, so lautet der entsprechende Anteil der allgemeinen Lösung

$$\left(C_1 + C_2 \cdot x + C_3 \cdot x^2 + \ldots + C_r \cdot x^{r-1} \right) \cdot e^{\lambda \cdot x}$$

d.h. es werden r linear unabhängige Lösungsfunktionen

$$e^{\lambda \cdot x}, \quad x \cdot e^{\lambda \cdot x}, \quad x^2 \cdot e^{\lambda \cdot x}, \ldots, x^{r-1} \cdot e^{\lambda \cdot x}$$

für λ erhalten.

- Besitzt das charakteristische Polynom eine komplexe Nullstelle $a + b \cdot i$, so besitzt es laut Theorie auch die konjugiert komplexe Nullstelle $a - b \cdot i$:

  Hierfür lassen sich zwei reelle linear unabhängige Lösungsfunktionen

$$\cos (b \cdot x) \cdot e^{a \cdot x} \quad , \quad \sin (b \cdot x) \cdot e^{a \cdot x}$$

der Differentialgleichung konstruieren, so dass der entsprechende Anteil der allgemeinen Lösung folgendermaßen lautet:

$$\left(C_1 \cdot \cos (b \cdot x) + C_2 \cdot \sin (b \cdot x) \right) \cdot e^{a \cdot x}$$

Treten komplexe Nullstellen mehrfach auf, so ist analog zu mehrfach reellen zu verfahren.

Beispiel 17.5:

Illustration der Lösung linearer Differentialgleichungen mit konstanten Koeffizienten mit den vorgestellten Methoden:

a) Die im Beisp.17.3a und 17.4a betrachtete homogene lineare Wachstumsdifferentialgleichung mit konstanten Koeffizienten

$$y'(t) + a \cdot y(t) = 0 \qquad\qquad\qquad \text{(a - gegebene Konstante)}$$

lässt sich mit der vorgestellten Ansatzmethode

$$y(t) = e^{\lambda \cdot t}$$

lösen, die das charakteristische Polynom $\lambda + a = 0$ und damit folgende allgemeine Lösung liefert:

$$y(t) = C \cdot e^{-a \cdot t} \qquad\qquad\qquad \text{(C - frei wählbare Konstante)}$$

b) Für den Sonderfall der im Beisp.17.4b vorgestellten inhomogenen linearen Wachstumsdifferentialgleichung

$$y'(t) + a \cdot y(t) = a \cdot N = A \qquad\qquad \text{(a , A - gegebene Konstanten)}$$

wird im Beisp.a die allgemeine Lösung der zugehörigen homogenen Differentialgleichung berechnet:

- Um die allgemeine Lösung der gegebenen inhomogenen zu erhalten, wird noch eine spezielle Lösung der inhomogenen Differentialgleichung benötigt:

- Diese kann mit der vorgestellten Ansatzmethode erhalten werden, indem folgender Ansatz

$$y_s(t) = K \qquad \text{(K - frei wählbare Konstante)}$$

in die inhomogene Differentialgleichung eingesetzt wird.

- Damit ergibt sich die spezielle Lösung der inhomogenen Differentialgleichung

$$y_s(t) = \frac{A}{a}$$

- Die allgemeine Lösung der gegebenen inhomogenen linearen Differentialgleichung ergibt sich als Summe der allgemeinen Lösung der zugehörigen homogenen und der berechneten speziellen Lösung der inhomogenen zu

$$y(t) = C \cdot e^{-a \cdot t} + \frac{A}{a}$$

- Mittels der im Abschn.17.3.1 vorgestellten Lösungsformel ergibt sich ebenfalls die allgemeine Lösung der gegebenen Differentialgleichung

$$y(t) = \left(C + \int e^{\int a\,dt} \cdot A\ dt \right) \cdot e^{-\int a\,dt} = C \cdot e^{-a \cdot t} + \frac{A}{a}$$

- Um die Anfangswertaufgabe

$$y'(t) + a \cdot y(t) = A \qquad\qquad y(t_0) = y_0$$

zu lösen, braucht man nur die Anfangsbedingung in die berechnete allgemeine Lösung einzusetzen:

$$y(t_0) = C \cdot e^{a \cdot t_0} + \frac{A}{a} = y_0 \qquad \text{ergibt} \qquad C = e^{-a \cdot t_0} \cdot \left(y_0 - \frac{A}{a} \right)$$

und damit als Lösung der Anfangswertaufgabe

$$y(t) = \left(y_0 - \frac{A}{a} \right) \cdot e^{a \cdot (t - t_0)} + \frac{A}{a}$$

c) Betrachtung der konkreten inhomogenen linearen *Wachstumsdifferentialgleichung* mit konstanten Koeffizienten

$$y'(t) - y(t) = e^t$$

- Hier tritt bei Anwendung von Ansatzmethoden zur Bestimmung einer speziellen Lösung der inhomogenen Gleichung der sogenannte *Resonanzfall* auf, da die Funktion der rechten Seite zugleich Lösung der zugehörigen homogenen Differentialgleichung ist.

- Hier führt nicht der Ansatz

$$y_s(t) = k \cdot e^t$$

sondern der *Ansatz*

$$y_s(t) = k \cdot t \cdot e^t$$

zum Erfolg, der das Ergebnis k=1 liefert, so dass sich die allgemeine Lösung der gegebenen inhomogenen Differentialgleichung in folgender Form schreibt:

$$y(t) = C \cdot e^t + t \cdot e^t = (C+t) \cdot e^t$$

d) Betrachtung des im Beisp.17.2d vorgestellten Differentialgleichungsmodell zweiter Ordnung für Preisfunktionen für einen konkreten Fall mit variabler rechter Seite

$$p''(t) + p'(t) - 2 \cdot p(t) = a + b \cdot e^{-t} :$$

- Bestimmung der allgemeinen Lösung dieser linearen inhomogenen Differentialgleichung, die sich als Summe aus allgemeiner Lösung der zugehörigen homogenen und spezieller Lösung der inhomogenen Differentialgleichung darstellt:
  - Man benötigt zuerst die allgemeine Lösung der zugehörigen homogenen Differentialgleichung

    $$p''(t) + p'(t) - 2 \cdot p(t) = 0$$

    Dies ist eine Differentialgleichung mit konstanten Koeffizienten, für die das charakteristische Polynom

    $$\lambda^2 + \lambda - 2 \qquad \text{die beiden reellen Nullstellen} \qquad \lambda_1 = 1 \; , \; \lambda_2 = -2$$

    besitzt, die sich unmittelbar aus der Lösungsformel für quadratische Gleichungen ergibt.
    Damit besitzt die homogene Differentialgleichung die allgemeine Lösung

    $$p_h(t) = C_1 \cdot e^t + C_2 \cdot e^{-2 \cdot t} \qquad\qquad (C_1, C_2 - \text{frei wählbare Konstanten})$$

  - Eine spezielle Lösung der inhomogenen Differentialgleichung ergibt sich mittels des Ansatzes

    $$p_{sp}(t) = k_1 + k_2 \cdot e^{-t} \qquad\qquad (k_1, k_2 - \text{frei wählbare Konstanten})$$

    Durch Einsetzen dieses Ansatzes in die Differentialgleichung ergibt sich Folgendes:

    $$k_2 \cdot e^{-t} - k_2 \cdot e^{-t} - 2 \cdot k_1 - 2 \cdot k_2 \cdot e^{-t} = -2 \cdot k_1 - 2 \cdot k_2 \cdot e^{-t} = a + b \cdot e^{-t}$$

    Durch Koeffizientenvergleich folgt hieraus

    $$-2 \cdot k_1 = a \quad \text{und} \quad -2 \cdot k_2 = b$$

    so dass sich folgende spezielle Lösung ergibt:

    $$p_{sp}(t) = -\frac{a}{2} - \frac{b}{2} \cdot e^{-t}$$

– Mit den beiden berechneten Lösungen

$$p_h(t) = C_1 \cdot e^t + C_2 \cdot e^{-2 \cdot t} \quad \text{und} \quad p_{sp}(t) = -\frac{a}{2} - \frac{b}{2} \cdot e^{-t}$$

folgt für die allgemeine Lösung der betrachteten inhomogenen Differentialgleichung

$$p(t) = p_h(t) + p_{sp}(t) = C_1 \cdot e^t + C_2 \cdot e^{-2 \cdot t} - \frac{a}{2} - \frac{b}{2} \cdot e^{-t}$$

- Berechnung einer speziellen Lösung für die gegebene Differentialgleichung mit a=b=2, die die Anfangsbedingungen $p(0) = p'(0) = 0$ erfüllt, d.h. Lösung der Anfangswertaufgabe

$$p''(t) + p'(t) - 2 \cdot p(t) = 2 + 2 \cdot e^{-t} \quad ,$$

$$p(0) = p'(0) = 0 :$$

– Durch Einsetzen der Anfangsbedingungen in die berechnete allgemeine Lösung ergibt sich folgendes lineare Gleichungssystem zur Bestimmung der frei wählbare Konstanten C_1, C_2 :

$$p(0) = C_1 + C_2 - 2 = 0$$

$$p'(0) = C_1 - 2 \cdot C_2 + 1 = 0$$

– Dieses Gleichungssystem hat die Lösung $C_1 = 1$, $C_2 = 1$, so dass sich folgende Lösung für die Anfangswertaufgabe ergibt:

$$p(t) = e^t + e^{-2 \cdot t} - 1 - e^{-t}$$

♦

Bemerkung

Die einzige aber nicht unwesentliche Schwierigkeit bei der Berechnung allgemeiner Lösungen homogener linearer Differentialgleichungen mit konstanten Koeffizienten besteht in der Berechnung der *Nullstellen* des *charakteristischen Polynoms*:

– Ab 5. Grad existieren keine Lösungsformeln.

– Da auch Lösungsformeln für 3. und 4. Grad nicht einfach zu handhaben sind, besteht bei ganzzahligen Nullstellen eine Lösungsmöglichkeit darin, eine Nullstelle zu erraten und anschließend den Grad des charakteristischen Polynoms durch Division um eins zu verringern usw. Diese Vorgehensweise benutzt die Faktorisierung von Polynomen und ist bei einfachstrukturierten Polynomen anwendbar (siehe Abschn.11.6).

– Zur Bestimmung der Nullstellen des charakteristischen Polynoms lässt sich EXCEL heranziehen, das Funktionen zur Lösung von Gleichungen bereitstellt (siehe Abschn. 11.3, 11.4 und 11.6.2).

17.4.3 Spezielle Lösungen

Zur Berechnung allgemeiner Lösungen inhomogener linearer Differentialgleichungen

$$y^{(n)}(x) + a_{n-1}(x) \cdot y^{(n-1)}(x) + \ldots + a_1(x) \cdot y'(x) + a_0(x) \cdot y(x) = f(x)$$

wird eine *spezielle Lösung* $y_s(x)$ der inhomogenen Differentialgleichung benötigt (siehe Abschn.17.4.1):

- Die Bestimmung spezieller Lösungen hängt wesentlich von der Gestalt der Funktion f(x) der rechten Seite der inhomogenen Differentialgleichung ab.

- Der einfachste Fall besteht im Erraten einer speziellen Lösung. Dies wird aber nur bei sehr einfachen rechten Seiten gelingen.

- Es existieren systematische Vorgehensweisen:

  - Vorstellung einer *Ansatzmethode*, die bei Anwendung auf Aufgaben der Wirtschaftsmathematik häufig erfolgreich ist, wie Beisp.17.5b, c, d illustriert:

    In einer Reihe von Fällen besitzt der Funktionstyp einer speziellen Lösung $y_s(x)$ der inhomogenen Differentialgleichung die gleiche Gestalt wie die Funktion f(x) der rechten Seite der Differentialgleichung.

    Deshalb kann ein *Ansatz* der Form

    $$y_s(x) = \sum_{i=1}^{m} k_i \cdot u_i(x)$$

    mit frei wählbaren Koeffizienten (Parametern) k_i zum Erfolg führen, wobei die Ansatzfunktionen $u_i(x)$ aus den gleichen Funktionsklassen der elementaren mathematischen Funktionen wie die rechte Seite f(x) gewählt werden.
    Die noch unbekannten Koeffizienten k_i werden durch Koeffizientenvergleich bestimmt, indem man den gewählten Ansatz in die Differentialgleichung einsetzt.
    Zur Bestimmung der Koeffizienten k_i erhält man ein lineares Gleichungssystem. Wenn dies eine Lösung besitzt, so ist die Ansatzmethode erfolgreich.

  - Die Methode der Variation der Konstanten ist eine weitere und allgemein anwendbare Vorgehensweise zur Bestimmung spezieller Lösungen. Sie ist allerdings aufwendiger als die Ansatzmethode, so dass wir auf die Literatur verweisen.

17.5 Numerische Lösungsmethoden

Da die exakte Lösung nur bei hinreichend einfachen (linearen) Differentialgleichungen erfolgreich ist, werden häufig *numerische Lösungsmethoden* benötigt, die wir für Differentialgleichungen erster Ordnung vorstellen:

- Ein *Grundprinzip* numerischer Lösungsmethoden für Anfangswertaufgaben

  $$y'(x) = f(x,y(x)) \quad , \quad y(x_0) = y_0$$

  besteht darin, Näherungswerte für die Lösungsfunktion y(x) nur in einer endlichen Anzahl von x-Werten (*Gitterpunkten*) des Lösungsintervalls $[x_0, b]$ zu berechnen:

- Die Abstände der Gitterpunkte heißen *Schrittweiten*. Oft werden gleichabständige Gitterpunkte verwandt, d.h. konstante Schrittweiten.

- Man spricht bei dieser Vorgehensweise von *Diskretisierung* und nennt derartige Methoden *Diskretisierungsmethoden*. Diese nähern Differentialgleichungen durch Differenzengleichungen an, wie im Folgenden zu sehen ist.

- Bei *Diskretisierungsmethoden* für Anfangswertaufgaben wird von bekannten (vorgegebenen) Anfangswerten

$$y(x_0) = y_0$$

der Lösungsfunktion y(x) ausgegangen und mit vorgegebenen Schrittweiten h_k werden näherungsweise weitere Lösungsfunktionswerte (k = 0, 1, 2, ...)

$$y_{k+1} \approx y(x_{k+1})$$

in den Gitterpunkten

$$x_{k+1} = x_k + h_k$$

berechnet, wobei für *konstante Schrittweiten* $h_k = h$ gilt:

$$x_{k+1} = x_0 + (k+1) \cdot h$$

- Zwei bekannte Vertreter von Diskretisierungsmethoden werden in den folgenden Abschn.17.5.1 und 17.5.2 kurz vorgestellt und ihre Programmierung in EXCEL-VBA im Abschn.17.6.

17.5.1 Euler-Cauchy-Methode (Polygonzugmethode)

Sie ist eine einfache, schon seit langem bekannte Diskretisierungsmethode und besitzt die *Berechnungsvorschrift* (Rekursionsformel):

$$y_{k+1} = y_k + h_k \cdot f(x_k, y_k) \qquad (k = 0, 1, 2, ..., y_0 \text{ - gegeben})$$

Es ist unmittelbar zu sehen, dass die zu lösende Differentialgleichung durch eine Differenzengleichung (siehe Kap.16) ersetzt wird:

- Die Rekursionsformel der Euler-Cauchy-Methode ergibt sich, indem die Differentialgleichung nur in Gitterpunkten x_k betrachtet wird, d.h.

$$y'(x_k) = f(x_k, y(x_k))$$

und anschließend eine der folgenden *Vorgehensweisen* angewandt wird:

- Die erste Ableitung (Differentialquotient) wird näherungsweise durch einen *Differenzenquotienten* ersetzt wie z.B.

$$y'(x_k) \approx \frac{y_{k+1} - y_k}{h_k},$$

so dass die Formel

$$\frac{y_{k+1} - y_k}{h_k} = f(x_k, y_k)$$

folgt, die durch Auflösung nach y_{k+1} die gegebene Rekursionsformel liefert.

– *Geometrische Vorgehensweise:*
   Man legt durch einen Punkt (x_k, y_k) der xy-Ebene eine Gerade mit dem durch die Differentialgleichung bestimmten Anstieg und nähert die Lösungsfunktion y(x) in der Umgebung des Punktes durch das Geradenstück

$$y(x) \approx y_k + (x - x_k) \cdot y'(x_k) = y_k + (x - x_k) \cdot f(x_k, y_k)$$

an. Wird auf dieser Geraden bis zu $x = x_{k+1}$ gegangen, so ergibt sich ebenfalls die Euler-Cauchy-Berechnungsvorschrift für den nächsten Näherungswert

$$y_{k+1} = y_k + (x_{k+1} - x_k) \cdot f(x_k, y_k) = y_k + h_k \cdot f(x_k, y_k)$$

- Da sich die Lösungsfunktionen aus Geradenstücken zusammensetzen, d.h. durch Polygone annähern, ist für die Euler-Cauchy-Methode auch die Bezeichnung *Polygonzugmethode* gebräuchlich.

- Diese Methode ist aus einer Reihe von Gründen (z.B. Genauigkeit) in ihrer praktischen Anwendbarkeit eingeschränkt, eignet sich aber gut zur Darstellung der Vorgehensweise bei numerischen Lösungsmethoden.

17.5.2 Runge-Kutta-Methoden

Da die Euler-Cauchy-Methode eine ziemlich grobe Näherungsmethode ist und eine ungünstige Fehlerfortpflanzung besitzt, stellt die Numerische Mathematik wesentlich effektivere Methoden zur Verfügung:

- So haben z.B. Runge und Kutta um 1900 eine Methode mit höherer Genauigkeit aufgestellt, die bisher zahlreiche Verbesserungen erfahren hat.

- Die klassische von Runge und Kutta gegebene Methode besitzt folgende Berechnungsvorschrift (Rekursionsformel):

$$y_{k+1} = y_k + h_k \cdot \left(\frac{1}{6} \cdot k_1 + \frac{1}{3} \cdot k_2 + \frac{1}{3} \cdot k_3 + \frac{1}{6} \cdot k_4 \right)$$

mit

$$k_1 = f(x_k, y_k)$$

$$k_2 = f(x_k + h_k / 2, y_k + h_k \cdot k_1 / 2)$$

$$k_3 = f(x_k + h_k / 2, y_k + h_k \cdot k_2 / 2)$$

$$k_4 = f(x_k + h_k, y_k + h_k \cdot k_3)$$

- Es ist zu sehen, dass die Idee von Runge-Kutta-Methoden darin besteht, Informationen mehrerer Schritte der Euler-Cauchy-Methode zu kombinieren.

- Bei Runge-Kutta-Methoden sind im Unterschied zur Euler-Cauchy-Methode pro Schritt mehrere Funktionswertberechnungen notwendig, d.h. sie sind aufwendiger, erzielen dafür aber bessere Näherungen.

Es wird nur die numerische Lösung einer Differentialgleichung erster Ordnung betrachtet. Die vorgestellten Methoden lassen sich auch auf Differentialgleichungssysteme erster Ordnung anwenden und damit auf Differentialgleichungen höherer Ordnung, da sich diese auf Differentialgleichungssysteme erster Ordnung zurückführen lassen.

17.6 Anwendung von EXCEL

EXCEL stellt zur Lösung von Differentialgleichungen keine Funktionen zur Verfügung:

- Wer die exakte Lösung einer Differentialgleichung benötigt, d.h. den analytischen Funktionsausdruck der Lösungsfunktion, kann bei linearen Differentialgleichungen die gegebenen Lösungsmethoden versuchen oder ein Computeralgebraprogramm wie MATHEMATICA oder MAPLE heranziehen. Man darf hier jedoch keine Wunder erwarten, da die Theorie keine allgemein anwendbaren Lösungsalgorithmen liefert.

- Wenn die exakte Berechnung der Lösung einer vorliegenden Differentialgleichung nicht in einem vertretbaren Aufwand möglich oder von vornherein unmöglich ist, lassen sich zahlreiche numerische Methoden (Näherungsmethoden) heranziehen, die sehr effektiv sind. Im Abschn.17.5 wird diese Problematik vorgestellt.

- EXCEL lässt sich zur numerischen Lösung von Differentialgleichungen heranziehen, indem VBA-Programme für numerische Methoden erstellt werden.
  Das folgende Beisp.17.6 liefert zwei einfache Illustrationen, indem für die im Abschn. 17.5 vorgestellte Euler-Cauchy- und Runge-Kutta-Methode jeweils ein VBA-Programm geschrieben und an zwei konkreten Aufgaben vorgestellt wird.

Beispiel 17.6:
Erstellung von zwei VBA-Funktionsprogramme EULER und RK zur numerischen Lösung von Differentialgleichungen erster Ordnung

$$y'(x) = f(x, y(x))$$

mittels EXCEL:

- Die Programme werden für die im Abschn.17.5 vorgestellten Euler-Cauchy- bzw. Runge-Kutta-Methode geschrieben.

- Zur Illustration werden mit beiden Programmen EULER und RK numerische Lösungen der einfachen *Wachstumsdifferentialgleichung*

$$y'(t) = y(t)$$

mit der Anfangsbedingung $y(0) = 1$ berechnet, die die exakte Lösung $y(t) = e^t$ besitzt (siehe Beisp.17.5a):

- Man erkennt bereits an diesem einfachen Beispiel, dass die Runge-Kutta-Methode wesentlich genauere Ergebnisse liefert, wie die von EXCEL berechneten Ergebnisse zeigen.

- Die abgebildeten Tabellenausschnitte von EXCEL sind so gestaltet, dass in der ersten Spalte die x-Werte aus dem Intervall [0,1] mit Schrittweite 0,1, der zweiten Spalte die mit den Programmen berechneten Näherungswerte der Lösungsfunktion, der dritten Spalte die exakten Werte der Lösungsfunktion stehen.

• Beide Funktionsprogramme EULER und RK sind so angelegt, dass sie

- ausgehend vom Näherungswert y_k nur jeweils den folgenden Näherungswert y_{k+1} der Lösungsfunktion berechnen.
  Deshalb sind beide Funktionen in der EXCEL-Tabelle mit relativen x-Bezügen und mit Hilfe des Ausfüllkästchens anzuwenden, wenn man Werte der Lösungsfunktion in einem Intervall benötigt.
  Man sieht diese Vorgehensweise in den abgebildeten Tabellenausschnitten.

- die rechte Seite der Differentialgleichung erster Ordnung als Funktionsprogramm f benötigen:

  Es muss im gleichen Modul wie EULER und RK stehen und folgende Form haben:

  Function f (x **As Double**, y **As Double**) **As Double**

  ' In der folgenden Zuweisung f =...... ist die für die Anwendung der

  ' Programme EULER und RK benötigte konkrete rechte Seite f(x,y)

  'der Differentialgleichung y'(x) = f(x,y) anstatt der Punkte ..... einzugeben.

  f = ...

  End Function

  Für die zur Illustration benutzte konkrete Wachstumsdifferentialgleichung lautet das Funktionsprogramm f folgendermaßen

  Function f (x **As Double**, y **As Double**) **As Double**

  f = y

  End Function

a) Eine Programmvariante für die Euler-Cauchy-Methode

  $$y_{k+1} = y_k + h_k \cdot f(x_k, y_k)$$

  kann folgende Form haben:

Function EULER (xk **As Double** , yk **As Double** , hk **As Double**) **As Double**

' Anwendung der Euler-Cauchy-Methode

EULER = yk + hk* f (xk , yk)

End Function

Die Ergebnisse der vom Programm EULER berechneten Differentialgleichung sind im folgenden Tabellenausschnitt zu sehen.

Z3S2	▼	f_x	=EULER(ZS(-1);Z(-1)S;0,1)	
1	2	3	4	5
xk	yk	exakte Lösung		
0	1	1		
0,1	1,1	1,10517092		
0,2	1,21	1,22140276		
0,3	1,331	1,34985881		
0,4	1,4641	1,4918247		
0,5	1,61051	1,64872127		
0,6	1,771561	1,8221188		
0,7	1,9487171	2,01375271		
0,8	2,14358881	2,22554093		
0,9	2,35794769	2,45960311		
1	2,59374246	2,71828183		

b) Eine Programmvariante für die Runge-Kutta-Methode (k = 0, 1, 2 , ...)

$$y_{k+1} = y_k + h_k \cdot \left(\frac{1}{6} \cdot k_1 + \frac{1}{3} \cdot k_2 + \frac{1}{3} \cdot k_3 + \frac{1}{6} \cdot k_4 \right)$$

mit

$k_1 = f(x_k, y_k)$ $k_2 = f(x_k + h_k / 2, y_k + h_k \cdot k_1 / 2)$

$k_3 = f(x_k + h_k / 2, y_k + h_k \cdot k_2 / 2)$ $k_4 = f(x_k + h_k, y_k + h_k \cdot k_3)$

kann folgende Form haben:

Function RK (xk **As Double** , yk **As Double** , hk **As Double**) **As Double**

' Anwendung der Runge-Kutta-Methode

k1 = f(xk,yk)

k2 = f(xk+hk/2,yk+hk*k1/2)

k3 = f(xk+hk/2,yk+hk*k2/2)

k4 = f(xk+hk,yk+hk*k3)

RK = yk+hk*(k1/6+k2/3+k3/3+k4/6)

End Function

Die Ergebnisse der vom Programm RK berechneten obigen Differentialgleichung sind im folgenden Tabellenausschnitt zu sehen:

Z3S2	▼	f_x	=RK(ZS(-1);Z(-1)S;0,1)		
	1	2	3	4	5
1	xk	yk	exakte Lösung		
2	0	1	1		
3	0,1	1,10517083	1,10517092		
4	0,2	1,22140257	1,22140276		
5	0,3	1,3498585	1,34985881		
6	0,4	1,49182424	1,4918247		
7	0,5	1,64872064	1,64872127		
8	0,6	1,82211796	1,8221188		
9	0,7	2,01375163	2,01375271		
10	0,8	2,22553956	2,22554093		
11	0,9	2,45960141	2,45960311		
12	1	2,71827974	2,71828183		

Beim Vergleich mit den mittels der Euler-Cauchy-Methode berechneten Näherungswerten für die Lösung ist zu sehen, dass Runge-Kutta-Methoden wesentlich genauer arbeiten.

18 Optimierung

18.1 Einführung

Die Optimierung gewinnt zunehmend an Bedeutung:

- In zahlreichen Gebieten von Technik, Natur- und Wirtschaftswissenschaften sind maximale Ergebnisse und minimaler Aufwand gesucht.

- Die Anwendung in der Wirtschaft ist besonders hervorzuheben, da ökonomisches Streben darin besteht, *maximale Gewinne* und *minimale Kosten* zu erreichen.

- Im täglichen Sprachgebrauch treten Begriffe aus der Optimierung wie *minimal, maximal, optimal, Minimum, Maximum* und *Optimum* häufig auf, ohne Gedanken über ihre exakte Bedeutung anzustellen:
    - Diese Begriffe werden verwendet, wenn es sich um kleine bzw. große Werte handelt.
    - In Reden und Zeitungsartikeln sind öfters Steigerungen der Worte minimal, maximal und optimal zu finden, die jedoch keinen Sinn ergeben.

- Das Gebiet der Mathematik, das sich mit Aufgaben der Optimierung (*Optimierungsaufgaben*) beschäftigt, heißt *mathematische Optimierung* oder kurz *Optimierung*.

18.1.1 Mathematische Optimierung

Die *mathematische Optimierung* stellt Folgendes bereit:

- *Exakte Definitionen* der Begriffe minimal, maximal, optimal, Minimum, Maximum und Optimum,
- *Mathematische Modelle* für praktische Optimierungsaufgaben,
- Notwendige und hinreichende *Optimalitätsbedingungen*,
- Exakte und numerische *Lösungsmethoden*.

Das Gebiet der *mathematischen Optimierung* ist sehr umfangreich:

- In den folgenden Kap.19-21 wird ein Einblick gegeben, der die Problematik veranschaulicht und für den Einsatz von EXCEL ausreicht.
- Ausführlichere Informationen lassen sich aus der umfangreichen Literatur erhalten, von der im Literaturverzeichnis eine Auswahl zu finden ist.

    ♦

Aufgaben der mathematischen *Optimierung* (Minimierungs- bzw. Maximierungsaufgaben) lassen sich folgendermaßen *charakterisieren:*

- Für ein gegebenes Kriterium (wie z.B. Kostenfunktion, Gewinnfunktion, Nutzenfunktion) ist ein kleinster (minimaler) bzw. größter (maximaler) Wert zu bestimmen, so dass von einem *Optimierungskriterium* gesprochen wird.
- In den meisten Fällen liegen *Beschränkungen* (Nebenbedingungen) in Form von Gleichungen und Ungleichungen vor, die einzuhalten sind.

In diesem und den folgenden Kapiteln 19-21 werden Aufgaben der mathematischen *Optimierung* betrachtet, die hauptsächlich in Modellen der Wirtschaft vorkommen und folgende allgemeine *Struktur* besitzen:

- Gegebene *Optimierungskriterien* werden durch mathematische Funktionen

$$f(x) = f(x_1, x_2,...,x_n)$$

  von n Variablen beschrieben, die *Zielfunktionen* heißen, wobei die Variablen $x_1, x_2,...,x_n$ zur Vereinfachung als Komponenten eines Zeilenvektors x dargestellt sind, d.h. $x = (x_1, x_2,...,x_n)$.

- Zielfunktionen sind bzgl. der Variablen $x = (x_1, x_2,...,x_n)$ zu *minimieren* oder *maximieren:*

$$f(x) = f(x_1, x_2,...,x_n) \rightarrow \underset{x_1, x_2, ..., x_n}{\text{Minimum/Maximum}}$$

  Es sind folglich kleinste Werte (*Minima*) oder größte Werte (*Maxima*) von Funktionen zu berechnen.

- Für die Variablen können *Beschränkungen* (Nebenbedingungen) vorliegen, die in Form von *Gleichungen* (Gleichungsnebenbedingungen)

$$g_i(x) = g_i(x_1, x_2, ... , x_n) = 0$$

  bzw. *Ungleichungen* (Ungleichungsnebenbedingungen) $(i = 1, 2, ... , m)$

$$g_i(x) = g_i(x_1, x_2, ... , x_n) \leq 0$$

  gegeben sind:

  - In der mathematischen Optimierung werden vorliegende Beschränkungen als Nebenbedingungen bezeichnet und man spricht von *Optimierungsaufgaben ohne* bzw. *mit Nebenbedingungen.* Weiterhin sind die Bezeichnungen *unrestringierte* bzw. *restringierte* Optimierungsaufgaben zu finden.

  - Wenn Nebenbedingungen in Gleichungsform bzw. Ungleichungsform vorliegen, wird von *Gleichungs-* bzw. *Ungleichungsnebenbedingungen* gesprochen.

  - Der durch Nebenbedingungen für die Variablen bestimmte Bereich B heißt *zulässiger Bereich,* der leer, beschränkt oder unbeschränkt, offen oder abgeschlossen sein kann.

18.1.2 Minimum und Maximum

Die Begriffe *Minimum* und *Maximum* spielen in der mathematischen Optimierung die *dominierende Rolle,* so dass sie im Folgenden für eine *Funktion*

$$f(x) = f(x_1, x_2,...,x_n)$$

von n Variablen vorgestellt und in einem Beispiel für Funktionen f(x) einer Variablen grafisch illustriert werden:

- Anschaulich versteht man hierunter *kleinste* bzw. *größte Werte* dieser Funktion über ihrem Definitionsbereich oder einem durch Nebenbedingungen vorgegebenen zulässigen Bereich B.

- In der *mathematischen Optimierung* muss die anschauliche Deutung von Minimum und Maximum exakt definiert werden, wie in folgender Definition zu sehen ist, in der der mathematische Begriff der ε-Umgebung eines Punktes **x** als bekannt vorausgesetzt wird.

- Es ist zwischen *lokalen* (relativen) und *globalen* (absoluten) *Minima* bzw. *Maxima* einer Funktion f(**x**) über einem (offenen oder abgeschlossenen) zulässigen Bereich B des n-dimensionalen Euklidischen Raumes R^n zu unterscheiden, die folgendermaßen *definiert* sind:

  Eine Funktion f(**x**) nimmt in einem im zulässigen Bereich B gelegenen Punkt $\mathbf{x}^0$ ein

  – *lokales Minimum* bzw. *Maximum* an,

    wenn

$$f(\mathbf{x}) \geq f(\mathbf{x}^0) \qquad (\textit{lokales Minimum} - \mathbf{x}^0 \text{ lokaler Minimalpunkt})$$

$$f(\mathbf{x}) \leq f(\mathbf{x}^0) \qquad (\textit{lokales Maximum} - \mathbf{x}^0 \text{ lokaler Maximalpunkt})$$

  für alle Punkte **x** in einer im zulässigen Bereich B gelegenen (hinreichend kleinen) *ε-Umgebung* $U_\varepsilon(\mathbf{x}^0)$ des Punktes $\mathbf{x}^0$ gilt.

  – *globales Minimum* bzw. *Maximum* an,

    wenn die gleichen Relationen wie im lokalen Fall jetzt für alle Punkte **x** aus dem gesamten zulässigen Bereich B gelten. In diesem Fall heißt $\mathbf{x}^0$ globaler Minimal- bzw. Maximalpunkt.

Minimum und *Maximum* lassen sich in der mathematischen Optimierung anschaulich folgendermaßen *charakterisieren:*

- Es ist zwischen *lokalen* und *globalen Minima* bzw. *Maxima* einer Funktion über einem zulässigen Bereich B zu unterscheiden, die sich folgendermaßen veranschaulichen lassen (siehe Beisp.18.1):

  – *Lokale Minima* und *Maxima* müssen nur in einer hinreichend kleinen in B gelegenen Umgebung eines Punktes kleinste bzw. größte Werte der Funktion realisieren, so dass in B hiervon mehrere auftreten können.

  – *Globale Minima* und *Maxima* realisieren im gesamten Bereich B den absolut kleinsten bzw. größten Wert der Funktion, so dass hierfür jeweils nur ein Minimal- bzw. Maximalwert der Funktion auftritt.

- Bei *praktischen Anwendungen* sind meistens globale Minima bzw. Maxima zu bestimmen, da der absolut kleinste bzw. größte Wert der Funktion gesucht ist.

- Es wird von *optimieren* oder *Optimierung* bzw. der Bestimmung einer *optimalen Lösung* (eines *Optimums*) gesprochen, wenn nur der Sachverhalt auszudrücken und nicht zwischen Minimierung und Maximierung zu unterscheiden ist.

- Punkte x^0, in denen Funktionen $f(x)$ ein Minimum oder Maximum annimmt, heißen *Minimal-* bzw. *Maximalpunkte* oder allgemein *Optimalpunkte*.

    ◆

Beispiel 18.1:

Illustration der grundlegenden Begriffe *lokales* bzw. *globales Minimum* und *Maximum* durch Betrachtung der Funktion (Polynomfunktion)

$$f(x) = x^4 - \frac{8}{3} \cdot x^3 - 2 \cdot x^2 + 8 \cdot x$$

über dem abgeschlossenen Intervall [-2,3]:

a) *Grafische Darstellung* der Funktion:

Abb.18.1 lässt folgende Minima und Maxima der Funktion $f(x)$ im Intervall [-2,3] erkennen:

−   In $x = -1$: lokales Minimum, das gleichzeitig globales Minimum ist,

−   In $x = 1$: lokales Maximum,

−   In $x = 2$: lokales Minimum,

−   In $x = 3$: globales Maximum im Intervall [-2,3] .

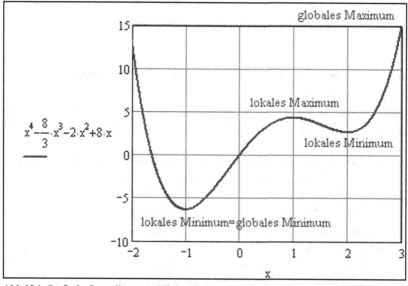

Abb.18.1. Grafische Darstellung von Minima und Maxima der Funktion aus Beisp.18.1a

b) Anwendung der notwendigen und hinreichenden *Optimalitätsbedingung* (siehe Abschn. 19.3.1):

- Die *notwendige Optimalitätsbedingung* liefert durch Nullsetzen der ersten Ableitung der Funktion f(x) folgende Gleichung (Polynomgleichung) zur Bestimmung *stationärer Punkte*:

$$f'(x) = 4 \cdot x^3 - 8 \cdot x^2 - 4 \cdot x + 8 = 4 \cdot (x^3 - 2 \cdot x^2 - x + 2) = 0$$

Ohne die Lösungsformel für Polynomgleichungen dritten Grades zu benutzen, lässt sich hier eine Nullstelle erraten, so z.B. x = 1. Danach wird die Polynomgleichung durch x-1 dividiert und

$$x^2 - x - 2 = 0$$

erhalten, d.h. eine quadratische Gleichung, deren Lösungen x = -1 und x = 2 sich durch Anwendung der Lösungsformel (siehe Abschn.11.6) berechnen.

- Damit besitzt die betrachtete Polynomfunktion drei stationäre Punkte x=-1, 1 und 2, die mittels *hinreichender Optimalitätsbedingung* (siehe Abschn.19.3.1) zu klassifizieren sind:

  - Die zweite Ableitung der Funktion f(x), d.h. $f''(x) = 12 \cdot x^2 - 16 \cdot x - 4$

    liefert Folgendes für die berechneten stationären Punkte:

    $f''(-1) = 24 > 0$, d.h. x=-1   ist ein *lokaler Minimalpunkt*

    $f''(1) = -8 < 0$, d.h. x=1   ist ein *lokaler Maximalpunkt*

    $f''(2) = 12 > 0$, d.h. x=2   ist ein *lokaler Minimalpunkt*

  - Damit sind die aus der grafischen Darstellung erhaltenen Ergebnisse bestätigt, da alle drei stationären Punkte ein lokales Minimum bzw. Maximum realisieren.

- Bei Funktionen f(x) einer Variablen x lässt sich die Aufgabe relativ einfach lösen, das *globale Minimum* bzw. *globale Maximum* über einem abgeschlossenen Intervall wie z.B. [-2,3] zu berechnen:

  - Es ist unter allen lokalen Minima bzw. Maxima des Intervalls das kleinste bzw. größte zu bestimmen und diese mit den Werten der Funktion in den beiden Randpunkten (z.B. -2 und 3) des Intervalls zu vergleichen.

  - So ergibt sich für die betrachtete Polynomfunktion, dass das

    lokale Minimum x=-1 auch gleichzeitig *globales Minimum* ist und das

    globale Maximum am rechten Rand x=3 des Intervalls angenommen wird.

18.2 Einsatz in der Wirtschaftsmathematik

In *mathematischen Modellen* der Wirtschaft spielen *Optimierungsaufgaben* eine fundamentale Rolle:

- Die Optimierung ist durch *Hauptziele* ökonomischer Untersuchungen begründet:

  - Man möchte *optimal wirtschaften*, d.h. nach einer *optimalen Strategie*.

- Man möchte *maximale Ergebnisse* und *minimalen Aufwand* erzielen.

- Konkrete Ziele der Wirtschaft sind *Maximierung* des *Gewinns* bzw. *Minimierung* der *Kosten* (z.B. Lagerhaltungs-, Lohn-, Rohstoff-, Energiekosten).

• Bereits Extremwertaufgaben als klassische (seit langem bekannte) Optimierungsaufgaben besitzen eine Reihe von Anwendungen in der Wirtschaft, wie im Beisp.19.1 zu sehen ist.

• Einen breiteren Anwendungsbereich besitzen *lineare* und *nichtlineare Optimierungsaufgaben* (siehe Kap.20 und 21), da bei ökonomischen Modellen meistens Ungleichungen als Beschränkungen (Nebenbedingungen) gegeben und globale (absolute) Minima und Maxima gesucht sind.

- Die *lineare Optimierung* als Sonderfall der nichtlinearen Optimierung spielt die dominierende Rolle:

  Viele ökonomische Optimierungsaufgaben lassen sich mathematisch durch lineare Zielfunktionen und lineare Gleichungs- und Ungleichungsnebenbedingungen hinreichend gut modellieren.

  Für lineare Optimierungsaufgaben existieren effektive Lösungsmethoden.

- Aufgaben der ganzzahligen Optimierung und Vektoroptimierung als moderne Gebiete der Optimierung gewinnen ständig an Bedeutung (siehe Abschn.21.4 und 21.5).

- In den Beisp.19.1, 20.2 und 21.1 werden eine Reihe ökonomischer Anwendungsaufgaben betrachtet, die bereits die fundamentale Bedeutung der Optimierung in der Wirtschaft erkennen lassen.

18.3 Aufgabenstellungen

Mathematische Optimierungsaufgaben (Minimierungs- bzw. Maximierungsaufgaben) werden bereits im Kap.18.1.1 *charakterisiert*.

Je nach Art der Zielfunktion und Nebenbedingungen ergeben sich *verschiedene Aufgabenstellungen* der mathematischen Optimierung:

- *Extremwertaufgaben* (siehe Kap.19)
  Für beliebige Zielfunktionen können höchstens Gleichungsnebenbedingungen auftreten.

- Aufgaben der *linearen Optimierung* (siehe Kap.20)
  Hier sind Zielfunktion und alle Funktionen der Nebenbedingungen linear und es liegen Ungleichungsnebenbedingungen vor, so dass ein Sonderfall der nichtlinearen Optimierung vorliegt.

- Aufgaben der *nichtlinearen Optimierung* (siehe Abschn.21.3)
  Hier sind Zielfunktion oder mindestens eine Funktion der Nebenbedingungen nichtlinear, wobei Ungleichungsnebenbedingungen vorliegen.

- Aufgaben der *ganzzahligen* (diskreten) *Optimierung* (siehe Abschn.21.4)

Wenn die Variablen bei der nichtlinearen Optimierung nur ganzzahlige Werte annehmen dürfen, spricht man von ganzzahliger oder diskreter Optimierung als einen Sonderfall.

– Aufgaben der *Vektoroptimierung* (siehe Abschn.21.5)
Hier sind mehrere Zielfunktionen gegeben und man unterscheidet wie bei einer Zielfunktion zwischen linearer und nichtlinearer Vektoroptimierung.

18.4 Optimalitätsbedingungen

Die mathematische Optimierung stellt Bedingungen zur Charakterisierung optimaler Lösungen (Minima und Maxima) zur Verfügung:

– Wie in allen Gebieten der Mathematik wird zwischen notwendigen und hinreichenden Bedingungen unterschieden, die in der Optimierung als *notwendige* bzw. *hinreichende Optimalitätsbedingungen* bezeichnet werden.

– Optimalitätsbedingungen lassen sich nur für einfache Optimierungsaufgaben zur Berechnung von Minima oder Maxima heranziehen, da die von ihnen gelieferten Gleichungen bzw. Ungleichungen in den meisten Fällen nichtlinear sind.

Die Problematik der Optimalitätsbedingungen wird im Rahmen von Extremwertaufgaben im Abschn.19.3 illustriert.

18.5 Lösungsmethoden

Die *Lösung* praktischer *Optimierungsaufgaben* vollzieht sich in *zwei Schritten:*

• Zuerst muss ein *mathematisches Modell* (*Optimierungsmodell*) für eine konkrete Problematik aufgestellt werden. Dies ist Aufgabe von Spezialisten der betreffenden Fachgebiete, die

– Variablen und Zielfunktionen festlegen,
– Gleichungen und Ungleichungen der Nebenbedingungen aufstellen.

Im Rahmen des Buches werden konkrete Optimierungsmodelle für einfache praktische Aufgabenstellungen gegeben.

• Wenn ein Optimierungsmodell vorliegt, tritt die mathematische Optimierung in Aktion, um Lösungen zu charakterisieren und zu bestimmen.

Die zur Verfügung gestellten *Lösungsmethoden* teilen sich in *zwei Klassen* auf:

I. Es werden *Lösungen* der Gleichungen bzw. Ungleichungen der notwendigen *Optimalitätsbedingungen* berechnet:

– Diese Methoden werden als *indirekte Methode*n bezeichnet.
– Eine Illustration dieser Vorgehensweise ist in den Abschn.19.3 und 19.4 für Extremwertaufgaben zu finden.

– Bei praktischen Aufgabenstellungen ist diese Vorgehensweise nur für Sonderfälle anwendbar, da Gleichungen bzw. Ungleichungen der Optimalitätsbedingungen
meistens nichtlinear sind, so dass kein endlicher Lösungsalgorithmus existiert.

– Eine numerische Lösung der Gleichungen bzw. Ungleichungen der Optimalitätsbedingungen ist nicht immer effektiv, lässt sich aber bei Sonderfällen wie quadratischen Optimierungsaufgaben erfolgreich einsetzen.

II. Es werden *Näherungslösungen* mittels *numerischer Methoden* (Näherungsmethoden) berechnet, ohne Optimalitätsbedingungen heranzuziehen. Derartige Methoden
heißen *direkte Methoden:*

– Direkte numerische Methoden bilden die hauptsächliche Lösungsmöglichkeit für
praktische Optimierungsaufgaben:
Es gibt zahlreiche unterschiedliche Methoden, die jedoch nicht nur Vorteile sondern auch Nachteile besitzen.
Wir können nicht näher auf diese vielschichtige Problematik eingehen und verweisen auf die Literatur.

– Numerische Methoden sind nur mittels Computer realisierbar:
Es existieren zahlreiche Computerprogramme zur Optimierung (z.B. der SOL-
VER von EXCEL), die von Spezialisten erstellt sind und i.Allg. wesentlich wir-
kungsvoller arbeiten als selbst geschriebene Programme.
Deshalb steht für Anwender der Einsatz effektiver Computerprogramme im Vor-
dergrund und nicht das Studium numerischer Methoden.
Im Buch ist am Beispiel des SOLVERS von EXCEL illustriert, wie sich ohne
tieferes Wissen über numerische Methoden zahlreiche Extremwertaufgaben und
Aufgaben der linearen und nichtlinearen Optimierung numerisch lösen lassen
(siehe Abschn.19.5, 20.6 und 21.3.3).

18.6 Numerische Lösungsberechnung mittels SOLVER von EXCEL

Eine effektive Berechnung von Lösungen praktischer Optimierungsaufgaben ist ohne Computer nicht möglich. Deswegen werden schon seit längerer Zeit *Computerprogramme* (Pro-
grammsysteme/Softwaresysteme) zur *Optimierung* entwickelt, wofür sich *zwei Richtungen*
abzeichnen:

• Einerseits werden vorhandene universelle *Computeralgebra-* und *Mathematiksysteme*
durch *Zusatzprogramme* zur *Optimierung* erweitert.
Wir illustrieren dies am Beispiel von EXCEL, mit dessen Hilfe sich Optimierungsaufgaben numerisch lösen lassen, wenn das Add-In SOLVER (siehe Abschn.9.4) aktiviert
ist.

• Andererseits werden *spezielle Programmsysteme* zur *Optimierung* erstellt, wie z.B.
CONOPT, EASY-OPT, GLOBT, LINDO, LINGO, MINOPT, MINOS, NOP, NUME-
RICA, OPL und Programme aus der NAG-Bibliothek:

– Diese speziellen Programme sind für hochdimensionale Aufgaben mit zahlreichen Variablen und Nebenbedingungen häufig den Computeralgebra- und Mathematik-systemen überlegen.

– Ausführlichere Informationen über derartige Programmsysteme findet man in der Optimierungsliteratur und im Internet.

Der *Einsatz* des SOLVERS von EXCEL zur *numerischen Lösung* von Extremwertaufgaben, linearen und nichtlinearen Optimierungsaufgaben ist durch folgende *Vorgehensweise* gegeben, die im Beisp.19.5 ausführlich illustriert ist:

• Die *Lösungsberechnung* für Optimierungsaufgaben mittels SOLVER ist folgendermaßen *charakterisiert:*

– Sie verläuft bei der Eingabe der Startwerte und Nebenbedingungen in Gleichungs- und Ungleichungsform in das untenstehende Dialogfenster **Solver-Parameter** analog zu der im Abschn.11.4 bei der Lösung von Gleichungen und Ungleichungen beschriebenen Vorgehensweise.

– Sie erfordert zusätzlich die Beachtung von *Ziel festlegen* (Zielzelle) und *Bis* (Zielwert), wie im Folgenden beschrieben ist.

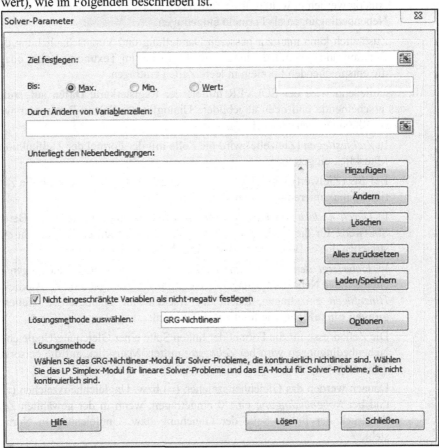

- Die *Anwendung* des SOLVERS zur Lösung von Optimierungsaufgaben ist im Einzelnen durch *folgende Schritte* gekennzeichnet:

I. Zuerst werden in zusammenhängende Zellen einer Zeile der aktuellen Tabelle von EXCEL die Namen der auftretenden Variablen eingetragen und darunter ihre *Startwerte* für die vom SOLVER verwendete numerische Lösungsmethode:

  - Sind keine Näherungswerte für die Lösung bekannt, so sind die Startwerte beliebig zu wählen.

  - Anschließend werden die Zellen der Variablennamen mit darunterstehenden Startwerten markiert und nach der Vorgehensweise aus Abschn.7.1.2 die für die Variablen eingetragenen Namen erstellt, denen die Startwerte zugewiesen werden.

  - Da EXCEL keine indizierten Variablen kennt, können die Variablennamen z.B. wie bei Gleichungen in der Form x_1 , x_2 , ... , x_n geschrieben werden.

II. Danach wird eine freie Zelle der aktuellen Tabelle als *Zielzelle* ausgewählt und hier die Zielfunktion als Formel eingetragen:

  - Analog werden in weitere freie Zellen der aktuellen Tabelle die linken Seiten der Nebenbedingungen als Formeln eingetragen.

  - Zusätzlich kann man zur besseren Darstellung und Veranschaulichung die Zielfunktion und Nebenbedingungen als Text (d.h. im Textmodus) über oder neben die entsprechenden Formeln in leere Zellen eintragen.

III. Anschließend wird der SOLVER mittels der Registerkarte **Daten** aufgerufen und das erscheinende und oben abgebildete Dialogfenster **Solver-Parameter** wie folgt ausgefüllt (siehe auch Beisp.19.5):

  - In *Ziel festlegen* (Zielzelle) wird die Zelle mit der Formel der Zielfunktion durch Mausklick eingetragen.

  - Bei *Bis* (Zielwert) wird *Max* oder *Min* angeklickt, je nachdem ob die Zielfunktion zu maximieren oder minimieren ist.

  - In *Durch Ändern von Variablenzellen* (Veränderbare Zellen) ist der Bereich der Startwerte für die Variablen einzutragen. Dies geht am einfachsten durch Überstreichen dieses Bereichs mit gedrückter Maustaste.

  - In *Unterliegt den Nebenbedingungen* sind die einzelnen Gleichungen/Ungleichungen der Nebenbedingungen der Optimierungsaufgabe durch Anklicken von *Hinzufügen* einzutragen, indem das erscheinende Dialogfenster **Nebenbedingungen hinzufügen** wie folgt ausgefüllt wird:

    Die Zelladresse für die Formel der linken Seite einer Gleichung/Ungleichung der Nebenbedingungen wird bei *Zellbezug* mittels Mausklick auf die entsprechende Zelle eingetragen.

    Danach werden das Gleichheitszeichen (=) bzw. Ungleichheitszeichen (z.B. <=) und bei *Nebenbedingung* eine 0 eingetragen, wenn in der gewählten Zelle der Ausdruck der linken Seite der Gleichung bzw. Ungleichung in Normalform steht.

Das Anklicken von OK bewirkt das Einfügen im Dialogfenster **Solver-Parameter** bei *Unterliegt den Nebenbedingungen.*

IV. Nach beendeter Ausfüllung liefert das abschließende Anklicken von *Lösen* im Dialogfenster **Solver-Parameter** die Berechnung aus:

– Der SOLVER gibt die Meldung aus, dass entweder ein Ergebnis gefunden oder die Aufgabe nicht gelöst wurde.

– Falls eine Lösung berechnet wird, zeigt sie der SOLVER in der Tabelle anstatt der Startwerte an und gibt im *Antwortbericht* weitere Informationen.

Bei *Anwendung* des SOLVERS zur Lösung von Optimierungsaufgaben ist analog wie bei Gleichungen (siehe Abschn.11.4) Folgendes zu beachten:

• *Eigenschaften* des SOLVERS:

– Wenn mehrere Lösungen existieren, so können diese nicht in ihrer Gesamtheit vom SOLVER berechnet werden. Er berechnet nur eine mögliche Lösung.

– Der SOLVER kann gelegentlich falsche Näherungslösungen berechnen:
Dies resultiert aus dem Sachverhalt, dass verwendete Näherungsmethoden nicht immer erfolgreich sein, d.h. konvergieren müssen.
Deshalb wird empfohlen, anfallende Aufgaben mit verschiedenen Startwerten für die Variablen zu berechnen und die drei im SOLVER integrierten numerischen Methoden einzusetzen.

– Der Einsatz des SOLVERS kann scheitern, wenn zu berechnende Probleme zu hochdimensional sind, d.h. die Anzahl der Variablen und Nebenbedingungen sehr groß ist. In diesem Fall ist auf spezielle Optimierungsprogramme zurückzugreifen.

• *Anwendungsprobleme* bei den neueren Versionen EXCEL 2007-2013:

– Beim Einsatz der Z1S1-Bezugsart kann der SOLVER im Unterschied zur Version EXCEL 2003 die Berechnung ablehnen. Deshalb wird empfohlen, die *A1-Bezugsart* einzusetzen.

– Die ebenfalls erlaubte Bezeichnungsweise x1 , x2 , ... , xn für Variablennamen ist nicht zu empfehlen, da der SOLVER sie mit Zellbezeichnungen verwechseln kann und die Berechnung ablehnt. Deshalb ist z.B. die Bezeichnung x_1 , x_2 , ... , x_n zu empfehlen.
Wenn bei einer Variablenbezeichnung der SOLVER die Berechnung ablehnt, so sind andere Bezeichnungen zu wählen.

19 Extremwertaufgaben

19.1 Einführung

Unter *Extremwertaufgaben* (*Extremalaufgaben*) werden Aufgaben zur Bestimmung *lokaler Minima* und *Maxima* einer Funktion (*Zielfunktion*)

$$f(\mathbf{x}) = f(x_1, x_2, ..., x_n)$$

von n Variablen verstanden:

– Es können zusätzlich *Nebenbedingungen* in Form von m *Gleichungen*

$$g_i(\mathbf{x}) = g_i(x_1, x_2, ..., x_n) = 0 \qquad\qquad (i = 1, 2, ..., m)$$

auftreten, wobei die Funktionen $g_i(\mathbf{x})$ beliebig sind und zu einem Vektor $\mathbf{g}(\mathbf{x})$ zusammengefasst werden können.

Diese Nebenbedingungen heißen *Gleichungsnebenbedingungen*, so dass von Extremwertaufgaben ohne *Nebenbedingungen* bzw. mit *Gleichungsnebenbedingungen* gesprochen wird, deren Eigenschaften und Lösungsmethoden im Abschn.19.3 vorgestellt und in den Beisp.19.2 und 19.3 illustriert werden. Lösungsmethoden und die Anwendung von EXCEL sind in den Abschn.19.4 bzw. 19.5 zu finden.

– Bei Extremwertaufgaben werden Minimum bzw. Maximum neben optimaler Lösung oder Optimum auch als *extremale Lösung* oder *Extremum* oder *Extremwert* bezeichnet.

– Extremwertaufgaben zählen zu den ersten mathematisch untersuchten Optimierungsaufgaben. Bereits in den Anfängen der Differentialrechnung wurden Optimalitätsbedingungen aufgestellt und hiermit eine Reihe von Aufgaben gelöst.

19.2 Einsatz in der Wirtschaftsmathematik

Extremwertaufgaben spielen in praktischen ökonomischen Anwendungen eine gewisse Rolle (siehe Beisp.19.1). Sie sind aber nicht dominierend, da in der Praxis meistens Ungleichungsnebenbedingungen vorliegen:

– Die einfachsten Ungleichungsnebenbedingungen sind *Nicht-Negativitätsbedingungen* für die Variablen:
  Da die Variablen x_i bei den meisten ökonomischen Aufgaben keine *negativen Werte* annehmen dürfen, ist $x_i \geq 0$ zu fordern.

– Wenn nur Nicht-Negativitätsbedingungen vorliegen, werden diese oft weggelassen, um Theorie und Lösungsmethoden für Extremwertaufgaben anwenden zu können. Abschließend ist jedoch zu überprüfen, ob die so erhaltenen Lösungen die Nicht-Negativitätsbedingungen erfüllen.

Beispiel 19.1:
Betrachtung mathematischer Modelle für *Extremwertaufgaben*, die bereits Einsatzmöglichkeiten in der Wirtschaft erkennen lassen:

a) *Maximierung* des *Gewinns* G(x) für die Produktion der Menge x einer Ware:

  – *Gewinnfunktionen* G(x) für die Produktion der Menge x einer Ware werden als Differenz aus Erlös E(x)= p·x und Kosten (Produktionskosten) K(x) gebildet (siehe Beisp.12.1f), d.h. es gilt G(x)= E(x) - K(x).

  – Wenn eine Firma den *Gewinn maximieren* möchte, ergibt sich die *Extremwertaufgabe* ohne Nebenbedingungen

$$G(x) = E(x) - K(x) = p \cdot x - K(x) \to \underset{x}{\text{Maximum}}$$

in der p den Preis einer Mengeneinheit (ME) der Ware darstellt:

- Diese Extremwertaufgabe bildet kein realistisches Modell, da in den meisten Fällen die Menge x beschränkt ist, da x nur Werte aus einem Intervall [a,b] mit $0<a<b$ annehmen kann.

- Deshalb kommt die *Nebenbedingung*

  $x \in [a,b]$

  hinzu, so dass das globale Maximum der Gewinnfunktion über einem Intervall [a,b] zu bestimmen ist.

b) *Minimierung* der *Lagerkosten:*

Wenn Firmen ihre Lagerkosten für hergestellte Produkte minimieren möchten, entstehen *Extremwertaufgaben* bzgl. der *Lagerkostenfunktionen:*

- Bei einem hergestellten Produkt ergibt sich die Extremwertaufgabe ohne Nebenbedingungen (a>0, b>0, c>0):

  $$f(x) = a \cdot x + \frac{b}{x} + c \to \underset{x}{\text{Minimum}}$$

  - f(x) beschreibt die Lagerkosten für den *Lagerbestand* x eines Produkts (siehe Beisp.12.1h).
  - Die *Positivitätsbedingung* (≥ 0) für x wird weggelassen.

- Bei zwei hergestellten Produkten ergibt sich die Extremwertaufgabe ohne Nebenbedingungen (a>0, b>0, c>0, d>0, e>0):

  $$f(x_1, x_2) = a \cdot x_1 + b \cdot x_2 + \frac{c}{x_1} + \frac{d}{x_2} + e \to \underset{x_1, x_2}{\text{Minimum}}$$

  - $f(x_1, x_2)$ beschreibt Lagerkosten für die *Lagerbestände* x_1 und x_2 von zwei Produkten (siehe Beisp.12.1h).
  - Die *Positivitätsbedingungen* (≥ 0) für x_1 und x_2 werden weggelassen.
  - Diese Aufgabe löst Beisp.19.2b unter Anwendung der notwendigen Optimalitätsbedingung.

- Ebenso wie im Beisp.a kann bei praktischen Aufgaben der Lagerhaltung noch die Beschränkung (Nebenbedingung) hinzukommen, dass es für den Bestand eines jeden Produkts eine untere und obere Schranke gibt, so dass eine nichtlineare Optimierungsaufgabe (siehe Kap.21) entsteht.

c) *Maximierung* des *Nutzens:*

Betrachtung der Nutzenmaximierung beim Verbrauch von Gütern:

- Der durch *ökonomische Nutzenfunktionen*

  $N(x_1, x_2, ..., x_n)$

  beschriebene *Nutzen* beim Verbrauch der Mengen

$$x_1, x_2, ..., x_n$$

von n gegebenen Gütern (Waren)

$$G_1, G_2, ..., G_n$$

soll *maximiert* werden.

- Es wird vorausgesetzt, dass der Verbrauch durch vorhandene Haushaltsmittel (Geldmittel) h>0 beschränkt ist, die vollständig auszugeben sind. Deshalb ist zusätzlich die Gleichung (Gleichungsnebenbedingung)

$$p_1 \cdot x_1 + p_2 \cdot x_2 + ... + p_n \cdot x_n = h$$

zu erfüllen, in der die konstanten Koeffizienten $p_1, p_2, ..., p_n$ (>0) die Preise der einzelnen Güter bezeichnen.

- Damit ist die *Extremwertaufgabe*

$$N(x_1, x_2, ..., x_n) \underset{x_1, x_2, ..., x_n}{\rightarrow} \text{Maximum}$$

mit der *Gleichungsnebenbedingung*

$$p_1 \cdot x_1 + p_2 \cdot x_2 + ... + p_n \cdot x_n = h$$

zu lösen, wenn die Nicht-Negativitätsbedingungen ($x_i \geq 0$) für die Variablen weggelassen werden.

- Betrachtung einer *konkreten Nutzenfunktion* (siehe Beisp.12.1i):

  – Als Nutzenfunktion trete eine *Cobb-Douglas-Funktion* mit zwei Variablen auf, d.h. es werden nur zwei Güter mit den Mengenbezeichnungen x_1 und x_2 zugelassen und die zugehörigen Preise mit p_1 und p_2 bezeichnet.

  – Dafür lautet die *Extremwertaufgabe*:

$$a \cdot x_1^b \cdot x_2^c \underset{x_1, x_2}{\rightarrow} \text{Maximum} \qquad (a>0, b>0, c>0, p_1>0, p_2>0, h>0)$$

  mit der *Gleichungsnebenbedingung*

$$p_1 \cdot x_1 + p_2 \cdot x_2 = h$$

d) *Minimierung* der *Kosten:*

Betrachtung der Kostenminimierung bei der Produktion von Waren:

  – Zur Herstellung der Menge a (>0) einer *Ware* benötigt eine Firma drei *Rohstoffe* mit den Mengen x_1, x_2, x_3 (>0), wobei der Zusammenhang durch

$$x_1 \cdot x_2 \cdot x_3 = a$$

gegeben sei.

  – Die Kosten pro Mengeneinheit ME für die drei Rohstoffe betragen p_1, p_2 bzw. p_3, so dass sich die gesamten Kosten K bei Anwendung linearer Kostenfunktionen in der Form (siehe Beisp.12.1e)

$$K(x_1, x_2, x_3) = p_1 \cdot x_1 + p_2 \cdot x_2 + p_3 \cdot x_3$$

ergeben.

– Da die *Kosten* K für den Kauf der Rohstoffe *minimal* sein sollen, ergibt sich die *Extremwertaufgabe* (a>0, p_1 >0, p_2 >0, p_3 >0)

$$K(x_1, x_2, x_3) = p_1 \cdot x_1 + p_2 \cdot x_2 + p_3 \cdot x_3 \ \rightarrow \ \underset{x_1, x_2, x_3}{\text{Minimum}}$$

mit der Gleichungsnebenbedingung

$$x_1 \cdot x_2 \cdot x_3 = a$$

wenn die Positivitätsbedingungen (>0) für x_1, x_2, x_3 wegelassen werden.

e) *Maximales Ergebnis:*

Betrachtung einer Aufgabe zum Erreichen eines maximalen Volumens:

– Aus vorhandenen quadratischen Pappscheiben der Seitenlänge a>0 sollen Kartons ohne Deckel hergestellt werden, indem man an den vier Ecken der Pappscheiben jeweils ein Quadrat mit frei wählbarer Seitenlänge x herausschneidet und anschließend den Karton faltet.

– Die entstehenden Kartons haben die Höhe x und quadratische Grundfläche (Seitenlänge a - 2·x).

– Das Volumen V dieser Kartons ist von x abhängig und berechnet sich offensichtlich aus Grundfläche×Höhe zu

$$V = V(x) = (a - 2 \cdot x)^2 \cdot x$$

– Die Aufgabe besteht darin, x so zu wählen, dass hergestellte Kartons *maximales Volumen* besitzen, d.h. es ist folgende *Extremwertaufgabe ohne Nebenbedingungen* zu lösen:

$$V(x) = (a - 2 \cdot x)^2 \cdot x \ \rightarrow \ \underset{x}{\text{Maximum}}$$

– Man sieht sofort, dass bei dieser Aufgabenstellung x nur Werte aus dem Intervall [0,a/2] annehmen kann, da sonst kein Volumen ≥0 möglich ist.

– Die Aufgabe wird im Beisp.19.2a mittels der notwendigen Optimalitätsbedingung gelöst

f) *Materialeinsparung:*

Betrachtung einer Aufgabe zur Materialeinsparung:

– Zylindrische Konservendosen aus Blech mit Deckel und einem vorgegebenen Inhalt (Volumen) von 1000 cm^3 sollen produziert werden, wofür ein minimaler Materialverbrauch erwünscht ist.

– Damit ist die *Zielfunktion* der Extremwertaufgabe durch die Oberfläche O der zylindrischen Konservendosen gegeben, die sich aus
zwei Kreisflächen (Boden + Deckel) mit Radius r,
einer Mantelfläche mit Höhe h

zusammensetzt, so dass sie eine Funktion von Radius r>0 und Höhe h>0 ist und sich folgendermaßen ergibt:

$$O = O(r,h) = 2 \cdot \pi \cdot r^2 + 2 \cdot \pi \cdot r \cdot h = 2 \cdot \pi \cdot (r^2 + r \cdot h)$$

—   Da die Oberfläche $O(r,h)$ aufgrund der Materialeinsparung minimal sein soll, ist sie bzgl. der Variablen r und h zu minimieren, d.h.

$$O(r,h) = 2 \cdot \pi \cdot r^2 + 2 \cdot \pi \cdot r \cdot h \;\; \underset{r,h}{\rightarrow} \text{Minimum}$$

—   Es besteht die Beschränkung, $V(r,h)=1000$ cm^3 für das Volumen, so dass zusätzlich die *Gleichungsnebenbedingung*

$$V(r,h) = \pi \cdot r^2 \cdot h \;=\; 1000$$

zu erfüllen ist.

—   Somit liegt eine *Extremwertaufgabe* mit einer *Gleichungsnebenbedingung* vor, wenn von Positivitätsbedingungen ($\geq$) für die Variablen r und h abgesehen wird. Diese Aufgabe löst Beisp.19.3.

19.3   Eigenschaften und Optimalitätsbedingungen

In den folgenden beiden Abschn.19.3.1 und 19.3.2 werden Eigenschaften und Optimalitätsbedingungen für Extremwertaufgaben ohne bzw. mit Nebenbedingungen vorgestellt.

19.3.1   Aufgaben ohne Nebenbedingungen

Extremwertaufgaben ohne Nebenbedingungen haben folgende *Struktur:*

—   Es sind *lokale Minima* bzw. *Maxima* einer Funktion (Zielfunktion) von n Variablen zu bestimmen, d.h.

$$f(\mathbf{x}) = f(x_1, x_2, ..., x_n) \;\; \underset{x_1, x_2, ..., x_n}{\rightarrow} \text{Minimum/Maximum}$$

—   Für die Variablen sind keinerlei Nebenbedingungen (Beschränkungen) gegeben.

Die mathematische Theorie stellt Folgendes zur *Charakterisierung* und *Berechnung* von *Lösungen* zur Verfügung, wofür die Differenzierbarkeit der auftretenden Funktionen erforderlich ist:

●   *Notwendige Optimalitätsbedingung:*

—   Sie muss für einen Minimal- oder Maximalpunkt

$$\mathbf{x}^0 = \left(x_1^0, x_2^0, ..., x_n^0 \right)$$

erfüllt sein.

—   Sie hat folgende Form:

Bei *Funktionen* f(x) *einer Variablen* ist die erste Ableitung gleich Null, d.h.

$$f'(x^0) = 0$$

Bei *Funktionen* $f(x) = f(x_1, x_2, ..., x_n)$ *von n Variablen* sind alle partiellen Ableitungen erster Ordnung gleich Null, d.h.

$$f_{x_1}(\mathbf{x}^0) = 0, \; f_{x_2}(\mathbf{x}^0) = 0, ..., \; f_{x_n}(\mathbf{x}^0) = 0$$

– Sie lässt sich folgendermaßen *charakterisieren:*

Sie liefert n Gleichungen für die Variablen $\mathbf{x} = (x_1, x_2, ..., x_n)$, deren Lösungen *stationäre Punkte* heißen.

Da es sich nur um eine notwendige Bedingung handelt, muss nicht jeder stationäre Punkt ein Minimal- oder Maximalpunkt sein.

Zur *Bestimmung stationärer Punkte* kann versucht werden, die von der Optimalitätsbedingung gelieferten Gleichungen zu lösen. Bei dieser Vorgehensweise treten zwei Schwierigkeiten auf:

Da Gleichungen der notwendigen Optimalitätsbedingung i.Allg. nichtlinear sind, müssen diese nicht exakt lösbar sein. Es bleibt eine numerische (näherungsweise) Lösung (siehe Abschn.11.7).

Da die Optimalitätsbedingung nur notwendig ist, muss man sich überzeugen, ob die hiermit berechneten stationären Punkte auch Minimal- oder Maximalpunkte sind, d.h. es ist eine *hinreichende Optimalitätsbedingung* heranzuziehen, die im Folgenden vorgestellt wird.

♦

- *Hinreichende Optimalitätsbedingung*:

  – Sie dient zum Nachweis, ob ein aus notwendigen Optimalitätsbedingungen berechneter stationärer Punkt ein Minimal- oder Maximalpunkt ist.

  – Sie wird durch die positive/negative Definitheit der zur Zielfunktion $f(\mathbf{x})$ gehörenden Hesse-Matrix $H(\mathbf{x})$ gegeben, falls $f(\mathbf{x})$ stetige Ableitungen zweiter Ordnung besitzt:
  Da dies für n≥3 nicht einfach nachzuweisen ist, gehen wir nicht näher hierauf ein und verweisen auf die Literatur.

  Für n=1 und 2 ist sie problemlos zur Überprüfung stationärer Punkte anwendbar, wie im Folgenden zu sehen ist.

  – Für *Funktionen* $f(x)$ *einer Variablen* hat die hinreichende Optimalitätsbedingung folgende Form:
  Wenn $f''(x^0) \neq 0$ für einen stationären Punkt x^0 gilt, dann ist x^0 für

  $f''(x^0) > 0$ ein *Minimalpunkt*

  $f''(x^0) < 0$ ein *Maximalpunkt*

Im Falle $f''(x^0) = 0$ müssen höhere Ableitungen solange berechnet werden, bis für ein $n \geq 3$ $f^{(n)}(x^0) \neq 0$ gilt: Ist dieses n

gerade, so liegt in x^0 ein Minimalpunkt bzw. Maximalpunkt vor.

ungerade, so liegt in x^0 ein *Wendepunkt* vor.

– Für *Funktionen* f(x,y) von *zwei Variablen* hat die hinreichende Optimalitätsbedingung folgende Form:

Wenn die Ungleichung

$$f_{xx}(x^0, y^0) \cdot f_{yy}(x^0, y^0) - (f_{xy}(x^0, y^0))^2 > 0$$

für einen stationären Punkt (x^0, y^0) erfüllt ist, dann ist (x^0, y^0) für

$$f_{xx}(x^0, y^0) > 0 \qquad \text{ein } \textit{Minimalpunkt}$$

$$f_{xx}(x^0, y^0) < 0 \qquad \text{ein } \textit{Maximalpunkt}$$

– Aufgrund der geschilderten Problematik wird ab drei Variablen meistens auf den Einsatz hinreichender Optimalitätsbedingungen verzichtet. Stationäre Punkte werden hier untersucht, indem sie mit Erfahrungswerten verglichen oder Werte der Zielfunktion in ihrer Umgebung berechnet werden.

Bei Funktionen f(x) einer Variablen x lassen sich Extremwertaufgaben ohne Nebenbedingungen zusätzlich für den Fall heranziehen, bei dem die Beschränkung (Nebenbedingung) für die Variable x vorliegt, dass x nur Werte aus einem gegebenen abgeschlossenen Intervall [a,b] annehmen darf (siehe auch Beisp.19.2a):

• Damit ist die Optimierungsaufgabe

$$f(x) \rightarrow \underset{a \leq x \leq b}{\text{Minimum/Maximum}}$$

zu lösen, d.h. das *globale Minimum* bzw. *Maximum* der Zielfunktion f(x) über dem Intervall [a,b] zu bestimmen.

• In diesem Fall sind die mittels Optimalitätsbedingungen für das Intervall [a,b] berechneten lokalen Minima und Maxima nur mit den Randwerten f(a) und f(b) der Funktion f(x) in beiden Randpunkten des Intervalls zu vergleichen:

– Das *globale Minimum* ergibt sich als Minimalwert aus lokalen Minima und beiden Randwerten f(a) und f(b).

– Das *globale Maximum* ergibt sich als Maximalwert aus lokalen Maxima und beiden Randwerten f(a) und f(b).

♦

Beispiel 19.2:

Illustration der exakten Lösungsberechnung für *Extremwertaufgaben ohne Nebenbedingungen* mit Hilfe der *Optimalitätsbedingungen*:

a) Betrachtung der im Beisp.19.1e hergeleiteten Extremwertaufgabe

$$V(x) = (a - 2 \cdot x)^2 \cdot x = a^2 \cdot x - 4 \cdot a \cdot x^2 + 4 \cdot x^3 \underset{x}{\to} \text{Maximum}$$

für ein maximales Volumen herzustellender Kartons (a>0):

– Bei dieser Aufgabenstellung kann x nur Werte aus dem Intervall [0,a/2] annehmen, da sonst kein Volumen ≥0 möglich ist.

– Da das Volumen in beiden Randwerten x=0 und x=a/2 des Intervalls gleich Null ist, kann ein Maximum nur im Inneren des Intervalls angenommen werden.

– Deshalb lässt sich die *notwendige Optimalitätsbedingung*

$$V'(x) = a^2 - 8 \cdot a \cdot x + 12 \cdot x^2 = 0$$

heranziehen, die zur Berechnung stationärer Punkte eine quadratische Gleichung liefert, die folgende zwei Lösungen besitzt $x_1 = \dfrac{a}{2}$, $x_2 = \dfrac{a}{6}$

– Die *erste Lösung* $x_1 = \dfrac{a}{2}$

kann offensichtlich kein Maximum für das Volumen realisieren, da es hierfür Null ist. Deshalb bleibt nur die *zweite Lösung*

$$x_2 = \dfrac{a}{6}$$

übrig, die sich als Maximalpunkt erweist, wie die Anwendung der *hinreichenden Optimalitätsbedingung* zeigt:

Die zweite Ableitung

$$V''(x) = -8 \cdot a + 24 \cdot x$$

liefert Folgendes für die beiden stationären Punkte:

$$V''(x_1) = -8 \cdot a + 24 \cdot \dfrac{a}{2} = 4 \cdot a > 0 \text{, d.h. } x_1 = \dfrac{a}{2} \text{ ist ein } \textit{Minimalpunkt.}$$

$$V''(x_2) = -8 \cdot a + 24 \cdot \dfrac{a}{6} = -4 \cdot a < 0 \text{, d.h. } x_2 = \dfrac{a}{6} \text{ ist ein } \textit{Maximalpunkt.}$$

Damit ergibt sich für $x_2 = \dfrac{a}{6}$ das Maximum für das Volumen der Kartons:

$$V\left(\frac{a}{6}\right) = \left(a - 2 \cdot \frac{a}{6}\right)^2 \cdot \frac{a}{6} = \frac{2}{27} \cdot a^3$$

b) Lösung der im Beisp.19.1b vorgestellten *Extremwertaufgabe ohne Nebenbedingungen* (a>0, b>0, c>0, d>0, e>0) zur *Lagerkostenminimierung* für eine Firma, die zwei Produkte herstellt

$$f(x_1, x_2) = a \cdot x_1 + b \cdot x_2 + \frac{c}{x_1} + \frac{d}{x_2} + e \rightarrow \underset{x_1, x_2}{\text{Minimum}}$$

wobei die Zielfunktion $f(x_1, x_2)$ die Lagerkosten für die Lagerbestände x_1 und x_2 von zwei Produkten beschreibt:

– Die *notwendige Optimalitätsbedingung* liefert durch Nullsetzen der beiden ersten partiellen Ableitungen folgende zwei Gleichungen zur Bestimmung stationärer Punkte:

$$f_{x_1}(x_1, x_2) = a - \frac{c}{x_1^2} = 0 \quad , \quad f_{x_2}(x_1, x_2) = b - \frac{d}{x_2^2} = 0$$

Diese beiden Gleichungen lassen sich einfach auflösen, so dass sich ein stationärer Punkt $x^0 = (x_1^0, x_2^0)$ mit den Koordinaten

$$x_1^0 = \sqrt{\frac{c}{a}} \quad , \quad x_2^0 = \sqrt{\frac{d}{b}}$$

ergibt.

– Die Überprüfung des berechneten stationären Punktes mittels *hinreichender Optimalitätsbedingung* liefert:

$$f_{x_1 x_1}(x_1^0, x_2^0) \cdot f_{x_2 x_2}(x_1^0, x_2^0) - (f_{x_1 x_2}(x_1^0, x_2^0))^2 = 2 \cdot \sqrt{\frac{a^3}{c}} \cdot 2 \cdot \sqrt{\frac{b^3}{d}} > 0$$

so dass er wegen

$$f_{x_1 x_1}(x_1^0, x_2^0) = 2 \cdot \sqrt{\frac{a^3}{c}} > 0$$

einen Minimalpunkt realisiert, d.h. ein Minimum der Lagerkosten liefert.

19.3.2 Aufgaben mit Gleichungsnebenbedingungen

Bei Extremwertaufgaben ab zwei Variablen sind Nebenbedingungen in Form von Gleichungen zulässig und man spricht von *Extremwertaufgaben* mit *Gleichungsnebenbedingungen,* die folgendermaßen charakterisiert sind:

• Es sind *lokale Minima* und *Maxima* einer Funktion (Zielfunktion) von n Variablen zu bestimmen, d.h.

$$f(x) = f(x_1, x_2, ..., x_n) \rightarrow \underset{x_1, x_2, ..., x_n}{\text{Minimum/Maximum}}$$

- Die Variablen müssen zusätzlich *Gleichungsnebenbedingungen* in Form von m Gleichungen erfüllen, d.h.

$$g_i(\mathbf{x}) = g_i(x_1, x_2, \dots, x_n) = 0 \qquad\qquad (i = 1, 2, \dots, m)$$

wobei die Funktionen $g_i(\mathbf{x})$ beliebig sind und sich zu einem Vektor $\mathbf{g}(\mathbf{x})$ zusammenfassen lassen.

- Um eine Lösung für Extremwertaufgaben mit Gleichungsnebenbedingungen zu gewährleisten, dürfen sich die gegebenen m Gleichungen der Nebenbedingungen nicht widersprechen, so dass sie eine nichtleere Lösungsmenge besitzen, d.h. einen nichtleeren zulässigen Bereich B beschreiben:

  - Falls nur endlich viele Lösungen der Gleichungen existieren, entstehen diskrete Optimierungsaufgaben, die nicht mit den im Folgenden vorgestellten Methoden lösbar sind.

  - Falls für m=n das Gleichungssystem der Nebenbedingungen mit n Gleichungen und n Variablen nur eine Lösung besitzt, ist eine Optimierung nicht mehr möglich und das vorliegende Optimierungsmodell sollte überprüft werden.

- Zur *Charakterisierung* und *Berechnung* von *Lösungen* stellt die mathematische Theorie folgende zwei Vorgehensweisen bereit, für die Differenzierbarkeit der vorkommenden Funktionen erforderlich ist:

I. *Eliminationsmethode*

Sie beruht auf folgender Vorgehensweise (siehe Beisp.19.3a):

  - Falls sich die m Gleichungen der Nebenbedingungen nach gewissen *Variablen auflösen* lassen, werden die erhaltenen Relationen in die Zielfunktion eingesetzt und es ergibt sich eine *Extremwertaufgabe ohne Nebenbedingungen*.

  - Wenn die Eliminationsmethode anwendbar ist, sollte man sie bevorzugen, da hierbei die Anzahl der Variablen in der erhaltenen Zielfunktion geringer wird und nur noch n - m beträgt.

II. *Lagrangesche Multiplikatorenmethode*

Sie ist als universelle Methode immer anwendbar und beruht auf folgender Vorgehensweise (siehe Beisp.19.3b):

- Zuerst wird aus der Zielfunktion und den Funktionen der Gleichungsnebenbedingungen die *Lagrangefunktion*

$$L(\mathbf{x}; \boldsymbol{\lambda}) = L(x_1, x_2, \dots, x_n; \lambda_1, \lambda_2, \dots, \lambda_m) =$$

$$f(x_1, x_2, \dots, x_n) + \sum_{i=1}^{m} \lambda_i \cdot g_i(x_1, x_2, \dots, x_n) = f(\mathbf{x}) + \sum_{i=1}^{m} \lambda_i \cdot g_i(\mathbf{x})$$

mit den *Lagrangeschen Multiplikatoren* $\lambda_1, \lambda_2, \dots, \lambda_m$ gebildet, die sich zu einem Vektor $\boldsymbol{\lambda} = (\lambda_1, \lambda_2, \dots, \lambda_m)$ zusammenfassen lassen.

- Anschließend wird die *notwendige Optimalitätsbedingung* auf die *Lagrangefunktion* L(x;λ) bzgl. der Variablenvektoren **x** und **λ** angewandt. Dies ergibt n+m Gleichungen für **x** und **λ**

$$\frac{\partial}{\partial x_k} L(x;\lambda) = \frac{\partial}{\partial x_k} f(x) + \sum_{i=1}^{m} \lambda_i \cdot \frac{\partial}{\partial x_k} g_i(x) = 0$$

$$(k = 1,...,n \ ; \ i = 1,...,m)$$

$$\frac{\partial}{\partial \lambda_i} L(x;\lambda) = g_i(x) = 0$$

die sich unter Verwendung des *Gradienten* (siehe Abschn.14.2.4) in folgender *vektorieller Form* schreiben:

$$\mathbf{grad}\,f(\mathbf{x}) + \sum_{i=1}^{m} \lambda_i \cdot \mathbf{grad}\,g_i(\mathbf{x}) = 0 \ , \ \ \mathbf{g}(\mathbf{x}) = 0$$

- Die *Lagrangesche Multiplikatorenmethode* ist folgendermaßen charakterisiert:

  – Es wird die Extremwertaufgabe ohne Nebenbedingungen

$$L(x;\lambda) \to \underset{\mathbf{x}\,;\,\boldsymbol{\lambda}}{\text{Minimum}\,/\,\text{Maximum}}$$

  für die *Lagrangefunktion* betrachtet:

  Dies ist eine *Ersatzaufgabe* für die gegebene Extremwertaufgabe mit Gleichungsnebenbedingungen.

  Unter gewissen Voraussetzungen lässt sich zeigen, dass die notwendige Optimalitätsbedingung für die Lagrangefunktion eine notwendige Optimalitätsbedingung für die ursprünglich gegebene Extremwertaufgabe mit Gleichungsnebenbedingungen liefert.

  – Da es sich nur um eine notwendige Optimalitätsbedingung handelt, müssen stationäre Punkte der Lagrangefunktion nicht immer Minimal- oder Maximalpunkte sein:

  Man muss zusätzlich eine *hinreichende Optimalitätsbedingung* heranziehen, deren Anwendung sich schwieriger gestaltet.

  Deshalb verzichtet man meistens auf hinreichende Optimalitätsbedingungen und untersucht erhaltene stationäre Punkte, indem man sie mit Erfahrungswerten vergleicht oder Werte der Zielfunktion in ihrer Umgebung berechnet.

  – *Lagrangesche Multiplikatoren* besitzen für die eigentliche Extremwertaufgabe keine Bedeutung, d.h. ihr Zahlenwert ist hierfür uninteressant. Sie lassen sich jedoch in Optimierungsmodellen der Wirtschaft als sogenannte *Schattenpreise* ökonomisch interpretieren, wie Beisp.19.4 illustriert.

Beispiel 19.3:

Illustration der Lösung von *Extremwertaufgaben mit Gleichungsnebenbedingungen* anhand der im Beisp.19.1f betrachteten Aufgabe

$$O(r,h) = 2 \cdot \pi \cdot r^2 + 2 \cdot \pi \cdot r \cdot h \; \rightarrow \; \underset{r\,,\,h}{\text{Minimum}}$$

mit der *Gleichungsnebenbedingung*

$$V(r,h) = \pi \cdot r^2 \cdot h = 1000 \,,$$

indem die beiden beschriebenen Methoden (Eliminationsmethode und Lagrangesche Multiplikatorenmethode) angewandt werden:

a) Lösung mittels *Eliminationsmethode:*

- Die Gleichungsnebenbedingung lässt sich einfach nach einer Variablen auflösen, so z.B.

$$h = \frac{1000}{\pi \cdot r^2}$$

- Durch Einsetzen des für h erhaltenen Ergebnisses in die Zielfunktion ergibt sich folgende *Extremwertaufgabe ohne Nebenbedingungen*:

$$O(r) = 2 \cdot \pi \cdot r^2 + 2 \cdot \frac{1000}{r} \; \rightarrow \; \underset{r}{\text{Minimum}}$$

d.h. die Oberfläche ist nur noch als Funktion der Variablen r>0 (Radius) zu minimieren.

- Durch Anwendung der notwendigen Optimalitätsbedingung für Extremwertaufgaben ohne Nebenbedingungen ergibt sich folgende Lösung, wobei die Überprüfung mittels hinreichender Optimalitätsbedingung dem Leser überlassen wird:

Aus

$$O'(r) = 4 \cdot \pi \cdot r - 2 \cdot \frac{1000}{r^2} = 0$$

folgt die Lösung:

$$r = \sqrt[3]{\frac{500}{\pi}} \approx 5{,}42$$

- Damit berechnet sich das zugehörige h durch Einsetzen von r zu

$$h = \frac{1000}{\pi \cdot r^2} \approx \frac{1000}{\pi \cdot 5{,}42^2} \approx 10{,}84$$

b) Lösung mittels *Lagrangescher Multiplikatorenmethode:*

- Für die *Lagrangefunktion*

$$L(r,h;\lambda) = 2 \cdot \pi \cdot r^2 + 2 \cdot \pi \cdot r \cdot h + \lambda \cdot (\pi \cdot r^2 \cdot h - 1000)$$

ergeben sich aus der notwendigen Optimalitätsbedingung folgende drei nichtlineare Gleichungen für die drei Variablen r, h und λ:

$$\frac{\partial L(r,h;\lambda)}{\partial r} = 4 \cdot \pi \cdot r + 2 \cdot \pi \cdot h + 2 \cdot \lambda \cdot \pi \cdot r \cdot h = 0$$

$$\frac{\partial L(r,h;\lambda)}{\partial h} = 2\cdot\pi\cdot r + \lambda\cdot\pi\cdot r^2 = 0$$

$$\frac{\partial L(r,h;\lambda)}{\partial \lambda} = \pi\cdot r^2\cdot h - 1000 = 0$$

- Eine Lösung dieser Gleichungen per Hand mittels Elimination ist möglich:

  Das Auflösen der zweiten Gleichung nach λ und der dritten nach h liefert

$$\lambda = -\frac{2}{r} \quad \text{bzw.} \quad h = \frac{1000}{\pi\cdot r^2}$$

  Indem man die erste Gleichung durch $2\cdot\pi$ dividiert und dann die für λ und h erhaltenen Ergebnisse einsetzt, ergibt sich

$$2\cdot r + \frac{1000}{\pi\cdot r^2} - \frac{2}{r}\cdot r\cdot\frac{1000}{\pi\cdot r^2} = 2\cdot r - \frac{1000}{\pi\cdot r^2} = 0$$

  Daraus folgt die gleiche Lösung wie im Beisp.a:

$$r = \sqrt[3]{\frac{500}{\pi}} \approx 5,42 \qquad , \qquad h = \frac{1000}{\pi\cdot r^2} \approx \frac{1000}{\pi\cdot 5,42^2} \approx 10,84$$

Beispiel 19.4:

Illustration der ökonomische *Interpretation* der *Lagrangeschen Multiplikatoren* als *Schattenpreise:*

- Für die Aufgabe $f(x) \to$ Maximum
    x

wird anstatt der Nebenbedingung g(x)=0 die Gleichungsnebenbedingung mit der rechten Seite ε verwandt, d.h. $g(x) = \varepsilon$ bzw. $\varepsilon - g(x) = 0$.

- Für die so *modifizierte Aufgabe* lautet die *Lagrangefunktion*

$$L(x,\lambda,\varepsilon) = f(x) + \lambda\cdot(\varepsilon - g(x))$$

die zusätzlich von ε abhängt:

- Werden auf die Lagrangefunktion die notwendige Optimalitätsbedingungen

$$\frac{\partial L(x,\lambda,\varepsilon)}{\partial x} = 0 \quad \text{und} \quad \frac{\partial L(x,\lambda,\varepsilon)}{\partial \lambda} = 0$$

  angewandt und die hierdurch entstandenen zwei Gleichungen gelöst, so sind die Lösungen x und λ von ε abhängig, d.h. $x = x(\varepsilon)$ und $\lambda = \lambda(\varepsilon)$.

- Für die erhaltenen Lösungen ergibt sich als Wert
    der Zielfunktion

$$f(\varepsilon) = f(x(\varepsilon))$$

  und der Lagrangefunktion

$$L(\varepsilon) = L(x(\varepsilon), \lambda(\varepsilon), \varepsilon)$$

- Da $f(\varepsilon) = L(\varepsilon)$ gilt, folgt unter Anwendung der Kettenregel

$$\frac{df(\varepsilon)}{d\varepsilon} = \frac{dL(\varepsilon)}{d\varepsilon} = \frac{\partial L(x,\lambda,\varepsilon)}{\partial x} \cdot \frac{dx}{d\varepsilon} + \frac{\partial L(x,\lambda,\varepsilon)}{\partial \lambda} \cdot \frac{d\lambda}{d\varepsilon} + \frac{\partial L(x,\lambda,\varepsilon)}{\partial \varepsilon} = \lambda$$

weil $\dfrac{\partial L(x,\lambda,\varepsilon)}{\partial x} = 0$, $\dfrac{\partial L(x,\lambda,\varepsilon)}{\partial \lambda} = 0$ und $\dfrac{\partial L(x,\lambda,\varepsilon)}{\partial \varepsilon} = \lambda$ gelten.

- Die erhaltene Gleichung $\qquad \dfrac{df(\varepsilon)}{d\varepsilon} = \lambda \qquad$ besagt Folgendes:

  - Der Lagrangesche Multiplikator λ ist ein Maß für die *Veränderung* des *Minimal-* bzw. *Maximalwertes* der Zielfunktion f(x), bezogen auf eine Veränderung der rechten Seite ε der Nebenbedingung.

  - Wenn sich ε um einen kleinen Wert $d\varepsilon$ (>0) ändert, so ändert sich der *Minimal-* bzw. *Maximalwert* der Zielfunktion $f(\varepsilon)$ näherungsweise um den Wert $df(\varepsilon) = \lambda \cdot d\varepsilon$, d.h. λ gibt den Anstieg der Funktion $f(\varepsilon)$ und wird als *Schattenpreis* oder *Opportunitätskosten* bezeichnet.

  - In ökonomischen Anwendungen

    stellt ε häufig die verfügbare Menge einer Ressource dar,

    ist die Zielfunktion häufig eine Nutzen- oder Gewinnfunktion.

    Deshalb gibt $\lambda \cdot d\varepsilon$ näherungsweise den Zuwachs des Nutzens bzw. Gewinns an, wenn man die Ressource um $d\varepsilon$ Einheiten erhöht, d.h. λ stellt den Wert der Ressource dar. Hieraus resultiert für λ die Bezeichnung *Schattenpreis*.

19.4 Lösungsmethoden

Die exakte Lösung von Extremwertaufgaben mittels der im Abschn.19.3.1 und 19.3.2 gegebenen notwendigen Optimalitätsbedingungen gelingt nur für einfache Aufgaben, da die entstehenden Gleichungen für die meisten praktischen Anwendungen nichtlinear sind.

Man ist deshalb auf *numerische Lösungsmethoden* (Näherungsmethoden) angewiesen, wofür es folgende Möglichkeiten gibt, die wir nur nennen, aber nicht weiter behandeln können:

- Numerische *Lösung* der Gleichungen der notwendigen *Optimalitätsbedingung*. Dies ist nicht immer effektiv, aber bei Sonderfällen erfolgreich einsetzbar.

- Berechnung von *Näherungslösungen* ohne Optimalitätsbedingungen heranzuziehen:

  - Für Extremwertaufgaben ohne Nebenbedingungen existieren effektive Methoden. Hierzu gehören Abstiegsmethoden (z.B. Gradienten- und Newton-Methoden).

  - Für Extremwertaufgaben mit Gleichungsnebenbedingungen besteht eine große Klasse numerischer Methoden (sogenannte Strafmethoden) darin, sie auf Aufgaben ohne Nebenbedingungen zurückzuführen und diese dann numerisch zu lösen.

  - EXCEL kann alle Arten von Extremwertaufgaben mittels SOLVER numerisch lösen, wie Abschn.19.5 beschreibt.

19.5 Anwendung des SOLVERS von EXCEL

Die Anwendung des SOLVERS geschieht nach der im Abschn.18.6 gegebenen allgemeinen Vorgehensweise für alle Aufgabenstellungen der Optimierung.

Das folgende Beisp.19.5 gibt eine Illustration der Anwendung zur Lösung von Extremwertaufgaben.

Beispiel 19.5:

Das gegebene Beispiel kann als Vorlage dienen, um beliebige (auch nichtlineare) Optimierungsaufgaben mittels SOLVER zu lösen.

Es wird die Extremwertaufgabe aus Beisp.19.3

$$O(r,h) = 2 \cdot \pi \cdot r^2 + 2 \cdot \pi \cdot r \cdot h \; \underset{r\,,\,h}{\rightarrow} \text{Minimum} \; , \; \pi \cdot r^2 \cdot h = 1000$$

mit der im Abschn.18.6 gegebenen Vorgehensweise mittels SOLVER gelöst.

- Die Namen der auftretenden Variablen r und h, die mit x und y bezeichnet sind, werden z.B. in die Zellen A1 bzw. B1 der aktuellen Tabelle eingetragen und darunter in die Zellen A2 bzw. B2 als willkürliche Startwerte 1.

- Danach werden die Zellen A1 bis B2 mit Variablennamen und zugehörigen Startwerten markiert und die Namen x und y für die Variablen erstellt und ihnen die Startwerte zugewiesen, wie im Abschn.7.1.2 erklärt ist.

- Als Zielzelle wird z.B. die Zelle A5 gewählt und hier die Zielfunktion
  =2*PI()*x^2+2*PI()*x*y
  als Formel eingetragen.

- Die Gleichungsnebenbedingung wird z.B. in die Zelle A7 als Formel
  =PI()*x^2*y - 1000
  eingetragen.

- Anschließend wird der SOLVER mittels der Registerkarte **Daten** aufgerufen und das erscheinende Dialogfenster **Solver-Parameter** wie in obiger Abbildung ausgefüllt.

- Durch Anklicken von *Lösen* im Dialogfenster **Solver-Parameter** wird die Berechnung durch den SOLVER ausgelöst, wie im folgenden Tabellenausschnitt zu sehen ist:

	A	B
1	x	y
2	5,41926612	10,8384997
3		
4	Zielfunktion	
5	553,581045	
6	Gleichungsnebenbedingung	
7	9,6073E-09	

Die vom SOLVER berechnete *Näherungslösung* x=5,419… und y=10,838… wird in den Zellen A2 bzw. B2 anstatt der Startwerte angezeigt.

In der Zielzelle A5 ist der minimale Zielfunktionswert 553,581… zu sehen.

In Zelle A7 der Gleichungsnebenbedingung wird der Wert der Funktion der Nebenbedingung im berechneten Minimalpunkt angezeigt, der näherungsweise Null ist.

20 Lineare Optimierungsaufgaben

20.1 Einführung

Aufgaben der linearen Optimierung (*lineare Optimierungsaufgaben*) bilden die einfachste Klasse nichtlinearer Optimierungsaufgaben, da Zielfunktion und Funktionen der Nebenbedingungen nur in *linearer Form* auftreten:

- In der *englischsprachigen Literatur* bezeichnet man lineare Optimierung als *linear programming*, so dass im Deutschen manchmal die Bezeichnung *lineare Programmierung* zu finden ist.

- Lineare Optimierungsaufgaben treten bei ökonomischen Problemen häufig auf, da hier Zielfunktion und Nebenbedingungen meistens linear sind:

  - Kosten und Verbrauch (von Rohstoffen, Materialien) sollen minimiert bzw. Gewinne und Produktionsmengen maximiert werden.

  - Sie sind in Aufgaben der *Transportoptimierung, Produktionsoptimierung, Mischungsoptimierung, Gewinnmaximierung, Kostenminimierung* zu finden.

Lineare Optimierungsaufgaben haben folgende *Struktur:*

- Zielfunktion und alle Funktionen der Nebenbedingungen sind *linear:*

  - Eine *lineare Zielfunktion* ist bezüglich der n Variablen zu *maximieren*, d.h.

  $$f(\mathbf{x}) = f(x_1, x_2, ..., x_n) = c_1 \cdot x_1 + c_2 \cdot x_2 + ... + c_n \cdot x_n \underset{x_1, x_2, ..., x_n}{\rightarrow} \text{Maximum}$$

  - Die Variablen erfüllen m *lineare Ungleichungsnebenbedingungen*

  $$a_{11} \cdot x_1 + a_{12} \cdot x_2 + ... + a_{1n} \cdot x_n \leq b_1$$
  $$a_{21} \cdot x_1 + a_{22} \cdot x_2 + ... + a_{2n} \cdot x_n \leq b_2$$
  $$\vdots \qquad\qquad \vdots \qquad\qquad \vdots \qquad\qquad \vdots$$
  $$a_{m1} \cdot x_1 + a_{m2} \cdot x_2 + ... + a_{mn} \cdot x_n \leq b_m$$

  wobei zusätzlich *Vorzeichenbedingungen* in Form von *Nicht-Negativitätsbedingungen* auftreten können, d.h.

  $$x_j \geq 0 \qquad\qquad (j=1, ..., n)$$

  Alle auftretenden Ungleichungen legen den *zulässigen Bereich* B für die Punkte (Variablen) **x** fest.

  Punkte **x** , die zum zulässigen Bereich B gehören, heißen *zulässige Punkte.*

  - Die in Nebenbedingungen und Zielfunktion vorkommenden Konstanten

  $$a_{ij} , \quad b_i , \quad c_j \qquad\qquad (i=1, ..., m ; j=1, ..., n)$$

  sind vorgegeben.

- Die gegebene Form linearer Optimierungsaufgaben ist hinreichend allgemein:

  - Sie wird im Weiteren als *Normalform* bezeichnet.

- Alle praktisch auftretenden Aufgaben können in diese Form überführt werden.
- Folgende Umformungen sind möglich (siehe auch Beisp.20.1):

  Falls eine *Zielfunktion* zu *minimieren* ist, so wird durch Multiplikation mit -1 eine zu maximierende Zielfunktion erhalten.

  Falls eine *Gleichungsnebenbedingung* vorkommt, so kann diese durch zwei Ungleichungsnebenbedingungen ersetzt werden.

  Bei Ungleichungsnebenbedingungen lässt sich das auftretende Ungleichungszeichen durch Multiplikation mit -1 in die jeweils andere Form bringen.

  Falls z.B. Ungleichungen mit $\geq$ vorkommen, so können diese durch Multiplikation mit -1 in Ungleichungen mit $\leq$ transformiert werden und umgekehrt.

- Derartige Umformungen können auch erforderlich sein, wenn man bei Anwendung von Computerprogrammen die Aufgabe auf die dort geforderte Form bringen muss.

• In *Matrizenschreibweise* hat die gegebene Normalform linearer Optimierungsaufgaben die Gestalt

$$z = c^T \cdot x \to \underset{x}{\text{Maximum}} \quad , \quad A \cdot x \leq b \quad , \quad x \geq 0$$

wobei sich Vektoren c, x und b und Matrix A folgendermaßen schreiben:

$$c = \begin{pmatrix} c_1 \\ c_2 \\ \vdots \\ c_n \end{pmatrix} \quad , \quad x = \begin{pmatrix} x_1 \\ x_2 \\ \vdots \\ x_n \end{pmatrix} \quad , \quad b = \begin{pmatrix} b_1 \\ b_2 \\ \vdots \\ b_m \end{pmatrix} \quad , \quad A = \begin{pmatrix} a_{11} & a_{12} & \dots & a_{1n} \\ a_{21} & a_{22} & \dots & a_{2n} \\ \vdots & \vdots & \dots & \vdots \\ a_{m1} & a_{m2} & \dots & a_{mn} \end{pmatrix}$$

Beispiel 20.1:

Die lineare Optimierungsaufgabe

$$2 \cdot x_1 - 3 \cdot x_2 + 5 \cdot x_3 \to \underset{x_1, x_2, x_3}{\text{Minimum}}$$

$$-7 \cdot x_1 - 2 \cdot x_2 + 4 \cdot x_3 \leq 1$$

$$6 \cdot x_1 - 8 \cdot x_2 + 2 \cdot x_3 \geq -3$$

$$x_1 - 2 \cdot x_2 - 9 \cdot x_3 = 5$$

besitzt nicht die gegebene Normalform, da

- die Zielfunktion zu minimieren ist,
- eine Ungleichungsnebenbedingung mit $\geq$ vorliegt,
- eine Gleichungsnebenbedingung vorliegt.

Durch Anwendung der vorgestellten Umformungsregeln lässt sich die Aufgabe in folgende äquivalente *Normalform* bringen:

$$-2 \cdot x_1 + 3 \cdot x_2 - 5 \cdot x_3 \rightarrow \underset{x_1, x_2, x_3}{\text{Maximum}}$$

$$-7 \cdot x_1 - 2 \cdot x_2 + 4 \cdot x_3 \leq 1$$

$$-6 \cdot x_1 + 8 \cdot x_2 - 2 \cdot x_3 \leq 3$$

$$x_1 - 2 \cdot x_2 - 9 \cdot x_3 \leq 5$$

$$-x_1 + 2 \cdot x_2 + 9 \cdot x_3 \leq -5$$

Die konkrete Anwendung der Umformungsregeln gestaltet sich folgendermaßen:

– Die Zielfunktion wird mit -1 multipliziert, um die Maximierung zu erhalten. Nach Lösung der Aufgabe in Normalform muss der maximale Wert der Zielfunktion wieder mit -1 multipliziert werden, um den Minimalwert zu erhalten.

– Die zweite Ungleichung wird mit -1 multipliziert, um eine Ungleichung mit ≤ zu erhalten.

– Die Gleichung

$$x_1 - 2 \cdot x_2 - 9 \cdot x_3 = 5$$

wird durch die beiden äquivalenten Ungleichungen

$$x_1 - 2 \cdot x_2 - 9 \cdot x_3 \leq 5 \, , \, x_1 - 2 \cdot x_2 - 9 \cdot x_3 \geq 5$$

ersetzt und abschließend wird die zweite Ungleichung noch mit -1 multipliziert.

20.2 Einsatz in der Wirtschaftsmathematik

Die lineare Optimierung ist die am häufigsten auftretende Optimierungsaufgabe in der Wirtschaftsmathematik, wie bereits folgende einfache Anwendungsbeispiele erkennen lassen.

Beispiel 20.2:

Vorstellung mathematischer Modelle für *lineare Optimierungsaufgaben* in der *Wirtschaft:*

a) *Gewinnmaximierung* in einer Firma:

– Eine Firma stellt n *Produkte*

$$P_1, P_2, ..., P_n$$

mit folgenden *Mengen* (in ME) her:

$$x_1, x_2, ..., x_n$$

– Die Produktion geschieht mit Hilfe von m *Produktionsfaktoren* (Arbeit, Maschinen, Energie, Rohstoffe usw.)

$$F_1, F_2, ..., F_m$$

die mit Mengeneinheiten (ME)

$$b_1, b_2, ..., b_m$$

pro betrachteter Produktionsperiode verfügbar sind und für die *Reingewinne* in Geldeinheiten (GE)

$g_1, g_2, ..., g_n$

je Stück erzielt werden.

– Die Aufgabe der *Gewinnmaximierung* besteht darin, den Gewinn zu maximieren:
Mathematisch bedeutet dies, die *Gewinnfunktion* zu *maximieren*, d.h.

$$G(x_1, x_2,..., x_n) = g_1 \cdot x_1 + g_2 \cdot x_2 +...+ g_n \cdot x_n \rightarrow \underset{x_1, x_2, ..., x_n}{\text{Maximum}}$$

wenn lineare Gewinnfunktionen vorausgesetzt sind, d.h. die g_i konstant sind und
nicht von **x** abhängen.

– Wenn für einzelne Produkte P_i ($i = 1, 2, ..., n$) die
Herstellungskosten c_i

Verkaufspreise (Erlöse) p_i

bekannt sind, so gilt für die *Reingewinne* $g_i = p_i - c_i$.

In diesem Fall ist folgende lineare *Gewinnfunktion* zu *maximieren* :

$$(p_1-c_1) \cdot x_1 + (p_2-c_2) \cdot x_2 + ... + (p_n-c_n) \cdot x_n \rightarrow \underset{x_1, x_2, ..., x_n}{\text{Maximum}}$$

– Beschränkungen (*Nebenbedingungen*) für die Gewinnmaximierung ergeben sich
folgendermaßen:

	P_1	P_2	...	P_n
F_1	a_{11}	a_{12}	...	a_{1n}
F_2	a_{21}	a_{22}	...	a_{2n}
$\vdots$	$\vdots$	$\vdots$	$\vdots$	$\vdots$
F_m	a_{m1}	a_{m1}	...	a_{mn}

Für die Erzeugung je einer Einheit der n Produkte P_i werden in obiger Tabelle gegebene Mengen von Produktionsfaktoren F_i benötigt.

Aus der Tabelle erhält man unter Verwendung verfügbarer Mengen b_i an Produktionsfaktoren die Nebenbedingungen in Form des folgenden linearen *Ungleichungs-*
systems

$$a_{11} \cdot x_1 + a_{12} \cdot x_2 +...+ a_{1n} \cdot x_n \leq b_1$$
$$a_{21} \cdot x_1 + a_{22} \cdot x_2 +...+ a_{2n} \cdot x_n \leq b_2$$
$$\vdots \qquad\qquad\qquad \vdots \qquad x_i \geq 0 \quad, \quad i=1, ..., n$$
$$a_{m1} \cdot x_1 + a_{m2} \cdot x_2 +...+ a_{mn} \cdot x_n \leq b_m$$

b) *Kostenminimierung* in einer Firma:

• Aus n Rohstoffen

$R_1, R_2,..., R_n$

mit Mengenbeschränkungen (in ME)

b_1 , b_2 ,..., b_n

und *Preisen* (je ME)

p_1 , p_2 ,..., p_n

soll in einer Firma ein Endprodukt mit vorgegebenen Eigenschaften derart hergestellt werden, dass auftretende *Rohstoffkosten minimal* sind.

• Werden von den einzelnen Rohstoffen die Mengen

x_1 , x_2 ,..., x_n (≥ 0)

verwendet, so ergibt sich die lineare *Kostenfunktion* (siehe Beisp.12.1e)

$$K(x_1 , x_2 ,..., x_n) = p_1 \cdot x_1 + p_2 \cdot x_2 +...+ p_n \cdot x_n$$

wenn man annimmt, dass die Preise konstant bleiben und nicht von der Menge der
bezogenen Rohstoffe abhängen.

• Die lineare Kostenfunktion ist zu minimieren, d.h.

$$K(x_1 , x_2 ,..., x_n) = p_1 \cdot x_1 + p_2 \cdot x_2 +...+ p_n \cdot x_n \rightarrow \underset{x_1 , x_2 , \cdots , x_n}{\text{Minimum}}$$

• Beschränkungen (*Nebenbedingungen*) ergeben sich

– aus Mengenbeschränkungen für Rohstoffe,

– durch geforderte Eigenschaften für das Endprodukt.

• Betrachtung eines *Zahlenbeispiels* für eine *Mischungsaufgabe,* bei der konkrete Beschränkungen für Rohstoffe und Eigenschaften des Endprodukts vorliegen:

	Produkt I	Produkt II	Mindestge-halt im End-produkt
Eiweiß/ME	25	45	3931
Fett/ME	31	52	772
Energie/ME	18	29	598
verfügbar (ME)	75	57	
Preis/ME	100	98	

– Aus zwei begrenzt zur Verfügung stehenden landwirtschaftlichen Produkten I
und II (d.h. n = 2), die Eiweiß, Fett und Energie enthalten, ist durch Mischung
kostengünstig ein Futtermittel herzustellen, das den vorgegebenen Mindestgehalt
an diesen drei Bestandteilen enthält.

– Die *konkreten Zahlenwerte* sind aus obiger Tabelle zu entnehmen.

– Aus der Tabelle ergeben sich

die zu minimierende *lineare Kostenfunktion*

$$K(x_1, x_2) = 100 \cdot x_1 + 98 \cdot x_2 \rightarrow \underset{x_1, x_2}{\text{Minimum}}$$

die *Ungleichungsnebenbedingungen*

$$25 \cdot x_1 + 45 \cdot x_2 \geq 3931 \; , \; 31 \cdot x_1 + 52 \cdot x_2 \geq 772$$
$$18 \cdot x_1 + 29 \cdot x_2 \geq 598 \; , \; 0 \leq x_1 \leq 75 \; , \; 0 \leq x_2 \leq 57$$

– Diese Aufgabe besitzt die *Lösung* $\qquad x_1 = 54,64 \; , \; x_2 = 57,00$

mit zugehörigem *minimalen Zielfunktionswert* $\qquad 11050,$

wie mit EXCEL berechnet werden kann (siehe Abschn.20.6).

c) Eine Firma produziert in einem bestimmten Zeitraum zwei Produkte A und B:

- Für diese Produktion werden zwei Rohstoffe I und II benötigt, die in je 60 Mengeneinheiten (ME) zur Verfügung stehen.

- Zur Herstellung je einer ME der Produkte werden für A 6 ME und für B 12 ME des Rohstoffs I und für A 12 ME und für B 6 ME des Rohstoffs II benötigt.

- Der bei dieser Produktion erzielte Erlös (Verkaufspreis) betrage 200 Euro für eine ME vom Produkt A bzw. 300 Euro für eine ME vom Produkt B.

- Gesucht ist der maximale Erlös für die Produktion im betrachteten Zeitraum, d.h. es liegt eine Maximierungsaufgabe (Gewinnmaximierung) vor.

- Bezeichnet man die produzierten ME vom Produkt A und B durch Variablen x_1 bzw. x_2, so hat die *Erlösfunktion* die Form:

$$f(x_1, x_2) = 200 \cdot x_1 + 300 \cdot x_2 = 100 \cdot (2 \cdot x_1 + 3 \cdot x_2)$$

– Den gemeinsamen Faktor 100 zur Berechnung der Lösung kann man weglassen. Er ist nur abschließend für die Berechnung des erzielten maximalen Erlöses wieder zu berücksichtigen.

– Es liegt damit folgende Zielfunktion vor:

$$f(x_1, x_2) = 2 \cdot x_1 + 3 \cdot x_2$$

- *Ungleichungsnebenbedingungen* für beide Variablen ergeben sich aus den gegebenen 60 Mengeneinheiten für die Rohstoffe I und II und den zur Produktion benötigten Mengen des

Rohstoffs I, d.h. $\qquad 6 \cdot x_1 + 12 \cdot x_2 \leq 60$

Rohstoffs II, d.h. $\qquad 12 \cdot x_1 + 6 \cdot x_2 \leq 60$

- Da nur positive Mengeneinheiten produziert werden können, sind folgende *Nicht-Negativitätsbedingungen* zu erfüllen:

$$x_1 \geq 0 \quad , \quad x_2 \geq 0$$

- Aus den vorliegenden Fakten ergibt sich folgende lineare Optimierungsaufgabe, wenn die Ungleichungsnebenbedingungen durch mögliche Kürzungen vereinfacht werden:

$$f(x_1, x_2) = 2 \cdot x_1 + 3 \cdot x_2 \underset{x_1, x_2}{\rightarrow} \text{Maximum}$$

$$x_1 + 2 \cdot x_2 \leq 10$$

$$2 \cdot x_1 + x_2 \leq 10 \; , \; x_1 \geq 0 \; , \; x_2 \geq 0$$

Diese Aufgabe besitzt folgende *Lösung*, die sich mit EXCEL berechnen lässt:

$$x_1 = \frac{10}{3}, \; x_2 = \frac{10}{3}$$

d) Eine Firma stellt vier Produkte mit Hilfe von drei Produktionsfaktoren Energie, Rohstoffe und Maschinen her.

- Dafür könnte z.B. eine lineare Optimierungsaufgabe für die *Gewinnmaximierung* folgende Gestalt haben:

$$6 \cdot x_1 + 7 \cdot x_2 + 6 \cdot x_3 + 8 \cdot x_4 \underset{x_1, x_2, x_3, x_4}{\rightarrow} \text{Maximum}$$

wobei folgende Ungleichungsnebenbedingungen zu erfüllen sind:

$$3 \cdot x_1 + 4 \cdot x_2 + 8 \cdot x_3 + 6 \cdot x_4 \leq 5500$$

$$8 \cdot x_1 + 2 \cdot x_2 + 4 \cdot x_3 + 2 \cdot x_4 \leq 6100 \quad , \quad x_1 \geq 0 \; , \; x_2 \geq 0 \; , \; x_3 \geq 0 \; , \; x_4 \geq 0$$

$$4 \cdot x_1 + 6 \cdot x_2 + 2 \cdot x_3 + 4 \cdot x_4 \leq 5200$$

- Diese Aufgabe besitzt die *Lösung*

$$x_1 = 600 \; , \; x_2 = 100 \; , \; x_3 = 0 \; , \; x_4 = 550$$

die sich mit EXCEL berechnen lässt (siehe Beisp.20.5a).

20.3 Eigenschaften

Lineare Optimierungsaufgaben besitzen folgende grundlegende *Eigenschaften:*

- Wenn sich die Ungleichungen der Nebenbedingungen nicht widersprechen, so ist der durch sie beschriebene zulässige Bereich B nicht leer:

  - B besitzt die geometrische Form eines abgeschlossenen konvexen *Polyeders* mit höchstens endlich vielen Eckpunkten.

  - Die *Eckpunkte* von B sind diejenigen Punkte, die sich auf dem Rand von B befinden und nicht auf der Verbindungsgeraden zweier anderer Punkte aus B liegen können, d.h. im zwei- und dreidimensionalen anschaulich an Ecken erinnern.

- Es existieren nur globale (absolute) Minima und Maxima, die auf dem Rand des zulässigen Bereichs B angenommen werden:

  - Dies ist ein wesentlicher Unterschied zu Extremwertaufgaben aus Kap.19.

  - Die Differentialrechnung kann nicht zur Bestimmung von Minima und Maxima herangezogen werden.

- Lineare Nebenbedingungen können so gestellt sein, dass lineare Optimierungsaufgaben keine Lösung besitzen, d.h. *unlösbar* sind:

- Hier sind *zwei Fälle* zu unterscheiden:

  I. Der durch die Ungleichungsnebenbedingungen beschriebene zulässige Bereich B ist *leer*, d.h. die Ungleichungsnebenbedingungen widersprechen sich (siehe Beisp.20.3a).

  II. Die Zielfunktion ist auf dem durch die Ungleichungsnebenbedingungen beschriebenen zulässigen Bereich B nicht nach oben beschränkt.
  Dieser Fall tritt auf, wenn der zulässige Bereich B unbeschränkt ist (siehe Beisp.20.3b).

- Wenn derartige Fälle der *Unlösbarkeit* bei praktischen Optimierungsaufgaben vorkommen, so haben sich entweder Schreib- oder Modellfehler eingeschlichen oder die untersuchte Problematik gestattet keine optimalen Werte.

• Für lineare Optimierungsaufgaben existieren *spezielle Lösungsmethoden*. Die bekannteste ist die *Simplexmethode* (siehe Abschn.20.4).

Beispiel 20.3:

Betrachtung *linearer Optimierungsaufgaben*, die *keine Lösung besitzen*. Der SOLVER von EXCEL erkennt die Unlösbarkeit der vorgestellten Aufgaben.

a) Die Aufgabe

$$f(x_1, x_2) = 5 \cdot x_1 + 3 \cdot x_2 \quad \rightarrow \quad \underset{x_1, x_2}{\text{Maximum}}$$

$$x_1 + x_2 \leq 2 \; , \; 3 \cdot x_1 + x_2 \leq -3 \; , \quad x_1 \geq 0 \; , \; x_2 \geq 0$$

besitzt keine Lösungen:

- Der zulässige Bereich ist leer, d.h. es gibt keine zulässigen Punkte, die alle Ungleichungsnebenbedingungen erfüllen.

- Dies lässt sich leicht durch die grafische Darstellung veranschaulichen.

b) Die Aufgabe

$$f(x_1, x_2) = x_1 + 2 \cdot x_2 \quad \rightarrow \quad \underset{x_1, x_2}{\text{Maximum}}$$

$$-3 \cdot x_1 + x_2 \leq 3$$

$$-x_1 + x_2 \leq -2 \; , \; x_1 \geq 0 \; , \; x_2 \geq 0$$

besitzt keine endliche Lösung:

- Dies kommt daher, dass die Zielfunktion auf dem durch die Ungleichungsnebenbedingungen bestimmten zulässigen Bereich B nicht nach oben beschränkt ist, so dass kein endliches Maximum existiert.

- Grafisch lässt sich leicht durch Zeichnung der beiden Geraden

  $$-3 \cdot x_1 + x_2 = 3 \quad \text{und} \quad -x_1 + x_2 = -2$$

  veranschaulichen, dass der zulässige Bereich B unbeschränkt ist.

- Analytisch lässt sich die Unbeschränktheit der Zielfunktion auf dem zulässigen Bereich B veranschaulichen, in dem man z.B. zulässige Punkte (a,0) mit $a \geq 2$ betrachtet, für die die Zielfunktion gegen Unendlich strebt, wenn a gegen Unendlich strebt, d.h.

$$\lim_{a \to \infty} f(a,0) = \infty$$

20.4 Simplexmethode

Die *Simplexmethode* ist die am häufigsten angewandte Methode zur Lösung linearer Optimierungsaufgaben:

- Seit sie in den vierziger Jahren des 20. Jahrhunderts vom amerikanischen Mathematiker Dantzig aufgestellt wurde, hat sie viele Verbesserungen und Modifikationen erfahren und sich zu einer Standardmethode entwickelt.

- Die Simplexmethode nutzt den Sachverhalt aus, das ein existierendes Maximum bzw. Minimum der Zielfunktion in einem der endlich vielen Eckpunkte des zulässigen Bereichs B angenommen werden.

- Die Simplexmethode besitzt jedoch auch Nachteile, so dass weitere Methoden entwickelt wurden und werden, die ihr in gewissen Fällen überlegen sind.

- Die Anwendung der Simplexmethode ist per Hand nur für einfache Beispiele mit wenigen Variablen unter vertretbarem Aufwand möglich:

  - Praktisch anfallende Aufgaben lassen sich nur per Computer lösen, so z.B. mittels SOLVER von EXCEL.

  - Deshalb benötigen Anwender nicht Details der einzelnen Rechenschritte der *Simplexmethode*, sondern es genügt eine anschauliche *Charakterisierung* ihrer Vorgehensweise, um Computerprogramme wie den SOLVER von EXCEL erfolgreich einsetzen zu können.

- Die Vorgehensweise der *Simplexmethode* lässt sich folgendermaßen charakterisieren:

  - Sie ist durch 4 *Schritte* gekennzeichnet:

    I. Ein *Eckpunkt* des durch die Nebenbedingungen bestimmten zulässigen Bereichs (Polyeders) B wird als *Startpunkt* (*Starteckpunkt, Anfangseckpunkt*) benötigt. Falls kein Eckpunkt bekannt ist, muss einer bestimmt werden.

    II. Im gewählten *Starteckpunkt* wird eine *Kante* des Polyeders (zulässige Kante) bestimmt, längs der die *Zielfunktion wächst* (bei einem Maximum) bzw. *fällt* (bei einem Minimum)

    III. Längs dieser Kante wird bis zum *nächsten Eckpunkt* des zulässigen Bereichs (Polyeders) gegangen, falls ein derartiger Eckpunkt existiert.

    IV. Die *Schritte* II und III werden solange *wiederholt*, bis keine Kanten mehr gefunden werden, längs der die Zielfunktion wächst bzw. fällt, oder die Aufgabe als unlösbar erkannt ist.

  - Die Schritte I-IV für den Übergang von einem Eckpunkt zum anderen werden in der Simplexmethode durch Anwendung von Methoden der linearen Algebra realisiert.

– Die Simplexmethode liefert eine endliche Lösungsmethode (mit Ausnahme von Ent-
   artungen), weil ein existierendes endliches Maximum bzw. Minimum mindestens in
   einem der endlich vielen Eckpunkte des zulässigen Bereichs B angenommen wird.

20.5 Transportoptimierung

Einen wichtigen Spezialfall linearer Optimierungsaufgaben bilden Aufgaben der *Transportoptimierung*, d.h. der Minimierung von *Transportkosten* T. Diese Aufgaben besitzen folgende *spezielle Struktur,* in der Variablen und Preise/Kosten zweckmäßigerweise doppelin-
diziert sind (siehe auch Beisp.20.4):

* Von *Lieferanten* in m verschiedenen Orten

   $$P_1 , P_2 , ... , P_m$$

   ist eine Ware (Rohstoff) zu *Verbrauchern* in n anderen verschiedenen Orten

   $$Q_1 , Q_2 , ... , Q_n$$

   zu *transportieren*, wofür *minimale Transportkosten* T gewünscht sind:

   – Werden für den Transport vom i-ten nach dem j-ten Ort

      die *transportierte Menge* der Ware (in Mengeneinheiten ME) mit

      x_{ij} (≥ 0)   ($i = 1, ... , m ; j = 1, ... , n$)

      der *Transportpreis* (in Geldeinheiten GE) für eine Einheit der Ware mit

      p_{ij} (≥ 0)   ($i = 1, ... , m ; j = 1, ... , n$)

      bezeichnet, ergeben sich die *Transportkosten* T in linearer Form, d.h.

      $$T(x_{11},...,x_{mn}) = p_{11} \cdot x_{11} + ... + p_{1n} \cdot x_{1n} + ... + p_{m1} \cdot x_{m1} + ... + p_{mn} \cdot x_{mn}$$

   – Um *Transportkosten* zu *minimieren*, ist die erhaltene lineare Funktion der Trans-
      portkosten T (Zielfunktion) zu minimieren, d.h.

      $$T(x_{11},...,x_{mn}) = p_{11} \cdot x_{11} + ... + p_{1n} \cdot x_{1n} + ... + p_{m1} \cdot x_{m1} + ... + p_{mn} \cdot x_{mn} \rightarrow \underset{x_{11},...,x_{mn}}{\text{Minimum}}$$

* Mit den bisher vorliegenden Nicht-Negativitätsforderungen $x_{ij} \geq 0$ für die Variablen
   würde sich für das Minimum Null ergeben, d.h. es werden keine Waren transportiert.
   Dies ist kein realistisches Modell, da bei praktischen Problemen weitere *Beschränkungen* wegen benötigter Mengen und Kapazitäten vorliegen:

   – In den Orten Q_j werden von der Ware die Menge $b_j \geq 0$ benötigt, so dass folgende

      lineare Gleichungen (*Gleichungsnebenbedingungen*) zu erfüllen sind:

      $$x_{11} + x_{21} + x_{31} + ... + x_{m1} = b_1$$
      $$x_{12} + x_{22} + x_{32} + ... + x_{m2} = b_2$$
      $$\vdots \qquad\quad \vdots \qquad\quad \vdots$$
      $$x_{1n} + x_{2n} + x_{3n} + ... + x_{mn} = b_n$$

- Da die Lieferorte P_i die Kapazitätsbeschränkungen $a_i \geq 0$ haben, sind folgende lineare Ungleichungen (*Ungleichungsnebenbedingungen*) zu erfüllen:

$$x_{11} + x_{12} + x_{13} + \ldots + x_{1n} \leq a_1$$
$$x_{21} + x_{22} + x_{23} + \ldots + x_{2n} \leq a_2$$
$$\vdots \qquad\qquad \vdots \qquad\quad \vdots$$
$$x_{m1} + x_{m2} + x_{m3} + \ldots + x_{mn} \leq a_m$$

Wenn das Gesamtangebot der Lieferanten gleich dem Gesamtbedarf der Verbraucher ist, d.h. $a_1 + \ldots + a_m = b_1 + \ldots + b_n$, geht dieses lineare Ungleichungssystem in ein lineares Gleichungssystem über.

Aufgaben der *Transportoptimierung* sind folgendermaßen *charakterisiert:*
- Sie lassen sich mit der allgemeinen Simplexmethode lösen.
- Aufgrund ihrer speziellen Struktur gibt es spezielle Lösungsmethoden.
- Wenn außer den Nicht-Negativitätsbedingungen für die Variablen nur lineare Gleichungsnebenbedingungen vorliegen und die Konstanten a_i, b_j ganzzahlig sind, so sind die Lösungen ebenfalls ganzzahlig.
  ◆

Beispiel 20.4:
Betrachtung eines *Zahlenbeispiels* für die *Transportoptimierung:*
- Von zwei verschiedenen Kiesgruben sind drei Baustellen mit Kies (in Mengeneinheiten ME) zu beliefern, wobei transportierte Mengen mit den Variablen

  $$x_{11}, x_{12}, x_{13}, x_{21}, x_{22}, x_{23}$$

  bezeichnet werden.
- Die zu minimierende Funktion der *Transportkosten* habe die Gestalt:

  $$2 \cdot x_{11} + 3 \cdot x_{12} + 5 \cdot x_{13} + 4 \cdot x_{21} + 7 \cdot x_{22} + 6 \cdot x_{23} \to \underset{x_{11},\ldots,x_{23}}{\text{Minimum}}$$

  wobei die Zahlenkoeffizienten konkrete Transportpreise pro ME bezeichnen.
- Gleichungsnebenbedingungen für die auf den Baustellen benötigten Mengen an Kies haben folgende Gestalt:

  $$x_{11} + x_{21} = 1200, \text{ d.h. Baustelle 1 benötigt 1200 ME.}$$
  $$x_{12} + x_{22} = 1500, \text{ d.h. Baustelle 2 benötigt 1500 ME.}$$
  $$x_{13} + x_{23} = 1000, \text{ d.h. Baustelle 3 benötigt 1000 ME.}$$

- Ungleichungsnebenbedingungen für die Kapazitätsbeschränkungen der Kiesgruben haben folgende Gestalt:

$x_{11} + x_{12} + x_{13} \leq 2100$, d.h. Kiesgruppe 1 kann maximal 2100 ME liefern.

$x_{21} + x_{22} + x_{23} \leq 2300$, d.h. Kiesgruppe 2 kann maximal 2300 ME liefern.

− Zusätzlich sind für x_{11} , x_{12} , x_{13} , x_{21} , x_{22} , x_{23} Nicht-Negativitätsbedingungen ($\geq$) zu erfüllen.

− Diese Aufgabe besitzt die Lösung

$x_{11} = 600, x_{12} = 1500, x_{13} = 0, x_{21} = 600, x_{22} = 0, x_{23} = 1000$

die sich mit EXCEL berechnen lässt, wie Beisp. 20.5b illustriert.

20.6 Anwendung des SOLVERS von EXCEL

Die *Anwendung* des SOLVERS von EXCEL zur numerischen Lösung von linearen Optimierungsaufgaben ist durch die *Vorgehensweise* für beliebige Optimierungsaufgaben gegeben, wie Beisp. 20.5 illustriert.

Sie ist im Einzelnen durch *vier Schritte* gekennzeichnet, die Abschn. 18.6 ausführlich erläutert.

Beispiel 20.5:

Illustration der Anwendung des SOLVERS von EXCEL:

− Lösung von zwei linearen Optimierungsaufgaben mit der im Abschn. 18.6 gegebenen Vorgehensweise.

− Die beiden Beispiele können als Vorlage dienen, um beliebige (auch nichtlineare) Optimierungsaufgaben mittels SOLVER zu lösen.

a) Im Folgenden wird die Lösung linearer Optimierungsaufgaben am Beisp. 20.2d

$$6 \cdot x_1 + 7 \cdot x_2 + 6 \cdot x_3 + 8 \cdot x_4 \; \rightarrow \; \underset{x_1, x_2, x_3, x_4}{\text{Maximum}}$$

mit linearen Ungleichungsnebenbedingungen

$$3 \cdot x_1 + 4 \cdot x_2 + 8 \cdot x_3 + 6 \cdot x_4 \leq 5500$$

$$8 \cdot x_1 + 2 \cdot x_2 + 4 \cdot x_3 + 2 \cdot x_4 \leq 6100 \qquad , \quad x_1 \geq 0 \; , \; x_2 \geq 0 \; , \; x_3 \geq 0 \; , \; x_4 \geq 0$$

$$4 \cdot x_1 + 6 \cdot x_2 + 2 \cdot x_3 + 4 \cdot x_4 \leq 5200$$

mittels SOLVER beschrieben:

• Es wird in der aktuellen EXCEL-Tabelle die *A1-Bezugsart* verwendet.

• Die Namen der auftretenden Variablen x_1, x_2, x_3 und x_4 werden in die Zellen A1 bis D1 eingetragen und darunter in die Zellen A2 bis D2 als willkürliche Startwerte 0.

• Danach werden die Zellen A1 bis D2 markiert und die Namen x_1, x_2, x_3 und x_4 für die Variablen erstellt und ihnen die Startwerte zugewiesen, wie im Abschn. 7.1.2 beschrieben ist.

• Als *Zielzelle* wird A5 gewählt und hier die Zielfunktion als Formel eingetragen, d.h.

=6*x_1+7*x_2+6*x_3+8*x_4

- Die 7 Ungleichungsnebenbedingungen werden in die Zellen A7 bis A9 und B7 bis B10 als Formeln in folgender Reihenfolge eingetragen:

=3*x_1+4*x_2+8*x_3+6*x_4 - 5500   ,   =8*x_1+2*x_2+4*x_3+2*x_4 - 6100

=4*x_1+6*x_2+2*x_3+4*x_4 - 5200   ,   =x_1 , =x_2 , =x_3 , =x_4

- Abschließend wird der SOLVER mittels der Registerkarte **Datei** aufgerufen und das erscheinende Dialogfenster **Solver-Parameter** wie folgt ausgefüllt:

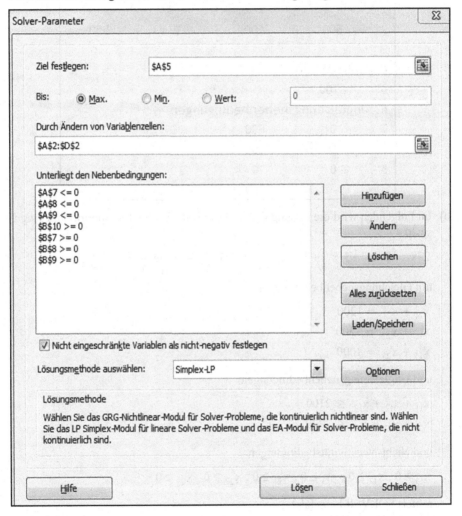

- Durch Anklicken von *Lösen* im Dialogfenster **Solver-Parameter** wird die Berechnung durch den SOLVER ausgelöst:

- Das berechnete Ergebnis

  $x\_1 = 600$, $x\_2 = 100$, $x\_3 = 0$ und $x\_4 = 550$

  wird in den Zellen A2 bis D2 anstatt der Startwerte angezeigt, wie aus folgendem Tabellenausschnitt zu sehen ist.

- In der Zielzelle A5 ist der maximale Zielfunktionswert 8700 zu sehen.

- In den Zellen der Nebenbedingungen werden die Werte der Funktionen der Nebenbedingungen im berechneten Maximalpunkt angezeigt.

	A	B	C	D
1	x_1	x_2	x_3	x_4
2	600	100	0	550
3				
4	Zielfunktion			
5	8700			
6	Ungleichungsnebenbedingungen			
7	0	600		
8	0	100		
9	0	0		
10		550		

b) Im Folgenden wird die Lösung der linearen Aufgabe der Transportoptimierung aus Beisp.20.4

$$2 \cdot x_{11} + 3 \cdot x_{12} + 5 \cdot x_{13} + 4 \cdot x_{21} + 7 \cdot x_{22} + 6 \cdot x_{23} \rightarrow \underset{x_{11},\ldots,x_{23}}{\text{Minimum}}$$

mit Gleichungsnebenbedingungen

$$x_{11} + x_{21} = 1200$$
$$x_{12} + x_{22} = 1500$$
$$x_{13} + x_{23} = 1000$$

und Ungleichungsnebenbedingungen

$$x_{11} + x_{12} + x_{13} \leq 2100$$
$$x_{21} + x_{22} + x_{23} \leq 2300$$

und Nicht-Negativitätsbedingungen

$$x_{11} \geq 0 \,, \ x_{12} \geq 0 \,, \ x_{13} \geq 0 \,, \ x_{21} \geq 0 \,, \ x_{22} \geq 0 \,, \ x_{23} \geq 0$$

mittels SOLVER berechnet.

Diese Aufgabe wird analog zu Beisp.a mit Startwerten 0 gelöst, so dass wir im Folgenden nur den Tabellenausschnitt angeben, in dem das vom SOLVER berechnete Ergebnis in der Zeile A2:F2 zu sehen ist:

	A	B	C	D	E	F
1	x_11	x_12	x_13	x_21	x_22	x_23
2	600	1500	0	600	0	1000
3						
4	Gleichungsnebenbedingungen			Zielfunktion		
5	0			14100		
6	0					
7	0					
8	Ungleichungsnebenbedingungen			Nicht-Negativitätsbedingungen		
9	0			600	1500	0
10	-700			600	0	1000

21 Allgemeine Optimierungsaufgaben

21.1 Einführung

Nicht jedes praktische Optimierungproblem der Wirtschaftsmathematik lässt sich zufriedenstellend durch Extrtemwertaufgaben und lineare Modelle beschreiben (siehe Beisp. 21.1). Deshalb ist es notwendig, neben linearen auch nichtlineare (allgemeine) *Optimierungsaufgaben* zu betrachten:

- Sobald Zielfunktion oder eine Funktion der Nebenbedingungen nichtlinear sind, lassen sich Methoden der linearen Optimierung nicht mehr anwenden und es wird von nichtlinearer Optimierung gesprochen.

- Theorie und vor allem Lösungsmethoden für die nichtlineare Optimierung werden seit den fünfziger Jahren des 20. Jahrhunderts entwickelt und haben sich zu umfangreichen Gebieten entwickelt, auf die wir nicht näher eingehen können.

- Da EXCEL nichtlineare Optimierungsaufgaben mittels SOLVER numerisch lösen kann, betrachten wir im Folgenden die Aufgabenstellung, Eigenschaften und die Lösungsproblematik, die für die Anwendung von EXCEL hilfreich sind.

- In den Abschn.21.4 und 21.5 werden noch zwei neuere Gebiete als Spezialfall bzw. Verallgemeinerung der nichtlinearen Optimierung vorgestellt: Ganzzahlige Optimierung bzw. Vektoroptimierung.

Nichtlineare Optimierungsaufgaben haben folgende *Struktur:*

- Eine Zielfunktion $f(\mathbf{x})$ ist bezüglich der n Variablen zu maximieren, d.h.

$$f(\mathbf{x}) = \underset{x_1, x_2, \dots, x_n}{f(x_1, x_2, \dots, x_n) \rightarrow \text{Maximum}}$$

- Die Variablen müssen zusätzlich Nebenbedingungen in Form von m *Ungleichungen* (*Ungleichungsnebenbedingungen*) erfüllen, d.h.

$$g_i(\mathbf{x}) = g_i(x_1, x_2, \dots, x_n) \leq 0 \qquad\qquad (i = 1, 2, \dots, m)$$

wobei die Funktionen $g_i(\mathbf{x})$ beliebig sein können.

- Bei nichtlinearen Optimierungsaufgaben müssen Zielfunktion oder mindestens eine Funktion der Ungleichungsnebenbedingungen nichtlinear sein.

- Die gegebene Form nichtlinearer Optimierungsaufgaben ist hinreichend allgemein, da sich alle praktisch auftretenden Fälle in diese Form überführen lassen:

  - Folgende Umformungen sind möglich:

  Falls eine *Gleichungsnebenbedingung* vorkommt, so kann sie durch zwei Ungleichungen beschrieben werden.

  Falls *Ungleichungen* mit $\geq$ vorkommen, so können sie durch Multiplikation mit -1 in Ungleichungen mit $\leq$ transformiert werden.

  Falls eine *Zielfunktion* $f(\mathbf{x})$ zu *minimieren* ist, so erhält man durch Multiplikation mit -1 eine zu maximierende Zielfunktion.

- Dies sind die gleichen Umformungen, die auch bei der linearen Optimierung vorkommen und im Beisp.20.1 illustriert sind.

- Ähnliche Umformungen können erforderlich sein, wenn bei Anwendung von Computerprogrammen die Aufgabe auf eine dort geforderte Form gebracht werden muss.

21.2 Einsatz in der Wirtschaftsmathematik

Das folgende Beisp.21.1 gibt eine kurze Illustration, wie Probleme der nichtlinearen Optimierung bei der mathematischen Modellierung in der Wirtschaft entstehen können.

Beispiel 21.1:

Betrachtung von Problemen der Wirtschaft, deren mathematische Modellierung zur *nichtlinearen Optimierung* führt.

a) *Gewinnmaximierung*:

- Man erhält hierfür ein Modell der linearen Optimierung in der Form

$$g_1 \cdot x_1 + g_2 \cdot x_2 + ... + g_n \cdot x_n \rightarrow \underset{x_1, x_2, ..., x_n}{\text{Maximum}}$$

$$a_{11} \cdot x_1 + a_{12} \cdot x_2 + ... + a_{1n} \cdot x_n \leq b_1$$
$$a_{21} \cdot x_1 + a_{22} \cdot x_2 + ... + a_{2n} \cdot x_n \leq b_2$$
$$\vdots \qquad\qquad \vdots \qquad\qquad\qquad x_i \geq 0 \quad , \quad i = 1, ..., n$$
$$a_{m1} \cdot x_1 + a_{m2} \cdot x_2 + ... + a_{mn} \cdot x_n \leq b_m$$

wenn die Gewinne g_i bei der Produktion von n Produkten $P_1, P_2, ..., P_n$ konstant sind, d.h. nicht von den hergestellten Mengen $x_1, x_2, ..., x_n$ abhängen (siehe Beisp. 20.2a).

- In der Praxis führt jedoch der Einfluss von Angebot und Nachfrage und die Möglichkeit der Kosteneinsparung bei größeren Produktionsmengen häufig dazu, dass Gewinne nicht konstant sind, sondern von den hergestellten Mengen $x_1, x_2, ..., x_n$ der n Produkte $P_1, P_2, ..., P_n$ abhängen, d.h.

$$g_i = g_i(x_1, x_2, ..., x_n) \hspace{3cm} (i = 1, 2, ..., n):$$

- Da sich Gewinne als Differenz aus Erlösen (Verkaufspreisen) p_i und Kosten (Herstellungskosten) c_i ergeben, folgt ihre Abhängigkeit von hergestellten Mengen aus der Abhängigkeit von Preis und Kosten, d.h. es gilt

$$g_i(x_1, x_2, ..., x_n) = p_i(x_1, x_2, ..., x_n) - c_i(x_1, x_2, ..., x_n)$$

- Da der Preis stark von Angebot und Nachfrage abhängt, beeinflusst er hauptsächlich den Gewinn, während die Herstellungskosten meistens als konstant angesehen werden, d.h.

$$g_i(x_1, x_2, ..., x_n) = p_i(x_1, x_2, ..., x_n) - c_i$$

Damit ist für die gegebenen linearen Nebenbedingungen eine nichtlineare Zielfunktion (Gewinnfunktion) zu maximieren, d.h.

$$g_1(x_1, x_2, ..., x_n) \cdot x_1 + ... + g_n(x_1, x_2, ..., x_n) \cdot x_n \to \underset{x_1, x_2, ..., x_n}{\text{Maximum}}$$

und folglich ist eine Aufgabe der *nichtlinearen Optimierung* entstanden.

b) Eine ähnliche Problematik wie im Beisp.a ergibt sich bei der *Kostenminimierung,* die Beisp.20.2b im Rahmen der linearen Optimierung vorstellt:

- Die Preise p_i (pro ME) in einer Firma benötigter n Rohstoffe $P_1, P_2, ..., P_n$ sind in der Praxis häufig nicht konstant, sondern verändern sich durch Angebot und Nachfrage und durch Preisnachlass bei größerer Abnahmemenge, so dass sie von den Mengen $x_1, x_2, ..., x_n$ der benötigten Rohstoffe $P_1, P_2, ..., P_n$ abhängen, d.h.

$$p_i = p_i(x_1, x_2, ..., x_n) \qquad\qquad (i = 1, 2, ..., n)$$

- Aus diesen n Rohstoffen soll die Firma ein Endprodukt mit vorgegebenen Eigenschaften derart herstellen, dass die auftretenden *Rohstoffkosten minimal* sind. Damit ist die nichtlineare Zielfunktion (Kostenfunktion)

$$p_1(x_1, x_2, ..., x_n) \cdot x_1 + p_2(x_1, x_2, ..., x_n) \cdot x_2 + ... + p_n(x_1, x_2, ..., x_n) \cdot x_n \to \underset{x_1, x_2, ..., x_n}{\text{Minimum}}$$

zu minimieren, wobei meistens *lineare Nebenbedingungen* hinzukommen, so dass eine Aufgabe der *nichtlinearen Optimierung* vorliegt.

c) *Extremwertaufgaben* zur *Nutzenmaximierung* aus Beisp.19.1c

$$N(x_1, x_2, ..., x_n) \to \underset{x_1, x_2, ..., x_n}{\text{Maximum}}$$

werden aus folgenden Gründen zu Aufgaben der *nichtlinearen Optimierung:*

- Die *Nutzenfunktionen* $N(x_1, x_2, ..., x_n)$ sind i.Allg. wie auch bei den Extremwertaufgaben nichtlinear (siehe Beisp.12.1i)

- In der Praxis wird meistens gefordert, dass die Haushaltmittel anstatt der vollständigen Ausgabe die obere Grenze h nicht überschreiten dürfen, d.h.

$$p_1 \cdot x_1 + p_2 \cdot x_2 + ... + p_n \cdot x_n \le h$$

- Die Nicht-Negativitätsbedingungen für die Variablen werden hinzugenommen, d.h.

$$x_1 \ge 0, ..., x_n \ge 0.$$

21.3 Nichtlineare Optimierung

Die allgemeine Form *nichtlinearer Optimierungsaufgaben* wurde bereits im Abschn.21.1 vorgestellt. In den folgenden Abschn.21.3.1-21.3.3 werden einige Eigenschaften, die Problematik von Lösungsmethoden und die Anwendung von EXCEL betrachtet. Wir fassen uns hier absichtlich kurz, da nichtlineare Optimierungsaufgaben in der Wirtschaftsmathematik keine wesentliche Rolle spielen, da hier meistens lineare Modelle zum Einsatz kommen.

21.3.1 Eigenschaften

Nichtlineare Optimierungsaufgaben lassen sich folgendermaßen *charakterisieren:*

– Im Gegensatz zu Extremwertaufgaben aus Kap.19 sind bei nichtlinearer Optimierung ebenso wie beim Spezialfall der linearen Optimierung nur globale Minima und Maxima gesucht.

– Während bei linearen Optimierungsaufgaben sämtliche globalen Minima und Maxima auf dem Rand des zulässigen Bereichs B liegen, können sie bei nichtlinearen Optimierungsaufgaben auch im Inneren liegen, wodurch ihre Bestimmung erschwert ist.

– Es gibt zahlreiche Varianten von Optimalitätsbedingungen. Zu den bekanntesten gehören Kuhn-Tucker-Bedingungen, die eine Verallgemeinerung der Lagrangeschen Multiplikatorenmethode darstellen und ein System von Gleichungen und Ungleichungen liefern.

– Im Unterschied zur linearen Optimierung mit der Simplexmethode existiert in der nichtlinearen Optimierung keine allgemein anwendbare Lösungsmethode, die das Maximum in einer endlichen Anzahl von Schritten liefert. Dies ist nicht verwunderlich, da die Struktur nichtlinearer Optimierungsaufgaben wesentlich komplizierter ist.

21.3.2 Lösungsmethoden

Da es im Unterschied zur linearen Optimierung in der nichtlinearen Optimierung keinen endlichen Lösungsalgorithmus gibt, ist man auf numerische Methoden (Näherungsmethoden) angewiesen, die häufig in Form von Iterationsmethoden vorliegen:

• Die zahlreichen *numerischen Methoden* der nichtlinearen Optimierung, die alle Vor- und Nachteile besitzen, lassen sich aufgrund der angewandten Prinzipien in mehrere große Klassen einteilen, von denen Strafmethoden und Methoden der zulässigen Richtungen die bekanntesten sind.

• Eine effektive numerische Lösung praktischer Optimierungsaufgaben ist ohne Computer nicht möglich. Deswegen werden schon seit längerer Zeit *Computerprogramme* (Programmsysteme/Softwaresysteme) zur *Optimierung* entwickelt, wofür sich *zwei Richtungen* abzeichnen:

  – Einerseits werden vorhandene universelle *Computeralgebra-* und *Mathematikprogrammsysteme* durch *Zusatzprogramme* zur *Optimierung* erweitert.
    Wir illustrieren dies am Beispiel von EXCEL, mit dessen Hilfe man Optimierungsaufgaben numerisch lösen kann, wenn der SOLVER (siehe Abschn.9.4) aktiviert ist.

  – Andererseits gibt es *spezielle Programmsysteme* zur *Optimierung*, wie z.B. CONOPT, EASY-OPT, GLOBT, LINDO, LINGO, MINOPT, MINOS, NOP, NUMERICA, OPL und Programme aus der NAG-Bibliothek:
    Diese speziellen Programme sind für hochdimensionale Aufgaben mit zahlreichen Variablen und Nebenbedingungen häufig den Computeralgebra- und Mathematiksystemen überlegen.
    Ausführliche Informationen über derartige Programmsysteme sind in der Optimierungsliteratur und im Internet zu finden.

21.3.3 Anwendung des SOLVERS von EXCEL

Die *Anwendung* des SOLVERS zur numerischen Lösung nichtlinearer Optimierungsaufgaben ist durch die gleiche *Vorgehensweise* gegeben wie bei Extremwertaufgaben und linearen Optimierungsaufgaben. Deshalb kann die in den Abschn.18.6, 19.5 und 20.6 ausführlich beschriebene Anwendung des SOLVERS unmittelbar übernommen werden.

Bei der Anwendung des SOLVERS zur Berechnung von Lösungen nichtlinearer Optimierungsaufgaben ist Folgendes zu beachten:

- Wenn mehrere Lösungen existieren, so können diese nicht in ihrer Gesamtheit vom SOLVER berechnet werden. Er liefert hier nur eine mögliche Lösung.
- Der SOLVER kann gelegentlich falsche Näherungslösungen berechnen:
  Dies resultiert aus dem Sachverhalt, dass die angewandten Näherungsmethoden nicht immer erfolgreich sein, d.h. konvergieren müssen.
  Deshalb wird empfohlen, anfallende Probleme mit verschiedenen Startwerten für die Variablen zu berechnen.
- Die Anwendung des SOLVERS kann scheitern, wenn zu berechnende Probleme zu hochdimensional sind, d.h. die Anzahl der Variablen und Nebenbedingungen sehr groß ist. In diesem Fall ist auf spezielle Optimierungsprogramme zurückzugreifen.

21.4 Ganzzahlige Optimierung

Unter *ganzzahliger Optimierung* wird ein Spezialfall der nichtlinearen Optimierung verstanden, bei dem die *Variablen* nur *ganzzahlige Werte* annehmen dürfen (siehe Beisp.21.2):

- Ganzzahlige Optimierung wird in der Literatur auch unter dem Namen *diskrete Optimierung* gefunden.

- Es wurde in den letzten Jahrzehnten eine umfangreiche Theorie entwickelt, so dass wir im Rahmen des Buches nur einige charakteristische Merkmale und illustrative Beispiele vorstellen können und interessierte Leser auf die Literatur zur ganzzahligen Optimierung verweisen.

- Ganzzahlige Optimierungsaufgaben treten in mathematischen Modellen der Wirtschaft öfters auf, wenn z.B. Gegenstände (wie Maschinen und Tiere) betrachtet werden, die nicht teilbar sind.

- *Kombinatorische Optimierungsaufgaben* sind spezielle ganzzahlige Optimierungsaufgaben, bei denen der zulässige Bereich nur endlich viele Punkte (ganzzahlige Gitterpunkte) enthält:
  - Typische Beispiele für die kombinatorische Optimierung bilden u.a. Zuordnungsprobleme (z.B. Stundenplanprobleme), Reihenfolgeprobleme (z.B. Rundreiseprobleme/ Traveling-Salesman-Probleme, Maschinenbelegungsprobleme und Tourenplanungsprobleme), Gruppierungsprobleme, Verteilungsprobleme und Auswahlprobleme (z.B. Knapsackprobleme).

- Ein wichtiger *Spezialfall* kombinatorischer Optimierungsaufgaben liegt vor, wenn die *Variablen* nur *zwei Werte* annehmen können (z.B. bei nein/ja- Entscheidungen). Hierfür wird meistens der Wert 0 und 1 verwandt und von *0-1-Optimierung, binärer Optimierung* oder *Boolescher Optimierung* gesprochen.

- Allgemeine Aufgaben der ganzzahligen Optimierung lassen sich in Aufgaben der 0-1-Optimierung überführen, wenn ganzzahlige Variablen nur Werte aus einem beschränkten Intervall annehmen können:

  Nimmt eine Variable x nur m endlich viele ganzzahlige Werte $\alpha_1, \alpha_2, ..., \alpha_m$ an, so kann x durch ein m-Tupel $(x_1, x_2, ..., x_m)$ von 0-1-Variablen folgendermaßen ersetzt werden, wofür gilt:

  $$x = \alpha_1 \cdot x_1 + \alpha_2 \cdot x_2 + ... + \alpha_m \cdot x_m \qquad \text{mit} \qquad x_1 + x_2 + ... + x_m = 1$$

  Ein nicht zu vernachlässigender Nachteil dieser Vorgehensweise besteht darin, dass sich die Anzahl der Variablen wesentlich erhöht.

- Aufgaben der 0-1-Optimierung lassen sich in *nichtlineare Optimierungsaufgaben überführen:*

  Dies geschieht für eine 0-1-Variable x, indem die Gleichung

  $$x = x^2$$

  zu den Nebenbedingungen der Optimierungsaufgabe hinzugefügt und die 0-1-Forderung weggelassen wird.

  Dies ist aber mehr von theoretischem Interesse, da nichtlineare Optimierungsaufgaben i.Allg. nicht einfacher lösbar sind.

- Wie nicht anders zu erwarten, existieren nur für lineare ganzzahlige Optimierungsaufgaben eine umfangreiche Theorie und effiziente Lösungsmethoden.

- Mittels des SOLVERS von EXCEL können unmittelbar keine Lösungen ganzzahliger Optimierungsaufgaben berechnet werden. Hierfür existieren spezielle Computerprogramme. Für Aufgaben mit wenigen Variablen kann die oben besprochene Transformation in eine nichtlineare Optimierungsaufgabe herangezogen werden, um den SOLVER anwenden zu können.

Beispiel 21.2:

Betrachtung von zwei praktischen Aufgabenstellungen zur *ganzzahligen Optimierung:*

a) Eine typische Anwendung ist die bekannte *Knapsack-* oder *Rucksackaufgabe,* die zur *0-1-Optimierung (Booleschen Optimierung)* führt :

- Ein Rucksack mit vorgegebenem Gewicht W ist mit einzelnen (nichtteilbaren) Gegenständen mit gegebenen Gewichten w_i zu packen (i = 1 , ... , n), so dass ein optimaler Nutzen erzielt wird:

  - Den Gegenständen werden Nutzenswerte p_i zugeordnet.

  - Man nimmt an, dass alle Gegenstände von ihren Abmessungen her in den Rucksack passen.

- Die auftretenden Variablen x_i können nur Werte 1 oder 0 annehmen, je nachdem ob zugehörige Gegenstände eingepackt werden oder nicht.

- Damit ergibt sich mit dem vorgegebenen Gewicht W für den Rucksack und gegebenen Gewichten w_i ($i = 1,...,$ n) für einzupackende Gegenstände mit Nutzenswerten p_i folgende Aufgabe der 0-1-Optimierung (Booleschen Optimierung) für einen maximalen Nutzen:

$$p_1 \cdot x_1 + p_2 \cdot x_2 + ... + p_n \cdot x_n \rightarrow \underset{x_1, x_2, ..., x_n}{\text{Maximum}}$$

$$w_1 \cdot x_1 + w_2 \cdot x_2 + ... + w_n \cdot x_n \leq W$$

$$x_i \in \{0,1\} \ , \ i = 1 \ , \ ... \ , \ n$$

- Diese Aufgabenstellung bleibt nicht auf Rucksäcke beschränkt, sondern hat zahlreiche weiteren Anwendungen, so z.B. bei der Untersuchung von Finanzierungsmöglichkeiten im Rahmen von Investitionsentscheidungen.

b) Betrachtung einer Aufgabe aus der *Gewinnmaximierung*, bei der nur ganzzahlige Variablen auftreten:

- Wenn im Beisp.20.2c die Produkte A und B nur in ganzzahligen Stückzahlen herstellbar sind, ergibt sich folgende Aufgabe der *ganzzahligen linearen* Optimierung:

$$f(x_1, x_2) = 2 \cdot x_1 + 3 \cdot x_2 \rightarrow \underset{x_1, x_2 \text{ ganzzahlig}}{\text{Maximum}}$$

- mit linearen Ungleichungsnebenbedingungen

$$x_1 + 2 \cdot x_2 \leq 10$$
$$2 \cdot x_1 + x_2 \leq 10$$

- und Nicht-Negativitätsbedingungen $x_1 \geq 0, x_2 \geq 0$

21.5 Vektoroptimierung

Bei bisher betrachteten Aufgaben der linearen und nichtlinearen Optimierung ist nur eine Zielfunktion gegeben, die zu maximieren bzw. minimieren ist.

Bei einer Reihe praktischer Aufgabenstellungen sind jedoch oft mehrere Entscheidungen zu treffen, d.h. es sind *mehrere Zielfunktionen* zu maximieren bzw. minimieren:

- So sind z.B. bei der Produktion von Waren die Verkaufseinnahmen zu maximieren und die Produktionskosten zu minimieren (siehe Beisp.21.3), d.h. hier ist eine Optimierungsaufgabe mit zwei Zielfunktionen zu lösen.

- Die Optimierung mit mehreren Zielfunktionen wird in der *Vektoroptimierung* untersucht, die auch *Optimierung mit mehrfacher Zielsetzung* oder *mehrkriterielle (multikriterielle) Optimierung* heißt. Des Weiteren wird von *Pareto-Optimierung* gesprochen, um auf den Ökonomen Pareto hinzuweisen, der bereits im 19. Jahrhundert derartige Aufgaben untersuchte.

Aufgaben der *Vektoroptimierung* haben folgende *Struktur*:

- Im Unterschied zur nichtlinearen Optimierung sind mehrere (z.B. p) Zielfunktionen gegeben, die zu maximieren sind:

$$f_1(\mathbf{x}) = f_1(x_1, x_2, ..., x_n) \rightarrow \quad \underset{\mathbf{x} = (x_1, x_2, \, ... \, , x_n)}{\text{Maximum}}$$

$$f_2(\mathbf{x}) = f_2(x_1, x_2, ..., x_n) \rightarrow \quad \underset{\mathbf{x} = (x_1, x_2, \, ... \, , x_n)}{\text{Maximum}}$$

$$\vdots \qquad\qquad \vdots \qquad\qquad \vdots$$

$$f_p(\mathbf{x}) = f_p(x_1, x_2, ..., x_n) \rightarrow \quad \underset{\mathbf{x} = (x_1, x_2, \, ... \, , x_n)}{\text{Maximum}}$$

Falls eine zu minimierende Zielfunktion vorliegt, so kann sie in eine zu maximierende transformiert werden, wie im Abschn.21.1 beschrieben ist.

- Die Variablen müssen analog zur allgemeinen (nichtlinearen) Optimierung zusätzlich Nebenbedingungen in Form von m *Ungleichungen* (*Ungleichungsnebenbedingungen*) erfüllen, d.h.

$$g_i(\mathbf{x}) = g_i(x_1, x_2, ..., x_n) \leq 0 \qquad\qquad (i = 1, 2, ..., m)$$

wobei die Funktionen $g_i(\mathbf{x})$ beliebig sein können.

- Wenn alle auftretenden Funktionen linear sind, spricht man von *linearer Vektoroptimierung* ansonsten von nichtlinearer.

Aufgaben der *Vektoroptimierung* lassen sich folgendermaßen *charakterisieren:*

- Bei praktischen Aufgabenstellungen treten selten perfekte Lösungen auf, d.h. zulässige Punkte, für die alle Zielfunktionen gleichzeitig ihren Maximalwert annehmen. Deshalb sind in der Vektoroptimierung *Kompromisse* zu finden, d.h. der Anwender muss aus einer Reihe von zulässigen Punkten die für ihn geeigneten aussuchen.

- Um einen Kompromiss zu finden, stellt die mathematische Theorie den Begriff der *effizienten Punkte* (*Pareto-optimalen Lösungen*) zur Verfügung:

  - Für eine exakte mathematische Definition effizienter Punkte wird auf die Literatur verwiesen.

  - Anschaulich sind effiziente Punkte dadurch gekennzeichnet, dass keine weiteren zulässigen Punkte existieren, für die eine Zielfunktion besser und die anderen nicht schlechter sind.

  - Die *Bestimmung aller effizienten Punkte* einer Vektoroptimierungsaufgabe ist schwierig.

  - Es wird versucht, einzelne effiziente Punkte zu berechnen, indem Vektoroptimierungsaufgaben auf nichtlineare Optimierungsaufgaben mit einer Zielfunktion zurückgeführt und die Nebenbedingungen beibehalten werden. Wichtige Methoden dieser Art sind *Skalarisierungsmethoden,* von denen eine vorgestellt wird:

    Die einzelnen Zielfunktionen werden mit Gewichten

$$\lambda_j \geq 0 \qquad\qquad\qquad\qquad\qquad (j = 1, 2, \ldots, p)$$

versehen und addiert, wobei die Gewichte als *Skalarisierungsparameter* bezeichnet werden.

Auf diese Art wird die Aufgabe der Vektoroptimierung in die nichtlineare Optimierungsaufgabe

$$\lambda_1 \cdot f_1(\mathbf{x}) + \lambda_2 \cdot f_2(\mathbf{x}) + \ldots + \lambda_p \cdot f_p(\mathbf{x}) \quad \rightarrow \quad \underset{\mathbf{x}=(x_1, x_2, \ldots, x_n)}{\text{Maximum}}$$

mit einer Zielfunktion und den Nebenbedingungen

$$g_i(\mathbf{x}) = g_i(x_1, x_2, \ldots, x_n) \leq 0 \qquad\qquad (i = 1, 2, \ldots, m)$$

überführt:

Meistens fordert man für die Skalarisierungsparameter zusätzlich die Bedingung

$$\sum_{j=1}^{p} \lambda_j = 1$$

Für diese Skalarisierungsmethode lässt sich beweisen, dass Maximalpunkte der erhaltenen nichtlinearen Optimierungsaufgabe *effiziente Punkte* für die zugehörige Vektoroptimierungsaufgabe liefern.

Zur Lösung der entstandenen Optimierungsaufgabe mit einer Zielfunktion lassen sich die bekannten Methoden der linearen bzw. nichtlinearen Optimierung heranziehen und somit auch der SOLVER von EXCEL anwenden (siehe Beisp.21.3).

Beispiel 21.3:

Betrachtung einer *praktischen Aufgabenstellung* der *Vektoroptimierung:*

- Wenn man bei der konkreten linearen Optimierungsaufgaben der Erlösmaximierung aus Beisp.20.2c zusätzlich die Produktionskosten minimieren möchte, um einen maximalen Gewinn zu erzielen, ergibt sich eine Aufgabe der *linearen Vektoroptimierung* mit zwei Zielfunktionen:

  – In einer Firma betragen die Erlöse für eine produzierte Mengeneinheit (ME) vom Produkt A 200 Euro und vom Produkt B 300 Euro.

  – Bei der Berücksichtigung der Kosten für die benötigten Rohstoffe I (100 Euro/ME) und II (200 Euro/ME) kommt deshalb neben der Zielfunktion zur Maximierung des Verkaufserlöses eine zweite Zielfunktion zur Kostenminimierung hinzu:

  Es ergibt sich folgende *lineare Vektoroptimierungsaufgabe,* um den Gewinn der Firma zu maximieren:

$$f_1(x_1, x_2) = 200 \cdot x_1 + 300 \cdot x_2 \quad \rightarrow \quad \underset{x_1, x_2}{\text{Maximum}}$$

$$f_2(x_1, x_2) = 100 \cdot x_1 + 200 \cdot x_2 \quad \rightarrow \quad \underset{x_1, x_2}{\text{Minimum}}$$

mit *Ungleichungsnebenbedingungen*

$$x_1 + 2 \cdot x_2 \le 10$$
$$2 \cdot x_1 + x_2 \le 10$$

und *Nicht-Negativitätsbedingungen*

$$x_1 \ge 0 \, , \, x_2 \ge 0$$

- Schon bei dieser einfachen Aufgabe der Vektoroptimierung gibt es *keine Lösung*, die gleichzeitig

  - den *Verkaufserlös*, d.h. die Zielfunktion $f_1(x_1, x_2)$ *maximiert:*

    Für das Maximum bzgl. der Nebenbedingungen berechnet der SOLVER von EXCEL folgende Werte: $x_1 = 3,33$, $x_2 = 3,33$)

  - die *Produktionskosten*, d.h. die Zielfunktion $f_2(x_1, x_2)$ *minimiert:*

    Für das Minimum der Produktionskosten bzgl. der Nebenbedingungen ist sofort die Lösung $x_1 = 0, x_2 = 0$ ersichtlich.

    Diese Lösung ist natürlich für sich allein gesehen trivial, da die Produktionskosten immer minimal sind, wenn nicht produziert wird.

- Da man i.Allg. keine Lösung findet, die jede einzelne Zielfunktion minimiert bzw. maximiert, müssen *Kompromisse* gefunden werden, die in der Vektoroptimierung untersucht werden, so z.B. die folgende oben beschriebene *Skalarisierung*:

$$f(x_1, x_2) = \lambda_1 \cdot (x_1 + 2 \cdot x_2) + \lambda_2 \cdot (4 \cdot x_1 + x_2)$$
$$= (\lambda_1 + \lambda_2 \cdot 4) \cdot x_1 + (\lambda_1 \cdot 2 + \lambda_2) \cdot x_2 \rightarrow \underset{x_1, x_2}{\text{Maximum}}$$

wobei die gegebenen Nebenbedingungen zu erfüllen sind:

- Lösungen x_1, x_2 dieser Aufgabe für verschiedene Werte der Skalarisierungsparameter λ_1, λ_2 lassen sich mittels SOLVER von EXCEL nach der im Abschn.19.5 und 20.6 gegebenen Vorgehensweise berechnen. Dies überlassen wir dem Leser.

- Die für verschiedene Skalarisierungsparameter λ_1, λ_2 erhaltenen Lösungen sind laut Theorie effiziente Punkte. Wenn ein Skalarisierungsparameter Null ist, so erhält man offensichtlich die Lösung für eine der Zielfunktionen.

22 Finanzmathematik

22.1 Einführung

Die *Finanzmathematik* befasst sich mit der mathematischen Beschreibung von Finanzprodukten wie z.B. Fonds, Krediten, Sparkonten, Aktien und Wertpapieren.

Die *Finanzmathematik* ist ein umfangreiches Gebiet innerhalb der Wirtschaftsmathematik und stellt zahlreiche Methoden zur Verfügung, die sich in zwei Klassen aufteilen:

- *Elementare (klassische) Methoden:*

  - Folgende Problemstellungen werden u.a. behandelt:
    Abschreibungsrechnung, Investitionsrechnung, Kurs- und Renditerechnung, Rentenrechnung, Tilgungsrechnung, Zinsrechnung.

  - *Zins* als Preis für geliehenes bzw. verliehenes Geld spielt eine fundamentale Rolle.

  - Als mathematische Hilfsmittel werden lediglich Kenntnisse aus Logarithmen- und Prozentrechnung, im Umformen algebraischer Ausdrücke, aus der Theorie der Zahlenfolgen und -reihen und im Lösen von Gleichungen und Differenzengleichungen benötigt. Deshalb wird hier von *elementarer* oder *klassischer Finanzmathematik* gesprochen, für die EXCEL die meisten Probleme berechnen kann.

- *Moderne Methoden:*

  - Folgende hauptsächlichen Problemstellungen werden behandelt:
    Bewertung von Aktien, Derivaten, Finanzmarktmodellen, Fonds, Optionen, Portfolios, Wertpapieren.

  - Als mathematische Hilfsmittel werden tiefliegende Kenntnisse der mathematischen Analysis und Stochastik benötigt, so u.a. über Maßtheorie, stochastische Prozesse (Wiener Prozesse), stochastische Differentialgleichungen (z.B. Black-Scholes-Gleichungen). Deshalb spricht man bei diesen Methoden von *moderner Finanzmathematik*. Für diese Methoden ist die Anwendung von EXCEL weniger geeignet und nur in gewissen Fällen durch Erstellung von Programmen mit EXCEL-VBA realisierbar.

Die Finanzmathematik hat sich zu einem eigenständigen Gebiet der Wirtschaftsmathematik entwickelt, wie sich in zahlreichen Büchern zur Finanzmathematik widerspiegelt. Deshalb wird die Finanzmathematik in Lehrbüchern der Wirtschaftsmathematik nur einführend behandelt, wobei man sich auf wichtige Gebiete der elementaren Finanzmathematik beschränkt.

Wir schließen uns dieser Vorgehensweise an, da ein tieferes Eindringen den Rahmen des Buches sprengen würde und die Anwendung von EXCEL hier weniger erfolgreich ist.

Für moderne Methoden der Finanzmathematik wird auf die Literatur verwiesen, von der im Literaturverzeichnis eine Reihe deutschsprachiger Bücher zusammengestellt ist.

22.2 Elementare Finanzmathematik mit EXCEL

Mit EXCEL lassen sich Aufgaben der elementaren Finanzmathematik einfach berechnen, ohne tiefer in die Theorie eindringen zu müssen:

- In den folgenden Abschn.22.3-22.6 werden häufig benötigte Gebiete der elementaren Finanzmathematik kurz vorgestellt, in denen EXCEL anwendbar ist.

- EXCEL stellt über 50 Funktionen zur Finanzmathematik zur Verfügung und gibt in den Hilfen ausführliche Erklärungen mit Beispielen, so dass diese *finanzmathematischen Funktionen* ohne große Schwierigkeiten einsetzbar sind:

  - Deshalb brauchen die finanzmathematischen Funktionen von EXCEL nicht im Einzelnen erklärt, sondern nur Hinweise zum konkreten Einsatz und einige Illustrationen gegeben werden (siehe Beisp.22.1-22.4).

  - Zusätzlich existiert eine Reihe von Büchern zur Finanzmathematik, in denen die Anwendung von EXCEL ausführlich erklärt wird (siehe [56]-[61]).

Die *Anwendung finanzmathematischer Funktionen* geschieht analog zur Anwendung aller EXCEL-Funktionen folgendermaßen:

- Nach Aufruf der Registerkarte **Formeln** lässt sich das Dialogfenster **Funktion einfügen** des Funktionsassistenten anzeigen, in dem bei *Kategorie auswählen* die *Finanzmathematik* auszuwählen und hier die gewünschte Funktion anzuklicken ist. Danach erscheint das Dialogfenster **Funktionsargumente** für die ausgewählte *finanzmathematische Funktion*, in dem die benötigten Argumente eingetragen und auch die Hilfe zur Funktion aufgerufen werden können.

- Die benötigten Argumente der ausgewählten Funktion werden ebenfalls bei **Funktionsargumente** erklärt, so dass im Folgenden nur einige öfters benötigte vorgestellt werden:

  - Bw

    bezeichnet den *Barwert* (Gesamtbetrag), den eine Reihe zukünftiger Zahlungen zum gegenwärtigen Zeitpunkt wert ist.

  - F

    legt die *Fälligkeit* der *Zahlungen* (Zahlungsart) fest. Wird eine 0 oder nichts angegeben, so erfolgt die Zahlung *nachschüssig*. Bei Eingabe einer 1 wird *vorschüssig* gezahlt.

  - Rmz

    steht für *regelmäßige Zahlung* und gibt den Betrag (Zahlungsbetrag) an, der pro Periode bezahlt wird.

  - Zins

    bezeichnet den *Zinsfuß* p bzw. *Zinssatz* i=p/100 (siehe Abschn.22.6.1).

  - Zzr

    gibt die Anzahl der *Zahlungszeiträume* an.

- Zw

  steht für *zukünftiger Wert* (Endwert), der nach der letzten Zahlung erreicht werden soll. Bei einem Kredit ist er 0 und bei einem Sparvertrag gleich der abgeschlossenen Endsumme. Falls hier kein Wert eingetragen ist, wird er 0 gesetzt.

- Möchte man für ein Argument keinen Wert eingeben (falls dies zulässig ist), so muss ein *Leerzeichen* getippt werden, wenn das Argument nicht am Ende der Argumentenliste der Funktion steht. Dies ist erforderlich, da EXCEL die Zuordnung nach der Reihenfolge der Argumente trifft.

Falls für eine zu berechnende Aufgabe der elementaren Finanzmathematik keine passende EXCEL-Funktion vorliegt, kann der zu berechnende Ausdruck direkt als Formel in eine Zelle der aktiven Tabelle eingegeben bzw. mittels der Programmiersprache EXCEL-VBA ein Programm erstellt werden.

Um EXCEL problemlos zur Berechnung von Aufgaben der elementaren Finanzmathematik einsetzen zu können, sind in den Abschn.22.3-22.6 Erläuterungen und grundlegende Berechnungsformeln für die Gebiete Abschreibungs-, Renten-, Tilgungs- und Zinsrechnung gegeben.

In den Beisp.22.1-22.4 wird illustriert, wie *finanzmathematische Funktionen* von EXCEL einzusetzen sind, um Standardaufgaben zu berechnen.

22.3 Abschreibungsrechnung

Die *Abschreibungsrechnung* befasst sich mit dem *Wertverlust* (der *Wertminderung*) von Gegenständen und Gütern im Verlauf ihrer *Nutzungsdauer* T.

22.3.1 Grundgrößen

Die *Grundgrößen* Abschreibungsrate, Nutzungsdauer, Wertverlust, usw. der *Abschreibungsrechnung* sind folgendermaßen *charakterisiert:*

- Unter *Nutzungsdauer* T wird die *wirtschaftliche Nutzungsdauer* verstanden, die diejenige Zeit darstellt, in der betrachtete Güter/Gegenstände ökonomisch zweckmäßig aufgrund von technischem Fortschritt und/oder Bedarfswandel einzusetzen sind.

- Die *wirtschaftliche Nutzungsdauer* ist von der *technischen Nutzungsdauer* zu unterscheiden, die die Lebensdauer des Gutes durch Abnutzung (Verschleiß), Alterung usw. kennzeichnet.

- Bei der *Abschreibung* wird der *Wertverlust* eines Gutes auf die gesamte Nutzungsdauer des Gutes verteilt und in der Regel jährlich abgeschrieben:

  - Der *Anschaffungswert* (Anfangswert) AW des Gutes wird pro Jahr um einen gewissen Betrag (*Abschreibungsrate*) verringert, so dass am Ende der Nutzungsdauer T der *Restwert* (Wiederverkaufswert) RW übrig bleibt.

  - Der *Wertverlust* W eines Gutes während der gesamten *Nutzungsdauer* T ergibt sich folglich als Differenz W = AW - RW aus Anschaffungswert AW und Restwert RW.

22.3.2 Abschreibungsarten

Je nach Art der jährlichen Abschreibung wird zwischen folgenden *Abschreibungsarten* unterschieden:

- Bei *linearer Abschreibung*
  berechnet sich die jährliche *Abschreibungsrate* A aus

$$A = \frac{W}{T} = \frac{AW - RW}{T},$$

so dass für den *Restwert* RW

$$RW = AW - T \cdot A$$

folgt.

Der Wert eines Gutes wird hier in jährlich gleichen Raten A über die gesamte Nutzungsdauer T abgeschrieben.

Wenn der Restwert RW=0 ist, berechnet sich die erforderliche Abschreibungsrate A aus obiger Formel zu

$$A = \frac{AW}{T}$$

- Bei *arithmetisch-degressiver* (linear-degressiver) *Abschreibung*
  wird der Abschreibungsverlauf durch Vorgabe der ersten *Abschreibungsrate* A_1 und der *Differenz* D zur nächsten Abschreibungsrate bestimmt, d.h. die Abschreibungsraten A_t nehmen arithmetisch ab.

Da die Summe der Abschreibungsraten gleich dem *Wertverlust* W nach der Nutzungsdauer T sein muss, ergibt sich unter Anwendung endlicher arithmetischer Reihen (siehe Abschn.8.2.6) die Formel

$$W = AW - RW = \sum_{t=1}^{T} A_t = \sum_{t=1}^{T} (A_1 - (t-1) \cdot D) = T \cdot A_1 - \frac{T \cdot (T-1)}{2} \cdot D$$

worin A_t die *Abschreibungsrate* der Periode t bezeichnet.

Die gegebene Formel liefert einen *Zusammenhang* zwischen den vier Größen D , A_1 , T und W, so dass bei Vorgabe von drei die vierte Größe berechenbar ist:

So ergibt sich D als Funktion der ersten Abschreibungsrate A_1, der Nutzungsdauer T und des Wertverlusts W in der Form

$$D(A_1, T, W) = \frac{2 \cdot (T \cdot A_1 - W)}{T \cdot (T-1)}$$

Wegen D > 0 und $A_T = A_1 - (T-1) \cdot D > 0$ ergibt sich für A_1

$$2 \cdot \frac{W}{T} > A_1 > \frac{W}{T}$$

d.h. A_1 muss im offenen Zahlenintervall (W/T, 2·W/T) liegen.

- Bei *geometrisch-degressiver Abschreibung* wird pro Jahr der *Abschreibungszinssatz* i=p/100 (*p-Abschreibungsprozentsatz, Abschreibungszinsfuß*) vom Restwert aus dem vorhergehenden Jahr abgeschrieben, wobei i und damit auch p während der gesamten Laufzeit konstant sind:

Mit Anschaffungswert AW ergeben sich in den einzelnen Jahren der Nutzungsdauer T folgende *Restwerte* RW_t :

Restwert nach 1 Jahr: $$RW_1 = (1-i) \cdot AW$$

Restwert nach 2 Jahren: $$RW_2 = (1-i) \cdot RW_1 = (1-i)^2 \cdot AW$$

$$\vdots$$

Restwert nach t Jahren: $$RW_t = (1-i) \cdot RW_{t-1} = (1-i)^t \cdot AW$$

Damit ist RW_t Lösung der *Differenzengleichung*

$$RW_t = (1-i) \cdot RW_{t-1}$$

mit der Anfangsbedingung $RW_0 = AW$, die eine analoge Form wie die der Zinseszinsrechnung hat (siehe Abschn.22.6).

Die Restwerte RW_t bilden wegen 0<1-i<1 für t = 1, 2, ... , T eine monoton fallende geometrische Folge (siehe Abschn.8.2.6).

Für t = T folgt für den *Restwert* RW_T nach Nutzungsdauer T die Formel

$$RW_T = (1-i)^T \cdot AW = \left(1 - \frac{p}{100}\right)^T \cdot AW$$

Die gegebene Formel für den Restwert liefert einen *Zusammenhang* zwischen den vier Größen RW_T , i bzw. p, T und AW, so dass bei Vorgabe von drei die vierte Größe berechenbar ist, so z.B.:

- *Abschreibungsprozentsatz* durch Auflösung nach p:

$$p = \left(1 - \sqrt[T]{\frac{RW_T}{AW}}\right) \cdot 100$$

bei gegebenen Anschaffungswert AW, Nutzungsdauer T und Restwert RW_T .

- *Nutzungsdauer* durch Auflösung nach T unter Verwendung des natürlichen Logarithmus:

$$T = \ln\left(\frac{RW_T}{AW}\right) / \ln\left(1 - \frac{p}{100}\right)$$

bei gegebenen Anschaffungswert AW, Abschreibungsprozentsatz p und Restwert RW_T .

22.3.3   Beispiele

Im folgenden Beispiel wird die *Abschreibungsrechnung illustriert* und die Anwendung der *finanzmathematischen Funktionen* **LIA** und **GDA2** von EXCEL erklärt.

Beispiel 22.1:

Betrachtung von Beispielen zur *Abschreibungsrechnung,* deren Formeln sich einfach mit EXCEL berechnen lassen, indem die in Kap.7 und 8 vorgestellten Rechenfähigkeiten angewandt werden. Des Weiteren stellt EXCEL vordefinierte Funktionen zur Abschreibungsrechnung zur Verfügung, wie Beisp.c und d illustrieren.

a) Eine Maschine hat einen Anschaffungswert AW von 200 000 Euro. Es ist eine Nutzungsdauer T von 10 Jahren geplant. Nach dieser Nutzungsdauer wird mit einem Wiederverkaufswert (Restwert) RW_T von 10 000 Euro gerechnet. Der Wertverlust W beträgt folglich 190 000 Euro. Hierfür lassen sich lineare und geometrisch-degressive Abschreibung anwenden:

• Die *lineare Abschreibung* A als Funktion von Wertverlust W und Nutzungsdauer T hat die Form

$$A(W,T) = \frac{W}{T}$$

und liefert für die konkreten Werte das Ergebnis

A(190 000, 10) = 19 000

d.h. während der zehnjährigen Nutzungsdauer ergibt sich ein *Abschreibungsbetrag* von 19 000 Euro pro Jahr.

• Die *geometrisch-degressive Abschreibung* kann folgendermaßen durchgeführt werden:

  – Der *Abschreibungsprozentsatz* p als Funktion von Anschaffungswert AW, Restwert RW_T und Nutzungsdauer T ergibt sich zu

$$p(AW, RW_T, T) = \left(1 - \sqrt[T]{\frac{RW_T}{AW}}\right) \cdot 100$$

und liefert für die konkreten Werte das Ergebnis

p(200000, 10000, 10) = 25,8866%

Mit dem berechneten Abschreibungsprozentsatz von p=25,8866% lässt sich der Abschreibungsplan (Folge der Restwerte) für die gegebene Nutzungsdauer von 10 Jahren mittels EXCEL berechnen.

  – Mittels der Formel für die *Restwerte*

$$RW_t = \left(1 - i\right)^t \cdot AW = \left(1 - \frac{p}{100}\right)^t \cdot AW$$

nach t= 1,2.,...,10. Jahr ergibt sich durch Differenzenbildung zweier aufeinanderfolgender Werte folgender *Abschreibungsplan:*

Es sind im 1. Jahr 51773 , 2. Jahr 38371 , 3. Jahr 28438 , 4. Jahr 21076 , 5. Jahr 15620 , 6. Jahr 11577 , 7. Jahr 8580 , 8. Jahr 6359 , 9. Jahr 4713 , 10. Jahr 3493 Euro abzuschreiben.

Die Summe der zehn Abschreibungen muss den gesamten Wertverlust (bis auf Rundungsfehler) von 190 000 Euro ergeben, wie leicht nachzurechnen ist.

Um den *genauen Wertverlust* nach den Abschreibungen zu erhalten, muss für den Abschreibungsprozentsatz p die Genauigkeit entsprechend hoch gewählt werden. Wir haben erst nach der vierten Kommastelle gerundet.

EXCEL berechnet mittels der *finanzmathematischen Funktion* **GDA2** (siehe Beisp.d) folgenden Abschreibungsplan, der ein wenig von dem obigen abweicht:

Es sind im 1. Jahr 51800 , 2. Jahr 38384 , 3. Jahr 28442 , 4. Jahr 21076 , 5. Jahr 15617 , 6. Jahr 11572 , 7. Jahr 8575 , 8. Jahr 6354 , 9. Jahr 4708 , 10. Jahr 3489 Euro abzuschreiben.

– Die *Nutzungsdauer* T als Funktion von Anschaffungswert AW, Restwert RW_T und Abschreibungsprozentsatz p ergibt sich zu

$$T(AW, RW_T, p) = \ln\left(\frac{RW_T}{AW}\right) / \ln\left(1 - \frac{p}{100}\right)$$

Wenn man jetzt den berechneten Abschreibungsprozentsatz p von 25,8866% für Anschaffungswert AW=200 000 und Restwert RW_T =10000 vorgibt, folgt aus dieser Formel das Ergebnis

$$T(200000, 10000, 25,8866) = 10$$

d.h. die obige vorgegebene Nutzungsdauer von 10 Jahren.

b) Eine Maschine hat einen Anschaffungswert von 8 000 Euro. Die Nutzungsdauer betrage 6 Jahre. Danach rechnet man mit einem Wiederverkaufswert (Restwert) von 500 Euro, d.h. der Wertverlust beträgt 7 500 Euro. Die Abschreibungsrate A_1 nach dem ersten Jahr wird mit 2 000 Euro vorgegeben:

– Bei *arithmetisch-degressiver Abschreibung* ergibt sich die *Differenz* D zur nächsten Abschreibungsrate als Funktion der ersten Abschreibungsrate A_1, der Nutzungsdauer T und des Wertverlusts W zu

$$D(A_1, T, W) = \frac{2 \cdot (T \cdot A_1 - W)}{T \cdot (T-1)}$$

so dass sich für die konkreten Werte das folgende Ergebnis ergibt

$$D(2000, 6, 7500) = 300$$

– Damit ergibt sich folgender *Abschreibungsplan*:
Im 1. Jahr sind 2000 Euro, im 2. Jahr 1700 Euro, im 3. Jahr 1400 Euro, im 4. Jahr 1100 Euro, im 5. Jahr 800 Euro und im 6. und letzten Jahr 500 Euro abzuschreiben, so dass der gegebene Restwert von 500 Euro übrigbleibt.

c) Anwendung der *finanzmathematischen Funktion*

LIA(Ansch-Wert ; Restwert ; Nutzungsdauer)

von EXCEL zur *Abschreibungsrechnung:*

- **LIA** kann die *lineare Abschreibung* bei gegebenen Anschaffungswert, Restwert und Nutzungsdauer berechnen.

- Durch Berechnung der Aufgabe aus Beisp.a wird eine Illustration gegeben:

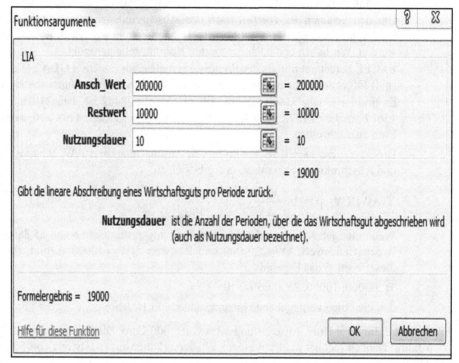

- – Es ist eine Maschine mit Anschaffungswert=200000 Euro, Restwert=10000 Euro und Nutzungsdauer=10 Jahre *linear abzuschreiben.*

- – EXCEL berechnet mittels **LIA**(200000;10000;10) den *Abschreibungsbetrag* von 19 000 Euro pro Jahr, wie aus obigem Dialogfenster **Funktionsargumente** ersichtlich ist.

d) Anwendung der *finanzmathematischen Funktion*

GDA2(Ansch_Wert; Restwert; Nutzungsdauer; Periode)

von EXCEL zur *Abschreibungsrechnung:*

- **GDA2** kann die *geometrisch-degressive Abschreibung* bei gegebenen Anschaffungswert, Restwert, Nutzungsdauer und Periode berechnen.

- Geben wir eine Illustration durch Berechnung des Problems aus Beisp.a:

- – Es ist die *Abschreibung* einer Maschine mit Ansch_Wert=200 000 Euro, Restwert=10 000 Euro, Nutzungsdauer=10 Jahre nach dem ersten Jahr (Periode=1 Jahr) zu berechnen.

– EXCEL berechnet mittels

GDA2(200000; 10000; 10; 1)

den *Abschreibungsbetrag* im ersten Jahr von 51 800 Euro, wie aus folgendem
Dialogfenster **Funktionsargumente** ersichtlich ist:

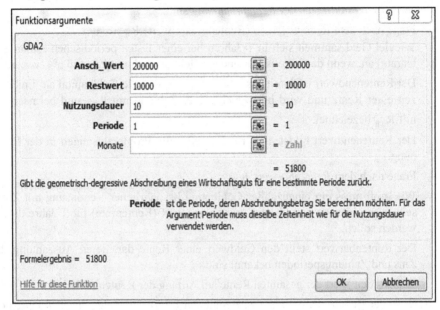

Durch Eingabe weiterer Perioden 2,..,10 lässt sich hiermit der Abschreibungsplan aus Beisp.a berechnen.

22.4 Rentenrechnung

Die *Rentenrechnung* ist in der Finanzmathematik folgendermaßen *charakterisiert:*

• Als *Rente* bezeichnet man *regelmäßig wiederkehrende* (d.h. periodisch erfolgende) *Zahlungen* eines (konstanten) Geldbetrages. Die Rente stellt die Gesamtheit aller Zahlungen
  dar, während einzelne Zahlungen als Raten bezeichnet werden.

• Typische Beispiele für Renten sind Mieten, Löhne und Gehälter, Versicherungsbeiträge,
  Mitgliedsbeiträge in Vereinen, Altersrenten, Kreditrückzahlungen, regelmäßige Einzahlungen auf ein Sparkonto, d.h. es werden nicht nur *regelmäßige Auszahlungen*, wie z.B.
  Altersrenten, sondern auch *regelmäßige Einzahlungen* (z.B. auf ein Konto) als Renten
  bezeichnet.

• Man spricht von

  – *vorschüssiger Rente*, wenn die Zahlung zu Beginn einer Periode (z.B. eines Monats
    oder Jahres) vorgenommen wird.

  – *nachschüssiger Rente*, wenn die Zahlung zum Ende einer Periode vorgenommen
    wird.

– *endlicher Rente*, wenn nur für eine begrenzte Zeit gezahlt wird.

– *unendlicher Rente*, wenn die Laufzeit einer Rente nicht beschränkt ist.

22.4.1 Fragestellungen

Typische *Fragestellungen* der *Rentenrechnung* sind:

– Frage nach dem *Rentenendwert* (Rentengesamtwert) R_T :

Wieviel Geld sammelt sich in T Jahren bei einer festen periodischen Zahlung R (Rentenrate) an, wenn das jeweils vorhandene Geld jährlich mit Zinsfuß p% verzinst wird.

Der Rentenendwert ist damit das gesamte angesammelte Geldkapital am Ende der Laufzeit einer Rente und wird bei vorschüssiger Zahlung mit R_{Tv} und bei nachschüssiger mit R_{Tn} bezeichnet.

Der Rentenendwert bildet die Grundlage für alle Problemlösungen in der Rentenrechnung.

– Frage nach dem *Rentenbarwert* R_0 :

Wie groß muss ein eingezahlter Geldbetrag bei jährlicher Verzinsung mit Zinsfuß p% sein, wenn hiervon periodische Auszahlungen R (Rentenrate) für T Jahre durchgeführt werden sollen.

Der Rentenbarwert stellt den Geldwert einer Rente dar, deren Auszahlung, Laufzeit, Zins und Zahlungsperioden bekannt sind:

Er stellt den Wert der gesamten Rente am Anfang der Rentenlaufzeit dar.

Er ist der Betrag, der einmalig zu Beginn der Laufzeit angelegt, nach T Jahren den Rentenendwert ergibt, d.h. es gilt $R_0 \cdot q^T = R_T$.

– Frage nach der *Rentenrate* R:

Wie viel kann bei jährlicher Verzinsung mit Zinsfuß p% pro Jahr abgehoben werden, damit ein zur Verfügung stehender Geldbetrag (Rentenbarwert) R_0 eine gegebene Anzahl T von Jahren reicht.

22.4.2 Grundgrößen

Die *Rentenrechnung* benötigt folgende *Grundgrößen:*

Rentenbarwert R_0 , Rentenendwert R_T , Rentenrate R, Zinsfaktor q=1+i=1+p/100 (i - Zinssatz, p - Zinsfuß) und Laufzeit T.

Diese *Grundgrößen* bestimmen sich unter Anwendung geometrischer Reihen (siehe Abschn.8.2.6 und Beisp.8.7) folgendermaßen:

• Der *Rentenendwert* (Rentengesamtwert) R_T berechnet sich für die Laufzeit T unter der Voraussetzung q>1 (d.h. i>0):

– bei *vorschüssiger Rente* aus
$$R_{Tv} = R \cdot q \cdot \frac{1-q^T}{1-q}$$

- bei *nachschüssiger Rente* aus $\qquad$ $R_{Tn} = R \cdot \dfrac{1-q^T}{1-q}$

- Der *Rentenbarwert* R_0 für die Laufzeit T berechnet sich mittels $R_0 \cdot q^T = R_T$, so dass sich folgende Formeln ergeben:

  - Bei *vorschüssiger Rente* $\qquad$ $R_0 = \dfrac{R_{Tv}}{q^T} = R \cdot \dfrac{1-q^T}{q^{T-1} \cdot (1-q)}$

  - Bei *nachschüssiger Rente* $\qquad$ $R_0 = \dfrac{R_{Tn}}{q^T} = R \cdot \dfrac{1-q^T}{q^T \cdot (1-q)}$

- Die *Rentenrate* R bei einer Laufzeit T

  berechnet sich aus $\qquad$ $R = R_0 \cdot q^T \cdot \dfrac{1-q}{1-q^T}$

Diese Formel wird erhalten durch Auflösung der gegebenen Formel für den Rentenbarwert bei nachschüssiger Rente nach R.

- Die *Laufzeit* T berechnet sich aus $\qquad$ $T = \ln\left(\dfrac{1}{1+\dfrac{R_0}{R} \cdot (1-q)}\right) / \ln(q)$

Diese Formel wird erhalten durch Auflösung der gegebenen Formel für den Rentenbarwert bei nachschüssiger Rente nach T.

Die Formeln zur Rentenrechnung liefern einen *Zusammenhang* zwischen den vier Größen R_T bzw. R_0, R, q und T, so dass bei Vorgabe von drei die vierte berechenbar ist.

22.4.3 Beispiele

In den folgenden Beispielen wird die *Rentenrechnung illustriert* und die Anwendung der *finanzmathematischen Funktionen* **BW** und **ZW** von EXCEL aufgezeigt.

Beispiel 22.2:

Betrachtung konkreter Beispiele zur *Rentenrechnung*

a) Ein Sparer zahlt jährlich-nachschüssig 2000 Euro auf sein Bankkonto mit Zinseszins ein, für das es 5% Zinsen gibt:

  - Wie groß ist der Kontostand nach 10 Jahren, d.h. der *Rentenendwert*.

  - Der *nachschüssige Rentenendwert* R_{Tn} als Funktion von Rentenrate R, Zinsfaktor q und Laufzeit T ergibt sich zu

$$R_{Tn}(R,q,T) = R \cdot \dfrac{1-q^T}{1-q}$$

so dass für die konkreten Werte folgt

$R_{Tn}(2000,1,05,10) = 25155,79$

d.h. das Konto ist auf $25155,79$ Euro (Rentenendwert) angewachsen.

b) Ein Student erhält 5 Jahre lang nachschüssig 1000 Euro pro Jahr, die er mit Zinseszins zu 5% anspart. Er möchte aber bereits jetzt über den Gesamtwert der Rente (abzüglich zu zahlender Zinsen) verfügen, d.h. er benötigt den Rentenbarwert:

- Der *nachschüssige Rentenbarwert* R_0 als Funktion von Rentenrate R, Zinsfaktor q und Laufzeit T ergibt sich zu

$$R_0(R,q,T) = R \cdot \frac{1-q^T}{q^T \cdot (1-q)}$$

so dass für die konkreten Werte folgt

$R_0(1000,1,05,5) = 4329$

d.h. der Rentenbarwert beträgt 4329 Euro.

- Das berechnete Ergebnis bedeutet:

  - wenn 4329 Euro zu 5% gespart werden, erhält der Student 5 Jahre lang jährlich-nachschüssig 1000 Euro.

  - Der Student kann sich sofort den Barwert von 4329 Euro auszahlen lassen.

c) Ein Student erhält für sein fünfjähriges Studium einen Geldbetrag von 20000 Euro (*Rentenbarwert*) geschenkt, den er auf sein Bankkonto einzahlt:

  - Welchen Betrag (*Rentenrate*) kann er nachschüssig bei 4% Zinsen (d.h. *Zinsfaktor* 1,04) pro Jahr von seiner Bank abheben, damit das Geld fünf Jahre (*Laufzeit*) reicht.

  - Die *Rentenrate* R als Funktion von Rentenbarwert R_0, Zinsfaktor q und Laufzeit T ergibt sich zu

$$R(R_0,q,T) = R_0 \cdot q^T \cdot \frac{1-q}{1-q^T}$$

so dass für die konkreten Werte folgt

$R(20000,1,04,5) = 4493$

d.h. pro Jahr kann er 4493 Euro abheben.

d) Berechnung der *Laufzeit* für die Aufgabe aus Beisp.c, wenn vom Rentenbarwert 20000 Euro jährlich 4493 Euro *nachschüssig abgehoben* werden, wobei der Zins 4% beträgt:

  - Die *Laufzeit* T als Funktion von Rentenbarwert R_0, Rentenrate R und Zinsfaktor q ergibt sich zu

$$T(R_0,R,q) = \ln\left(\frac{1}{1 + \frac{R_0}{R} \cdot (1-q)}\right) / \ln(q)$$

so dass für die konkreten Werte folgt

$$T(20000, 4493, 1,04) = 4,999$$

– Damit ist nach 5 Jahren das Guthaben aufgebraucht, wie aus Beisp.c zu sehen ist.

e) Eine Versicherung bietet eine *Rente* an, bei der in den kommenden 10 Jahren monatlich (am Monatsende, d.h. *nachschüssig*) 1000 Euro gezahlt werden. Sie verlangt für diese Rente eine Einzahlung von 100000 Euro, wofür sie eine Verzinsung von 5% zugrundelegt. Durch Berechnung des *Rentenbarwertes* lässt sich nachprüfen, ob dies ein vorteilhaftes Angebot ist:

– Mit der Funktion für den Rentenbarwert (siehe Beisp.b) folgt für die konkreten Werte

$$R_0(1000, 1 + 0,05 / 12, 10 \cdot 12) = 94\,281,35$$

wobei zu beachten ist, dass sich der Zinsfuß auf ein Jahr bezieht, d.h. man muss bei monatlicher Zahlung durch 12 dividieren.

– Der berechnete *Rentenbarwert* von 94 281,35 Euro bedeutet, dass man monatlich 1000 Euro für 10 Jahre abheben kann, bis der eingezahlte Betrag und gezahlte Zinsen aufgebraucht sind.

– Der berechnete Rentenbarwert zeigt, dass die von der Versicherung angebotene Rente nicht günstig ist, da 100 000 Euro verlangt werden, obwohl schon 94 281,35 Euro reichen.

f) Anwendung der *finanzmathematischen Funktion*

BW(Zins; Zzr; Rmz; Zw; F)

von EXCEL zur *Rentenrechnung*:

- **BW** kann den *Barwert* einer *Rente* bei gegebenen Zins, Laufzeit (Zzr), Zahlungsbetrag (Rmz) und Zahlungsart (F = 0 nachschüssig, F = 1 vorschüssig) berechnen.

- Zur Illustration wird die Aufgabe aus Beisp.e berechnet:

  – Es ist der *Rentenbarwert* einer Rente zu berechnen, bei der in den kommenden 10 Jahren monatlich (am Monatsende, d.h. nachschüssig) 1000 Euro gezahlt werden. Für diese Rente wird eine Einzahlung von 100 000 Euro verlangt, wobei eine Verzinsung von 5 % zugrundeliegt.

  – Durch die Berechnung des Rentenbarwertes lässt sich nachprüfen, ob diese Rente vorteilhaft ist.

  – EXCEL berechnet mittels

  BW(5%/12; 10·12; 1000; ;0)

  den Wert

  -94 281,35 Euro,

  wie aus folgendem Dialogfenster **Funktionsargumente** ersichtlich ist:

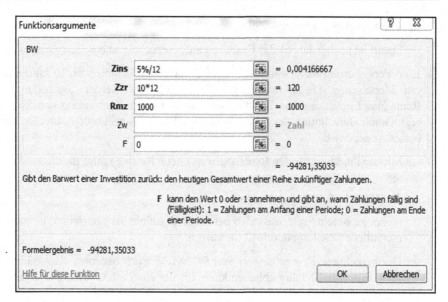

- Damit zeigt sich das gleiche Ergebnis wie bei Beisp.e.

Bei der Anwendung der Funktion **BW** ist Folgendes zu beachten:

- Bei der Zinsangabe ist sowohl der *Zinsfuß* (mit Prozentzeichen) als auch der *Zinssatz* möglich. Weiterhin ist zu beachten, dass der Zins durch 12 zu teilen ist, da pro Monat gerechnet wird, während sich der Zins auf das Jahr bezieht.

- EXCEL zeigt das *Ergebnis negativ* an, da es sich um eine *Auszahlung* handelt. Das Argument Zw wird nicht benötigt.

g) Anwendung der *finanzmathematischen Funktion*

   ZW(Zins; Zzr; Rmz; Bw; F)

   von EXCEL zur *Rentenrechnung:*

- **ZW** kann den *Rentenendwert* bei gegebenen Zins, Laufzeit (Zzr), Rentenrate (Rmz) und F (nachschüssig = 0, vorschüssig = 1) berechnen.

- Illustration der Anwendung der Funktion **ZW** durch Berechnung der Aufgabe aus Beisp.a:

   - Es ist der *Kontostand* zu berechnen, wenn für 10 Jahre jährlich-nachschüssig 2000 Euro auf ein Konto mit Zinseszins eingezahlt werden, auf das es 5% Zinsen gibt.

   - EXCEL berechnet mittels

     ZW(5%; 10; 2000; ;1)

     den *Rentenendwert* von -25155,79 Euro, wie aus folgendem Dialogfenster **Funktionsargumente** ersichtlich ist:

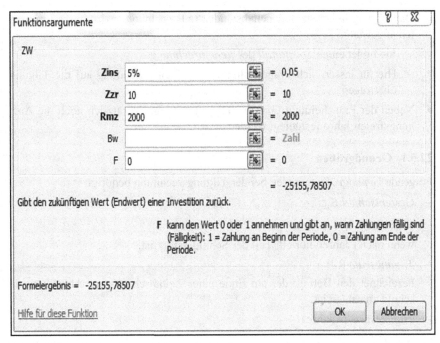

Bei der Anwendung von **ZW** ist Folgendes zu beachten:

- EXCEL zeigt das *Ergebnis negativ* an, da es sich um eine Auszahlung handelt.
- Bei der Zinsangabe ist sowohl der *Zinsfuß* (mit Prozentzeichen) als auch der *Zinssatz* möglich.
- Das Argument Bw wird für diese Rechnung nicht benötigt.

22.5 Tilgungsrechnung

Tilgungs- und Rentenrechnung sind miteinander verwandt. In der *Tilgungsrechnung* geht es um *Rückzahlung* (*Tilgung*) von Darlehen, Krediten, Hypotheken usw., d.h. um Rückzahlung von *Schulden* einschließlich der berechneten Zinsen:

- Der Schuldner kann zwischen verschiedenen *Rückzahlungsarten* (*Tilgungsarten*) wählen:

  - Rückzahlung des gesamten Betrages am Fälligkeitstag.
  - Rückzahlung in mehreren Teilbeträgen in regelmäßigen (konstanten) oder unregelmäßigen Zeitabständen (Perioden). Man spricht von

    vorschüssiger Tilgung, wenn die Rückzahlung zu Beginn,

    nachschüssiger Tilgung, wenn die Rückzahlung zum Ende

    einer Periode (z.B. eines Monats oder eines Jahres) vorgenommen wird.

- Die Tilgung in konstanten Zeitabständen (z.B. in Jahren) wird in der Praxis am häufigsten angewandt:
  - Sie bildet einen *Spezialfall* der *Rentenrechnung*.
  - Hierfür lassen sich Fragestellungen der Rentenrechnung auf die Tilgungsrechnung übertragen.
- Neben der Entscheidung über die Tilgungsart kann zusätzlich noch die Anzahl der tilgungsfreien Jahre festgelegt werden.

22.5.1 Grundgrößen

Folgende *Grundgrößen* werden bei der Tilgungsrechnung benötigt:

- *Gesamtschuld* S_0
- *Restschuld* S_t
  wenn nach t Jahren nur ein Teil der Schuld getilgt ist.
- *Tilgungsrate* R
  bezeichnet den Betrag, der am Ende eines Zeitabschnitts zur Abzahlung der Gesamtschuld zu zahlen ist.
- *Tilgungszeit* T (Jahre)
- *Zinsen Z*
  sind für die jeweilige Restschuld nachschüssig zu zahlen. *Zinsfuß* und *Zinssatz* werden wie üblich mit p bzw. i=p/100 und der *Zinsfaktor* i + 1 mit q bezeichnet.
- *Annuität A* bzw. *Rückzahlungsbetrag* R_t
  bezeichnet die Summe aus Tilgungsrate R und Zinsen Z. Dabei verwendet man meistens bei der *Ratentilgung* die Bezeichnung *Rückzahlungsbetrag* und bei der *Annuitätentilgung* die Bezeichnung *Annuität*.

22.5.2 Tilgungsarten

Es sind folgende *Tilgungsarten* zu unterscheiden:

- *Ratentilgung:*
  Für diese Tilgungsart ist das geliehene Kapital nach Ablauf der vereinbarten tilgungsfreien Zeit in *konstanten Tilgungsraten* R zurückzuzahlen:
  - Der Rückzahlungsbetrag R_t muss die berechneten Zinsen mit enthalten.
  - Die Zinsen nehmen im Laufe der Tilgung ab, da die Restschuld S_t kleiner wird.
  - Damit ist der *Rückzahlungsbetrag* R_t, der sich aus konstanter Tilgungsrate R und variablen (abnehmenden) Zinsen zusammensetzt, bei der Ratentilgung nicht konstant und lässt sich einfach herleiten:

    In der tilgungsfreien Zeit (t = 0, 1, 2, ... , t_f) ist nur der Zinsbetrag $i \cdot S_0$ pro Jahr zu zahlen.

In den restlichen Jahren $t = t_f + 1, \ldots ,T$ berechnet sich der Rückzahlungsbetrag R_t im Rückzahlungsjahr t aus

$$R_t = i \cdot (S_0 - (t - (t_f + 1)) \cdot R) + R$$

wobei sich die Tilgungsrate R bei gleichmäßiger Ratentilgung aus

$$R = \frac{S_0}{T - t_f}$$

ermittelt, wenn zur Rückzahlungszeit T die Gesamtschuld S_0 getilgt sein soll.

- *Annuitätentilgung:*
Bei dieser Tilgungsart bleibt die *Annuität* A (Rückzahlungsbetrag) während der gesamten Rückzahlungszeit *konstant*:

  - Da die Zinsen kleiner werden, nehmen die Tilgungsraten folglich um den gleichen Betrag zu.
  - Man erhält folgende Formeln mit dem Zinsfaktor $q = 1+i$:

  Restschuld:

$$S_t = S_0 \cdot q^t - A \cdot \frac{1 - q^t}{1 - q}$$

Sie ergibt sich als Lösung der Differenzengleichung $\qquad S_t = q \cdot S_{t-1} - A$

mit Anfangswert S_0 (Gesamtschuld).

Annuität (konstanter Rückzahlungsbetrag) A :

$$A = S_0 \cdot q^T \cdot \frac{1 - q}{1 - q^T}$$

Sie ergibt sich bei einer Tilgungszeit von T aus

$$0 = S_T = S_0 \cdot q^T - A \cdot \frac{1 - q^T}{1 - q}$$

Tilgungszeit:

$$T = \frac{\ln A - \ln(A - S_0 \cdot (q-1))}{\ln q} = \frac{\ln A - \ln(A - S_0 \cdot i)}{\ln(1+i)}$$

Diese Formel ergibt sich aus der Formel für die Restschuld, da die Restschuld für $t = T$ gleich Null ist, d.h. $S_T = 0$.

22.5.3 Beispiele

In den folgenden Beispielen wird die *Tilgungsrechnung illustriert* und die Anwendung der *finanzmathematischen Funktionen* **ZW** und **RMZ** von EXCEL aufgezeigt.

Beispiel 22.3:

Betrachtung von Beispielen zur *Tilgungsrechnung:*

a) Wie hoch ist bei *Annuitätentilgung* für einen Kredit von 60 000 Euro bei einem Zinsfuß von 6,2% pro Jahr und einer Tilgungszeit von 60 Monaten die Annuität:

  – Die *Annuität* A als Funktion der Gesamtschuld S_0, des Zinsfaktors q = i+1 und der Laufzeit T ergibt sich zu

$$A(S_0, q, T) = S_0 \cdot q^T \cdot \frac{1-q}{1-q^T}$$

  so dass für die konkreten Werte folgt

  A(60000, 1+0,062/12, 60) = 1165,56

  d.h. die *Annuität* (konstanter Rückzahlungsbetrag) beträgt 1165,56 Euro pro Monat.

  – Es ist zu beachten, dass sich der Zinssatz i auf ein Jahr bezieht und somit für die Berechnung pro Monat durch 12 zu teilen ist.

b) Berechnung der Laufzeit T für Beisp.a :Es ist die Zeit T gesucht, um einen Kredit von 60 000 Euro bei einem Zinsfuß von 6,2% pro Jahr mit einer monatlichen Rate von 1165,56 Euro abzuzahlen.

  – Die *Laufzeit* T als Funktion von Gesamtschuld S_0, Annuität A und Zinssatz i ergibt sich zu

$$T(A, S_0, i) = \frac{\ln A - \ln(A - S_0 \cdot i)}{\ln(1+i)}$$

  so dass für die konkreten Werte folgt

  T(60000, 1165,56, 0,062/12) =60

  – Der Kredit ist in Übereinstimmung mit Beisp.a nach 60 Monaten abgezahlt.

c) Anwendung der *finanzmathematischen Funktion*

  RMZ (Zins ; Zzr ; Bw ; Zw ; F)

  von EXCEL zur *Tilgungsrechnung:*

  • **RMZ** kann die *Annuität* (Rückzahlungsbetrag) eines Kredits bei konstantem Zinssatz berechnen.

  • Berechnung des Problems aus Beisp.a:

    – Es ist ein Kredit von 60 000 Euro in 60 Monaten bei einem Zinsfuß von 6,2% abzuzahlen.

    – EXCEL berechnet für die konkreten Werte mittels

    RMZ(6,2%/12; 60; 60000)

    die *Annuität* von -1165,56 Euro, wie aus folgendem Dialogfenster **Funktionsargumente** ersichtlich ist:

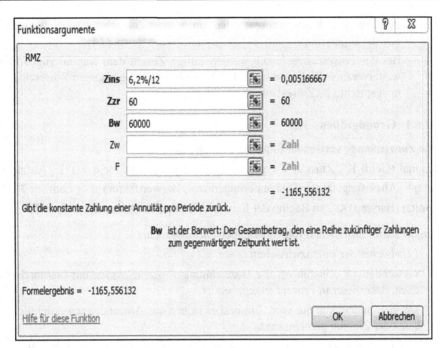

- Folglich sind 1165,56 Euro pro Monat zurückzuzahlen.

Bei der Anwendung von **RMZ** ist Folgendes zu beachten:

- EXCEL zeigt das *Ergebnis negativ* an, da es sich um eine Auszahlung (für den Kredit-
  schuldner) handelt.
- Bei der Zinsangabe ist sowohl der *Zinsfuß* (mit Prozentzeichen) als auch der *Zinssatz*
  möglich. Weiterhin ist zu beachten, dass der Zins durch 12 zu teilen ist, da pro Monat
  gerechnet wird, während sich der Zins auf das Jahr bezieht.

22.6 Zinsrechnung

*Zinse*n sind eine *grundlegende Größe* in der Finanzmathematik:

- Zinsen bilden im Geldverkehr (Kapitalverkehr) eine Vergütung für leihweise überlasse-
  nes Geld (Kapital K), das geliehen (Leihzinsen) oder verliehen (Guthabenzinsen) wird.
  Sie hängen i.Allg. von der Höhe des Geldbetrages und der Länge der Leihzeit (Laufzeit)
  T ab.
- Bei der Berechnung von Zinsen unterscheiden sich die Methoden nach

  - Zeitpunkt der Zinsverrechnung (*jährlich*, *unterjährig*, *stetig*), wenn das Geld (Kapi-
    tal K) weiter angelegt bleibt.
  - Weiterverrechnung der Zinsen:

Bei *einfacher Zinsrechnung* werden Zinsen zum Zeitpunkt ihrer Fälligkeit nicht dem Kapital zugeschlagen, sondern ausgezahlt (siehe Beisp.22.4).

Bei der *Zinseszinsrechnung* werden fällige Zinsen dem Kapital zugeschlagen und weiterverzinst (siehe Beisp.22.4). Dies führt zum sogenannten Zinseszinseffekt und man spricht von *Zinseszinsen.*

22.6.1 Grundgrößen

Die *Zinsrechnung* verwendet folgende *Grundgrößen:*

Kapital (Geld) K , Zinssatz i = p/100 , Zinsfuß p , Zinsfaktor q = 1+i , Aufzinsungsfaktor q^T, Abzinsungsfaktor (Diskontierungsfaktor, Barwertfaktor) q^{-T} , Laufzeit T , Anfangskapital (Barwert) K_0 zu Beginn der Laufzeit , Endkapital K_T nach Laufzeit T.

Zinssatz und *Zinsfuß* sind folgendermaßen *charakterisiert:*

– *Lehrbücher* der Finanzwirtschaft

   verwenden für Zinsfuß oft die Bezeichnung *Prozentzinssatz*, um hierdurch auszudrücken, dass dieser in Prozent angegeben ist,

   sprechen manchmal nur vom *Zins* und es ist erst aus Anwendungen ersichtlich, ob Zinssatz oder Zinsfuß gemeint sind.

– Wir verstehen im Folgenden unter *Zinssatz* i bzw. *Zinsfuß* p den Betrag an Zinsen, der für 1 Euro (Zinssatz) bzw. für 100 Euro (Zinsfuß) Kapital gezahlt wird und geben den Zinsfuß in *Prozent* an.

– Zwischen Zinssatz i und Zinsfuß p besteht somit der Zusammenhang i=p/100.

22.6.2 Zinseszinsrechnung

Im Folgenden wird die *Zinseszinsrechnung* behandelt, von der zwei wichtige *Vorgehensweisen* vorgestellt werden, wobei die erste für Privatkunden in Banken häufig Anwendung findet:

• *Diskrete* (diskontinuierliche) *Verzinsung:*

   Hier wird die Laufzeit T für einen eingezahlten Geldbetrag (Anfangskapital K_0) in eine

   endliche Anzahl n von Perioden aufgeteilt (*n-Perioden-Modell*):

   – Als Periode wird häufig ein Jahr genommen, so dass man von *jährlicher Verzinsung* spricht im Gegensatz zur *unterjährigen Verzinsung*, bei der man einen kürzeren Zeitraum (z.B. Monat) festlegt.

   – Am Ende jeder Periode werden anfallende Zinsen zum Kapital addiert und künftig mitverzinst.

   – Damit berechnet sich das Kapital K_t nach der t-ten Periode aus dem Kapital K_{t-1} der (t-1)-ten Periode mittels der Beziehung

   $$K_t = K_{t-1} + K_{t-1} \cdot i = K_{t-1} \cdot (1+i) \qquad\qquad (t = 1, 2,..., T)$$

   in der i = p/100 für den Zinssatz und p für den Zinsfuß in Prozent stehen:

Dies ist eine lineare Differenzengleichung erster Ordnung, die für ein Anfangskapital K_0 die Lösung (siehe Abschn.16.3 und Beisp.16.3a und 16.4a)

$$K_t = K_0 \cdot (1+i)^t = K_0 \cdot \left(1 + \frac{p}{100}\right)^t = K_0 \cdot q^t$$

besitzt, die *Zinseszinsformel* heißt.

Bei Zinseszins wird ein höheres Endkapital als bei einfacher Verzinsung geliefert, wie Beisp.22.4 illustriert.

– Bei *jährlicher Verzinsung* liefert die Zinseszinsformel für das Endkapital K_T nach einer Laufzeit von T Jahren die Berechnungsformel

$$K_T = K_0 \cdot (1+i)^T = K_0 \cdot \left(1 + \frac{p}{100}\right)^T = K_0 \cdot q^T$$

in der q^T als *Aufzinsungsfaktor* bezeichnet wird, da sich das Endkapital K_T durch Multiplikation des Anfangskapitals K_0 mit diesem Faktor ergibt.

– Die Zinseszinsformel stellt einen *Zusammenhang* zwischen den vier Größen K_T, K_0, i bzw. p und T her, so dass bei Vorgabe von drei die vierte berechenbar ist:

Zinssatz
$$i = \sqrt[T]{\frac{K_T}{K_0}} - 1$$

Laufzeit
$$T = \frac{\ln K_T - \ln K_0}{\ln(1+i)}$$

Anfangskapital (Barwert)
$$K_0 = \frac{K_T}{(1+i)^T} = K_T \cdot q^{-T}$$

Diese Formel dient zur *Barwertermittlung* (Gegenwartswert) des Kapitals bei Abzinsung:

K_0 ist der Anfangswert, der nach T Jahren bei Verzinsung mit Zinseszins zum Endkapital K_T anwächst.

Deshalb werden K_0 als *diskontierter Barwert* von K_T und q^{-T} als *Abzinsungsfaktor* (Diskontierungsfaktor, Barwertfaktor) bezeichnet.

• *Stetige* (kontinuierliche) *Verzinsung:*
Wenn man beim n-Perioden-Modell der diskreten Verzinsung zum Grenzfall übergeht, d.h. n gegen Unendlich gehen lässt, ergibt sich das Modell der *stetigen* Verzinsung, in dem das Kapital K(t) eine Funktion von t ist mit $K(0) = K_0$:

– Die Formel für das Endkapital K_T nach einer Laufzeit von T Jahren

$$K(T) = K_T = K_0 \cdot e^{T \cdot i} = K_0 \cdot e^{T \cdot \frac{p}{100}}$$

bei *stetiger Verzinsung* wird als Lösung einer *Wachstumsdifferentialgleichung* erhalten (siehe Beisp.17.1a und Abschn.17.3.2):

Es wird von Endwertermittlung des Kapitals bei *stetiger Aufzinsung* gesprochen.

Das Endkapital ist hier größer als bei diskreter Verzinsung.

- Die Formel für die stetige Verzinsung liefert einen *Zusammenhang* zwischen den vier Größen K_T, K_0, i bzw. p und T, so dass bei Vorgabe von drei die vierte berechenbar ist:

Wird die Formel für das Endkapital z.B. nach dem *Anfangskapital* (Barwert) K_0 aufgelöst, so ergibt sich

$$K_0 = K_T \cdot e^{-T \cdot i} = K_T \cdot e^{-T \cdot \frac{p}{100}}$$

Diese Formel dient zur *Barwertermittlung* (Gegenwartswert) des Kapitals bei stetiger Abzinsung.

Da K_0 nach T Jahren bei stetiger Verzinsung zu K_T anwächst, bezeichnet man K_0 als *diskontierten Barwert* von K_T und $e^{-i \cdot T}$ als *Abzinsungsfaktor* (Diskontierungsfaktor, Barwertfaktor).

22.6.3 Beispiele

In den folgenden Beispielen wird die *Zinsrechnung illustriert* und die Anwendung der *finanzmathematischen Funktion* **ZW** von EXCEL erklärt.

Beispiel 22.4:

Betrachtung von Beispielen zur *Zinsrechnung,* deren Formeln sich einfach mit EXCEL berechnen lassen:

a) Ein Sparer legt bei einer Bank einen Geldbetrag (*Anfangskapital*) von K_0 =20 000 Euro bei einem Zinsfuß p=5% für T=7 Jahre an. Am Ende der Anlegezeit T erhält er den Gesamtbetrag (*Endkapital*) K_T (= Zinsen + Anfangskapital) zurück. Im Folgenden wird das Endkapital K_T mit verschiedenen Verzinsungsarten berechnet:

  - Bei *einfacher Verzinsung* ergibt sich das Endkapital K_T als Funktion von Anfangskapital K_0, Zinsfuß p und Laufzeit T zu

$$K_T(K_0, p, T) = K_0 \cdot (1 + T \cdot \frac{p}{100})$$

so dass für die konkreten Werte folgt

$$K_T(20\,000, 5, 7) = 27\,000$$

d.h. das Anfangskapital vergrößert sich auf das Endkapital von 27 000 Euro.

  - Bei *Zinseszins* ergibt sich das Endkapital K_T als Funktion von Anfangskapital K_0, Zinsfuß p und Laufzeit T aus der *Zinseszinsformel* zu

$$K_T(K_0, p, T) = K_0 \cdot \left(1 + \frac{p}{100}\right)^T$$

so dass für die konkreten Werte folgt

$$K_T(20\,000, 5, 7) = 28142$$

d.h. das Anfangskapital hat sich in sieben Jahren auf das Endkapital von 28142 Euro vergrößert, das offensichtlich höher als bei einfacher Verzinsung ist.

– Bei *stetiger Verzinsung* ergibt sich das Endkapital K_T als Funktion von Anfangskapital K_0, Zinsfuß p und Laufzeit T zu

$$K_T(K_0, p, T) = K_0 \cdot e^{T \cdot \frac{p}{100}}$$

so dass für die konkreten Werte folgt

$$K_T(20000, 5, 7) = 28\,380$$

d.h. das Anfangskapital hat sich in sieben Jahren auf das Endkapital von 28 380 Euro vergrößert, das offensichtlich größer als bei jährlicher Verzinsung mittels Zinseszins.

b) Ein Sparer möchte in 8 Jahren bei einem Zinsfuß von p=4% ein *Endkapital* von $K_T =$ 10 000 Euro ansparen. Welches *Anfangskapital* K_0 muss er bei *einfacher Verzinsung* bzw. *Zinseszins* einzahlen, d.h. wie groß ist der Barwert:

– Bei *einfacher Verzinsung* (siehe auch Beisp.a) ergibt sich das *Anfangskapital* K_0 als Funktion von Endkapital K_T, Zinsfuß p und Laufzeit T zu

$$K_0(K_T, p, T) = \frac{K_T}{\left(1 + T \cdot \frac{p}{100}\right)}$$

so dass für die konkreten Werte folgt

$$K_0(10000, 4, 8) = 7576$$

– Bei *Zinseszins* (siehe Beisp.a) ergibt sich das *Anfangskapital* K_0 als Funktion von Endkapital K_T, Zinsfuß p und Laufzeit T zu

$$K_0(K_T, p, T) = \frac{K_T}{\left(1 + \frac{p}{100}\right)^T}$$

so dass für die konkreten Werte folgt

$$K_0(10000, 4, 8) = 7307$$

c) Anwendung der *finanzmathematischen Funktion*

ZW(Zins; Zzr; Rmz; Bw; F)

von EXCEL zur *Zinseszinsrechnung* (siehe auch Beisp.5.1 und 6.1):

- **ZW** kann das *Endkapital* bei gegebenen Zins, Laufzeit (Zzr) und Anfangskapital (Bw) berechnen, d.h. es wird die Zinseszinsformel eingesetzt.

- Illustration der Anwendung von **ZW** durch Berechnung des Problems aus Beisp.a:

  – Es ist das *Endkapital* zu berechnen, dass ein Sparer erhält, der einen Geldbetrag (*Anfangskapital*) von 20000 Euro bei einem Zinsfuß von 5% für 7 Jahre mit Zinseszins bei einer Bank anlegt.

  – EXCEL liefert mittels

    ZW(5%;7; ;-20000)

    das *Endkapital* von 28142,01 Euro, wie aus dem abgebildeten Dialogfenster **Funktionsargumente** ersichtlich ist.

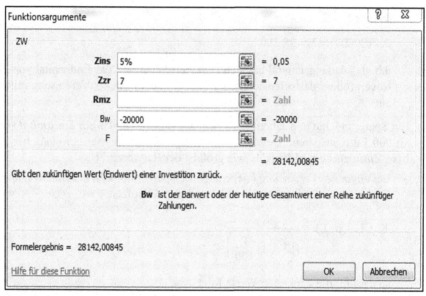

Bei der Anwendung von **ZW** ist Folgendes zu beachten:

– Das Anfangskapital muss bei Bw mit negativem Vorzeichen eingegeben werden, um die Zahlungsrichtung anzuzeigen. Gibt man es mit positivem Vorzeichen ein, so gibt EXCEL das Ergebnis (Endkapital) negativ an.

– Bei der Zinsangabe ist sowohl der *Zinsfuß* (mit Prozentzeichen) als auch der *Zinssatz* möglich.

– Die Argumente Rmz und F werden für diese Rechnung nicht benötigt.

23 Kombinatorik

23.1 Einführung

Zur Berechnung *klassischer* Wahrscheinlichkeiten ist die *Kombinatorik* erforderlich, die sich u.a. damit befasst, auf welche Art vorgegebene Anzahlen von Elementen angeordnet bzw. wie aus einer vorgegebenen Anzahl von Elementen gewisse Gruppen von Elementen ausgewählt werden können.

Im Folgenden werden in der Wahrscheinlichkeitsrechnung benötigte Formeln der Kombinatorik vorgestellt, so dass sie problemlos einsetzbar und mit EXCEL berechenbar sind (siehe Beisp.23.1).

23.2 Fakultät und Binomialkoeffizient

Zur Berechnung von Formeln der *Kombinatorik* werden benötigt:

– *Fakultät*

$$n! = 1 \cdot 2 \cdot 3 \cdot \ldots \cdot n$$

einer natürlichen Zahl n

– *Binomialkoeffizient*

$$\binom{a}{m} = \frac{a \cdot (a-1) \cdots (a-m+1)}{m!}$$

in dem a eine reelle und m eine natürliche (positive ganze) Zahl darstellen. Im Falle, dass a = n ($\geq$m) ebenfalls eine natürliche Zahl ist, lässt sich die Berechnungsformel für Binomialkoeffizienten in folgender Form schreiben:

$$\binom{n}{m} = \frac{n!}{m! \cdot (n-m)!}$$

23.3 Permutationen, Variationen und Kombinationen

Zur Berechnung klassischer Wahrscheinlichkeiten werden u.a. folgende Gebiete der Kombinatorik benötigt:

- *Permutationen*
  berechnen die Anzahl der *Anordnungen* von n verschiedenen Elementen mit Berücksichtigung der Reihenfolge, wofür es n! Möglichkeiten gibt.

- *Variationen*
  berechnen die Anzahl der Möglichkeiten für die Auswahl von k ($\leq$n) Elementen aus n gegebenen verschiedenen Elementen *mit Berücksichtigung* der *Reihenfolge:*

  $$- \quad \frac{n!}{(n-k)!} \qquad\qquad \text{ohne Wiederholung}$$

  $$- \quad n^k \qquad\qquad\qquad \text{mit Wiederholung}$$

• *Kombinationen*

berechnen die Anzahl der Möglichkeiten für die Auswahl von k Elementen aus n gegebenen verschiedenen Elementen *ohne Berücksichtigung* der *Reihenfolge:*

$$- \quad \binom{n}{k} = \frac{n!}{k! \cdot (n\text{-}k)!} \qquad\qquad \text{ohne Wiederholung}$$

$$- \quad \binom{n+k\text{-}1}{k} = \frac{(n+k\text{-}1)!}{k! \cdot (n\text{-}1)!} \qquad\qquad \text{mit Wiederholung}$$

23.4 Anwendung von EXCEL

EXCEL besitzt folgende integrierte (vordefinierte) Funktionen zur *Kombinatorik:*

• **FAKULTÄT**(n)

berechnet n!

• **KOMBINATIONEN**(n;k)

berechnet *Kombinationen ohne Wiederholung:*

– Da der Binomialkoeffizient von n über k die zugrundeliegende Formel ist, kann diese Funktion auch zur Berechnung von *Binomialkoeffizienten* verwendet werden,
wenn n eine natürliche Zahl ist (siehe Beisp.23.1a).

– Man kann diese Funktion in der Form **KOMBINATIONEN**(n+k-1;k) auch zur Berechnung von *Kombinationen mit Wiederholung* einsetzen.

• **VARIATIONEN**(n;k)

berechnet *Variationen ohne Wiederholung.*

Die nicht zur Verfügung stehende Funktion für *Variationen mit Wiederholung* bedeutet
keine Einschränkung, da die zugrundeliegende Formel n^k mit EXCEL unmittelbar berechenbar ist.

♦

Beispiel 23.1:

a) Da in EXCEL keine Funktion zur Berechnung beliebiger *Binomialkoeffizienten* gefunden wurde, wird ein VBA-Funktionsprogramm BINOMIAL vorgestellt, mit dessen Hilfe sich der Binomialkoeffizient

$$\binom{a}{m} = \begin{cases} \dfrac{a \cdot (a\text{-}1) \cdots (a\text{-}m+1)}{m!} & \text{falls } m > 0 \\[2mm] 1 & \text{falls } m = 0 \end{cases}$$

berechnen lässt, in dem a für beliebige reelle und m für beliebige natürliche Zahlen
steht.

Die folgende VBA-Programmvariante verwendet die EXCEL-VBA-Funktion **Fakultät** zur Berechnung der Fakultät m! für positive ganze Zahlen m:

Function BINOMIAL (a **As Double**, m **As Integer**) **As Double**

' Berechnung des Binomialkoeffizienten

Dim k **As Integer**

BINOMIAL=a

For k = 1 **To** m-1

BINOMIAL = BINOMIAL * (a-k)

Next k

BINOMIAL = BINOMIAL/**FAKULTÄT**(m)

End Function

Im folgenden Tabellenausschnitt wird zur Berechnung des Binomialkoeffizienten

$$\binom{12}{3} = 220$$

die mit EXCEL-VBA programmierte Funktion BINOMIAL angewandt:

Z1S1	▼	f_x	=BINOMIAL(12;3)	
	1	2	3	4
1	220			
2				

Da a=12 eine natürliche Zahl ist, kann dieser Binomialkoeffizient mit der EXCEL-Funktion

=**KOMBINATIONEN**(12;3)

berechnet werden, wie folgender Tabellenausschnitt zeigt:

Z1S1	▼	f_x	=KOMBINATIONEN(12;3)	
	1	2	3	4
1	220			
2				

b) Lösung von zwei Aufgaben aus der *Kombinatorik:*

- Betrachtung des *Werfens* mit *zwei idealen Würfeln*, wobei diese als unterscheidbar angesehen werden (z.B. unterschiedliche Farbe):
  - Es gibt hier folgende 36 mögliche Fälle (Würfe):

$(1,1)$, $(1,2)$, ... , $(1,6)$, $(2,1)$, ... , $(2,6)$, $(3,1)$, ... , $(3,6)$, $(4,1)$, ... , $(4,6)$, $(5,1)$, ... , $(5,6)$, $(6,1)$, ... , $(6,6)$

– Da die Würfel unterscheidbar sind, ist bei den möglichen Fällen (Würfen) die Reihenfolge der zwei gewürfelten Zahlen zu berücksichtigen.

– Damit kann die Anzahl der möglichen Fälle (Würfe) mittels der Formel

$$n^k$$

für *Variationen mit Wiederholung* (siehe Abschn.23.3) berechnet werden, die die Anzahl der Auswahlmöglichkeiten von k (=2) Zahlen aus n (=6) Zahlen mit Berücksichtigung der Reihenfolge und Wiederholung liefert. EXCEL berechnet das Ergebnis 36 mittels

$$= 6^2$$

d.h. es gibt 36 mögliche Würfe.

• Als Modell für die Ziehung der Zahlen beim Lotto 6 aus 49 lässt sich ein Behälter verwenden, der 49 durchnummerierte Kugeln enthält. Die Ziehung der 6 Lottozahlen geschieht durch zufällige Auswahl von 6 Kugeln aus diesem Behälter ohne Zurücklegen der gezogenen Kugeln:

– Deshalb kann die Anzahl der möglichen Fälle für die gezogenen Zahlen mittels der Formel

$$\binom{n}{k} = \frac{n!}{k! \cdot (n\text{-}k)!}$$

für *Kombinationen ohne Wiederholung* (siehe Abschn.23.3) berechnet werden, d.h. als Auswahl von k aus n Zahlen ohne Berücksichtigung der Reihenfolge und ohne Wiederholung.

– Für k=6 und n=49 ergibt sich aus der gegebenen Formel folgende Anzahl von Möglichkeiten für die Ziehung der Lottozahlen

$$\binom{49}{6} = 13\ 983\ 816$$

die EXCEL mit der Funktion
=**KOMBINATIONEN**(49;6)
berechnet.

24 Wahrscheinlichkeitsrechnung und Statistik

24.1 Einführung

Wahrscheinlichkeitsrechnung und (mathematische) *Statistik* werden in der Mathematik und auch in der Wirtschaftsmathematik unter dem Oberbegriff *Stochastik* zusammengefasst:

- Die *Wahrscheinlichkeitsrechnung* (siehe Abschn.24.2) befasst sich mit der Untersuchung von Zufallsereignissen (zufälligen Ereignissen).
- Die *Statistik* (siehe Abschn.24.4) kann in einer groben Charakterisierung als Wissenschaft von der Gewinnung, Aufbereitung und Auswertung von Daten bezeichnet werden und spielt die dominierende Rolle bei der Untersuchung von Massenerscheinungen (großen Mengen).
- Wahrscheinlichkeitsrechnung und Statistik haben sich in den letzten 50 Jahren zu umfangreichen und eigenständigen Gebieten der Mathematik und damit auch der Wirtschaftsmathematik entwickelt. Deshalb können sie im Buch nur kurz vorgestellt werden.
- Da EXCEL eine Reihe von Grundaufgaben der Wahrscheinlichkeitsrechnung und Statistik berechnen kann, werden in diesem Kapitel benötigte Grundbegriffe erklärt und der Einsatz in EXCEL integrierter (vordefinierter) Statistikfunktionen illustriert.

Es gibt *spezielle Programmsysteme* zur Berechnung von Problemen der Wahrscheinlichkeitsrechnung und Statistik wie u.a. SAS, STATGRAPHICS, SYSTAT, STATISTICA, SPSS, die umfangreiche Möglichkeiten bieten.

Dies bedeutet jedoch nicht, dass EXCEL hierfür untauglich ist:

- In EXCEL sind zahlreiche Funktionen zur Wahrscheinlichkeitsrechnung und Statistik integriert (vordefiniert - siehe Abschn.24.1.1). Im Folgenden ist zu sehen, dass EXCEL damit eine Reihe von Standardproblemen erfolgreich berechnen kann, wobei allerdings der Umfang der auszuwertenden Daten gewisse Größenordnungen nicht überschreiten darf.
- Des Weiteren werden für EXCEL von einigen Softwarefirmen sogenannte Add Ins (Zusatzprogramme) zur Statistik angeboten, die die Anwendung von EXCEL wesentlich verbessern (siehe Abschn.24.1.2 und 9.3).

24.1.1 Statistikfunktionen von EXCEL

In EXCEL sind über 90 Funktionen zur Wahrscheinlichkeitsrechnung und Statistik integriert (vordefiniert), die *Statistikfunktionen* heißen. Diese sind wie alle EXCEL-Funktionen unter Verwendung der Registerkarte **Formeln** (siehe Abschn.12.3) einsetzbar:

- Durch Aufruf des Dialogfensters **Funktion einfügen** des Funktionsassistenten lassen sich hier in der Kategorie *Statistik* alle in EXCEL anwendbaren Statistikfunktionen anzeigen.
- Durch Markieren der gewünschten Funktion lässt sich diese durch Anklicken von *Hilfe für diese Funktion* erklären. Durch Anklicken von OK und Eingabe der benötigten Ar-

gumente im erscheinenden Dialogfenster **Funktionsargumente** lässt sich die Berechnung in einer aktuellen Zelle der EXCEL-Tabelle auslösen.

– Illustrationen zur Anwendung von Statistikfunktionen liefern die Beisp.24.2, 24.3, 24.5 und 24.6. Eine ausführlichere Behandlung aller Anwendungsmöglichkeiten von EXCEL in Wahrscheinlichkeitsrechnung und Statistik können wir im Rahmen des Buches nicht liefern, sondern müssen auf spezielle Bücher verweisen, die im Literaturverzeichnis zu finden sind.

24.1.2 Statistik-Add Ins für EXCEL

Für EXCEL gibt es eine Reihe von Add Ins (Zusatzprogrammen) zur Wahrscheinlichkeitsrechnung und Statistik, von denen wir zwei kurz vorstellen:

– WINSTAT

Dieses Add In wird von der Softwarefirma Fitch erstellt und vertrieben. WINSTAT ist als ein Einstieg in die Arbeit mit Statistiksoftware für EXCEL geeignet, da es preiswert ist. Es lässt sich eine kostenlose Demoversion aus dem Internet unter der Adresse http:**//www.winstat.de** herunterladen.

– UNISTAT

Dieses Add In besitzt einen großen Leistungsumfang, ist übersichtlich und individuell einsetzbar. Kostenlose Demoversionen lassen sich aus dem Internet unter der Adresse **http://software.additive-net.de/de/produkte/unistat** herunterladen.

Die Add Ins WINSTAT und UNISTAT besitzen eine einfache Benutzerführung und erweitern EXCEL wesentlich für den Einsatz zur Berechnung von Problemen der Wahrscheinlichkeitsrechnung und Statistik. Wir empfehlen Anwendern, sich vor dem Kauf eines dieser Add Ins ausführlicher über das Internet zu Einsatzmöglichkeiten zu informieren, indem man in eine Suchmaschine die Begriffe WINSTAT bzw. UNISTAT eingibt und zusätzlich kostenlose Demoversionen herunterlädt und ausführlich testet.

24.1.3 Einsatz in der Wirtschaftsmathematik

Da in der Wirtschaft häufig zufällige Ereignisse und Massenerscheinungen auftreten, besitzen *Wahrscheinlichkeitsrechnung* und *Statistik* in der Wirtschaftsmathematik große Bedeutung, wie bereits aus den Ausführungen dieses Kapitels ersichtlich ist.
Deshalb gewinnt auch die Anwendung von EXCEL in beiden Gebieten an Bedeutung, wie die bisher erschienene Literatur erkennen lässt (siehe Literaturverzeichnis unter **Statistik mit EXCEL**).

24.2 Wahrscheinlichkeitsrechnung

Grundlage der *Wahrscheinlichkeitsrechnung* bilden *zufällige Ereignisse,* die meistens mit großen Buchstaben A, B, ... bezeichnet sind:

- Unter *zufälligen Ereignissen* (*Zufallsereignissen*) werden mögliche Ergebnisse (Realisierungen) von Experimenten (Versuchen) verstanden, bei denen das Eintreffen oder Nichteintreffen eines Ergebnisses nicht sicher vorausgesagt werden kann, d.h. zufällig ist:

  – Derartige Experimente heißen *Zufallsexperimente* oder zufällige Versuche.

  – Im Unterschied zu *deterministischen Experimenten*, bei denen der Ausgang eindeutig bestimmt ist, hängt der Ausgang von *Zufallsexperimenten* vom Zufall ab, d.h. er ist unbestimmt (zufällig).

  – Beispiele für Zufallsexperimente sind Werfen einer Münze, Würfeln mit einem Würfel, Ziehung von Lottozahlen und Untersuchung der Lebensdauer technischer Geräte.

- *Elementarereignisse* bilden unter zufälligen Ereignissen die Basis. Anschaulich sind es diejenigen Ereignisse (siehe auch Beisp.24.1),

  – die als mögliche einander ausschließende Ereignisse (Ergebnisse) eines Zufallsexperiments auftreten und meistens durch kleine griechische Buchstaben bezeichnet sind,

  – aus denen sich beliebige Ereignisse eines Zufallsexperiment zusammensetzen.

  – die nicht in weitere Ereignisse zerlegbar sind.

- Die *Wahrscheinlichkeitsrechnung* gewinnt unter Verwendung der Begriffe *Wahrscheinlichkeit*, *Zufallsgröße* und *Verteilungsfunktion* (siehe Abschn.24.2.1-24.2.6) quantitative Aussagen über zufällige Ereignisse.

24.2.1 Wahrscheinlichkeit

Da bei Zufallsexperimenten ungewiss ist, welches der möglichen Ereignisse eintritt, reicht es nicht aus, wenn alle möglichen Ereignisse angegeben werden:

- Um anwendbare Aussagen zu erhalten, ist die Zufälligkeit des Eintretens eines Ereignisses zu quantifizieren, d.h. durch Zahlen zu charakterisieren.

  Deshalb wird für zufällige Ereignisse A als Maßzahl die *Wahrscheinlichkeit* P(A) eingeführt, die die Chance für das Eintreten von A beschreibt:

  – Praktischerweise bietet sich für die Wahrscheinlichkeit P(A) eine reelle Zahl zwischen 0 und 1 an, d.h. P(A) ist eine Funktion, die jedem zufälligen Ereignis A eine reelle Zahl aus dem Intervall [0,1] zuordnet.

  – Die Wahrscheinlichkeit $P(\emptyset)=0$ wird dem *unmöglichen Ereignis* $\emptyset$ und $P(\Omega)=1$ dem *sicheren Ereignis* Ω zugeordnet.

- Die Zuordnung einer Wahrscheinlichkeit kann für zufällige Ereignisse nicht willkürlich geschehen, wenn ein Maß für das Eintreten gewünscht ist.

  Für eine *Definition* der *Wahrscheinlichkeit* gibt es mehrere Möglichkeiten:

  – Folgende Definitionen sind anschaulich, unmittelbar verständlich, aber nur bedingt einsetzbar:

  Klassische Definition der *Wahrscheinlichkeit* (siehe Beisp.24.1):

Wenn als Ergebnis eines Zufallsexperiments n gleichmögliche Ereignisse (mögliche Fälle) auftreten können, wovon m (<n) das Eintreten des Ereignisses A zur Folge haben (günstige Fälle), so definiert sich die Wahrscheinlichkeit P(A) des Ereignisses A als *Quotient* aus Anzahl m der *günstigen Fälle* und Anzahl n der *möglichen Fälle*, d.h.

$$P(A) = \frac{m}{n} = \frac{\text{Anzahl der günstigen Fälle}}{\text{Anzahl der möglichen Fälle}}$$

Statistische Definition der *Wahrscheinlichkeit:*

Wenn die klassische Definition der Wahrscheinlichkeit nicht anwendbar ist, bietet sich in der Praxis folgende Möglichkeit an, um auf experimentellem Wege zu einem Wert für die *Wahrscheinlichkeit* P(A) eines zufälligen Ereignisses A zu gelangen:

Man führt das zugrundeliegende Zufallsexperiment n mal durch und beobachtet hierbei, wie oft das Ereignis A auftritt, so z.B. m$\leq$n mal.

Als *Näherung* für die *Wahrscheinlichkeit* P(A) lässt sich bei einer hinreichend gro-ßen Anzahl von Experimenten der Quotient

$$H_n(A) = \frac{m}{n}$$

verwenden, der *relative Häufigkeit* heißt. Diese Vorgehensweise heißt *statistische Definition* der *Wahrscheinlichkeit.*

– *Klassische und statistische Definition* der Wahrscheinlichkeit sind in ihren Anwen-dungen auf einfache Fälle beschränkt. Für eine aussagekräftige Theorie und effekti-ve Anwendung wird eine *axiomatische Definition* der Wahrscheinlichkeit benötigt, die in Lehrbüchern zu finden ist.

Beispiel 24.1:

Im Folgenden werden *klassische Wahrscheinlichkeiten* für zwei bekannte Ereignisse be-rechnet:

a) Die Wahrscheinlichkeit des Ereignisses A, dass beim Werfen mit zwei unterscheidbaren Würfeln die Augenzahl bei einem Wurf größer oder gleich 10 ist, ergibt sich folgen-dermaßen:

   – Da die Würfel unterscheidbar sind gibt es 6 *günstige Fälle,* die aus folgenden Ele-mentarereignissen gebildet werden:
   (4,6) , (5,5) , (5,6) , (6,4) , (6,5) , (6,6)

   – Die Anzahl 36 *möglicher Fälle* (d.h. alle Elementarereignisse) berechnet Beisp. 23.1b mittels Kombinatorik.

   – Damit ergibt sich aus der Formel der *klassischen Wahrscheinlichkeit*
   P(A)=6/36=1/6
   der Wert 1/6 für die Wahrscheinlichkeit des Ereignisses A.

- Als *Zufallsgröße* X kann für diese Aufgabe des Werfens mit zwei Würfeln diejenige Funktion verwendet werden, die jedem Elementarereignis die Summe der beiden geworfenen Zahlen zuordnet, d.h. die Wahrscheinlichkeit P(A) berechnet sich durch P(X≥10).

b) Die Wahrscheinlichkeit des Ereignisses A, beim Lotto 6 aus 49 alle 6 Zahlen richtig getippt zu haben, ergibt sich aus der Formel der klassischen Wahrscheinlichkeit folgendermaßen:

  - Bei 6 richtig getippten Zahlen gibt es nur einen *günstigen Fall*.
  - Die Anzahl 13 983 816 der *möglichen Fälle* hat Beisp.23.1b mittels Kombinatorik berechnet.
  - Damit ergibt sich aus der Formel der klassischen Wahrscheinlichkeit

    P(A) = 1/13 983 816 = 0,00000007151123842

    der Wert 0,00000007151123842 für die Wahrscheinlichkeit des Ereignisses A:

    Da die Wahrscheinlichkeit von Null verschieden ist, liegt kein unmögliches Ereignis vor.

    Weil die Wahrscheinlichkeit jedoch sehr klein ist, wird von einem *seltenen Ereignis* gesprochen.

24.2.2 Zufallsgröße

Zufallsgrößen (*Zufallsvariable*) spielen in der Wahrscheinlichkeitsrechnung und Statistik neben *Wahrscheinlichkeit* und *Verteilungsfunktionen* eine grundlegende Rolle. Sie sind erforderlich, um mit zufälligen Ereignissen rechnen zu können:

- Die exakte Definition einer Zufallsgröße ist mathematisch anspruchsvoll.
- Für Anwendungen genügt es zu wissen, dass *Zufallsgrößen* als Funktionen definiert sind, die den Ereignissen eines Zufallsexperiments gewisse Werte (reelle Zahlen) zuordnen (siehe Beisp.24.1a und 24.2). Sie werden mit großen Buchstaben X, Y,... bezeichnet.
- Können *Zufallsgrößen* nur endlich oder abzählbar unendlich viele Werte annehmen, so heißen sie *diskrete Zufallsgrößen* andernfalls (d.h. Annahme beliebig vieler Werte) *stetige Zufallsgrößen*.

24.2.3 Verteilungsfunktionen

Für Zufallsgrößen X stellt sich die Frage, mit welchen Wahrscheinlichkeiten ihre Werte realisiert werden. Diese Zuordnung von Wahrscheinlichkeiten zu den Werten einer Zufallsgröße heißt *Wahrscheinlichkeitsverteilung* der Zufallsgröße. Sie ist durch eine *Verteilungsfunktion* gegeben, die für diskrete Zufallsgrößen *diskrete Verteilungsfunktion* (siehe Abschn.24.2.4) und für stetige Zufallsgrößen *stetige Verteilungsfunktion* (siehe Abschn. 24.2.5) heißt.

Die *Verteilungsfunktion* F(x) einer beliebigen Zufallsgröße X ist durch

$$F(x) = P(X \leq x)$$

definiert, wobei $P(X \leq x)$ die Wahrscheinlichkeit dafür angibt, dass die Zufallsgröße X einen Wert kleiner oder gleich x (reelle Zahl) annimmt:

- *Verteilungsfunktionen* sind eindeutig bestimmt, wenn für *diskrete Zufallsgrößen* die *Wahrscheinlichkeiten* $p_k = P(X = x_k)$ bzw. für *stetige Zufallsgrößen* die *Wahrscheinlichkeitsdichte* (Dichtefunktion) f(t) vorliegen, wie aus Abschn.24.2.4 bzw. 24.2.5 zu ersehen ist.

- Für konkrete Zufallsgrößen X besteht folglich die Aufgabe darin, zugehörige Wahrscheinlichkeiten p_k bzw. Dichtefunktion f(t) zu ermitteln:
  Da p_k bzw. f(t) i.Allg. nicht einfach zu bestimmen sind, liefert die Wahrscheinlichkeitstheorie hierfür Formeln für *konkrete diskrete* und *stetige Wahrscheinlichkeitsverteilungen*, von denen Abschn.24.2.4 bzw. 24.2.5 wichtige vorstellen.

- Mit Hilfe der Verteilungsfunktion F(x) ergibt sich Folgendes für die Wahrscheinlichkeiten:
  Die Wahrscheinlichkeit, dass eine Zufallsgröße X Werte aus einem vorgegebenen halboffenen Intervall (a,b] annimmt, berechnet sich aus

  $P(a < X \leq b) = F(b) - F(a)$.

  Weiterhin gilt $P(X > x) = 1 - P(X \leq x) = 1 - F(x)$.

In EXCEL sind alle wichtigen diskreten und stetigen Verteilungsfunktionen integriert (vordefiniert), wie Abschn.24.3 zeigt.

24.2.4 Diskrete Verteilungsfunktionen

Für *diskrete Zufallsgrößen* X mit Werten $x_1, x_2, \ldots, x_n, \ldots$ ergibt sich die Verteilungsfunktion in der Form

$$F(x) = \sum_{x_k \leq x} p_k$$

wobei über alle k zu summieren ist, für die $x_k \leq x$ gilt und $p_k = P(X = x_k)$ die Wahrscheinlichkeit dafür ist, dass X den Wert x_k annimmt. Hier wird von *diskreten Verteilungsfunktionen* bzw. *Wahrscheinlichkeitsverteilungen* gesprochen.

Wichtige *diskrete Wahrscheinlichkeitsverteilungen* sind:

- *Binomialverteilung* B(n,p) mit den Wahrscheinlichkeiten

  $$p_k = P(X = k) = \binom{n}{k} \cdot p^k \cdot (1-p)^{n-k} \qquad (k=0, 1, 2, \ldots, n)$$

  Sie ist folgendermaßen *charakterisiert:*

- Bei n unabhängigen Zufallsexperimenten, die nur das Ereignis (Ergebnis) A (mit Wahrscheinlichkeit p) oder das komplementäre Ereignis $\bar{A}$ (mit Wahrscheinlichkeit 1-p) liefern, ordnet die Zufallsgröße X dem Ereignis k-maliges Auftreten von A die Zahl k zu.

- p_k = P(X=k) gibt hier die Wahrscheinlichkeit dafür an, dass das Ereignis A k-mal auftritt (siehe Beisp.24.2a).

- Bei Experimenten der zufälligen Entnahme von Elementen bedeutet die Unabhängigkeit, dass die Elemente wieder *zurückgelegt* werden müssen. Dies ist der grundlegende Unterschied zur folgenden hypergeometrischen Verteilung.

- *Hypergeometrische Verteilung* H(N,M,n) mit den Wahrscheinlichkeiten

$$p_k = P(X=k) = \frac{\binom{M}{k} \cdot \binom{N-M}{n-k}}{\binom{N}{n}} \qquad (k=0, 1,..., \min(n,M), 1 \leq M < N)$$

Sie ist folgendermaßen *charakterisiert:*

Die Wahrscheinlichkeiten p_k = P(X=k) stehen hier dafür, dass bei n ($\leq$N) Experimenten der zufälligen Entnahme eines Elements *ohne Zurücklegen* aus einer Gesamtheit von N Elementen, von denen M eine gewünschte Eigenschaft E haben, k Elemente mit der Eigenschaft E auftreten (siehe Beisp.24.2b).

- *Poisson-Verteilung* P(λ) mit den Wahrscheinlichkeiten

$$p_k = P(X=k) = \frac{\lambda^k}{k!} \cdot e^{-\lambda} \qquad (k = 0, 1, 2,...)$$

Sie ist folgendermaßen *charakterisiert:*

- λ steht für den Erwartungswert.

- Diese Verteilung lässt sich als gute Näherung für die Binomialverteilung verwenden, wenn n groß und p klein sind und λ gleich n·p gesetzt wird.

24.2.5 Stetige Verteilungsfunktionen

Für *stetige Zufallsgrößen* X ergibt sich die Verteilungsfunktion in der Form

$$F(x) = \int_{-\infty}^{x} f(t)\, dt$$

wobei f(t) die *Wahrscheinlichkeitsdichte* bezeichnet. Hier wird von *stetigen Verteilungsfunktionen* bzw. *Wahrscheinlichkeitsverteilungen* gesprochen.

Bei *stetigen Wahrscheinlichkeitsverteilungen* spielt die *Normalverteilung* N(μ,σ) die dominierende Rolle, in der μ den *Erwartungswert* und σ die *Standardabweichung* bezeichnen. Sie ist folgendermaßen charakterisiert:

Dichtefunktion

$$f(t) = \frac{1}{\sigma \cdot \sqrt{2 \cdot \pi}} \cdot e^{-\frac{1}{2} \cdot \left(\frac{t-\mu}{\sigma} \right)^2}$$

Verteilungsfunktion

$$F(x) = \frac{1}{\sigma \cdot \sqrt{2 \cdot \pi}} \cdot \int_{-\infty}^{x} e^{-\frac{1}{2} \cdot \left(\frac{t-\mu}{\sigma} \right)^2} dt$$

Fehlerintegral

$$Fi(x,y) = \frac{1}{\sqrt{2\pi}} \cdot \int_{x}^{y} e^{-\frac{t^2}{2}} dt$$

Zur *Normalverteilung* ist Folgendes zu *bemerken:*

– Gelten $\mu = 0$ und $\sigma = 1$, so heißt sie *standardisierte* (oder normierte) *Normalverteilung* N(0,1), deren Verteilungsfunktion mit $\Phi(x)$ bezeichnet ist und für die gilt:

$\Phi(0) = 1/2$, $\Phi(-x) = 1 - \Phi(x)$

– Viele stetige Zufallsgrößen können näherungsweise als normalverteilt angesehen werden, da sie sich als Überlagerung (Summe) einer größeren Anzahl einwirkender Einflüsse (unabhängiger Zufallsgrößen) ergeben.
Diese Aussage des *zentralen Grenzwertsatzes* der Wahrscheinlichkeitsrechnung, dass unter bestimmten Bedingungen jede Summe (unabhängiger Zufallsgrößen) näherungsweise normalverteilt ist, liefert eine Begründung für die dominierende Rolle der Normalverteilung in praktischen Anwendungen.

24.2.6 Erwartungswert und Streuung/Varianz

Wichtige Informationen über eine Wahrscheinlichkeitsverteilung geben ihre *Momente*, von denen wir zwei wesentliche vorstellen:

• Der *Erwartungswert* $\mu = E(X)$ einer Zufallsgröße X als wichtigstes Moment gibt an, welchen Wert X im Mittel (Durchschnitt) realisiert.

Für den *Erwartungswert* von

– *diskreten Zufallsgrößen* X

mit Werten x_k und Wahrscheinlichkeiten $p_k = P(X = x_k)$ gilt

$$\mu = E(X) = \sum_{k=1}^{\infty} x_k \cdot p_k \, ,$$

– *stetigen Zufallsgrößen* X

mit Dichtefunktion f(t) gilt

$$\mu = E(X) = \int_{-\infty}^{\infty} t \cdot f(t) \, dt \, ,$$

wobei die Konvergenz der unendlichen Reihe bzw. des uneigentlichen Integrals vorauszusetzen ist.

- Die *Streuung/Varianz* σ^2 einer Zufallsgröße X als weiteres wichtiges Moment gibt die durchschnittliche Abweichung der Werte von X vom Erwartungswert E(X) an und berechnet sich aus

$$\sigma^2 = E(X - E(X))^2$$

wobei σ (als Wurzel aus Streuung/Varianz) als *Standardabweichung* bezeichnet wird.

24.3 Anwendung von EXCEL in der Wahrscheinlichkeitsrechnung

Da die wichtigen *Verteilungsfunktionen* integriert (vordefiniert) sind, lassen sich viele Probleme der Wahrscheinlichkeit mittels EXCEL berechnen.

Alle in EXCEL anwendbaren Statistikfunktionen lassen sich durch Aufruf des Dialogfensters **Funktion einfügen** (siehe Abschn.12.3) des Funktionsassistenten in der Registerkarte **Formeln** (Kategorie *Statistik*) anzeigen.

In den folgenden Abschn.24.3.1 und 24.3.2 werden häufig benötigte diskrete bzw. stetige Verteilungsfunktionen von EXCEL vorgestellt.

24.3.1 Diskrete Wahrscheinlichkeiten und Verteilungsfunktionen

Für folgende drei wichtige diskrete Wahrscheinlichkeiten und Verteilungsfunktionen sind in EXCEL Funktionen integriert (vordefiniert):

- **BINOM.VERT** (k;n;p;FALSCH)
  berechnet die *Wahrscheinlichkeit* P(X=k) für die *Binomialverteilung* B(n,p).

- **BINOM.VERT**(x;n;p;WAHR)
  berechnet den Wert F(x) der *Verteilungsfunktion* der *Binomialverteilung* B(n,p) an der Stelle x.

- **HYPGEOM.VERT**(k;n;M;N;FALSCH)
  berechnet die *Wahrscheinlichkeit* P(X=k) für die *hypergeometrische Verteilung* H(N,M,n).

- **HYPGEOM.VERT**(x;n;M;N;WAHR)
  berechnet den Wert F(x) der *Verteilungsfunktion* der *hypergeometrischen Verteilung* H(N,M,n).

- **POISSON.VERT**(k;q;FALSCH)

  berechnet die *Wahrscheinlichkeit* $P(X=k)$ für die *Poisson-Verteilung* mit $\lambda=q$.

- **POISSON.VERT**(x;q;WAHR)

  berechnet den Wertes $F(x)$ der *Verteilungsfunktion* der *Poisson-Verteilung* mit $\lambda=q$ an der Stelle x.

Illustrationen zur Anwendung dieser EXCEL-Funktionen zu diskreten Wahrscheinlichkeiten liefert das folgende Beisp.24.2.

Beispiel 24.2:

Illustration *diskreter Wahrscheinlichkeitsverteilungen:*

a) Beim Herstellungsprozess einer Ware ist bekannt, dass 80% fehlerfrei, 15% mit leichten (vernachlässigbaren) Fehlern und 5% mit *großen Fehlern* hergestellt werden:

   - Es ist die Wahrscheinlichkeit gesucht, dass von 100 hergestellten Exemplaren der Ware höchstens 3 , genau 10 , mindestens 4 große Fehler besitzen.

   - Das in der vorliegenden Grundgesamtheit (in einem bestimmten Zeitraum hergestellte Warenmenge) betrachtete Merkmal ist die Anzahl der Exemplare mit großen Fehlern, für das als *Zufallsgröße* X verwendet wird, die einer *Binomialverteilung* B(n,p) mit n=100 und Wahrscheinlichkeit p=0,05 genügt..

   - Mittels der Funktion **BINOM.VERT** für die *Binomialverteilung* kann EXCEL die Werte für die gesuchten Wahrscheinlichkeiten berechnen, wie im Folgenden zu sehen ist:

     $P(X\leq3)$ = **BINOM.VERT**(3;100;0,05;WAHR) = 0,2578

     d.h. die *Wahrscheinlichkeit* beträgt 0,2578, dass höchstens 3 der 100 entnommenen Exemplare große Fehler besitzen.

     $P(X=10)$ = **BINOM.VERT**(10;100;0,05;FALSCH) = 0,0167

     d.h. die *Wahrscheinlichkeit* beträgt 0,0167, dass genau 10 der 100 entnommenen Exemplare große Fehler besitzen.

     $P(X\geq4)=1-P(X<4)=1-P(X\leq3)=1-$**BINOM.VERT**(3;100;0,05;WAHR) = 0,7422

     d.h. die *Wahrscheinlichkeit* beträgt 0,7422, dass mindestens 4 der 100 entnommenen Exemplare große Fehler besitzen.

b) Betrachtung der *hypergeometrischen Verteilung* beim Lotto 6 aus 49:

   - Dieses Beispiel haben wir bereits bei Anwendung der klassischen Wahrscheinlichkeit kennengelernt (siehe Beisp.24.1b).

   - Es lässt sich ein *Urnenmodell* erfolgreich heranziehen, um Wahrscheinlichkeiten zu berechnen, dass k = 0, 1, 2, 3, 4, 5, 6 Zahlen richtig getippt wurden:

     - Beispielsweise können für die gezogenen 6 Zahlen 6 schwarze und für alle anderen Zahlen 43 rote Kugeln verwendet werden.

- Das Tippen der 6 Zahlen auf dem Lottoschein lässt sich als *Entnahme* von 6 Kugeln *ohne Zurücklegen* auffassen. Damit ergeben sich k richtig getippte Zahlen, wenn man k schwarze Kugeln entnommen hat.

- Als *Zufallsgröße* X wird die Anzahl der richtig getippten Zahlen verwandt, die einer *hypergeometrischen Verteilung*

  H(N,M,n) mit N = 49, M = 6 und n = 6

  genügt.

- Die Wahrscheinlichkeiten P(X=k) für k = 0, 1, 2, 3, 4, 5, 6 richtig getippter Zahlen berechnen sich mittels der Formel für die *hypergeometrische Verteilung* aus

$$P(X = k) = \frac{\binom{6}{k} \cdot \binom{49-6}{6-k}}{\binom{49}{6}}$$

EXCEL berechnet mit der Funktion

HYPGEOM.VERT(k;6;6;49;FALSCH)

hierfür folgende Werte:

k	0	1	2	3	4	5	6
P(X=k)	0,436	0,413	0,132	0,018	0,00097	1,84E-05	7,15E-08

24.3.2 Stetige Dichte- und Verteilungsfunktionen

Für wichtige stetige Dichte- und Verteilungsfunktionen sind in EXCEL Funktionen integriert (vordefiniert):

- **NORM.VERT**(t;m;s;FALSCH)
  berechnet den Wert f(t) der *Dichtefunktion* der *Normalverteilung* N(m,s).

- **NORM.VERT**(x;m;s;WAHR)
  berechnet den Wert F(x) der *Verteilungsfunktion* der *Normalverteilung* N(m,s) an der Stelle x.

- **NORM.S.VERT** (t;FALSCH)
  berechnet den Wert f(t) der *Dichtefunktion* der *standardisierten Normalverteilung* N(0,1) an der Stelle t.

- **NORM.S.VERT**(x;WAHR)
  berechnet den Wert Φ(x) der *Verteilungsfunktion* der *standardisierten Normalverteilung* N(0,1) an der Stelle x.

Illustrationen zur Anwendung dieser EXCEL-Funktionen zu stetigen Dichte- und Verteilungsfunktionen liefert das folgende Beisp.24.3.

Beispiel 24.3:

Berechnung einiger Probleme zur *Normalverteilung* mit EXCEL:

a) Die Lebensdauer eines Computertyps genüge einer *Normalverteilung* $N(\mu,\sigma)$ mit Erwartungswert $\mu=10000$ Stunden und Standardabweichung $\sigma=1000$ Stunden:

   – Gesucht ist die *Wahrscheinlichkeit*, dass ein zufällig der Produktion entnommener Computer eine vorgegebene Lebensdauer hat.

   – Die vorliegende *Grundgesamtheit* besteht hier aus allen Computern eines bestimmten Produktionszeitraums.

   – Das in der Grundgesamtheit betrachtete Merkmal ist die Lebensdauer (in Stunden), für das eine *normalverteilte Zufallsgröße* X eingesetzt wird.

   – Für *Normalverteilungen* lässt sich die EXCEL-Statistikfunktion **NORM.VERT** einsetzen.

Berechnung der *Wahrscheinlichkeiten* mittels **NORM.VERT** für folgende Lebensdauern:

   – Lebensdauer von mindestens 12000 Stunden:

   $P(X\geq 12000) = 1 - P(X<12000) =$

   $= 1 - $ **NORM.VERT**$(12000;10000;1000;WAHR) = 1 - 0,977 = 0,023$

   – Lebensdauer von höchstens 6500 Stunden:

   $P(X\leq 6500) = $ **NORM.VERT**$(6500;10000;1000;WAHR) = 0,000233$

   – Lebensdauer zwischen 7500 und 10500 Stunden:

   $P(7500\leq X\leq 10500) = P(X\leq 10500) - P(X<7500) =$

   NORM.VERT$(10500;10000;1000;WAHR) -$

   NORM.VERT$(7500;10000;1000;WAHR) = 0,685$

b) Eine Zulieferfirma stellt Schrauben auf ihren Maschinen her:

   • Aufgrund der Einstellung und Beschaffenheit der Maschinen wird angenommen, dass die *Länge* einer Schraube einer *Normalverteilung* $N(50,0,2)$ mit Erwartungswert $\mu=50$ mm und Standardabweichung $\sigma=0,2$ mm genügt.

   • Die Schrauben sind nicht verwendbar (d.h. defekt), wenn ihre Länge um mehr als 0,25 mm vom Sollwert (Erwartungswert) 50 mm abweicht.

   • Deshalb ist die *Wahrscheinlichkeit* dafür interessant, dass eine der Produktion zufällig entnomme Schraube defekt ist:

      – Wenn in der betrachteten Produktionsmenge (*Grundgesamtheit* - siehe Abschn. 24.4.1) der Schrauben das Merkmal der Länge (in mm) als normalverteilte *Zufallsgröße* X verwendet wird, ergibt sich folgende Wahrscheinlichkeit mittels der Verteilungsfunktion $\Phi(x)$ der *standardisierten Normalverteilung*:

$$P(|X-50| > 0,25) = 1 - P(|X-50| \leq 0,25) = 1 - P(50-0,25 \leq X \leq 50+0,25)$$

$$= 1 - P\left(\frac{50-0,25-50}{0,2} \leq \frac{X-50}{0,2} \leq \frac{50+0,25-50}{0,2}\right) = 1-(\Phi(1,25) - \Phi(-1,25))$$

$$= 1 - (2 \cdot \Phi(1,25)-1) = 2-2 \cdot \Phi(1,25) = 2 \cdot (1-\Phi(1,25))$$

– EXCEL berechnet folgendes Ergebnis für die gesuchte Wahrscheinlichkeit mittels der *Statistikfunktion* **NORM.S.VERT** für die standardisierte Normalverteilung:

2*(1 - **NORM.S.VERT**(1,25;WAHR)) = 0,211 ,

d.h. eine entnommene Schraube ist mit Wahrscheinlichkeit 0,211 defekt.

Man muss nicht unbedingt die standardisierte Normalverteilung heranziehen, sondern kann auch die EXCEL-Statistikfunktion **NORM.VERT** anwenden:

Aus

$$1 - P(50-0,25 \leq X \leq 50+0,25)$$

folgt

$$1 - (P(X \leq 50,25) - P(X < 49,75)) ,$$

d.h.

1 - **NORM.VERT**(50,25;50;0,2;WAHR) +

NORM.VERT(49,75;50;0,2;WAHR) = 0,211

c) Betrachtung einer Aufgabe für die praktische Anwendung der *inversen Verteilungsfunktion* der Normalverteilung, d.h. für die Berechnung von *Quantilen*:

- Das Gewicht (in kg) von 50kg-Zuckersäcken genüge einer *Normalverteilung* N(μ,σ) mit Erwartungswert μ=50kg und Standardabweichung σ=1kg.

- In der *Grundgesamtheit* der Zuckersäcke betrachtet man als Merkmal das Gewicht, das durch eine normalverteilte *Zufallsgröße* X beschreibbar ist.

- Gesucht ist das Gewicht, das ein zufällig entnommener Zuckersack mit einer Wahrscheinlichkeit von 0,9 (90%) höchstens wiegt.

- Damit ist die Gleichung F(x)=0,9 nach x aufzulösen:

  – Folglich ist für die Verteilungsfunktion $F(x) = P(X \leq x)$ der Normalverteilung N(50,1) das zu s=0,9 gehörige Quantil x_s zu berechnen.

  – Es kann die EXCEL-Statistikfunktion **NORM.INV** für die inverse Verteilungsfunktion der Normalverteilung zur Berechnung des Quantils verwendet werden:

NORM.INV(0,9;50;1) = 51,282

d.h. das Gewicht eines zufällig entnommenen Zuckersacks beträgt mit einer Wahrscheinlichkeit von 0,9 höchstens 51,282 kg.

♦

Weitere wichtige *Verteilungen* (vor allem für die Statistik) sind die *Chi-Quadrat-, Student-* und *F-Verteilung*, für die in EXCEL ebenfalls Funktionen integriert (vordefiniert) sind.

24.4 Mathematische Statistik

Mathematische Statistik lässt sich anschaulich folgendermaßen charakterisieren:

- Die *Statistik* lässt sich als Wissenschaft der Gewinnung, Aufbereitung und Auswertung von *Daten* bezeichnen.

- In der Statistik werden Daten in Form von Zahlen gewonnen. Deshalb bezeichnet man vorliegendes Datenmaterial meistens als *Zahlenmaterial*.

- Eine Hauptaufgabe der Statistik besteht in der *Untersuchung* von *Massenerscheinungen* bzw. großer *Mengen* in Technik, Natur- und Wirtschaftswissenschaften:
  - Massenerscheinungen (große Mengen) sind dadurch charakterisiert, dass sie nicht in ihrer Gesamtheit erfassbar sind:

    Sie können nur durch entnommene *Stichproben* untersucht werden.

    Ein typisches Beispiel hierfür liefert die *Qualitätskontrolle* bei Massenproduktionen.

  - Die Statistik liefert Methoden, um Massenerscheinungen (große Mengen) beschreiben, beurteilen und quantitativ erfassen zu können. Hierfür wird der Begriff der *Grundgesamtheit* eingeführt, die Abschn.24.4.1 zusammen mit *Stichproben* vorstellt.

- Die Statistik hat sich zu einem umfangreichen und wichtigen Gebiet der Mathematik (Wirtschaftsmathematik) entwickelt, wie sich in der zahlreichen Literatur widerspiegelt. Wir können deshalb keine ausführliche Behandlung geben, sondern nur *Grundbegriffe* vorstellen, die für den Einsatz von EXCEL erforderlich sind.

24.4.1 Grundgesamtheit und Stichproben

Grundgesamtheit und *Stichproben* sind für statistische Untersuchungen von fundamentaler Bedeutung, da sie die Grundlage für statistische Aussagen über *Massenerscheinungen* (große *Mengen*) bilden:

- Bei einer betrachteten *Massenerscheinung* (*große Menge*) werden ein Merkmal X oder mehrere Merkmale X,Y,... untersucht, wobei diese Merkmale durch *Zufallsgrößen* X bzw. X,Y,... beschrieben sind:
  - Man bezeichnet eine Massenerscheinung (große Menge) als *Grundgesamtheit* oder *Population* einer Zufallsgröße X bzw. mehrerer Zufallsgrößen X, Y, ... (siehe Beisp.24.4).

- Wird nur ein Merkmal (Zufallsgröße) X betrachtet, so charakterisiert X mit zugehöriger Verteilungsfunktion (Wahrscheinlichkeitsverteilung) F(x) die Grundgesamtheit.

- Beim Sammeln von *Daten* (*Zahlen*), die Eigenschaften (Merkmale) von *Massenerscheinungen* (*großen Mengen*) betreffen, ist es meistens unmöglich oder ökonomisch nicht vertretbar, die gesamte *Grundgesamtheit* heranzuziehen:

  - Deshalb wird hieraus nur ein kleiner zufällig entnommener Teil betrachtet, der *zufällige Stichprobe* oder *Zufallsstichprobe* (kurz *Stichprobe*) heißt.

  - In der Praxis werden *Stichproben* durch eine der folgenden Aktivitäten gewonnen:

    Beobachtungen (Zählungen, Messungen)

    Befragungen (von Personen)

    Experimente

    zufällige Entnahme einer Teilmenge

  - Im übertragenden Sinne spricht man davon, dass aus der Grundgesamtheit eine *Stichprobe entnommen* wird:

    Eine *Stichprobe* vom Umfang n für eine Grundgesamtheit mit einer Zufallsgröße X heißt *eindimensional* und besteht aus n Zahlenwerten (*Stichprobenwerten*)

    $$x_1, x_2, \ldots, x_n$$

    Eine *Stichprobe* vom Umfang n für eine Grundgesamtheit mit zwei Zufallsgrößen X, Y heißt *zweidimensional* und besteht aus n Zahlenpaaren (*Stichprobenpunkten*)

    $$(x_1, y_1), (x_2, y_2), \ldots, (x_n, y_n)$$

Beispiel 24.4:

Betrachtung von zwei konkreten Beispielen für *Stichproben*, die im Folgenden zur Berechnung von Problemen der beschreibenden Statistik herangezogen werden:

a) Um Aussagen über die Größe von Neugeborenen zu erhalten, werden über einen gewissen Zeitraum 10 zufällige Messungen durchgeführt und folgende *eindimensionale Stichprobe* (Stichprobenwerte in cm) vom Umfang 10 erhalten:

   50, 49, 59, 61, 48, 54, 59, 53, 45, 51

   Als Merkmal X in der *Grundgesamtheit* der Neugeborenen wird die Größe verwendet. Im Beisp.24.5a berechnen wir für diese Stichprobe statistische Maßzahlen und stellen sie im Beisp.24.5b grafisch dar.

b) Für die Merkmale X (*Preis*) und Y (*Nachfrage*) wird für eine Ware folgende *zweidimensionale Stichprobe* vom Umfang 5 ermittelt:

Preis	2	3	4	5	8
Nachfrage	95	96	92	89	83

Diese Stichprobe wird im Beisp.24.5c grafisch dargestellt und im Beisp.24.5d dazu benutzt, um für den vermuteten *funktionalen Zusammenhang* (Preis-Nachfrage-Funktion) zwischen Preis X und Nachfrage Y einer Ware eine empirische *Regressionsgerade* zu berechnen.

24.4.2 Beschreibende Statistik

In der *beschreibenden* (deskriptiven) *Statistik* wird vorliegendes Zahlenmaterial (meistens aus einer Stichprobe) aufbereitet und verdichtet (siehe Beisp.24.5):

- Zur *Veranschaulichung* werden grafische Darstellungen wie Punktgrafiken, Diagramme, Histogramme eingesetzt (siehe Beisp.24.5b und c).

- Zur Charakterisierung werden *statistische Maßzahlen* berechnet, wie z.B. für *eindimensionale Stichproben* mit Stichprobenwerten x_1 , x_2 , ... , x_n (siehe Beisp.24.5a):

  - empirischer *arithmetischer Mittelwert* (*arithmetisches Mittel*) m:

  $$m = \frac{1}{n} \cdot \sum_{k=1}^{n} x_k$$

  - empirischer *geometrischer Mittelwert* (*geometrisches Mittel*) g:

  $$g = \sqrt[n]{x_1 \cdot x_2 \cdots x_n}$$

  - empirischer *Median* med:

  $$med = \begin{cases} x_{k+1} & \text{falls}\quad n = 2 \cdot k + 1 \ (\text{ungerade}) \\[2ex] \dfrac{x_k + x_{k+1}}{2} & \text{falls}\quad n = 2 \cdot k \ (\text{gerade}) \end{cases}$$

  für dessen Berechnung die Stichprobenwerte x_1 , x_2 , ... , x_n der Größe nach geordnet sein müssen.

  - empirische *Standardabweichung* s

  $$s = \sqrt{\frac{\sum_{k=1}^{n} (x_k - m)^2}{n-1}}\quad (\text{m - Mittelwert der Stichprobenwerte } x_1 , x_2 , ... , x_n)$$

Im Unterschied zur schließenden Statistik (siehe Abschn.24.4.3) werden nur *Aussagen* über *vorliegendes Zahlenmaterial* (z.B. einer Stichprobe) getroffen:

- Aussagen der beschreibenden Statistik (z.B. über Maßzahlen) sind sicher, können aber nicht auf die Grundgesamtheit übertragen werden, aus der die Stichprobe stammt. Sie gelten nur für die entnommene Stichprobe.

- Es werden keine Methoden der Wahrscheinlichkeitsrechnung benötigt.

- In EXCEL sind Funktionen (Statistikfunktionen) zur Berechnung aller wichtigen statistischen Maßzahlen integriert (vordefiniert), von denen Beisp.24.5a und d einige vorstellt.

◆

Beispiel 24.5:

Illustration der Berechnung von Problemen der beschreibenden Statistik mittels EXCEL, indem für konkrete ein- und zweidimensionale Stichproben statistische Maßzahlen berechnet, Stichprobenpunkte grafisch dargestellt bzw. empirische Korrelationskoeffizienten und Regressionsgeraden berechnet werden:

a) In EXCEL sind Funktionen zur Berechnung wichtiger *statistischer Maßzahlen* für eindimensionale Stichproben mit Umfang n integriert (vordefiniert):

- Als Argument dieser Funktionen sind entweder die Zahlen der Stichprobe (durch Semikolon getrennt) oder einen Bereichsbezug bzw. einen Namen für die in der EXCEL-Tabelle enthaltenen Stichprobenzahlen möglich.

- Für die konkrete *eindimensionale Stichprobe* vom Umfang 10

  50, 49, 59, 61, 48, 54, 59, 53, 45, 51

  aus Beisp.24.4a, die sich in der ersten Spalte der aktuellen Tabelle (Zellen Z1S1:Z10S1) von EXCEL befinde, d.h. die Bereichsadresse Z1S1:Z10S1 besitzt, wird im Folgenden die Anwendung der EXCEL-Funktionen für Maßzahlen illustriert, die in Formelschreibweise (d.h. mit vorangestelltem =) in aktive Zellen einzugeben sind:

  =MITTELWERT(Z1S1:Z10S1)

  berechnet den *empirischen arithmetischen Mittelwert* 52,9.

  =GEOMITTEL(Z1S1:Z10S1)

  berechnet den *empirischen geometrischen Mittelwert* 52,66.

  =MEDIAN(Z1S1:Z10S1)

  berechnet den *empirischen Median* 52, wobei die Stichprobenwerte nicht der Größe nach geordnet werden müssen.

  =STABW.N(Z1S1:Z10S1)

  berechnet die *empirische Standardabweichung* 5,05.

b) *Grafische Darstellung* der *Stichprobenpunkte* aus Beisp.24.4a mittels EXCEL:

Für die konkrete *eindimensionale Stichprobe* vom Umfang 10

50, 49, 59, 61, 48, 54, 59, 53, 45, 51

lassen sich nach Eingabe der Stichprobenpunkte in eine Spalte der aktuellen Tabelle (z.B. Z1S1:Z10S1) u.a. folgende grafische Darstellungen in der Registerkarte **Einfügen** wählen:

– Diagrammtyp *Säule:*

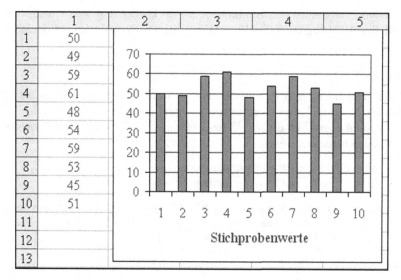

	1	2	3	4	5
1	50				
2	49				
3	59				
4	61				
5	48				
6	54				
7	59				
8	53				
9	45				
10	51				
11					
12					
13					

– Diagrammtyp *Balken*

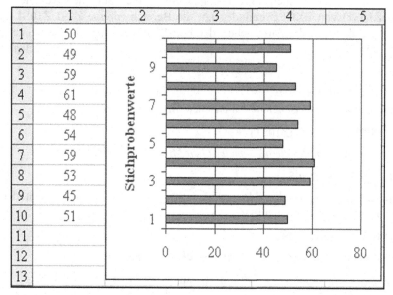

	1	2	3	4	5
1	50				
2	49				
3	59				
4	61				
5	48				
6	54				
7	59				
8	53				
9	45				
10	51				
11					
12					
13					

c) *Grafische Darstellung* der *Stichprobenpunkte* aus Beisp.24.4b mittels EXCEL:

Für die *zweidimensionalen Stichprobe* mit den Stichprobenpunkten

$(2,95)$, $(3,96)$, $(4,92)$, $(5,89)$, $(8,83)$

wird als *grafische Darstellung* die *Punktform* gewählt:

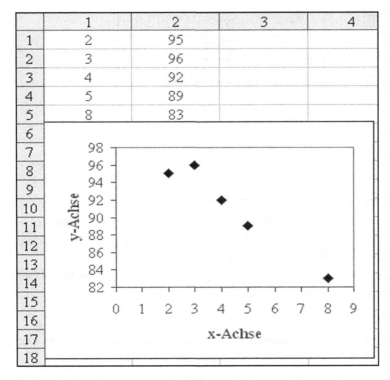

	1	2	3	4
1	2	95		
2	3	96		
3	4	92		
4	5	89		
5	8	83		
6				
7				
8				
9				
10				
11				
12				
13				
14				
15				
16				
17				
18				

- Die Vorgehensweise ist analog wie im Beisp.13.1a.

- Man gibt z.B. die x-Werte der Stichprobenpunkte in Spalte 1 und y-Werte in Spalte 2 der aktuellen Tabelle ein und markiert die beiden ausgefüllten Spalten (Bereich Z1S1:Z5S2).

- Anschließend markiert man beide ausgefüllten Spalten und startet die Gruppe *Diagramme* in der Registerkarte **Einfügen.**

- Abschließend wählt man im erscheinenden Dialogfenster **Punkt (XY)** als Diagrammtyp *Punkte nur mit Datenpunkten*, wenn nur die gegebenen Punkte grafisch dargestellt werden sollen. Das Ergebnis ist in obiger Abbildung zu sehen.

d) Berechnung und grafische Darstellung der *empirischen Regressionsgerade* für die Stichprobenpunkte aus Beisp.c mittels EXCEL:

- Zuerst werden x- und y-Werte der 5 Stichprobenpunkte in zusammenhängende Zellen der aktuellen Tabelle eingegeben und hierfür die Namen x bzw. y erstellt, wie im Abschn.7.1.2 erläutert ist.

- Nach Eingabe der Stichprobenpunkte lässt sich mittels der EXCEL-Statistikfunktion

  =KORREL(x;y)

  der *empirische Korrelationskoeffizient* berechnen, wobei das Ergebnis im folgenden Tabellenausschnitt zu sehen ist:

Z1S3	▼	f_x =KORREL(x;y)	
1	**2**	**3**	**4**
x	y	-0,9732706	
2	95		
3	96		
4	92		
5	89		
8	83		

- Der *empirische Korrelationskoeffizient* ist folgendermaßen *charakterisiert:*

  – Seine Werte können zwischen -1 und +1 liegen. Er ist genau dann gleich ±1, wenn alle Stichprobenpunkte auf einer Geraden liegen:

  – Man kann ohne statistische Tests bei hinreichend großer Stichprobe die *empirische Regressionsgerade*

  $$y = f(x) = a·x+b$$

  konstruieren, d.h. einen linearen Zusammenhang annehmen, wenn der empirische Korrelationskoeffizient dem Betrage nach in der Nähe von 1 liegt.

- Da der mit EXCEL für den Korrelationskoeffizienten der gegebenen Stichprobenpunkte berechnete Wert von -0,97 dem Betrage nach in der Nähe von 1 liegt, wird näherungsweise ein linearer Zusammenhang zwischen den Merkmalen X (*Preis*) und Y (*Nachfrage*) ohne Durchführung statistischer Tests angenommen:

  – Deshalb lässt sich hierfür die *empirische Regressionsgerade* (d.h. eine lineare Preis-Nachfrage-Funktion)

  $$y = f(x) = a·x+b$$

  berechnen.

  – Die *empirische Regressionsgerade* ist für zweidimensionale Stichproben folgendermaßen *charakterisiert:*

  Die Summe der Quadrate der Abstände der n Stichprobenpunkte (x_k, y_k) zur Regressionsgeraden ist minimal, d.h. es muss gelten

  $$\sum_{k=1}^{n} (y_k - a \cdot x_k - b)^2 = \underset{a,b}{\text{Minimum}}$$

  Aus dieser Minimierungsaufgabe berechnen sich *Steigung* a und *Achsenabschnitt* b der Regressionsgeraden für eine konkrete Stichprobe, wofür die entsprechenden Formeln in den Lehrbüchern zu finden sind. EXCEL wendet diese Formeln in seinen Funktionen an, so dass auf ihre Vorstellung verzichtet wird.

Z2S3	▼	*fx*	=-2,22*x+100,75
	1	2	3	4
1	x	y	Regressionsgerade	
2	2	95	96,31	
3	3	96	94,09	
4	4	92	91,87	
5	5	89	89,65	
6	8	83	82,99	

- Berechnung von Steigung a und Achsenabschnitt b der empirischen Regressionsgeraden y=f(x)=a·x+b für die betrachtete Stichprobe mittels der EXCEL-Funktionen

STEIGUNG und **ACHSENABSCHNITT**.

Bei diesen Funktionen sind im Unterschied zur Funktion **KORREL** im Argument zuerst der y-Bereich und danach der x-Bereich der Stichprobenpunkte anzugeben, d.h.

=STEIGUNG(y;x)

berechnet für die *Steigung* a = -2,22.

=ACHSENABSCHNITT(y;x)

berechnet für den *Achsenabschnitt* b = 100,75.

- Die grafische Darstellung der von EXCEL berechneten Regressionsgeraden
  y=f(x)= a·x+b =-2,22·x + 100,75

und der gegebenen Stichprobenpunkte ist im obigen Tabellenausschnitt zu sehen:

- Man vergleiche die so konstruierte Regressionsgerade mit der im Beisp.13.1a für die gleichen Stichprobenpunkte konstruierten Interpolationskurve (Polygonzug).
- Während Interpolationskurven durch alle Stichprobenpunkte gehen müssen, ist dies für Regressionsgeraden nur der Fall, wenn der Korrelationskoeffizient gleich ±1 ist.

24.4.3 Schließende Statistik

Die Aufgabe der *schließenden* (induktiven) *Statistik* besteht darin, anhand vorliegenden Datenmaterials (in Form von Stichproben) unter Anwendung der Wahrscheinlichkeitsrechnung allgemeine *Aussagen* über *Massenerscheinungen/Mengen* (d.h. über Grundgesamtheiten) zu erhalten, die sich in ihrer Gesamtheit nicht untersuchen lassen:

- Hier liegt der wesentliche *Unterschied* zur *beschreibenden Statistik*, die nur Aussagen über die entnommene Stichprobe liefert.
- Die Grundidee der schließenden Statistik besteht kurz gesagt im *Schluss* vom *Teil* aufs *Ganze*, wobei die erhaltenen Schlüsse nie sicher sind, sondern nur mit gewisser Wahrscheinlichkeit gelten.
- Die schließende Statistik, die auch mathematische Statistik heißt, hat sich zu einem eigenständigen Gebiet der Mathematik entwickelt:
  - Es existiert eine umfangreiche Literatur.
  - Im Literaturverzeichnis findet man eine Reihe deutschsprachiger Bücher.
- Wichtige Gebiete der schließenden Statistik sind Schätz- und Testtheorie, Korrelation- und Regressionsanalyse, Zeitreihenanalyse, in denen EXCEL auch einsetzbar ist (siehe Abschn.24.5)

24.5 Anwendung von EXCEL in der Statistik

EXCEL kann neben den meisten Problemen der beschreibenden Statistik auch zahlreiche Probleme der schließenden Statistik berechnen:

- Die benötigten Verteilungsfunktionen zur *Chi-Quadrat-*, *Student-* und *F-Verteilung* sind integriert (vordefiniert), so dass u.a. Schätzungen und Tests durchführbar sind.
- Vorhandene Add Ins zur Statistik (siehe Abschn.24.1.2) leisten eine wesentliche Hilfe.
- Wir können nicht auf diese umfangreiche Problematik eingehen und verweisen auf die Literatur, die im Literaturverzeichnis zusammengestellt ist ([94-116]).

24.6 Simulation

Unter *Simulation* versteht man die Untersuchung von Vorgängen/Prozessen/Systemen in Technik, Natur- und Wirtschaftswissenschaften mit Hilfe von *Ersatzsystemen:*

- Als Ersatzsysteme verwendet die Simulation meistens *mathematische Modelle*.
  - Es wird von einer *Nachbildung* mittels *Modell* gesprochen.

- Wenn benutzte mathematische Modelle auf Methoden der Wahrscheinlichkeitstheorie beruhen, spricht man von *stochastischen Simulationen,* die meistens als *Monte-Carlo-Simulationen* oder *Monte-Carlo-Methoden* bezeichnet werden.

- Simulationen auf Grundlage mathematischer Modelle sind nur mittels Computer effektiv durchführbar, so dass auch von *digitaler Simulation* gesprochen wird.

- Simulationen sind für Anwendungen von großem Nutzen, da sie

  - meistens kostengünstiger sind,

  - häufig schnellere Ergebnisse liefern,

  - in einer Reihe von Fällen erst die Untersuchung eines realen Vorgangs/Prozesses/Systems ermöglichen, weil direkte Untersuchungen zu kostspielig oder nicht möglich sind.

Wir können im Rahmen des Buches nicht ausführlich auf das komplexe Gebiet der Simulation eingehen und müssen auf die Literatur verweisen (siehe [210-217]):

- Wir stellen in den folgenden Abschn.24.6.2 und 24.6.3 die Problematik kurz vor, um einen ersten Eindruck zu vermitteln und darauf hinzuweisen, dass mit EXCEL Monte-Carlo-Simulationen durchführbar sind.

- Um den Leser anzuregen, sich intensiver mit Simulationen zu beschäftigen, wird zur Illustration eine einfache Monte-Carlo-Simulation mittels EXCEL durchgeführt (siehe Beisp.24.7).

24.6.1 Einsatz in der Wirtschaftsmathematik

Simulationen spielen in ökonomischen Untersuchungen eine große Rolle, da betrachtete Vorgänge/Prozesse/Systeme oft so komplex sind, dass sie nicht mehr direkt untersucht werden können:

- In der Wirtschaft werden Simulationen u.a. zur Untersuchung von Lagerhaltungsproblemen, Verkehrsabläufen, Bedienungs- und Reihenfolgeproblemen, Warteschlangenproblemen, Gewinnschätzungen, Instandhaltungsstrategien, Planung von Investitionen eingesetzt.

- Ausführlichere Informationen zu diesen Anwendungen sind in der Literatur zu finden.

24.6.2 Zufallszahlen

Monte-Carlo-Simulationen benötigen *Zufallszahlen*, die folgendermaßen *charakterisiert* sind:

- Unter Zufallszahlen versteht man von einer Zufallsgröße angenommene Zahlenwerte.

- Da Zufallsgrößen gewissen Wahrscheinlichkeitsverteilungen genügen, unterliegen Zufallszahlen ebenfalls diesen Wahrscheinlichkeitsverteilungen.

- Zufallszahlen lassen sich auf *Computern* mittels *Zufallszahlengeneratoren* erzeugen:

– Diese sind i.Allg. keine wirklich auf Basis zufälliger Prozesse arbeitende Erzeuger von Zufallszahlen:

Sie wenden verschiedene mathematische Methoden an (so z.B. Rekursionsformeln).

Deshalb werden von Computern erzeugte Zufallszahlen als *Pseudozufallszahlen* bezeichnet.

– Am einfachsten gelingt die Erzeugung von Zufallszahlen, die auf dem Intervall [0,1] *gleichmäßig verteilt* sind, d.h. alle Zahlenwerte zwischen 0 und 1 treten mit gleicher Wahrscheinlichkeit auf.

– Aus gleichmäßig verteilten Zufallszahlen können Zufallszahlen durch Transformation gewonnen werden, die einer *beliebig vorgegebenen Wahrscheinlichkeitsverteilung* genügen.

– EXCEL stellt zur Erzeugung *gleichverteilter Zufallszahlen* zwei Funktionen zur Verfügung, die im Beisp.24.6 vorgestellt sind.

Beispiel 24.6:

Betrachtung von zwei EXCEL-Funktionen zur Erzeugung von *Zufallszahlen*. Dabei ist zu beachten, dass die Schreibweise dieser Funktionen in der Programmiersprache EXCEL-VBA anders ist:

a) EXCEL kann mittels der Funktion **ZUFALLSZAHL** eine gleichmäßig verteilte *Zufallszahl* aus dem Intervall (0,1) erzeugen, wie aus folgendem Dialogfenster **Funktion einfügen** ersichtlich ist:

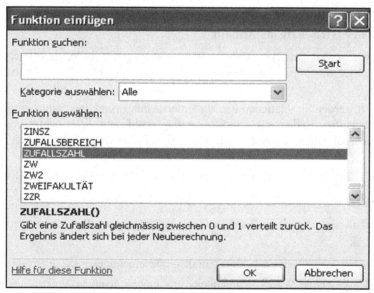

– Diese Funktion benötigt keine Argumente und wird durch Eingabe der Formel

=ZUFALLSZAHL()

oder Anklicken von **OK** in den aufeinanderfolgenden Dialogfenstern **Funktion einfügen** und **Funktionsargumente** aufgerufen und liefert die erzeugte Zufallszahl in der aktiven Zelle der Tabelle.

- Im folgenden Tabellenausschnitt ist in Zelle Z1S1 eine im Intervall (0,1) erzeugte Zufallszahl zu sehen:

Z1S1	▼		f_x	=ZUFALLSZAHL()	
	1	2	3	4	
1	0,81908941				

b) EXCEL kann mittels der Funktion

=ZUFALLSBEREICH(a;b)

gleichmäßig verteilte *ganze Zufallszahlen* aus dem Intervall (a,b) erzeugen:

- Diese Funktion steht im Dialogfenster **Funktion einfügen**, das im Beisp.a abgebildet ist.
- Im folgenden Tabellenausschnitt ist in Zelle Z1S1 eine im Intervall (1,17) erzeugte Zufallszahl zu sehen:

Z1S1	▼		f_x	=ZUFALLSBEREICH(1;17)	
	1	2	3	4	5
1	4				

24.6.3 Monte-Carlo-Simulationen

Monte-Carlo-Simulationen (*Monte-Carlo-Methoden*), d.h. *stochastische Simulationen*, beruhen auf Methoden der Wahrscheinlichkeitsrechnung und lassen sich folgendermaßen *charakterisieren:*

- Zu untersuchende deterministische oder stochastische Vorgänge/Prozesse/Systeme werden durch formale *stochastische mathematische Modelle* ersetzt, d.h. angenähert.
- Das charakteristische Merkmal für Monte-Carlo-Simulationen ist die Verwendung von *Zufallszahlen:*
  - Anhand des aufgestellten stochastischen Modells werden unter Verwendung von Zufallszahlen zufällige *Experimente* mittels Computer durchgeführt.
  - In Auswertung der Ergebnisse dieser zufälligen Experimente ergeben sich *Näherungslösungen* für das zu untersuchende Problem.
- Monte-Carlo-Simulationen finden ein breites Anwendungsspektrum sowohl in Technik und Naturwissenschaften als auch Wirtschaftswissenschaften:
  - Zur Untersuchung komplexer Vorgänge/Prozesse/Systeme, bei der nur eine Computersimulation unter Anwendung von Zufallszahlen mit vertretbarem Aufwand möglich ist, während sich die Anwendung deterministischer Methoden zu aufwendig gestaltet.

- Zur Untersuchung von Vorgängen/Prozessen/Systemen, in denen gewisse Größen zufallsbedingt sind.

- Sie lassen sich auch zur Lösung deterministischer mathematischer Aufgaben einsetzen. Hierfür wird eine Illustration zur Integralberechnung gegeben (siehe Beisp. 24.7).

Bei der Anwendung von Monte-Carlo-Simulationen ist zu beachten, dass bei jeder Durchführung mit gleicher Anzahl von Zufallszahlen i.Allg. ein anderes Ergebnis auftritt, da andere Zufallszahlen berechnet werden (siehe Beisp.24.9).

24.7 Anwendung von EXCEL in der Simulation

Mittels EXCEL lassen sich einfache Monte-Carlo-Simulationen durchführen:

- In EXCEL gibt es zwei integrierte *Funktionen* zur Erzeugung *gleichverteilter Zufallszahlen*

  - Sie werden im Beisp.24.6 vorgestellt.

  - Werden anders verteilte Zufallszahlen benötigt, so lassen sich diese durch einfache Transformationen aus gleichverteilten gewinnen.

- Da man mittels EXCEL und der integrierten Programmiersprache VBA Zufallszahlen erzeugen kann, bieten sich folgende Möglichkeiten zur Durchführung von Monte-Carlo-Simulationen an:

  - Es lassen sich VBA-Programme erstellen:
    In den Beisp.24.7 und 24.8 wird für die Integralberechnung illustriert, wie sich unter Verwendung der Programmiersprache VBA problemlos Algorithmen zur Monte-Carlo-Simulation realisieren lassen.

  - Für EXCEL bereitgestellte Add-Ins lassen sich zur Simulation anwenden, von denen zwei benannt werden, die USA-Softwarefirmen anbieten:

    RISK:
    von der Softwarefirma PALISADE CORPORATION mit der Internetadresse

    http://www.palisade.com/risk/de

    Hiermit lassen sich Risikoanalysen mittels Monte-Carlo-Simulation durchführen.

    XLSIM:
    von der Softwarefirma ANALYCORP mit der Internetadresse

    http://www.analycorp.com

    Hiermit können gewisse Simulationen durchgeführt werden.

    Auf diese Add-Ins können wir im Rahmen des Buches nicht eingehen und verweisen auf die angegebenen Internetadressen, unter den sich auch kostenlose Probeversionen herunterladen lassen.

Beispiel 24.7:

Illustration der Vorgehensweise bei *Monte-Carlo-Simulationen*, indem sie zur Berechnung bestimmter Integrale (siehe Abschn.15.3) eingesetzt werden:

- Da EXCEL keine Funktionen zur Integralberechnung bereitstellt, liefern programmierte Monte-Carlo-Methoden neben mittels EXCEL-VBA programmierten numerischen Methoden (siehe Abschn.15.3.2) weitere Möglichkeiten, bestimmte Integrale zu berechnen.

- Bestimmte Integrale $\displaystyle\int_a^b f(x)\,dx$

  lassen sich mittels Monte-Carlo-Simulation folgendermaßen näherungsweise berechnen:

  - Für eine einfache Anwendung der Monte-Carlo-Simulation ist es erforderlich, das Integral in eine Form zu transformieren, in der das Integrationsintervall durch [0,1] gegeben ist und die Funktionswerte des Integranden zwischen 0 und 1 liegen.

  - Es werden folglich zu berechnende Integrale in der Form

    $$\int_0^1 h(x)\,dx \qquad \text{mit} \qquad 0 \le h(x) \le 1$$

    benötigt.

  - Unter der Voraussetzung, dass der Integrand f(x) auf dem Intervall [a,b] stetig ist, kann durch Berechnung von

    $$U = \underset{x\in[a,b]}{\text{Minimum}}\ f(x) \quad \text{und} \quad O = \underset{x\in[a,b]}{\text{Maximum}}\ f(x)$$

    das zu berechnende Integral in folgende Form transformiert werden:

    $$I = (O\text{-}U)\cdot(b\text{-}a)\cdot\int_0^1 h(x)\,dx + (b\text{-}a)\cdot U = (b\text{-}a)\cdot\left((O\text{-}U)\cdot\int_0^1 h(x)\,dx + U\right)$$

    wobei der entstandene Integrand $\qquad h(x) = \dfrac{f(a+(b\text{-}a)\cdot x)\ \text{-}\ U}{O\text{-}U}$

    die geforderte Bedingung $0 \le h(x) \le 1$ erfüllt.

  - Das nach Transformation erhaltene Integral für h(x) bestimmt geometrisch die Fläche unterhalb der Funktionskurve von h(x) im Einheitsquadrat $x\in[0,1]$, $y\in[0,1]$:

    Dieser geometrische Sachverhalt lässt sich zur näherungsweisen Berechnung des Integrals heranziehen, indem eine *Simulation* mit *gleichverteilten Zufallszahlen* durchgeführt wird.

    n Zahlenpaare (x_i, y_i) von im Intervall [0,1] gleichverteilten Zufallszahlen werden erzeugt und es wird nachgezählt, welche Anzahl z(n) der Zahlenpaare davon in die durch h(x) bestimmte Fläche fallen, d.h. für die $y_i \le h(x_i)$ gilt.

Unter Verwendung der *relativen Häufigkeit* (siehe Abschn.24.2.1) liefert der Quotient z(n)/n eine *Näherung* für das Integral, d.h.

$$\int_0^1 h(x)\,dx \approx \frac{z(n)}{n}$$

Beispiel 24.8:

Erstellung eines VBA-Funktionsprogramms MC_INT für den im Beisp.24.7 gegebenen Algorithmus zur Integralberechnung mittels *Monte-Carlo-Simulation:*

- Es wird eine mögliche Variante des Funktionsprogramms vorgestellt, indem die VBA-Funktion **Rnd** zur Erzeugung von im Intervall (0,1) gleichmäßig verteilter Zufallszahlen eingesetzt wird:

  Function MC_INT(a **As Double,** b **As Double,** U **As Double,** O **As Double,**
                    n **As Integer) As Double**

  MC_INT = 0

  For k = 1 **To** n

  x = **Rnd**

  y = **Rnd**

  If y <= (INTEGR(a + (b - a) * x) - U) / (O - U) **Then**

  MC_INT = MC_INT + 1

  End If

  Next k

  MC_INT = (b - a) * ((O - U) * MC_INT / n + U)

  End Function

- Im vorgestellten VBA-Funktionsprogramm

  MC_INT(a, b, U, O, n)

  bedeuten die Argumente Folgendes:

  – a und b untere bzw. obere Integrationsgrenze.

  – U und O Minimum bzw. Maximum des Integranden f(x) auf dem Intervall [a,b].

  – n die vorgegebene Zahl der von VBA zu erzeugenden Zufallszahlen.

- Das Funktionsprogramm MC_INT ist so angelegt, dass die zu integrierende Funktion (Integrand) als VBA-Funktionsprogramm INTEGR benötigt wird, das sich im gleichen Modul wie MC_INT befinden muss:

  Function INTEGR (x **As Double) As Double**

  ' In der folgenden Zuweisung INTEGR = ist der für die Anwendung des

  ' Programms MC_INT benötigte konkrete

  ' Integrand f(x) anstatt der Punkte ...... einzugeben:

  INTEGR = ...

  End Function

- Das Funktionsprogramm MC_INT kann zur näherungsweisen Berechnung beliebiger bestimmter Integrale benutzt werden. Man muss vor Aufruf des Programms

  - dem Integranden f(x) in dem VBA-Funktionsprogramm INTEGR die konkrete Funktion zuweisen,

  - Minimum U und Maximum O des Integranden f(x) auf dem Intervall [a,b] bestimmen,

  - die Anzahl n zu erzeugender Zufallszahlen festlegen.

  Die erforderliche Vorgehensweise illustriert das folgende Beisp.24.9.

Beispiel 24.9:
Berechnung von Näherungswerten für das bestimmte Integral

$$\int_0^1 t \cdot e^{-t} \, dt = -2 \cdot e^{-1} + 1 = 0{,}2642411176571153$$

aus Beisp.15.4 durch Anwendung des im Beisp.24.8 vorgestellten VBA-Programms MC_INT zur Integralberechnung mittels Monte-Carlo-Simulation, wobei folgendermaßen vorzugehen ist:

- Zur Anwendung des Programms MC_INT werden *Minimum* U und *Maximum* O des Integranden

  $$t \cdot e^{-t}$$

  im Integrationsintervall [0,1] benötigt:

  - Der Integrand ist hier eine monoton wachsende Funktion, wie sich leicht durch grafische Darstellung mittels EXCEL veranschaulichen lässt.

  - Damit werden Minimum U=0 und Maximum O=1/e=0,368 am linken bzw. rechten Ende des Integrationsintervalls [0,1] angenommen.

- Bevor MC_INT aufgerufen werden kann, ist im gleichen Modul des VBA-Editors, in dem sich das Programm MC_INT befindet, folgendes Funktionsprogramm zu erstellen:

Function INTEGR (t **As Double**) **As Double**

INTEGR = t*EXP(-t)

End Function

- Abschließend lässt sich für verschiedene Werte von n das Programm folgendermaßen aufrufen:

  =MC_INT(0; 1; 0; 0,368; n)

- In folgender Tabelle sind Ergebnisse der Berechnung des gegebenen Integrals mittels MC_INT für verschiedene Anzahlen n von erzeugten Zufallszahlen zusammengestellt:

n	Wert des Integrals
100	0,250
1000	0,262
10000	0,265
20000	0,265
30000	0,264

- Berechnung des gegebenen Integrals I mittels MC_INT für n = 10000 durch mehrmaliges Erzeugen von 10000 Zufallszahlen:

Versuch	Wert des Integrals
1.	0,264
2.	0,264
3.	0,259
4.	0,265
5.	0,265
6.	0,263

Es ist zu sehen, dass bei verschiedenen Programmaufrufen ein anderes Ergebnis auftreten kann, da andere Zufallszahlen erzeugt werden.

- Das gegebene Beispiel lässt erkennen, dass die Monte-Carlo-Simulation zur Berechnung einfacher Integrale keine Vorteile gegenüber den im Abschn.15.3.2 vorgestellten und mit EXCEL programmierten deterministischen numerischen Methoden bringt:

  – Simulationen besitzen zur Lösung mathematischer Aufgaben erst Vorteile bei höherdimensionalen Aufgaben.

  – Die vorgestellte Monte-Carlo-Simulation kann unmittelbar auf mehrfache Integrale übertragen werden, für deren Berechnung sie eine effektive Methode liefert.

25 Kostenlose Tabellenkalkulationsprogramme

25.1 Einführung

Neben dem MICROSOFT OFFICE Tabellenkalkulationsprogramm EXCEL gibt es eine Reihe weiterer OFFICE-Programmsysteme aus der Kategorie sogenannter Open-Source-Programme, die Tabellenkalkulationsprogramme enthalten und sich kostenlos aus dem Internet herunterladen lassen.

Falls auf einem zur Verfügung stehenden Computer das Tabellenkalkulationsprogramm EXCEL nicht installiert ist, wird empfohlen, zuerst ein *kostenloses Tabellenkalkulationsprogramm* zur Berechnung von Problemen der Wirtschaftsmathematik auszuprobieren.

♦

Bekannte kostenlose OFFICE-Programmsysteme sind LIBRE OFFICE und OPEN OFFICE. Sie enthaltenen die miteinander verwandten *Tabellenkalkulationsprogramme* LIBRE OFFICE CALC bzw. OPEN OFFICE CALC, die in den Abschn.25.3 und 25.4 kurz vorgestellt werden:

- Eine ausführliche Behandlung beider Programme muss einem gesonderten Buch vorbehalten bleiben. Es kann auch die in beiden integrierte ausführliche Hilfe herangezogen werden. Für OPEN OFFICE gibt es zwei Handbücher (siehe [330, 331]).
Zusätzlich möchten wir interessierte Anwender noch auf das weitere kostenlose Tabellenkalkulationsprogramm FREE OFFICE hinweisen, dass ähnliche Eigenschaften wie die beiden besprochenen besitzt und sich problemlos aus dem Internet herunterladen lässt (**www.freeoffice.com**).
- Beide haben die *Benutzeroberfläche* klassischer WINDOWS-Programme mit *Menüleiste, Symbolleisten* und einer *Bearbeitungsleiste* am oberen Rand und darunter die *Arbeitsmappe* (mit Arbeitsblättern/Tabellen). Dies ist die gleiche Gestalt wie bei EXCEL bis Version 2003 (siehe Abschn.2.1).
- Jedes Symbol der Symbolleiste wird erklärt, wenn der Mauszeiger daraufgestellt ist. Deshalb brauchen wir nicht näher auf die Benutzeroberflächen eingehen und verweisen zusätzlich auf das Buch [137] des Autors.
- Durchzuführende *mathematische Berechnungen* sind ebenso wie bei EXCEL im Rahmen von Formeln durchzuführen, wobei mit einem *Gleichheitszeichen* zu beginnen ist.
- Die kostenlosen Tabellenkalkulationsprogramme haben bei der Berechnung von Problemen der Wirtschaftsmathematik natürlich nicht immer die gleichen Fähigkeiten wie EXCEL:
Es fehlt die in EXCEL integrierte Programmiersprache VBA (siehe Kap.4-6) zur Erstellung von Programmen für numerische Methoden wie z.B. zur Berechnung von Ableitungen, Integralen und Lösungen von Differentialgleichungen (siehe Abschn.14.2.5, 15.3.2 bzw. 17.6).

25.2   Einsatz in der Wirtschaftsmathematik

In LIBRE OFFICE CALC und OPEN OFFICE CALC sind viele der vordefinierten Funktionen von EXCEL integriert. Deshalb können sie im Buch mittels EXCEL-Funktionen berechnete Probleme ebenfalls berechnen.

Da in beiden auch ein SOLVER integriert ist, können sie Lösungen von linearen Gleichungen und Optimierungsaufgaben ähnlich wie in EXCEL berechnen (siehe Beispiele in Abschn.25.5).

Da die Programmiersprache VBA nicht integriert ist, lassen sich jedoch wichtige Probleme der Wirtschaftsmathematik wie Ableitungen, Integrale und Lösungen von Differentialgleichungen nicht unmittelbar berechnen. Hier müssen die im Buch gegebenen VBA-Programme in selbständige BASIC-Programme umgesetzt werden.

25.3   LIBRE OFFICE CALC

LIBRE OFFICE ist 2010 aus dem OFFICE-Paket OPEN OFFICE hervorgegangen.

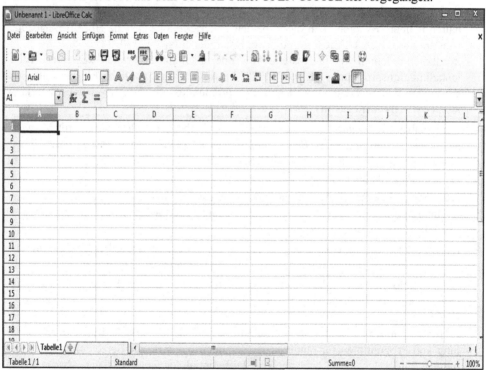

Abb.25.1: Benutzeroberfläche von LIBRE OFFICE CALC 4.1.3

Es wird von der **Apache Software Foundation** weiterentwickelt, liegt aktuell in der Version 4.1.3 vor und lässt sich kostenlos unter der Adresse

http://de.libreoffice.org/download/

herunterladen.

25.3.1 Benutzeroberfläche

Die Benutzeroberfläche (siehe Abb.25.1) von LIBRE OFFICE CALC lässt sich folgendermaßen charakterisieren:

- Sie hat die gleiche *Menüleiste* wie OPEN OFFICE CALC, die mit der von EXCEL 2003 übereinstimmt.
- Die Symbolleisten haben eine ähnliche Form wie in OPEN OFFICE CALC und EXCEL 2003.
- Die Bearbeitungsleiste ist gleich zu OPEN OFFICE CALC und ähnlich zu EXCEL 2003.

25.3.2 Funktionen

Alle vordefinierten (integrierten) Funktionen von LIBRE OFFICE CALC lassen sich mittels der Menüfolge

Einfügen ⇒ Funktion...

aufrufen:

- Es erscheint das Dialogfenster **Funktions-Assistent**, das über 400 Funktionen anzeigt, wovon ein großer Teil für mathematische Berechnungen geeignet ist.
- Die Funktionen sind in ähnliche folgende Kategorien eingeteilt wie bei OPEN OFFICE CALC (siehe Absch.25.4.2):

    Alle, Datenbank, Datum&Zeit, Finanz, Information, Logisch, Mathematik, Matrix,

    Statistik, Tabelle, Text, Add In.

25.3.3 SOLVER

Der SOLVER von LIBRE OFFICE CALC lässt sich zur Lösung von Gleichungen und Optimierungsaufgaben heranziehen, wobei er analog zu EXCEL einzusetzen ist:

- Er lässt sich mittels der Menüfolge

    Extras ⇒ Solver...

    aufrufen.

- Es erscheint das folgende Dialogfenster **Solver**, das eine ähnliche Form wie das Dialogfenster **Solver-Parameter** von EXCEL hat.

Abb.25.2: Dialogfenster **Solver** von LIBRE OFFICE CALC 4.1.3

Die SOLVER von LIBRE OFFICE CALC und OPEN OFFICE CALC besitzen beim Einsatz keine Unterschiede, wie bereits aus den beiden Dialogfenstern **Solver** aus Abb.25.2 und 25.4 zu ersehen ist.

Im Abschn.25.5 werden zwei Beispiele mit den SOLVERN berechnet.

25.4 OPEN OFFICE CALC

OPEN OFFICE ist 2000 aus dem OFFICE-Paket STAR OFFICE hervorgegangen, wird von der **Apache Software Foundation** weiterentwickelt, liegt aktuell in der Version 4.0.1 vor und lässt sich kostenlos unter der Adresse

http://www.openoffice.org/download/

herunterladen.

25.4.1 Benutzeroberfläche

Die Benutzeroberfläche (siehe Abb.25.3) von OPEN OFFICE CALC lässt sich folgendermaßen charakterisieren:

- Sie hat die gleiche *Menüleiste* wie LIBRE OFFICE CALC, die zu der von EXCEL 2003 ähnlich ist.

- Die Symbolleisten haben eine ähnliche Form wie in LIBRE OFFICE CALC und EXCEL 2003.

- Die Bearbeitungsleiste ist gleich zu LIBRE OFFICE CALC und ähnlich zu EXCEL 2003

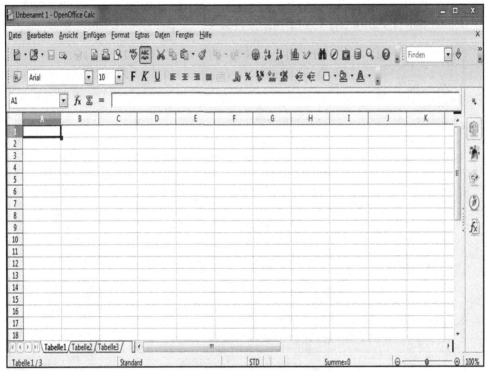

Abb.25.3: Benutzeroberfläche von OPEN OFFICE CALC 4.0.1

25.4.2 Funktionen

Alle vordefinierten (integrierten) Funktionen von OPEN OFFICE CALC lassen sich mittels der Menüfolge

Einfügen ⇒ Funktion...

aufrufen:

- Es erscheint das Dialogfenster **Funktions-Assistent**, das über 400 Funktionen anzeigt, wovon ein großer Teil für mathematische Berechnungen geeignet ist.

– Die Funktionen sind in ähnliche folgende Kategorien eingeteilt wie bei LIBRE OFFICE
  CALC (siehe Absch.25.3.2):

  Alle, Datenbank, Datum&Zeit, Finanzen, Information, Logik, Mathematik, Matrix,

  Statistik, Tabelle, Text, Erweiterung.

25.4.3 SOLVER

Der SOLVER von OPEN OFFICE CALC lässt sich zur Lösung von Gleichungen und Optimierungsaufgaben heranziehen, wobei er analog zu EXCEL einzusetzen ist:

– Er lässt sich mittels der Menüfolge   **Extras ⇒ Solver...**   aufrufen.

– Es erscheint das folgende Dialogfenster **Solver**, das eine ähnliche Form wie das Dialogfenster **Solver-Parameter** von LIBRE OFFICE CALC und EXCEL hat:

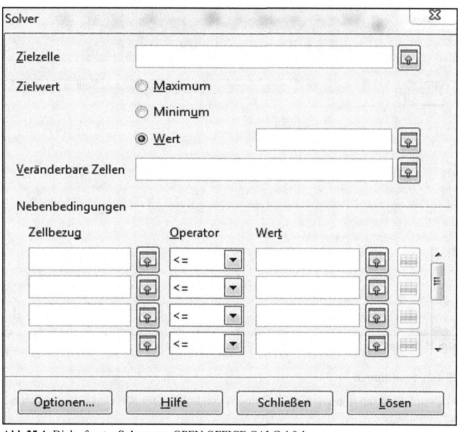

Abb.25.4: Dialogfenster **Solver** von OPEN OFFICE CALC 4.0.1

25.5 Beispiele

Im Folgenden illustrieren wir an einigen Beispielen, wie Probleme der Wirtschaftsmathematik mittels der Tabellenkalkulationsprogramme LIBRE OFFICE und OPEN OFFICE zu
berechnen sind, wobei auch der SOLVER eingesetzt wird.

Beispiel 25.1:
Berechnung der *Zinseszinsformel* aus Beisp.22.4a mittels

LIBRE OFFICE CALC und OPEN OFFICE CALC

für die konkreten Werte K0=20000 (Euro), T=7 (Jahre) und p=5 (% Zinsen):

a) Durch Anwendung der integrierten (vordefinierten) *Funktion* **ZW**:

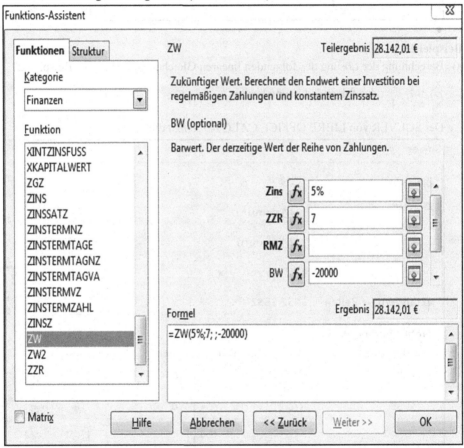

Die Funktion **ZW** ist in LIBRE OFFICE CALC und OPEN OFFICE CALC ebenso
wie in EXCEL integriert (vordefiniert). Sie liefert das Ergebnis von 28142 Euro.

b) Durch Eingabe als Formel in die Zelle A4 des folgenden Tabellenausschnitts:
    Vor Auslösung der Berechnung der in Zelle A4 eingegebenen Zinseszinsformel müssen
    den in die Zellen A2, B2 und C2 eingegebenen Werten 20000, 7 bzw. 5 die darüberste-

henden Namen wie in EXCEL 2003 durch Markierung der Zellen und Aktivierung der
Menüfolge

Einfügen ⇒ Namen⇒Erstellen...   (*Oberer Zeile*)

zugewiesen werden.

A4	▼	*ƒx*	Σ	=	=K0*(1+p/100)^T
	A	B	C	D	
1	K0	T	p		
2	20000	7	5		
3					
4	28142,0084531				
5					

◆

Beispiel 25.2:

a) Berechnung der Lösung des folgenden linearen Gleichungssystems aus Beisp.11.2

$$x_1 + x_2 = 3$$
$$x_1 - x_2 = 1$$, das folgende Lösung besitzt $x_1 = 2$, $x_2 = 1$

Der SOLVER von LIBRE OFFICE CALC *berechnet* die *Lösung:*

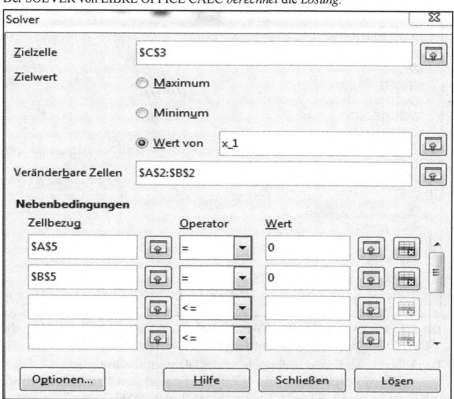

- Das Ausfüllen des obigen Dialogfensters **Solver** geschieht analog zu EXCEL (siehe Abschn.11.5.5):
- Die berechnete Lösung ist aus folgendem Tabellenausschnitt in Zelle A2 und B2 zu sehen:

	A	B	C
1	x_1	x_2	
2	2	1	
3			
4	x_1+x_2-3	x_1-x_2-1	
5	0	0	

b) Berechnung der folgenden linearen Optimierungsaufgabe aus Beisp.20.2c

$$f(x_1, x_2) = 2 \cdot x_1 + 3 \cdot x_2 \underset{x_1, x_2}{\longrightarrow} \text{Maximum}$$

$$x_1 \quad + \quad 2 \cdot x_2 \leq 10$$
$$2 \cdot x_1 + \quad x_2 \quad \leq 10 \quad , \quad x_1 \geq 0 \quad , \quad x_2 \geq 0$$

die folgende *Lösung* besitzt: $x_1 = \dfrac{10}{3}, \; x_2 = \dfrac{10}{3}$

Der SOLVER von OPEN OFFICE CALC *berechnet* die *Lösung:*

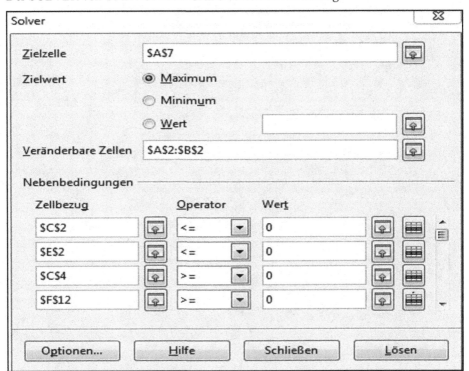

- Das Ausfüllen des obigen Dialogfensters **Solver** geschieht analog zu EXCEL (siehe Abschn.20.6):
- Die berechnete Lösung ist aus folgendem Tabellenausschnitt in Zelle A2 und B2 zu sehen und der maximale Wert der Zielfunktion in Zelle A7:

A7	▼	f_x Σ =	=2*x_1+3*x_2	
	A	B	C	D	E
1	x_1	x_2	x_1+2*x_2-10		2*x_1+x_2-10
2	3,3333333333	3,3333333333	0		0
3			x_1		x_2
4			3,3333333333		3,3333333333
5					
6	Zielfunktion 2*x_1+3*x_2				
7	16,6666666667				
8					

Literaturverzeichnis

Teil I: Literatur über EXCEL (eine Auswahl)

Grundlagen von EXCEL

[1]   Arendt-Theilen, F., Gieringer, D., Hügemann, H., Pfeifer, E., Schuster, H., Thehos, A.: Microsoft EXCEL 2013 - Das Handbuch, Verlag Microsoft Press 2014,

[2]   Bilke, P., Sprung, U.: EXCEL 2013, Verlag Galileo Press 2013,

[3]   Eckl, A., Erb, H., Sproll, B.: EXCEL 2013, Verlag Data-Becker 2013,

[4]   Eichhorn, C.: EXCEL 2013, Verlag Markt+Technik 2013,

[5]   Fahnenstich, K., Haselier, R.G.: Microsoft Office 2013, Verlag Microsoft Press 2013,

[6]   Fleckenstein, J., Fricke, W.,Georgi, B.: EXCEL - Das Zauberbuch, Verlag Markt+Technik 2010,

[7]   Frye, C.D., Haselier, R.G.: Microsoft EXCEL 2007 auf einen Blick, Verlag Microsoft Press 2008,

[8]   Frye, C.D.: Microsoft EXCEL 2010 - Das offizielle Trainingsbuch, Verlag Microsoft Press 2012,

[9]   Gieringer, D., Schieke, D.: Microsoft EXCEL - Das Ideenbuch, Verlag Microsoft Press 2013,

[10]   Gießen, S., Nakanishi, H.: EXCEL2010 Praxisbuch, Franzis Verlag 2010,

[11]   Hanke, J.-C.: EXCEL 2000-2003 im Schnellkurs, Verlag Knowware 2008,

[12]   Hanke, J.-C.: EXCEL 2010 leicht und verständlich, Verlag Knowware 2012,

[13]   Harvey, G., Lambrich, S.: EXCEL 2013 für Dummies, Wiley-VCH Verlag 2013,

[14]   Hesse-Hujber, M., Lambrich, M.: EXCEL 2007 für Dummies, Wiley-VCH Verlag 2007,

[15]   Hunger, L.: EXCEL 2013, Teia Lehrbuch Verlag 2013,

[16]   Kolberg, M.: Microsoft EXCEL 2007, Verlag Microsoft Press 2008,

[17]   Kolberg, M.: Microsoft EXCEL 2010 auf einen Blick, Verlag Microsoft Press 2010,

[18]   Kolberg, M.: Microsoft EXCEL 2013 auf einen Blick, Verlag Microsoft Press 2013,

[19]   Mewes, W.E.: EXCEL für Controller, Verlag Addison-Wesley 2012,

[20]   Rehn-Gestenmeier, G.: Microsoft Office EXCEL 2010, Verlag bhv 2010,

[21]   Scheck, R.: Das EXCEL-Profiseminar, Verlag Microsoft Press 2011,

[22]   Schels, I.: Projektmanagement mit EXCEL 2007, Verlag Addison-Wesley 2007,

[23]   Schels, I.: EXCEL 2010, Verlag Markt+Technik 2010,

[24]   Schels, I.: EXCEL 2010 Tipps und Tricks, Verlag Markt+Technik 2011,

[25]   Schels, I.: EXCEL Praxisbuch für die Versionen 2010 und 2013, Carl Hanser Verlag 2014,

[26]   Schwenk, J., Schuster, H., Schiecke, D., Pfeifer, E.: Microsoft EXCEL 2007, Verlag Microsoft Press 2007,

[27]   Schwenk, J., Schuster, H., Schiecke, D., Pfeifer, E.: Microsoft EXCEL 2010 - Das Handbuch, Verlag Microsoft Press 2010,

[28]   Schwabe, R.W.: EXCEL 2010, Verlag Markt + Technik 2010,

[29]   Vonhoegen, H.: EXCEL 2013, Verlag Vierfarben Galileo Press 2013,

Berechnungen und Mathematik mit EXCEL

[30]   Bettner, M.: MATHE! Tabellenkalkulation, Aol im Lehrerfachverlag 2012,

[31]   Mathe-Abitur mit EXCEL, Franzis Verlag 2004,

[32]   Markus, P.: Vorbereitungskurs Mathematik & Statistik, Studia Universitätsverlag Innsbruck 2010,

[33]   Martin, R.: Berechnungen in EXCEL, Carl Hanser Verlag 2007,

[34]   Metzger, K., Niedermair, E., Schmidt-Kemmeter, K.: Mathe mit EXCEL - Für die Sekundarstufe I, Franzis Verlag 2004,

[35]   Metzger, K., Niedermair, E., Schmidt-Kemmeter, K.: Mathe mit EXCEL - Für die Sekundarstufe II, Franzis Verlag 2004,

[36]   Metzger, K., Niedermair, E.: Mathe-Abitur mit EXCEL, Franzis Verlag 2004,

[37]   Meyer, H.G.: EXCEL für Lehrerinnen und Lehrer. Beispiele zur Mathematik, Aulis Verlag 2011,

[38]   Ravens, T.: Wissenschaftlich mit EXCEL arbeiten, Verlag Pearson Education Deutschland 2003,

[39]   Scheck, R.: EXCEL. Einfach rechnen mit dem PC, Verlag Stiftung Warentest 2010,

[40]   Zahler, C.: EXCEL 2010 Matrizenrechnung und komplexe Zahlen, Ikon Verlag 2011,

Diagramme und Grafiken mit EXCEL

[41]   Althaus, M., Victor, S.: Spezial-Diagramme für EXCEL, Vnr-Verlag Deutsche Wirtschaft 2010,

[42]   Gerths, H., Hichert, R.: Geschäftsdiagramme mit EXCEL nach den SUCCESS-Regeln gestalten, Verlag Haufe-Lexware 2013,

[43]   Gieringer, D., Schieke, D.: Microsoft EXCEL - Das Ideenbuch für visualisierte Daten, Verlag Microsoft Press 2013,

[44]   Heimrath, H.: EXCEL-Diagrammvorlagen für Unternehmenszahlen, Verlag Microsoft Press 2009,

[45]   Kalkulationen + Diagramme mit EXCEL 2007, Verlag Computerbild Ullstein 2008,

[46]   Kalkulationen + Diagramme mit EXCEL 2010, Verlag Computerbild Ullstein 2011,

[47]   Langer, M.: Tabellen & Diagramme mit EXCEL, Verlag Markt+Technik 2005,

[48]   Rehn-Göstenmeier, G.: EXCEL 2003 Diagramme und Charts, Verlag bhv 2005,

[49]   Scheck, R.: Microsoft Office EXCEL 2007 Diagramme, Verlag Microsoft Press 2007,

[50]   Schels, I.: EXCEL Tabellen und Diagramme, Verlag Markt + Technik 2006,

[51]   Schels, I.: EXCEL 2007 - Tabellen und Diagramme, Verlag Markt + Technik 2007,

[52] Schels, I.:, Geschäftszahlen visualisieren mit EXCEL 2010, Verlag Markt + Technik 2012,

[53] Voß, W., Schönbeck, N.M.: Statistische Grafiken mit EXCEL, Carl Hanser Verlag 2003,

[54] Wies, P.: Professionelle Diagramme im Handumdrehen mit EXCEL 2007, HERDT-Verlag für Bildungsmedien 2008,

[55] Wies, P.: Professionelle Diagramme mit EXCEL 2010 erstellen, HERDT-Verlag für Bildungsmedien 2011,

Finanzmathematik mit EXCEL

[56] Fehrenbach, P., Martin, A.: EXCEL: Geldanlagen und Kredite, Verlag Addison-Wesley 1998,

[57] Fleckenstein, J., Georgi, B.: EXCEL - Das Sparbuch, Verlag Markt+Technik 2009,

[58] Pfeifer, A.: Praktische Finanzmathematik (CD-ROM für EXCEL), Verlag Harri Deutsch 2012,

[59] Renger, K.: Finanzmathematik mit EXCEL, Gabler Verlag 2012,

[60] Röhrenbacher, H.: Finanzierung und Investition (mit EXCEL und HP), Linde Verlag 2008,

[61] Schüler, A.: Finanzmanagement mit EXCEL, Verlag Vahlen 2011,

Formeln und Funktionen mit EXCEL

[62] Althaus, M.: Das neue EXCEL-Funktionslexikon, Vnr-Verlag Deutsche Wirtschaft 2010,

[63] Bluttman, K., Aitken, P.: EXCEL Formeln und Funktionen für Dummies, Verlag Wiley-VCH 2011,

[64] Eckl, A., Erb, H.: EXCEL 2003 2007 2010 Formeln und Funktionen, Verlag Data Becker 2010,

[65] Eckl, A., Erb, H., Sproll, B.: EXCEL 2013 Formeln und Funktionen, Verlag Data Becker 2013,

[66] Gießen, S., Nakanishi, H.: EXCEL 2010 Formeln und Funktionen, Franzis Verlag 2010,

[67] Jeschke, E., Pfeifer, E., Reinke, H., Unverhau, S., Fienitz, B.: Microsoft EXCEL: Formeln & Funktionen, Referenz aller Funktionen von EXCEL 2000 bis 2013, Verlag Microsoft Press 2013,

[68] Schels, I.: EXCEL Formeln und Funktionen, Verlag Markt + Technik 2010,

[69] Vonhoegen, H.: EXCEL 2010 - Formeln und Funktionen (Alle Funktionen von EXCEL 97 bis 2010), Vierfarben Galileo Press Bonn 2011,

Ingenieurmathematik mit EXCEL

[70] Berhardt, U., Holland, H.-J.: Excel für Techniker und Ingenieure, Vieweg Verlag 1998,

[71]   Bloch, S.C.: EXCEL for Engineers and Scientists, Verlag John Wiley 2003,

[72]   Fleischhauer, C.: EXCEL in Naturwissenschaften und Technik, Verlag Addison-Wesley 1998,

[73]   Holland,H.-J., Bracke, F.: EXCEL für Techniker und Ingenieure, Vieweg Verlag 1998,

[74]   Haas, P.: EXCEL im Betrieb, Oldenbourg Verlag 2007,

[75]   Kremmers, W.G.: EXCEL in der Maschinenbaukonstruktion: Bauteilberechnung mit EXCEL, Carl Hanser Verlag 2003,

[76]   Nahrstedt, H.: Algorithmen für Ingenieure: Technische Realisierung mit EXCEL und VBA, Verlag Vieweg+Teubner 2012,

[77]   Nahrstedt, H.: EXCEL + VBA für Maschinenbauer, Verlag Vieweg+Teubner 2011,

Kaufmännisches Rechnen-Wirtschaftsrechnen mit EXCEL

[78]   Braun, W.: Lösung kaufmännischer Probleme mit MS-EXCEL unter Office 2000, Winklers Verlag 2001,

[79]   Büngener, U.: Kaufmännisches Rechnen mit EXCEL, Verlag bhv 2006,

[80]   Friebe, E.: Kaufmännisches Rechnen mit EXCEL 2010, Verlag König, Ditzingen 2011,

[81]   Friebe, E., Held, B.: Kaufmännisches Rechnen mit EXCEL 2010, Verlag CHIP 2011,

[82]   Pannenberg, H.M.: Die besten EXCEL-Lösungen fürs Büro, Verlag bhv 2005,

[83]   Pannenberg, H.M.: Kaufmännisches Rechnen mit Microsoft Office EXCEL 2007, Verlag bhv 2007,

[84]   Pannenberg, H.M.:Microsoft Office EXCEL 2007 fürs Büro, Verlag bhv 2007,

[85]   Radke, H.-D.: Microsoft EXCEL im Business, Verlag Microsoft Press 2009,

[86]   Reichel, T.: Betriebswirtschaftliches Rechnen mit EXCEL, Verlag Haufe-Lexware 2006,

[87]   Schumacher, B., Görig, E.: Wirtschaftsrechnen mit EXCEL, NWB Verlag 2010,

[88]   Schuster, H.: Einführung in EXCEL mit Grundlagen des Wirtschaftsrechnens, Verlag Merkur 2005,

[89]   Soemers, J.: Rechnen und EXCEL, Verlag Merkur 2011,

Numerische Mathematik mit EXCEL

[90]   Mesina: Numerische Mathematik mit EXCEL, Franzis Verlag 2001,

[91]   Nandy: Practical numerical analysis using Microsoft EXCEL, Verlag Alpha Science International 2004,

Operations Research mit EXCEL

[92]   Wille, C.: Operations Research mit EXCEL und VBA, VDM Verlag 2009,

Optimierung mit EXCEL

[93]   Benker, H.: Mathematische Optimierung mit Computeralgebrasystemen, Springer Verlag Berlin, Heidelberg, New York 2003,

Statistik mit EXCEL

[94]   Bucher, B., Meier-Sofrian, W., Meyer, U., Schlick, S.: Statistik: Grundlagen, Beispiele und Anwendungen gelöst mit EXCEL, Verlag Compendio Bildungsmedien 2003,

[95]   Cleff, T.: Deskriptive Statistik und moderne Datenanalyse: Eine computergestützte Einführung mit EXCEL, PASW (SPSS) und STATA, GablerVerlag 2011,

[96]   Duller, C.: Einführung in die Statistik mit EXCEL und SPSS, Springer-Verlag Berlin, Heidelberg, New York 2006,

[97]   Duller, C.: Einführung in die Statistik mit EXCEL und SPSS, Physica-Verlag 2010,

[98]   Erben, W.: Statistik mit EXCEL 5, Oldenbourg Verlag 1995,

[99]   Hafner, R., Waldl, H.: Statistik für Sozial- und Wirtschaftswissenschaftler - Arbeitsbuch für SPSS und Microsoft EXCEL, Springer Verlag Wien New York 2001,

[100] Hiroshi, N., Gießen, S.: Statistik mit EXCEL für's Büro, Verlag Franzis 2004,

[101] Matthäus, W.-G.: Lösungen für die Statistik mit EXCEL 97, Verlag Thomson Publishing 1998,

[102] Matthäus,W.-G., Schulze, J.: Statistik mit EXCEL: Beschreibende Statistik für jedermann, Verlag Vieweg+Teubner 2011,

[103] Matthäus,W.-G.: Statistische Tests mit EXCEL leicht erklärt, Verlag Vieweg+Teubner 2007,

[104] Meißner, J.-D., Wendler, T.: Statistik-Praktikum mit EXCEL, Verlag Vieweg+Teubner 2008,

[105] Monka, M., Voß, W.: Statistik am PC: Lösungen mit EXCEL 97, 2000, 2002 und 2003, Carl Hanser Verlag 2005,

[106] Muche, R., Lanziger, S., Rau, M.: Medizinische Statistik mit R und EXCEL, Springer Verlag Berlin, Heidelberg, New York 2011,

[107] Nakanishi, H., Gießen, S.: Statistik mit EXCEL fürs Büro, Franzis Verlag 2005,

[108] Radke, H.-D.: Statistik mit EXCEL, Verlag Markt + Technik 2006,

[109] Schöneck, N.M., Voß, W., Monka, M.: Statistik am PC: Lösungen mit EXCEL, Carl Hanser Verlag 2008,

[110] Schmuller, J., Jauch, E., Gonschorek, C.: Statistik mit EXCEL für Dummies, Wiley-VCH Verlag 2005,

[111] Schweitzer, U.: Statistik mit EXCEL, Franzis Verlag 2003,

[112] Untersteiner, H.: Statistik - Datenauswertung mit EXCEL und SPSS, Verlag Utb 2007,

[113] Wies, P.: Statistik mit EXCEL 2010, HERDT-Verlag 2011,

[114] Zwerenz, K.: Statistik verstehen mit EXCEL, Oldenbourg Verlag 2001,

[115] Zwerenz, K.: Statistik: Datenanalyse mit EXCEL und SPSS, Oldenbourg Verlag 2006,

[116] Zwerenz, K.: Statistik: Einführung in die computergestützte Datenanalyse, Oldenbourg Verlag 2011,

VBA-Programmierung mit EXCEL

[117] Bauer, E.: EXCEL 2010 Makro & VBA, Ikon Verlag 2010,

[118] Can-Weber, M., Wendel,T.: Microsoft EXCEL 2010 Programmierung, Verlag Microsoft Press 2010,

[119] Can-Weber, M.: Richtig einsteigen: EXCEL 2010 VBA-Programmierung, Verlag Microsoft Press 2010,

[120] Held, B.: Anwendungen mit EXCEL entwickeln: Professionelle EXCEL-VBA-Programmierung für die Versionen 2000 bis 2010, Verlag Markt + Technik 2010,

[121] Held, B.: EXCEL-VBA: Aktuell zu EXCEL 2010, Verlag Markt + Technik 2010,

[122] Held, B.: VBA mit EXCEL, Verlag Markt + Technik 2010,

[123] Held, B.: VBA Programmierung, Franzis Verlag 2010,

[124] Held, B.: Jetzt lerne ich EXCEL VBA 2013, Verlag Markt + Technik 2013,

[125] Held, B.: Richtig einsteigen: EXCELVBA Programmierung. Für Microsoft EXCEL 2007 bis 2013, Verlag Microsoft Press 2013,

[126] Kofler, M.: EXCEL-VBA programmieren, Verlag Addison-Wesley 2006,

[127] Kofler, M., Nebelo, R.: EXCEL programmieren - Für EXCEL 2010 und EXCEL 2007, Verlag Addison-Wesley 2010,

[128] Louha, M., Weber, M.: Microsoft EXCEL 2013 Programmierung, Verlag Microsoft Press 2013,

[129] Martin, R.: VBA mit EXCEL, Carl Hanser Verlag 2008,

[130] Matthäus, W.G.: Programmierung für Wirtschaftsinformatiker - Vorlesungen über Basic, Visual Basic und VBA, Teubner Verlag 2005,

[131] Schwimmer, M.: EXCEL-VBA, Verlag Addison-Wesley 2008,

[132] Spona, H.: VBA-Programmierung mit Microsoft Office EXCEL 2007, Verlag bhv 2007,

[133] Theis, T.: Einstieg in VBA mit EXCEL: Für Microsoft EXCEL 2002 bis 2013, Verlag Galileo Press 2013,

[134] Walkenbach, J., Geisler, F.: 2007 BVA Programmierung für Dummies, Wiley-VCH Verlag 2008,

Wirtschaftsmathematik mit EXCEL

[135] Auer, B. R., Seitz, F.: Grundkurs Wirtschaftsmathematik, Verlag Gabler 2011,

[136] Benker, H.: Wirtschaftsmathematik mit dem Computer, Verlag Vieweg 1997,

[137] Benker, H.: Wirtschaftsmathematik-Problemlösungen mit EXCEL, Verlag Vieweg 2007,

[138] Leiser, W.: Angewandte Wirtschaftsmathematik - Modellierung und Bearbeitung von Fallstudien mit EXCEL, Schäffer-Poeschel Verlag 2000,

[139] Ravens, T.: Wissenschaftlich mit EXCEL arbeiten, Verlag Addison-Wesley 2004,

Teil II: Literatur über Wirtschaftsmathematik (eine Auswahl)

Finanzmathematik

[140] Adelmeyer,M., Warmuth, E.: Finanzmathematik für Einsteiger, Verlag Vieweg+Teubner 2005,

[141] Albrecher, H., Binder, A., Mayer, P.: Einführung in die Finanzmathematik, Birkhäuser Verlag 2009,

[142] Albrecht, P.: Grundprinzipien der Finanz- und Versicherungsmathematik, Verlag Schäffer-Poeschel 2007,

[143] Albrecht, P., Jensen, S.: Finanzmathematik für Wirtschaftswissenschaftler, Verlag Schäffer-Poeschel 2011,

[144] Arrenberg, J.: Finanzmathematik, Oldenbourg Verlag 2011,

[145] Bosch, K.: Finanzmathematik, Oldenbourg Verlag 2007,

[146] Caprano, E., Wimmer, K.: Finanzmathematik: Grundlagen und Anwendungen in der Investitions- und Bankwirtschaft, Verlag Vahlen 2013,

[147] Cottin, C., Döhler, S.: Risikoanalyse, Verlag Springer Spektrum 2012,

[148] Diethart, S.: Monte Carlo Methoden in der Finanzwirtschaft, Grin Verlag 2012,

[149] Ermschel, U., Möbius, C., Wengert, H.: Investition und Finanzierung, Physica-Verlag 2009,

[150] Franke, J.: Einführung in die Statistik der Finanzmärkte, Springer Verlag Berlin, Heidelberg, New York 2004,

[151] Götte, R.: Finanzmathematik im Alltag, Verlag Ibidem 2013,

[152] Grundmann, W.: Finanzmathematik mit MATLAB, Verlag Vieweg+Teubner 2004,

[153] Grundmann, W., Luderer, B.: Formelsammlung Finanzmathematik, Versicherungsmathematik, Wertpapieranalyse, Verlag Vieweg+Teubner 2009,

[154] Grundmann, W., Luderer, B.: Finanzmathematik, Versicherungsmathematik, Wertpapieranalyse, Verlag Vieweg+Teubner 2009,

[155] Günther, M., Jüngel, A.: Finanzderivate mit MATLAB, Verlag Vieweg+Teubner 2010,

[156] Hass, O., Fickel, N.: Finanzmathematik, Oldenbourg Verlag 2012,

[157] Heidorn, T.: Finanzmathematik in der Bankpraxis, Gabler Verlag 2009,

[158] Irle, A.: Finanzmathematik, Verlag Vieweg+Teubner 2012,

[159] Ihrig,H., Pflaumer, P.: Finanzmathematik, Oldenbourg Verlag 2008,

[160] Korn, R. und E.: Optionsbewertung und Portfolio-Optimierung, Vieweg Verlag 2001,

[161] Kremer, J.: Einführung in die Diskrete Finanzmathematik, Springer Verlag Berlin, Heidelberg, New York 2005,

[162] Kremer, J.: Portfoliotheorie, Risikomanagement und die Bewertung von Derivaten, Springer Verlag Berlin, Heidelberg, New York 2011,

[163] Kruschwitz, L.: Finanzmathematik, Oldenbourg Verlag 2010,

[164] Luderer, B.: Starthilfe Finanzmathematik, Verlag Vieweg+Teubner 2011,

[165] Martin, T.: Finanzmathematik, Carl Hanser Verlag 2008,

[166] Merk, A.: Optionsbewertung in Theorie und Praxis, Gabler Verlag 2012,

[167] Müller, T.: Finanzrisiken in der Assekuranz, Springer Verlag Vieweg+Teubner 2012,

[168] Pfeifer, A.: Praktische Finanzmathematik, Verlag Harry Deutsch 2009,

[169] Pfeifer, A.: Finanzmathematik - Formelsammlung, Verlag Harry Deutsch 2012,

[170] Poggensee, K.: Investitionsrechnung, Gabler Verlag 2011,

[171] Reitz, S.: Mathematik in der modernen Finanzwelt, Verlag Vieweg+Teubner 2010,

[172] Schlüchtermann, G., Pilz, S.: Modellierung derivater Finanzinstrumente, Verlag Vieweg+Teubner 2010,

[173] Schwenkert, R., Stry, Y.: Finanzmathematik kompakt, Physica Verlag 2011,

[174] Tietze, J.: Einführung in die Finanzmathematik, Verlag Vieweg+Teubner 2011,

[175] Tietze, J.: Übungsbuch zur Finanzmathematik, Verlag Vieweg+Teubner 2011,

[176] Tinhof, F., Fischer, W., Girlinger, H., Paul, M.: Finanzmathematik, Trauner Verlag 2012,

[177] Wüst, K.: Finanzmathematik, Gabler Verlag 2006,

[178] Ziethen, R.: Finanzmathematik, Oldenbourg Verlag 2007,

Kaufmännisches Rechnen - Wirtschaftsrechnen

[179] Adams, M., Oligschläger, J., Schenkelberg, H.: Kaufmännisches Rechnen, Verlag Stam 2006,

[180] Burkhardt, F., Kostede, W., Schumacher, B.: Kaufmännisches Rechnen, Verlag Kiehl 2010,

[181] Froese, E.: Grundwissen: Kaufmännisches Rechnen, Cornelsen Verlag 2007,

[182] Hauer, M., Dommermuth, T.: Kaufmännisches Rechnen: Trainer, Verlag Haufe-Lexware 2009,

[183] Hischer, J.: Kaufmännisches Rechnen, Gabler Verlag 2007,

[184] Kettl-Römer, B.: Kaufmännisches Rechnen, Verlag Bibliographisches Institut 2010,

[185] Leitert, P.: Kaufmännisches Rechnen für Dummies, Wiley-VCH Verlag 2013,

[186] Reichel, T.: Betriebswirtschaftliches Rechnen mit EXCEL, Verlag Haufe Lexware 2006,

[187] Schumacher, B.: Wirtschaftsrechnen auf einen Blick, Verlag Kiehl 2006,

[188] Waltermann, A., Speth, H., Beck, T.: Wirtschaftsrechnen und Statistik für kaufmännische Berufe, Merkur Verlag 2009,

[189] Weber, M.: Kaufmännisches Rechnen, Verlag Haufe-Lexware 2009,

[190] Weber, M.: Kaufmännisches Rechnen von A-Z, Verlag Haufe-Lexware 2010,

[191] Weber, M., Dommermuth, T., Hauer, M.: Kaufmännisches Rechnen, Verlag Haufe-Lexware 2012,

Optimierung für Wirtschaftswissenschaftler

[192] Feichtinger, G., Hartl, R.F.: Optimale Kontrolle ökonomischer Prozesse, Verlag Walter de Gruyter 2010,

[193] Gerdts, M., Lempio, F.: Mathematische Optimierungs-Verfahren des Operations Research, Verlag Walter de Gruyter 2011,

[194] Haramina, B.: Grundlagen der anwendungsorientierten Optimierungstheorie mit Standardsoftware, Grin Verlag 2010,

Operationsforschung - Operations Research

[195] Demke, S., Unger, T.: Lineare Optimierung, Verlag Vieweg+Teubner 2010,

[196] Demke, S., Schreier, H.: Operations Research, Verlag Vieweg+Teubner 2006,

[197] Domschke, W., Drexl, A., Klein, R., Scholl, A., Voß, S.: Übungen und Fallbeispiele zum Operations Research, Springer Verlag Berlin, Heidelberg, New York 2000,

[198] Domschke, W., Drexl, A.: Einführung in Operations Research, Springer Verlag Berlin, Heidelberg, New York 2011,

[199] Ellinger, T., Beuermann, G. Leisten, R.: Operations Research, Springer Verlag Berlin, Heidelberg, New York 2009,

[200] Gohout, W.: Operations Research, Oldenbourg Verlag 2009,

[201] Heinrich, G.: Operations Research, Oldenbourg Verlag 2012,

[202] Hillier, F.S., Lieberman, G.J.: Operations Research, Oldenbourg Verlag 1988,

[203] Kathöfer, U., Müller-Funk, U.: BWL-Crash-Kurs Operations Research, UTB Verlagsgesellschaft 2008,

[204] Sauer, M.: Operations Research kompakt, Oldenbourg Verlag 2009,

[205] Suhl, L., Mellouli, T.: Optimierungssysteme, Springer-Verlag Berlin, Heidelberg, New York 2009,

[206] Werners, B.: Grundlagen des Operations Research, Springer-Verlag Berlin, Heidelberg, New York 2008,

[207] Wessler, M.: Entscheidungstheorie, Gabler Verlag 2012,

[208] Zimmermann, W.: Operations Research, Oldenburg Verlag 2001,

[209] Zimmermann, W., Stache, U.: Operations Research, Oldenburg Verlag 2001,

Simulation für Wirtschaftswissenschaftler

[210] Bungartz, H.-J.: Modellbildung und Simulation, Springer-Verlag Berlin, Heidelberg, New York 2009,

[211] Diethart, S.: Monte Carlo Methoden in der Finanzwirtschaft, Grin Verlag 2012,

[212] Eley, M.: Simulation in der Logistik, Springer-Verlag Berlin, Heidelberg, New York 2012,

[213] Frey, H.C., Nießen, G.: Monte Carlo Simulation : Quantitative Risikoanalysefür die Versicherungsindustrie, Murmann Verlag 2004,

[214] Liebl, F: Simulation, Oldenbourg Verlag 1995,

[215] Kolonko, M.: Stochastische Simulation, Verlag Vieweg+Teubner 2008,

[216] Marz, L., Krug, L., Rose, O., Weigert, G.: Simulation und Optimierung in Produktion und Logistik, Springer Verlag Berlin, Heidelberg, New York 2010,

[217] Schneider, G.: Die Monte Carlo Simulation, Grin Verlag 2011,

Statistik für Wirtschaftswissenschaftler

[218] Alt, R.: Statistik: Eine Einführung für Wirtschaftswissenschaftler, Verlag Linde Wien 2013,

[219] Auer, B.R., Rottmann, H.: Statistik und Ökonometrie für Wirtschaftswissenschaftler, Gabler Verlag 2011,

[220] Bleymüller, J.: Statistik für Wirtschaftswissenschaftler, Verlag Vahlen 2012,

[221] Bleymüller, J., Gehlert, G.: Statistische Formeln, Tabellen und Statistik-Software, Verlag Vahlen 2011,

[222] Degen, H., Lorscheid. P.: Statistik-Lehrbuch, Oldenbourg Verlag 2012,

[223] Dörsam, P.: Wirtschaftsstatistik anschaulich dargestellt, Pd-Verlag 2007,

[224] Eckstein, P.P.: Angewandte Statistik mit SPSS, Gabler Verlag 2012,

[225] Eckstein, P.P.: Statistik für Wirtschaftswissenschaftler, Gabler Verlag 2012,

[226] Frost, I.: Statistik für Wirtschaftswissenschaftler, Expert-Verlag 2012,

[227] Grabmeier, J., Hagl, S.: Statistik: Grundwissen und Formeln, Verlag Haufe-Lexware 2012,

[228] Krapp, M., Nebel, J.: Methoden der Statistik, Verlag Vieweg+Teubner 2007,

[229] Mosler, K., Schmid, F.: Beschreibende Statistik und Wirtschaftsstatistik, Springer Verlag Berlin, Heidelberg, New York 2009,

[230] Mosler, K.: Wahrscheinlichkeitsrechnung und schließende Statistik, Springer Verlag Berlin, Heidelberg, New York 2010,

[231] Neusser, K.: Zeitreihenanalyse in den Wirtschaftswissenschaften, Verlag Vieweg +Teubner 2011

[232] Pinnekamp, H.-J.,Siegmann, M.F.: Deskriptive Statistik: mit einer Einführung in das Programm SPSS, Oldenbourg Verlag 2008,

[233] Quatember, A.: Statistik ohne Angst vor Formeln, Verlag Pearson Studium 2010,

[234] Rößler, I., Ungerer, A.: Statistik für Wirtschaftswissenschaftler, Physica-Verlag 2010,

[235] Rößler, I.: Statistik für Wirtschaftswissenschaftler, Springer Verlag Berlin, Heidelberg, New York 2012,

[236] Schira, J.: Statistische Methoden der VWL und BWL, Pearson Studium 2009,

[237] Schlittgen, R.: Einführung in die Statistik, Oldenbourg Verlag 2012,

[238] Storm, R.: Wahrscheinlichkeitsrechnung, Mathematische Statistik, Statistische Qualitätskontrolle, Carl Hanser Verlag 2007,

[239] Wewel, M.C.: Statistik im Bachelor-Studium der BWL und VWL, Pearson Studium 2010,

Versicherungsmathematik

[240] Disch, B.: Kalkulation und Rechnungsgrundlagen in der Lebensversicherung, Grin Verlag 2007,

[241] Führer, C., Grimmer, A.: Einführung in die Lebensversicherungsmathematik, Verlag Versicherungswirtschaft 2010,

[242] Grossmann, W.: Versicherungsmathematik, Verlag Ulan Press 2012,

[243] Heep-Altiner, M., Klemmstein, M.: Versicherungsmathematische Anwendungen in der Praxis, Verlag Versicherungswirtschaft 2001,

[244] Koller, M.: Stochastische Modelle in der Lebensversicherung, Springer Verlag Berlin, Heidelberg, New York 2010,

[245] Ortmann, K.M.: Praktische Lebensversicherungsmathematik, Verlag Vieweg+Teubner 2009,

[246] Predota, M.: Prämienkalkulation in der Lebensversicherung, Verlag AVM 2010,

[247] Schmidt, K.D.: Versicherungsmathematik, Springer Verlag Berlin, Heidelberg, New York 2009,

[248] Wolfsdorf, K.: Versicherungsmathematik, Teil 1 und 2, Teubner Verlag 1986/88,

[249] Zillmer, A.: Die mathematischen Rechnungen bei Lebens- und Rentenversicherungen, Vdm Verlag 2008,

Grundlagen der Wirtschaftsmathematik

[250] Akkerboom, H., Peters, H.: Wirtschaftsmathematik - Übungsbuch, Verlag Kohlhammer 2007,

[251] Arrenberg, J.: Wirtschaftsmathematik für Bachelor, Verlag UTB Stuttgart 2012,

[252] Auer, B., Seitz, F.: Grundkurs Wirtschaftsmathematik, Verlag Gabler 2011,

[253] Böker, F.: Mathematik für Wirtschaftswissenschaftler, Verlag Pearson Studium 2007,

[254] Böker, F.: Formelsammlung für Wirtschaftswissenschaftler, Verlag Addison-Wesley 2010,

[255] Bosch, K.: Übungs- und Arbeitsbuch Mathematik für Ökonomen, Oldenburg Verlag 2011,

[256] Bosch, K.: Mathematik für Wirtschaftswissenschaftler, Oldenburg Verlag 2011,

[257] Bücker, R.: Mathematik für Wirtschaftswissenschaftler, Oldenburg Verlag 2002,

[258] Büning, H., Naeve, P., Trenkler, G. Waldmann, K.-H.: Mathematik für Ökonomen im Hauptstudium, Oldenbourg Verlag 2000,

[259] Clermont, S., Cramer, E., Jochems, B., Kamps, U.: Wirtschaftsmathematik, Oldenbourg Verlag 2001

[260] Dietmaier, C.: Mathematik für Wirtschaftsingenieure, Fachbuchverlag Leipzig 2005,

[261] Dietz, H.M.: Mathematik für Wirtschaftswissenschaftler, Springer-Verlag Berlin, Heidelberg, New York 2012,

[262] Dörsam, P.: Mathematik-anschaulich dargestellt- für Studierende der Wirtschaftswissenschaften, PD-Verlag 2010,

[263] Dörsam, P.: Mathematik in den Wirtschaftswissenschaften-Aufgabensammlung mit Lösungen, PD-Verlag 2008,

[264] Eckey, H.F., Kosfeld, R., Dreger, C.: Ökonometrie, Gabler Verlag 2011,

[265] Eichholz,W., Vilkner, E.: Taschenbuch der Wirtschaftsmathematik, Fachbuchverlag Leipzig im Carl Hanser Verlag 2013,

[266] Eich-Soellner, E.: Formelsammlung Wirtschaftsmathematik, Verlag Haufe-Lexware 2009,

[267] Francas, D., Mayer, C., Weber, C.: Lineare Algebra für Wirtschaftswissenschaftler, Verlag Gabler 2012,

[268] Führer, C.: Wirtschaftsmathematik, Kiehl Verlag 2012,

[269] Führer, C.: Kompakt-Training Wirtschaftsmathematik, Kiehl Verlag 2008,

[270] Galata, R., Wessler, M., Röpcke, H.: Wirtschaftsmathematik, Carl Hanser Verlag 2012,

[271] Gamerith, W., Leopold-Wildburger, U., Steindl, W.: Einführung in die Wirtschaftsmathematik, Springer-Verlag Berlin, Heidelberg, New York 2010,

[272] Heinrich, G.: Basiswissen Mathematik, Statistik und Operations Research für Wirtschaftswissenschaftler, Oldenbourg Verlag 2012,

[273] Helm,W., Pfeifer, A., Ohser, J.: Mathematik für Wirtschaftswissenschaftler, Fachbuchverlag Leipzig im Carl Hanser Verlag 2011,

[274] Hettich, G., Jüttler, H., Luderer, B.: Mathematik für Wirtschaftswissenschaftler und Finanzmathematik, Oldenburg Verlag 2012,

[275] Hoffmann, S., Krause, H.: Mathematische Grundlagen für Betriebswirte, Nwb Verlag 2009,

[276] Hoffmeister, W.: Wirtschaftsmathematik, Berliner Wissenschafts-Verlag 2011,

[277] Holey, T.: Mathematik für Wirtschaftswissenschaftler, Physica-Verlag 2010,

[278] Holey, T., Wiedeman, A.: Mathematik für Wirtschaftswissenschaftler, Verlag Springer Gabler 2013,

[279] Holland, H., Holland, D.: Mathematik im Betrieb: Praxisbezogene Einführung mit Beispielen, Gabler Verlag 2011,

[280] Hülsmann, J. u.a.: Einführung in die Wirtschaftsmathematik, Springer-Verlag Berlin, Heidelberg, New York 2005,

[281] Kamps, U., Cramer, E., Oltmanns, H.: Wirtschaftsmathematik, Oldenbourg Verlag 2009,

[282] Karmann, A.: Mathematik für Wirtschaftswissenschaftler, Oldenbourg Verlag 2008,

[283] König, W., Rommelfanger, H., Ohse, D.: Taschenbuch der Wirtschaftsinformatik und Wirtschaftsmathematik, Verlag Harri Deutsch 2003,

[284] Kohn, W., Öztürk, R.: Mathematik für Ökonomen: Ökonomische Anwendungen der linearen Algebra und Analysis mit Scilab, Springer-Verlag Berlin, Heidelberg, New York 2012,

[285] Langenbahn, C.-L.: Quantitative Methoden der Wirtschaftswissenschaften, Oldenbourg Verlag 2009,

[286] Lohse, D., Wille, D.: Mathematik für Wirtschaftswissenschaften, Binomi Verlag 2007,

[287] Luderer, B., Würker, U.: Einstieg in die Wirtschaftsmathematik, Verlag Vieweg+Teubner 2011,

[288] Luderer, B., Paape, C., Würker, U.: Arbeits- und Übungsbuch Wirtschaftsmathematik, Verlag Vieweg+Teubner 2010,

[289] Luderer, B., Nollau, V., Vetters, K..: Mathematische Formeln für Wirtschaftswissenschaftler, Verlag Vieweg+ Teubner 2011,

[290] Matthäus, H., Matthäus, W.G.: Mathematik für BWL-Bachelor, Verlag Vieweg+Teubner 2006,

[291] Matthäus, H., Matthäus, W.G.: Mathematik für BWL-Master, Verlag Vieweg+Teubner 2009,

[292] Mayer, C., Jensen, S., Bort, S.: Wirtschaftsmathematik für Dummies, Wiley-VCH Verlag 2009,

[293] Mayer, C., Weber, C., Francas, D.: Lineare Algebra für Wirtschaftswissenschaftler, Gabler Verlag 2011,

[294] Merz, M., Wüthrich, M.V.: Mathematik für Wirtschaftswissenschaftler: Die Einführung mit vielen ökonomischen Beispielen, Verlag Vahlen 2012,

[295] Mosler, K., Dyckerhoff, R., Scheicher, C.: Mathematische Methoden für Ökonomen, Springer Verlag Berlin, Heidelberg, New York 2011,

[296] Mühlbach, G.: Mathematik für Studierende der Wirtschaftswissenschaften, Binomi Verlag 2000,

[297] Nollau, V.: Mathematik für Wirtschaftswissenschaftler, Teubner Verlag 2003,

[298] Opitz, O., Klein, R.: Mathematik: Lehrbuch für Ökonomen, Oldenburg Verlag 2011,

[299] Oppitz, V., Hofbauer, G.: Betriebsökonometrisches Lexikon: Wirtschaftsmathematik, Verlag Uni-Edition 2011,

[300] Pampel, T.: Mathematik für Wirtschaftswissenschaftler, Springer Verlag Berlin, Heidelberg, New York 2009,

[301] Peters, H.: Wirtschaftsmathematik, Verlag Kohlhammer 2012,

[302] Pfuff, F.: Mathematik für Wirtschaftswissenschaftler, Verlag Vieweg+Teubner 2009,

[303] Poguntke, W.: Grundkurs Wirtschaftsmathematik, Berliner Wissenschafts-Verlag 2012,

[304] Pulham, S.: Wirtschaftsmathematik leicht gemacht, Gabler Verlag 2012,

[305] Pulham, S.: Wirtschaftsmathematik für Nicht-Mathematiker, Gabler Verlag 2007,

[306] Purkert, W.: Brückenkurs Mathematik für Wirtschaftswissenschaftler, Verlag Vieweg+Teubner 2011,

[307] Rambau, J., Kurz, S.: Mathematische Grundlagen für Wirtschaftswissenschaftler, Verlag Kohlhammer 2012,

[308] Riedel, F., Wichardt, P.C., Matzke, C.: Arbeitsbuch zur Mathematik für Ökonomen, Springer Verlag Berlin, Heidelberg, New York 2009,

[309] Riedel, F., Wichardt, P.C.: Mathematik für Ökonomen, Springer Verlag Berlin, Heidelberg, New York 2009,

[310] Rödder, W., Zörnig, P., Piehler, G., Kruse, H.-J.: Wirtschaftsmathematik für Studium und Praxis, Springer Verlag Berlin, Heidelberg, New York 2008,

[311] Rommelfanger, H.: Mathematik für Wirtschaftswissenschaftler, Spektrum Akademischer Verlag 2004,

[312] Rommelfanger, H.: Übungsbuch Mathematik für Wirtschaftswissenschaftler, Spektrum Akademischer Verlag 2004,

[313] Salomon, E., Poguntke, W.: Wirtschaftsmathematik, Fortis Verlag 2001,

[314] Schindler, K.: Mathematik für Ökonomen, Deutscher Universitäts-Verlag 2005,

[315] Schwarze, J.: Mathematik für Wirtschaftswissenschaftler, Nwb Verlag 2010,

[316] Schwarze, J.: Aufgabensammlung zur Mathematik für Wirtschaftswissenschaftler, Nwb Verlag 2007,

[317] Schwarze, J.: Elementare Grundlagen der Mathematik für Wirtschaftswissenschaftler, Nwb Verlag 2010,

[318] Senger, J.: Mathematik: Grundlagen für Ökonomen, Oldenbourg Verlag 2009,

[319] Sötemann, W.: Formelsammlung Wirtschaftsmathematik, Gabler Verlag 2007,

[320] Sydsaeter, K., Hammond, P.: Mathematik für Wirtschaftswissenschaftler, Addison-Wesley Verlag, Pearson Studium 2008,

[321] Tallig, H.: Anwendungsmathematik für Wirtschaftswissenschaftler, Oldenbourg Verlag 2006,

[322] Terveer, I., Mathematik für Wirtschaftswissenschaften, UTB Verlag 2012,

[323] Thun, G.: Wirtschaftsmathematik - kurzgefasst in Formeln und Musterbeispielen, Merkur Verlag 2010,

[324] Tietze, J: Einführung in die angewandte Wirtschaftsmathematik, Verlag Vieweg+Teubner 2011,

[325] Tietze, J.: Übungsbuch zur Angewandten Wirtschaftsmathematik, Verlag Vieweg +Teubner 2010,

[326] Vilkner, E., Eichholz, W.: Taschenbuch der Wirtschaftsmathematik, Carl Hanser Verlag 2013,

[327] Volkmann, L.: Grundlagen der Wirtschaftsmathematik, Springer Verlag Wien, New York 2008,

[328] Walter, L.: Mathematik in der Betriebswirtschaft, Oldenbourg Verlag 2012,

[329] Waltermann, A., Speth, H., Ihlenburg, P.: Wirtschaftsmathematik, Merkur Verlag 2007,

Teil III: Literatur über kostenlose Tabellenkalkulationsprogramme

[330] OpenOffice.org PRO - Handbuch, Verlag bhv Publishing Kaarst 2012,

[331] Seimert, W.: OpenOffice 3.3, Verlag bhv Publishing Kaarst 2011,

Sachwortverzeichnis

(Dialogfenster, Funktionen, Menüs, Registerkarten von EXCEL und Funktionen und Schlüsselwörter der in EXCEL integrierten Programmiersprache VBA und Internetadressen sind im Fettdruck geschrieben)

—H—

—I—

—N—

—T—